全国高等职业教育规划教材

AutoCAD 2010 中文版应用教程

第2版

曹　磊　周宜富　主编

李　祥　杨建国　张子利　等编著

机 械 工 业 出 版 社

计算机辅助设计软件 AutoCAD 具有良好的易用性，已广泛应用于建筑、机械、电子、冶金等领域，现已成为广大工程技术人员必备的绘图工具。本书以 AutoCAD 2010 中文版为操作平台，全面介绍了 AutoCAD 2010 的基本功能及其在工程制图中的应用。在讲述基本知识和操作技巧的同时，本书还引入了大量的工程制图实例，涵盖了土木工程、机械工程等领域的 AutoCAD 辅助设计的全过程，突出了实用性与专业性，使读者通过案例教学和实训教学，能够熟练掌握 AutoCAD 2010 的操作技巧。

本书结构清晰、内容翔实、图文并茂，对 AutoCAD 2010 进行了全面详尽的讲解。本书既可作为高职高专等院校机械工程类专业、土木工程类专业相关课程的教材，还可作为各类 AutoCAD 绘图及建模比赛培训教程，也可作为从事计算机辅助设计及相关工程技术人员的参考工具书。

为配合教学，本书配有电子课件，读者可以登录机械工业出版社教材服务网 www.cmpedu.com 免费注册后下载，或联系编辑索取（QQ：1239258369，电话（010）88379739）。

图书在版编目（CIP）数据

AutoCAD 2010 中文版应用教程/曹磊，周宜富主编．—2 版．
—北京：机械工业出版社，2013.10
全国高等职业教育规划教材
ISBN 978-7-111-43798-7

Ⅰ.①A… Ⅱ.①曹…②周… Ⅲ.①AutoCAD 软件—高等职业教育—
教材 Ⅳ.①TP391.72

中国版本图书馆 CIP 数据核字（2013）第 200634 号

机械工业出版社（北京市百万庄大街 22 号 邮政编码 100037）
责任编辑：刘闻雨
责任印制：张 楠
北京振兴源印务有限公司印刷
2013 年 10 月第 2 版·第 1 次印刷
184mm×260mm · 19印张 · 471千字
0001—3000 册
标准书号：ISBN 978-7-111-43798-7
定价：39.80 元

凡购本书，如有缺页、倒页、脱页，由本社发行部调换

电话服务	网络服务
社服务中心：（010）88361066	教材网：http://www.cmpedu.com
销售一部：（010）68326294	机工官网：http://www.cmpbook.com
销售二部：（010）88379649	机工官博：http://weibo.com/cmp1952
读者购书热线：（010）88379203	封面无防伪标均为盗版

全国高等职业教育规划教材机电类专业
委员会成员名单

出 版 说 明

根据《教育部关于以就业为导向深化高等职业教育改革的若干意见》中提出的高等职业院校必须把培养学生动手能力、实践能力和可持续发展能力放在突出的地位，促进学生技能的培养，以及教材内容要紧密结合生产实际，并注意及时跟踪先进技术的发展等指导精神，机械工业出版社组织全国近 60 所高等职业院校的骨干教师对在 2001 年出版的“面向 21 世纪高职高专系列教材”进行了全面的修订和增补，并更名为“全国高等职业教育规划教材”。

本系列教材是由高职高专计算机专业、电子技术专业和机电专业教材编委会分别会同各高职高专院校的一线骨干教师，针对相关专业的课程设置，融合教学中的实践经验，同时吸收高等职业教育改革的成果而编写完成的，具有“定位准确、注重能力、内容创新、结构合理和叙述通俗”的编写特色。在几年的教学实践中，本系列教材获得了较高的评价，并有多个品种被评为普通高等教育“十一五”国家级规划教材。在修订和增补过程中，除了保持原有特色外，针对课程的不同性质采取了不同的优化措施。其中，核心基础课的教材在保持扎实的理论基础的同时，增加实训和习题；实践性较强的课程强调理论与实训紧密结合；涉及实用技术的课程则在教材中引入了最新的知识、技术、工艺和方法。同时，根据实际教学的需要对部分课程进行了整合。

归纳起来，本系列教材具有以下特点：

1）围绕培养学生的职业技能这条主线来设计教材的结构、内容和形式。

2）合理安排基础知识和实践知识的比例。基础知识以“必需、够用”为度，强调专业技术应用能力的训练，适当增加实训环节。

3）符合高职学生的学习特点和认知规律。对基本理论和方法的论述要容易理解、清晰简洁，多用图表来表达信息；增加相关技术在生产中的应用实例，引导学生主动学习。

4）教材内容紧随技术和经济的发展而更新，及时将新知识、新技术、新工艺和新案例等引入教材。同时注重吸收最新的教学理念，并积极支持新专业的教材建设。

5）注重立体化教材建设。通过主教材、电子教案、配套素材光盘、实训指导和习题及解答等教学资源的有机结合，提高教学服务水平，为高素质技能型人才的培养创造良好的条件。

由于我国高等职业教育改革和发展的速度很快，加之我们的水平和经验有限，因此在教材的编写和出版过程中难免出现问题和错误。我们恳请使用这套教材的师生及时向我们反馈质量信息，以利于我们今后不断提高教材的出版质量，为广大师生提供更多、更适用的教材。

机械工业出版社

前　言

AutoCAD 是美国 Autodesk 公司开发的通用计算机辅助设计软件包。本书采用案例教学与实训教学相结合的形式，介绍了 AutoCAD 2010 中文版在工程制图中的应用，对 AutoCAD 2010 在工程设计领域中的应用知识和技巧进行深入地讲解，实用性强，内容全面，涵盖了土木工程、机械工程等领域的 AutoCAD 辅助设计的全过程，突出了实用性与专业性，使读者通过案例教学和实训教学，能熟练掌握 AutoCAD 2010 的操作技巧。

本书内容主要包括 AutoCAD 基础知识、绘图环境设置、图层与对象特性、二维图形绘制、二维图形编辑、文字与表格、图形尺寸标注、面域和图案填充、图块应用、图纸布局与打印输出、三维图形建模、三维图形渲染。主要特点如下：

1）内容全面、结构合理。本书遵循由浅入深的原则，逐一讲解 AutoCAD 2010 的各项功能。内容涵盖了土木工程、机械工程等专业领域的图形设计与绘制，每章都包括教程、实训及练习题 3 部分，以便读者更好地掌握相关知识与技巧。

2）适用面宽、实用性强。使用 AutoCAD 绘制不同领域的工程图样，其基本方法和操作技巧都是相同的，区别主要在于行业制图标准的不同。本书所举工程实例涉及机械工程、土木工程等专业领域，对于各专业制图标准中不同之处的设置方法和绘图要求分别做了叙述。使用本书的读者不仅可以学习专业工程图样的绘制方法，同时对 AutoCAD 绘图软件的通用性会有更深层次的了解，能够触类旁通，为今后从事工程设计和绘图工作打下更坚实的基础。

3）设计案例选取典型。本书通过大量案例，介绍了使用 AutoCAD 2010 绘制工程图样的方法，并配有详细的操作步骤。实训案例选取典型，突出了案例的代表性。

本书作者多次参加全国及相关单位组织的 AutoCAD 绘图及建模比赛，并获得优良名次，因此本书也适合作为各类 AutoCAD 绘图及建模比赛培训教程。

本书由曹磊、周宜富主编，李祥、杨建国、张子利等编著，参加编写的作者有曹磊（第 1、11 章），周宜富（第 2、7 章），杨建国（第 3、10 章），李祥（第 4 章），张子利（第 5 章），李有才（第 6 章），刘庆波、褚美花、戚春兰、刘庆峰、刘继祥、孔繁菊、万兆君、刘大学、陈文明、骆秋容、刘克纯、缪丽丽、王金彪、孙明建、刘大莲、庄建新、崔瑛瑛、万兆明（第 8 章），王金苹（第 9 章），张春林（第 12 章）。全书由刘瑞新教授主审，曹磊统稿。本书在编写过程中得到了许多同行的帮助和支持，在此表示感谢。由于编者水平有限，书中难免有不妥之处，请广大读者批评指正。

编　者

目 录

出版说明
前言
第1章 AutoCAD基础知识……1
1.1 AutoCAD 2010软件简介……1
1.1.1 AutoCAD 2010主要功能……1
1.1.2 AutoCAD 2010软硬件要求……2
1.2 AutoCAD 2010工作界面……2
1.2.1 首次启动AutoCAD 2010……2
1.2.2 工作空间的切换……5
1.2.3 功能区……8
1.2.4 应用程序菜单……8
1.2.5 快速访问工具栏……9
1.2.6 状态栏……9
1.2.7 命令窗口……10
1.2.8 工具选项板……10
1.2.9 工具栏……11
1.3 图形文件管理……12
1.3.1 创建图形文件……12
1.3.2 打开图形文件……13
1.3.3 保存图形文件……15
1.4 选择对象……16
1.4.1 设置选择集……16
1.4.2 选择对象的方法……18
1.4.3 快速选择对象……20
1.5 命令的基本操作……21
1.5.1 应用程序菜单输入命令……21
1.5.2 快速访问工具栏输入命令……22
1.5.3 功能区面板输入命令……22
1.5.4 右键快捷菜单输入命令……23
1.5.5 动态输入窗口输入命令……24
1.5.6 命令行窗口输入命令……25
1.5.7 鼠标滚轮的应用……25
1.5.8 光标的应用……26

1.6 坐标与坐标系……26
1.6.1 笛卡儿坐标和极坐标……26
1.6.2 世界坐标系和用户坐标系……27
1.6.3 坐标输入……27
1.7 实训……28
1.7.1 工作空间的切换……28
1.7.2 调用菜单栏……28
1.7.3 设置工具选项板……29
1.7.4 创建图形文档……30
1.8 练习题……30
第2章 绘图环境设置……31
2.1 设置绘图环境……31
2.1.1 参数选项设置……31
2.1.2 设置绘图单位……38
2.1.3 设置图形界限……39
2.2 图形显示控制……40
2.2.1 视图缩放……40
2.2.2 视图平移……41
2.2.3 鸟瞰视图……42
2.2.4 创建及命名视口……42
2.3 绘图辅助工具的应用……45
2.3.1 栅格……45
2.3.2 正交模式……47
2.3.3 极轴追踪……48
2.3.4 对象捕捉……49
2.3.5 动态输入……50
2.4 实训……52
2.4.1 设置绘图单位和图形界限……52
2.4.2 辅助工具绘图应用……52
2.5 练习题……53
第3章 图层与对象特性……54
3.1 创建图层……54
3.2 图层管理……56
3.2.1 指定当前图层……56
3.2.2 控制图层的可见性……56
3.2.3 图层过滤……58
3.3 图层特性……59
3.3.1 设置图层特性……59
3.3.2 图层匹配工具……62

3.4 对象特性 …… 62
3.4.1 设置对象特性 …… 62
3.4.2 特性匹配 …… 64
3.5 实训 …… 65
3.5.1 创建图层 …… 65
3.5.2 设置当前图层 …… 66
3.6 练习题 …… 66
第4章 二维图形绘制 …… 68
4.1 创建点对象 …… 68
4.1.1 设置点样式 …… 68
4.1.2 绘制点 …… 69
4.2 创建等分线段 …… 70
4.2.1 定数等分 …… 70
4.2.2 定距等分 …… 70
4.3 绘制直线型对象 …… 71
4.3.1 绘制直线 …… 71
4.3.2 绘制构造线 …… 72
4.3.3 绘制射线 …… 73
4.4 绘制多边形 …… 73
4.4.1 绘制矩形 …… 74
4.4.2 绘制正多边形 …… 77
4.5 绘制曲线型对象 …… 79
4.5.1 绘制圆形 …… 79
4.5.2 绘制圆弧 …… 82
4.5.3 绘制椭圆 …… 84
4.5.4 绘制椭圆弧 …… 85
4.5.5 绘制圆环 …… 86
4.6 创建多段线对象 …… 87
4.6.1 绘制多段线 …… 87
4.6.2 编辑多段线 …… 88
4.7 创建多线对象 …… 89
4.7.1 设置多线样式 …… 89
4.7.2 绘制多线 …… 90
4.7.3 编辑多线 …… 91
4.8 创建样条曲线 …… 92
4.8.1 绘制样条曲线 …… 92
4.8.2 编辑样条曲线 …… 93
4.9 实训 …… 94
4.9.1 绘制基本图形 …… 94

4.9.2 绘制支座……95
4.10 练习题……96
第 5 章 二维图形编辑……99
5.1 复制……99
5.1.1 复制对象……99
5.1.2 偏移对象……100
5.1.3 镜像对象……102
5.1.4 阵列对象……102
5.2 改变对象位置……104
5.2.1 移动……104
5.2.2 旋转……105
5.2.3 对齐……106
5.3 改变对象大小……107
5.3.1 缩放……107
5.3.2 拉伸……108
5.3.3 拉长……109
5.4 修剪和延伸……110
5.4.1 修剪……110
5.4.2 延伸……111
5.5 打断和合并……112
5.5.1 打断……112
5.5.2 合并对象……113
5.6 分解和删除……113
5.6.1 分解……113
5.6.2 删除……114
5.7 倒角和圆角……115
5.7.1 倒角……115
5.7.2 圆角……117
5.8 夹点模式……118
5.8.1 夹点设置……119
5.8.2 夹点编辑……120
5.9 实训……123
5.9.1 绘制齿轮……123
5.9.2 绘制沙发……125
5.10 练习题……125
第 6 章 文字与表格……128
6.1 建立文字样式……128
6.1.1 新建文字样式……128
6.1.2 修改文字样式……129

6.2 创建文字 …… 129
6.2.1 单行文字 …… 129
6.2.2 多行文字 …… 131
6.2.3 插入特殊符号 …… 132
6.2.4 堆叠文字 …… 133
6.2.5 文字标注编辑 …… 134
6.3 引线标注 …… 135
6.3.1 多重引线样式 …… 135
6.3.2 创建多重引线 …… 137
6.3.3 添加或删除引线 …… 138
6.3.4 对齐或合并引线 …… 139
6.4 创建表格 …… 140
6.4.1 设置表格样式 …… 140
6.4.2 插入表格 …… 142
6.4.3 编辑表格 …… 144
6.5 实训 …… 145
6.5.1 引线标注应用 …… 145
6.5.2 表格应用 …… 147
6.6 练习题 …… 149
第7章 图形尺寸标注 …… 150
7.1 尺寸标注的基本知识 …… 150
7.1.1 尺寸标注的组成要素 …… 150
7.1.2 尺寸标注的方式 …… 151
7.1.3 关联标注 …… 152
7.2 标注样式的设置 …… 153
7.2.1 创建标注样式 …… 153
7.2.2 设置标注样式 …… 153
7.3 尺寸标注方式 …… 163
7.3.1 线性标注 …… 163
7.3.2 半径和直径标注 …… 165
7.3.3 角度标注 …… 165
7.3.4 弧长标注 …… 166
7.3.5 基线标注 …… 167
7.3.6 连续标注 …… 168
7.3.7 对齐标注 …… 169
7.3.8 坐标标注 …… 170
7.4 尺寸标注的编辑 …… 172
7.4.1 调整标注间距 …… 172
7.4.2 旋转标注文字 …… 173

7.4.3 移动标注文字 ······ 174
7.4.4 替换标注文字 ······ 174
7.5 创建形位公差 ······ 175
7.5.1 基本概念 ······ 175
7.5.2 标注形位公差 ······ 175
7.6 实训 ······ 176
7.6.1 轴杆尺寸标注 ······ 176
7.6.2 建筑平面图尺寸标注 ······ 178
7.7 练习题 ······ 180
第 8 章 面域和图案填充 ······ 182
8.1 面域 ······ 182
8.1.1 创建面域 ······ 182
8.1.2 面域的布尔运算 ······ 183
8.1.3 面域的数据提取 ······ 185
8.2 图案填充 ······ 186
8.2.1 基本概念 ······ 186
8.2.2 图案填充 ······ 189
8.2.3 渐变色填充 ······ 190
8.3 实训 ······ 192
8.3.1 基础断面图的图案填充 ······ 192
8.3.2 房屋立面图的图案填充 ······ 193
8.4 练习题 ······ 194
第 9 章 图块应用 ······ 195
9.1 图块的基本应用 ······ 195
9.1.1 创建图块 ······ 195
9.1.2 创建用做块的图形文件 ······ 196
9.1.3 插入图块 ······ 197
9.1.4 图块的在位编辑 ······ 198
9.2 图块的属性 ······ 199
9.2.1 定义图块属性 ······ 199
9.2.2 编辑属性 ······ 201
9.2.3 管理图块属性 ······ 203
9.3 动态块应用 ······ 203
9.3.1 块编辑器 ······ 204
9.3.2 参数与动作 ······ 205
9.4 实训 ······ 209
9.4.1 图块属性应用 ······ 209
9.4.2 动态图块应用 ······ 212
9.5 练习题 ······ 215

第 10 章　图纸布局与打印输出…… 216
10.1　模型空间和图纸空间…… 216
10.1.1　模型空间与图纸空间的概念…… 216
10.1.2　模型空间与图纸空间的切换…… 216
10.2　创建布局…… 218
10.3　页面设置…… 221
10.4　打印输出图形…… 223
10.4.1　打印图形…… 223
10.4.2　输出图形…… 225
10.5　实训…… 225
10.5.1　图形页面设置…… 225
10.5.2　图形输出…… 227
10.6　练习题…… 228
第 11 章　三维图形建模…… 229
11.1　三维绘图基础…… 229
11.1.1　三维模型的分类…… 229
11.1.2　三维建模使用的坐标系…… 229
11.2　三维视图观察…… 231
11.2.1　设置视点…… 231
11.2.2　设置视图…… 232
11.2.3　视点预置…… 232
11.3　创建实体…… 233
11.3.1　长方体…… 233
11.3.2　圆柱体…… 234
11.3.3　圆锥体…… 235
11.3.4　球体…… 236
11.3.5　棱锥体…… 237
11.3.6　楔体…… 238
11.3.7　圆环体…… 239
11.3.8　多段体…… 239
11.4　生成实体…… 241
11.4.1　拉伸实体…… 241
11.4.2　放样实体…… 243
11.4.3　旋转实体…… 245
11.4.4　扫掠实体…… 246
11.5　布尔运算…… 247
11.5.1　并集…… 247
11.5.2　差集…… 248
11.5.3　交集…… 249

11.6 编辑三维对象 …… 250
11.6.1 三维移动 …… 250
11.6.2 三维旋转 …… 251
11.6.3 三维镜像 …… 251
11.6.4 三维阵列 …… 252
11.6.5 倒角 …… 254
11.6.6 圆角 …… 255
11.7 编辑三维实体的面 …… 256
11.7.1 移动面 …… 256
11.7.2 拉伸面 …… 257
11.7.3 倾斜面 …… 257
11.7.4 旋转面 …… 258
11.7.5 偏移面 …… 259
11.8 编辑三维实体 …… 260
11.8.1 剖切 …… 260
11.8.2 抽壳 …… 261
11.9 实训 …… 262
11.9.1 创建“轴承底座”模型 …… 262
11.9.2 创建“休闲椅”模型 …… 263
11.10 练习题 …… 268
第12章 三维图形渲染 …… 270
12.1 设置显示效果 …… 270
12.1.1 视觉样式 …… 270
12.1.2 消隐 …… 271
12.1.3 改变显示精度 …… 272
12.2 使用查看工具 …… 273
12.2.1 三维平移 …… 273
12.2.2 三维缩放 …… 273
12.2.3 动态观察 …… 274
12.2.4 使用 ViewCube 导航 …… 274
12.2.5 使用 SteeringWheels 导航 …… 275
12.3 设置光源 …… 276
12.3.1 设置阳光特性 …… 276
12.3.2 使用人工光源 …… 278
12.4 添加材质 …… 278
12.4.1 材质库 …… 278
12.4.2 调整材质 …… 279
12.4.3 添加材质 …… 280
12.4.4 设置贴图 …… 281

12.5 三维图形渲染 …… 282
12.5.1 快速渲染 …… 282
12.5.2 渲染面域 …… 283
12.5.3 设置渲染环境 …… 284
12.5.4 设置背景 …… 284
12.5.5 设置阴影 …… 286
12.6 实训 …… 287
12.7 练习题 …… 289

第1章 AutoCAD基础知识

AutoCAD 是美国 Autodesk 公司开发的当前最流行的计算机辅助设计软件之一。AutoCAD 从诞生到现在，历经多次升级，功能得到了不断的增强和完善，在设计、绘图和相互协作等方面表现出了强大的技术实力。AutoCAD 拥有良好的用户界面，用户可以通过交互式菜单或命令行的方式进行各种操作，极大地提高了设计人员的工作效率。该软件已经广泛应用于建筑、规划、测绘、机械、电子等领域。

本章主要介绍目前应用最为广泛的 AutoCAD 2010 软件的功能、工作环境、图形文件管理、选择对象的方法、命令执行操作、坐标与坐标系等基础知识，为后面的学习打下基础。

1.1 AutoCAD 2010 软件简介

AutoCAD 2010 是一种辅助设计软件，能够满足通用设计和绘图的需求。软件经过多次版本更新，其功能更加完善，提供了各种接口，可以和其他设计软件共享设计成果，并且能够方便地进行图形文件的管理，更有利于用户快速地实现设计效果。

1.1.1 AutoCAD 2010 主要功能

AutoCAD 2010 的主要功能有以下几个方面。

1）具有强大的图形绘制与编辑功能。用户可以使用多种方式绘制基本图形对象，使用编辑功能还可以方便地创建出更加复杂的图形对象。

2）具有完善的图层管理功能。图形对象都位于预先设定的图层当中，用户可以方便地设定图层的颜色、线型、线宽等特性，还可以方便地控制图层的显示和锁定等特性。

3）具有强大的图形文本注释功能。用户可以创建多种类型的尺寸标注并对标注样式进行自定义设置，还可以方便地对图形添加文字标注和表格。还提供了强大的文字和表格的编辑功能。

4）具有完善的图形输出与打印功能。AutoCAD 支持绝大多数的输出设备并提供了强大的打印输出功能。另外，还可以进行多种图形格式的转换，具有较强的数据交换能力。

5）具有强大的三维建模功能。用户可以使用 AutoCAD 提供的三维建模功能创建基本的三维实体对象和复杂的三维对象，还可通过三维编辑功能来创建更加复杂的三维对象。

6）具有完善的图形渲染功能。用户可通过对光源、材质、环境的设置，得到三维图形的真实效果，可以创建一个能够表达用户想像的真实照片级质量的演示图像。

7）具有完善的图形对象数据和信息查询功能。

8）具有完善的数据交换功能。AutoCAD 提供了多种图形图像数据交换格式及相应命令。

9）具有二次开发和用户定制功能。用户可以根据使用习惯和需要，对 AutoCAD 的工作界面进行设置，并且能够利用 Autolisp、Visual Lisp、VBA、ADS、ARX 等内嵌语言对软件进行二次开发。

在上述 AutoCAD 软件的基本功能的基础上，AutoCAD 2010 软件在用户界面、参数化图形、动态块、三维建模、PDF 和输出、图纸集、自定义与设置等几大方面进行了改进，增加和增强了部分功能。如用户可以借助参数化绘图功能，使 AutoCAD 的对象更加智能化，极大地缩短设计修改时间，提高了工作效率；可以将 PDF 文件作为底图添加到工程图中，如果 PDF 文件中的图形是矢量图，还可以直接捕捉；增强了动态块功能，实现了参数化功能和动态图块功能的集成；增强了图案填充功能；可以使用网格建模功能，增加了网格对象，可以直接创建网格对象，也可以由其他三维对象转化为网格对象。

1.1.2 AutoCAD 2010 软硬件要求

AutoCAD 2010 软件可以在多种操作系统支持的计算机上运行，具有简便易学、精确高效、功能强大等优点，用户可以使用它来创建、浏览、管理、打印、输出、共享设计图形。使用 AutoCAD 2010 软件时，用户需要确保计算机能够满足最低系统需求，如果系统不满足这些需求，则可能会出现运行不正常的情况。安装过程中会自动检测 Windows 操作系统是 32 位还是 64 位版本，然后安装适当的软件版本。AutoCAD 2010 的软硬件需求如表 1-1 所示。

表 1-1　AutoCAD 2010 软硬件需求

32 位系统软硬件需求	操作系统	Windows XP，Microsoft Windows Vista SP1，Microsoft Windows 7
	CPU 类型	Intel Pentium 4 或 AMD Athlon Dual Core 处理器，1.6 GHz 或更高
	内存	1GB RAM 或 2GB RAM
	显示器分辨率	真彩色，1280×1024 像素
	硬盘	安装空间需要 1.0GB
	三维建模其他要求	Intel Pentium 4 或 AMD Athlon 处理器，3.0GHz 或更高；或者 Intel 或 AMD Dual Core 处理器，2.0 GHz 或更高，1 GB RAM 或更大
64 位系统软硬件需求	操作系统	Windows XP，Microsoft Windows Vista SP1，Microsoft Windows 7
	CPU 类型	Intel Pentium 4 或 AMD Athlon Dual Core 处理器，1.6 GHz 或更高
	内存	1GB RAM 或 2GB RAM
	显示器分辨率	真彩色 1280×1024 像素
	硬盘	安装空间需要 1.0GB
	三维建模其他要求	Intel Pentium 4 或 AMD Athlon 处理器，3.0GHz 或更高；或者 Intel 或 AMD Dual Core 处理器，2.0GHz 或更高，1GB RAM 或更大

1.2 AutoCAD 2010 工作界面

AutoCAD 的工作界面是用以显示和编辑图形的区域，AutoCAD 2010 的工作界面继承了 AutoCAD 2009 的基本特点，并在启动选择、菜单栏、工具栏、状态栏等处增加了许多新的选项。

1.2.1 首次启动 AutoCAD 2010

启动 AutoCAD 2010 有多种方法，用户可采用以下方法之一启动 AutoCAD 2010。

1）通过【开始】菜单启动。依次单击【开始】→【所有程序】→【Autodesk】→【AutoCAD 2010 - Simplified Chinese】→【AutoCAD 2010】菜单项 AutoCAD 2010 。

2）双击桌面上的 AutoCAD 2010 图标来启动。

3）通过鼠标双击“.dwg”格式的图形文件，启动 AutoCAD 2010。

第一次启动 AutoCAD 2010 时，系统将会弹出【AutoCAD 2010 初始设置】对话框，首先显示的是欢迎回来消息框，用户可以根据需要选择相应的工作领域，从而对 AutoCAD 2010 工作环境进行自定义。如图 1-1 所示。

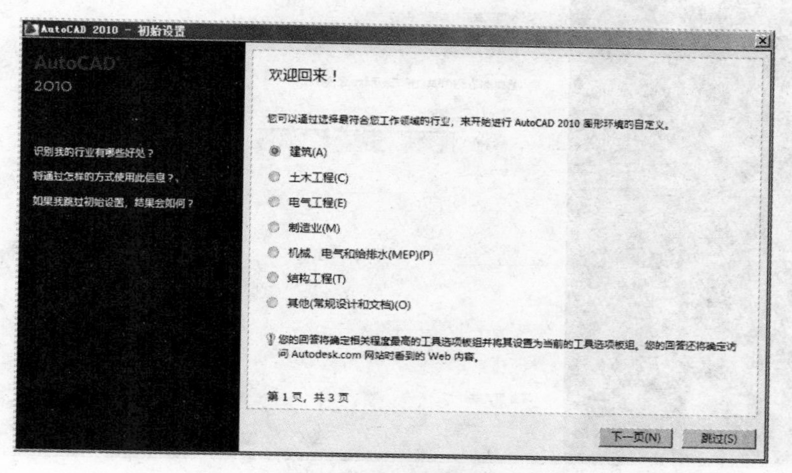

图 1-1 【欢迎回来】消息框

选择相应选项后，单击【下一页】按钮，将会弹出【优化您的默认工作空间】消息框，用户可以在此选择三维建模、真实照片级渲染、检查和标记、图纸集 4 个选项，以便将相应的工具组织到用户的默认工作界面中，使工作空间得到优化。如图 1-2 所示。

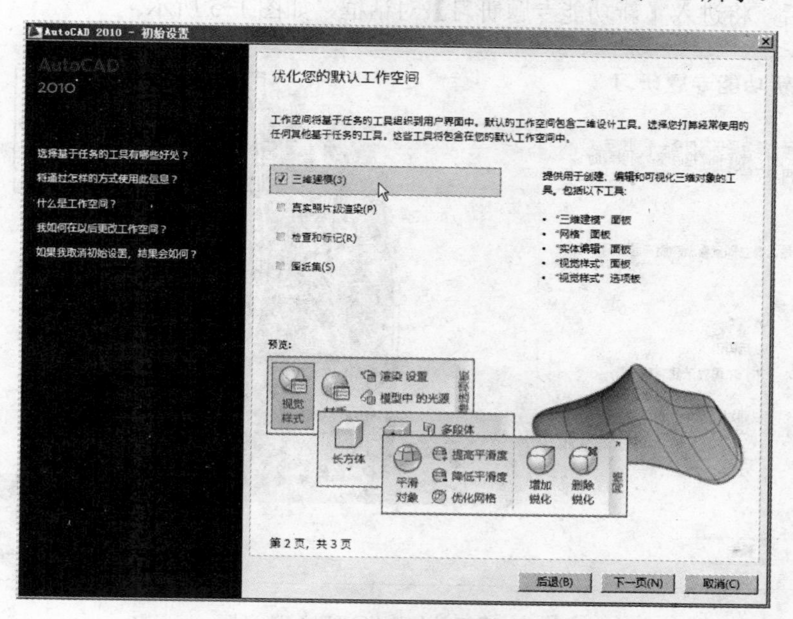

图 1-2 【优化您的默认工作空间】消息框

选择相应选项后，单击【下一页】按钮，将会弹出【指定图形样板文件】消息框，用户可以选择需要的图形样板文件。如图 1-3 所示。

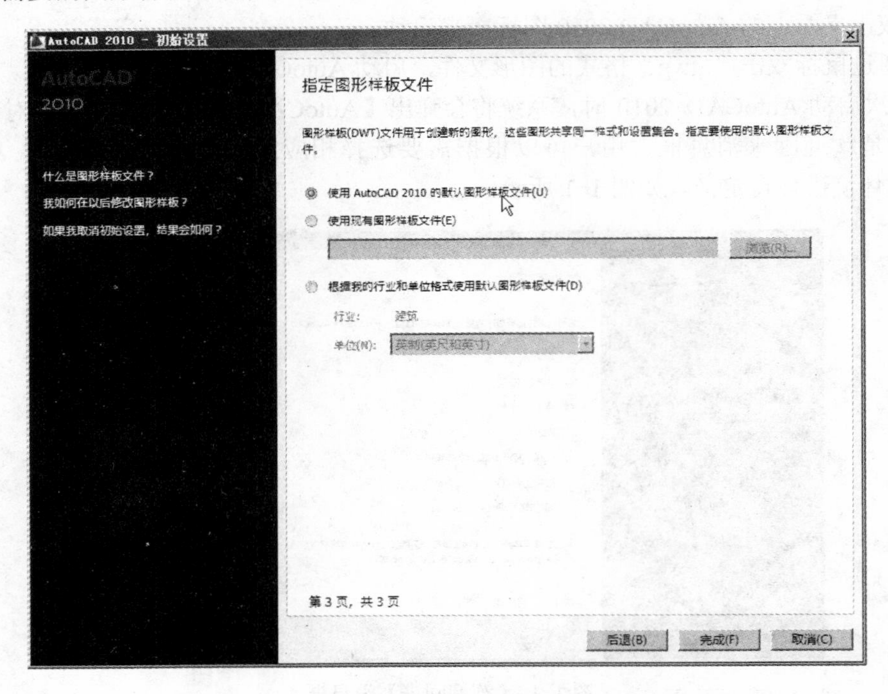

图 1-3 【指定图形样板文件】消息框

选择相应选项后，单击【完成】按钮，将会弹出【新功能专题研习】消息框，用户可以在此选择每次启动程序时是否显示该窗口。如图 1-4 所示。如果选择“是”单选按钮，单击【确定】按钮后，将进入【新功能专题研习】对话框，如图 1-5 所示。

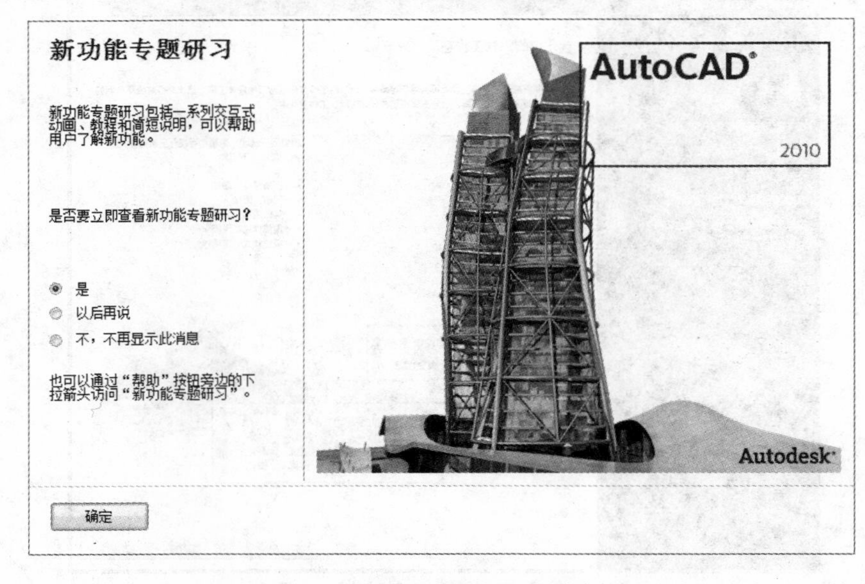

图 1-4 【新功能专题研习】消息框

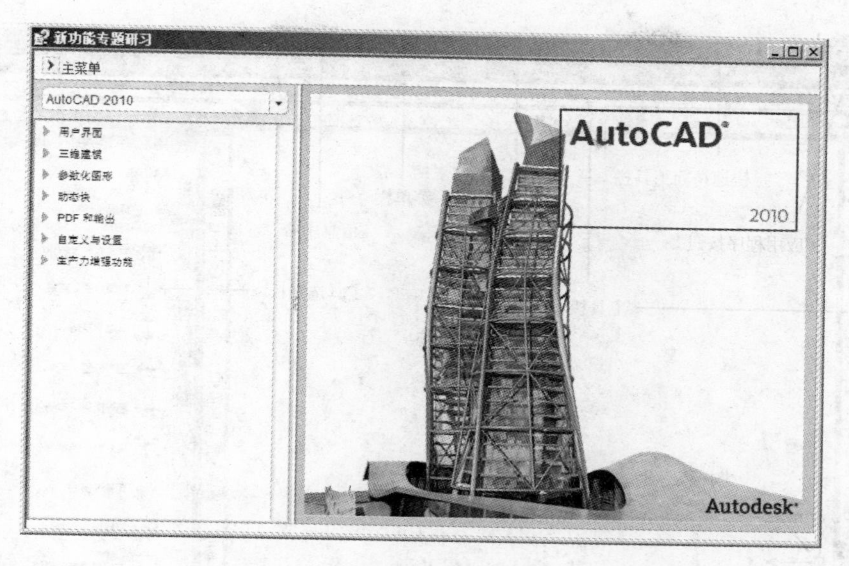

图 1-5 【新功能专题研习】对话框

在【新功能专题研习】对话框中，详细介绍了 AutoCAD 2010 版本增加的新功能，每个功能都带有具体的绘图操作演示和文字说明，是 AutoCAD 用户学习新功能的方便途径。

1.2.2 工作空间的切换

工作空间是由分组组织的菜单栏、工具栏、选项板和功能区控制面板组成的集合，用户可将它们进行编组和重新组织来创建一个面向任务的绘图环境，以便在定制的、面向任务的绘图环境中工作。使用工作空间时，只会显示与任务相关的菜单栏、工具栏和选项板。此外，工作空间还可以自动显示【功能区】，即带有特定于任务的控制面板的特殊选项板。

AutoCAD 2010 提供了 4 种用户工作空间，分别是【AutoCAD 经典】、【初始设置工作空间】、【二维草图与注释】、【三维建模】，用户可通过窗口右下角的【切换工作空间】快捷菜单或窗口左上角【快速启动工具栏】中的【工作空间下拉菜单】进行切换。如图 1-6 所示。

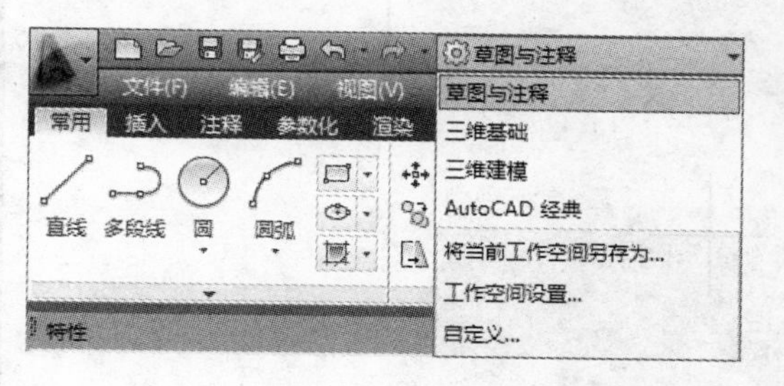

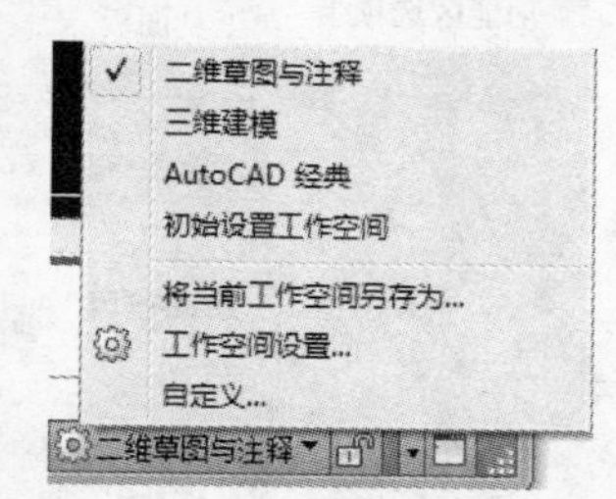

图 1-6　工作空间的切换

用户还可根据个人需要来进行自定义工作空间。当用户更改工作空间设置（例如移动、隐藏或显示工具栏或工具选项板组）并希望保留该设置以备将来使用时，可以将当前设置保存到工作空间中。

当用户将工作空间切换至【AutoCAD 经典】时，程序界面将切换为如图 1-7 所示的状态。

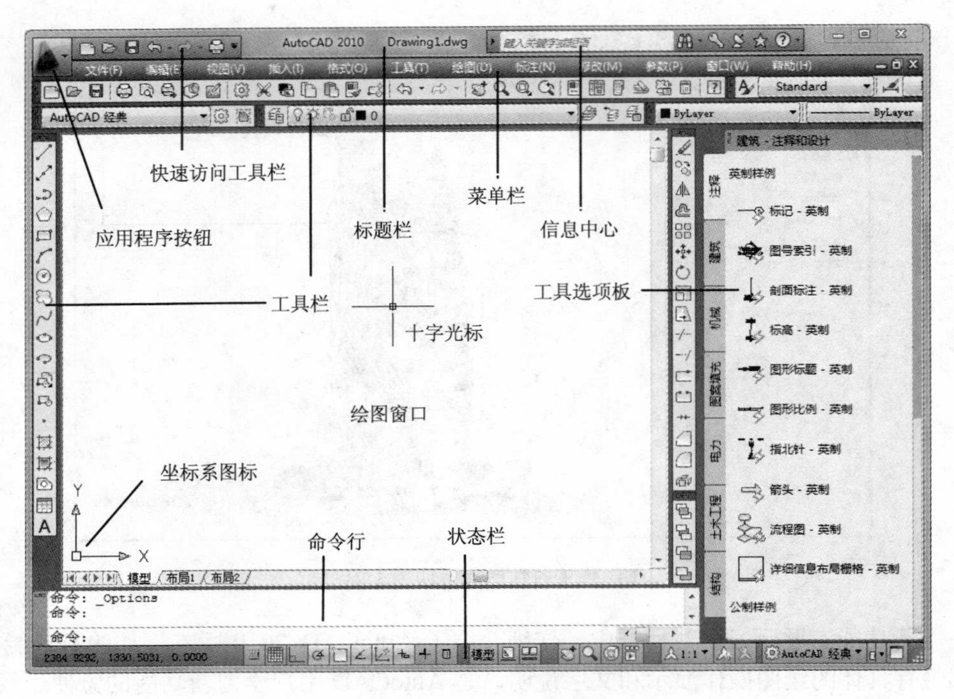

图 1-7 【AutoCAD 经典】工作空间

当用户将工作空间切换至【二维草图与注释】时，程序界面将切换为如图 1-8 所示的状态。此工作界面主要用于二维草图的绘制并进行文字与尺寸的注释。

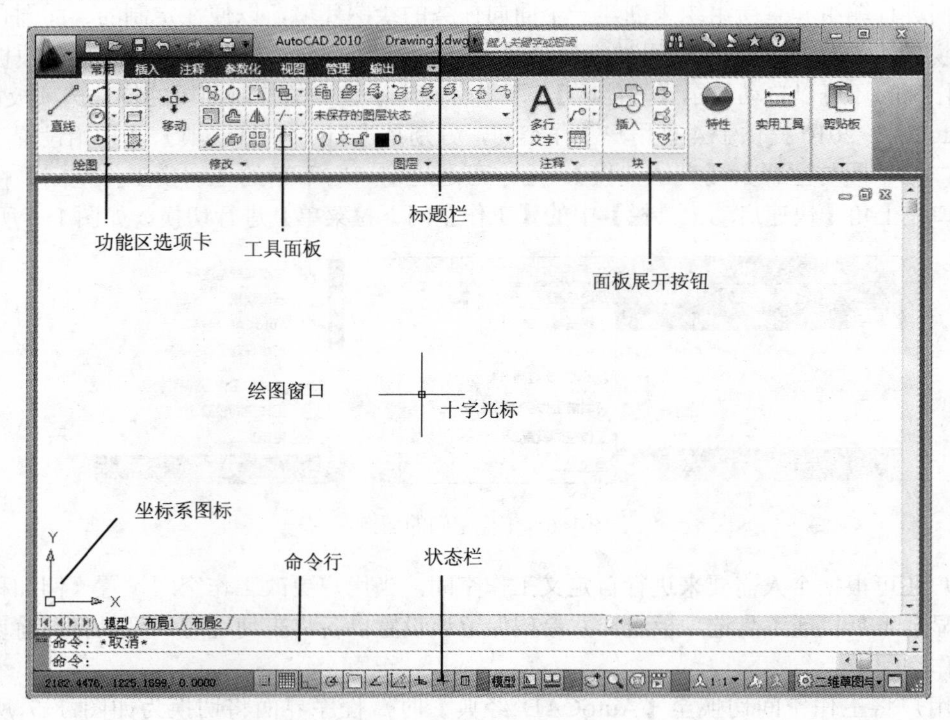

图 1-8 【二维草图与注释】工作空间

当用户将工作空间切换至【初始设置】工作空间时，程序界面将切换为如图 1-9 所示的状态。此界面是基于用户在安装 AutoCAD 2010 过程中选择的行业及工作描述所产生的初始设置，在使用过程中用户还可根据需要对工作空间进行调整。

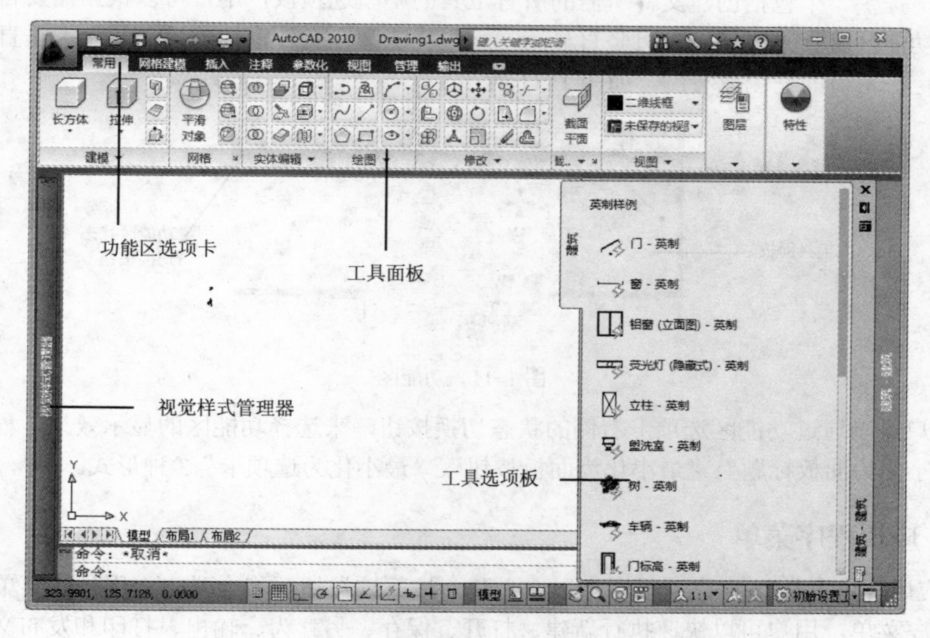

图 1-9 【初始设置】工作空间

当用户将工作空间切换至【三维建模】时，程序界面将切换为如图 1-10 所示的状态。该界面提供了三维建模的相关命令。

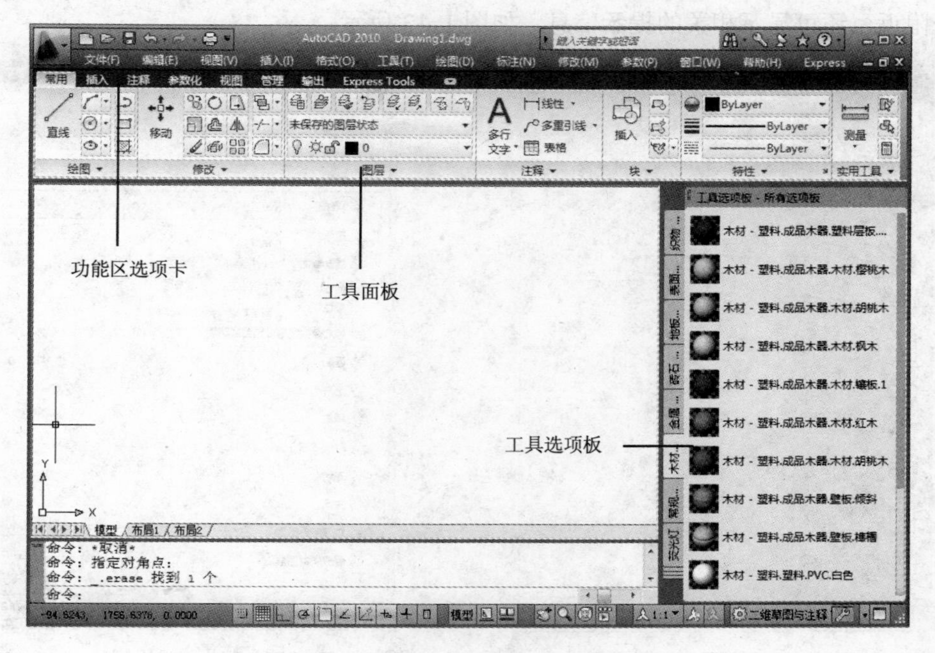

图 1-10 【三维建模】工作空间

1.2.3　功能区

功能区是显示基于任务的命令和控件的选项板。在创建或打开文件时，程序会自动显示功能区，提供一个包括创建文件所需的所有工具的小型选项板，用户可以根据需要自定义功能区。功能区可水平显示，也可竖直显示。水平功能区在文件窗口的顶部显示。垂直功能区一般固定在窗口的左侧或右侧。如图 1-11 所示。

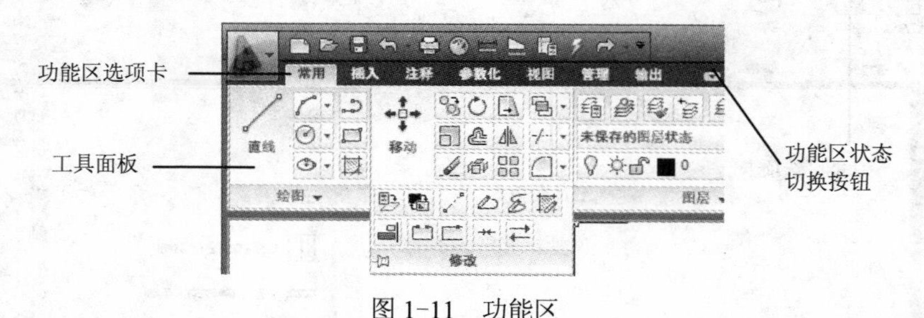

图 1-11　功能区

用户可以通过功能区选项卡右侧的状态切换按钮，来选择功能区的显示效果，程序提供有“最小化为面板标题”、“最小化为面板按钮”、“最小化为选项卡”3 种形式。

1.2.4　应用程序菜单

【应用程序】按钮位于程序窗口左上角，按下该按钮后将会弹出应用程序菜单。通过应用程序菜单，用户可以快速执行新建、打开、保存、另存为、输出、打印和发布文件等命令，如图 1-12 所示。

在应用程序菜单中提供了命令搜索功能，搜索字段显示在应用程序菜单顶部的搜索文本框中。搜索结果可以包括菜单命令、基本工具提示和命令提示文字字符串。若将鼠标悬停在某命令附近，还可显示相关的提示信息。如图 1-13 所示。

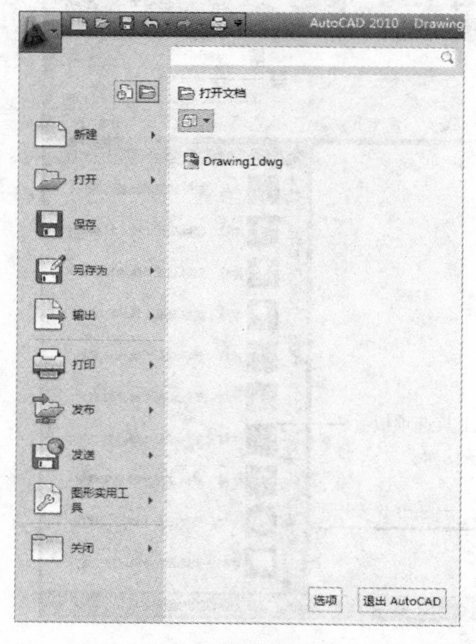

图 1-12 【应用程序】菜单

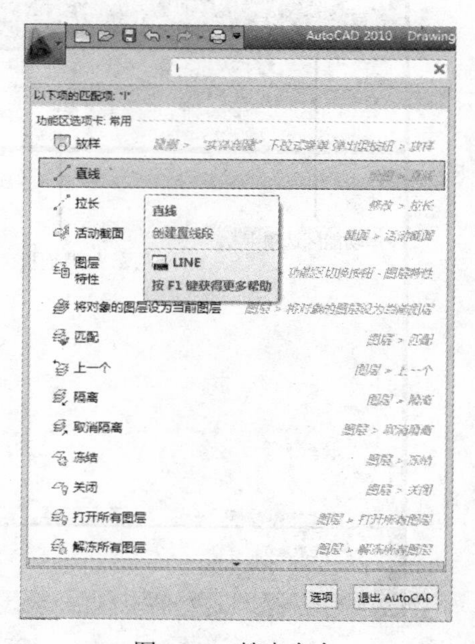

图 1-13　搜索命令

用户也可以在此查看最近使用的文档、已打开的文档，并能够对文档进行预览，当用户将光标悬停在其中一个列表中的文件上时，将显示文件的预览与相关信息，如保存文件的路径、上次修改文件的日期、用于创建文件的产品版本、上次保存文件的人员姓名、当前编辑文件的人员姓名等。如图 1-14 所示。

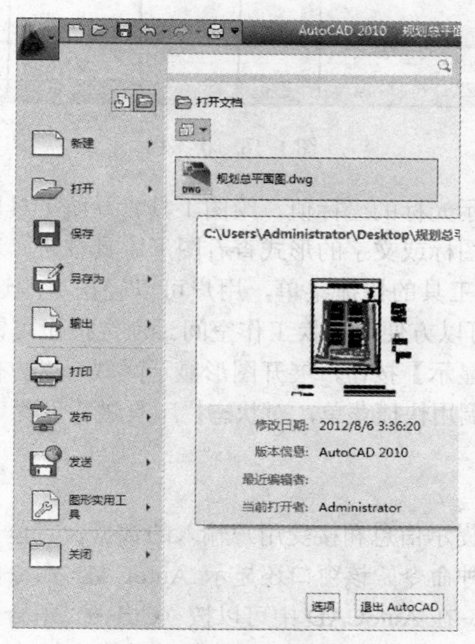

图 1-14　查看文档信息

1.2.5　快速访问工具栏

【快速访问工具栏】位于应用程序窗口顶部，用户可通过【快速访问工具栏】快速执行相关命令，以提高工作效率，如图 1-15 所示。

在【快速访问工具栏】中显示有新建、打开、保存、打印、放弃和重做等命令按钮。用户还可以根据需要对【快速访问工具栏】添加、删除和重新定位命令及控件，以按照用户的工作方式对用户界面元素进行适当调整。用户还可以将下拉菜单和分隔符添加到组中，并组织相关的命令。用户可以通过快速访问工具栏右侧的下拉箭头按钮对其进行自定义，在此还可以选择是否显示传统的【菜单栏】，以及快速访问工具栏的显示位置是在功能区的上方还是下方。

图 1-15　【快速访问工具栏】

a) 快速访问工具栏　b) 快捷菜单

1.2.6　状态栏

状态栏位于窗口的底部，用于显示坐标和提示信息等，同时还提供了一系列的控制按钮，如图 1-16 所示。

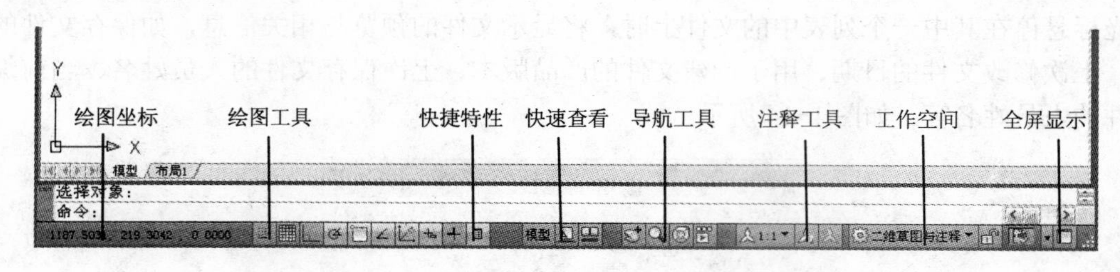

图 1-16　状态栏

应用程序状态栏可显示光标的坐标值、绘图工具、导航工具以及用于快速查看和注释缩放的工具。用户可以通过图标或文字的形式查看图形工具按钮。通过捕捉工具、极轴工具、对象捕捉工具和对象追踪工具的快捷菜单，用户可以轻松更改这些绘图工具的设置。通过【工作空间】按钮，用户可以方便地切换工作空间。锁定按钮可锁定工具栏和窗口的当前位置。用户也可单击【全屏显示】按钮，展开图形显示区域，以方便绘图。用户可通过在状态栏的空白处单击鼠标右键调用快捷菜单，对状态栏工具进行设置。如图 1-17 所示。

1.2.7　命令窗口

该窗口主要用于显示提示信息和接受用户输入的数据，它位于绘图界面的最下方。用户可在命令行提示中输入各种命令。该窗口还显示 AutoCAD 命令的提示及有关信息，并可查阅和复制命令的历史记录。在 AutoCAD 中可以按〈Ctrl+9〉组合键来控制命令窗口的显示和隐藏。当按住命令行左侧的标题栏进行拖动时，将使其成为浮动面板，如图 1-18 所示。

图 1-17　状态栏快捷菜单

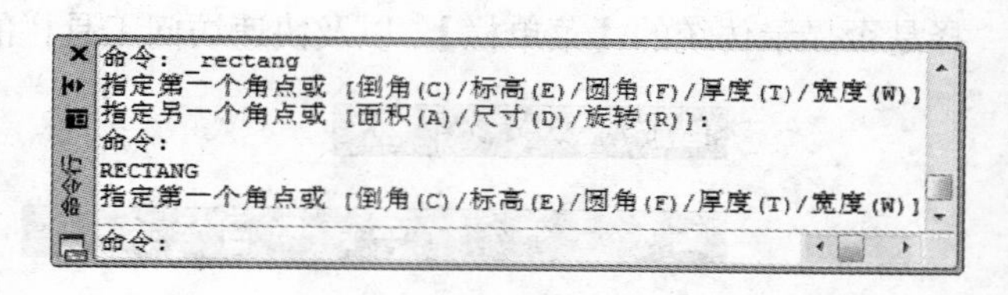

图 1-18　命令窗口

1.2.8　工具选项板

工具选项板提供了一种用来组织、共享和放置块、图案填充及其他工具的有效方法，用户可以通过菜单栏的工具下拉菜单调用工具选项板。工具选项板还可以包含由第三方开发人员提供的自定义工具。如图 1-19 所示。

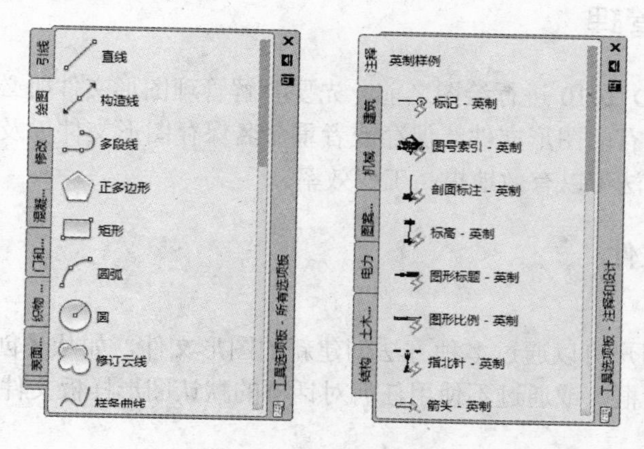

图 1-19　工具选项板

1.2.9　工具栏

在 AutoCAD 2010 中，除了通过功能区提供的工具面板和命令窗口可以执行各种命令，用户还可以利用工具栏来完成命令操作。工具栏是由一系列图标按钮构成的，每个图标按钮都形象地表示了一个 AutoCAD 命令。用户可通过选择【工具】菜单下的【工具栏】选项调用 AutoCAD 提供的工具栏，另外用户也可以在已有的工具栏空白处单击鼠标右键，在弹出的快捷菜单中调用工具栏。使用工具栏上的图标按钮，用户可以启动命令以及显示弹出工具栏和工具提示信息，将光标移到工具栏按钮上时，工具提示将会显示命令按钮的名称。用户可以创建自定义工具栏，以便提高绘图效率。

工具栏能够以浮动或固定的方式显示，用户也可以将浮动工具栏拖动至新位置或将其固定，工具栏可以固定在绘图区域的任意一侧。如图 1-20 所示。

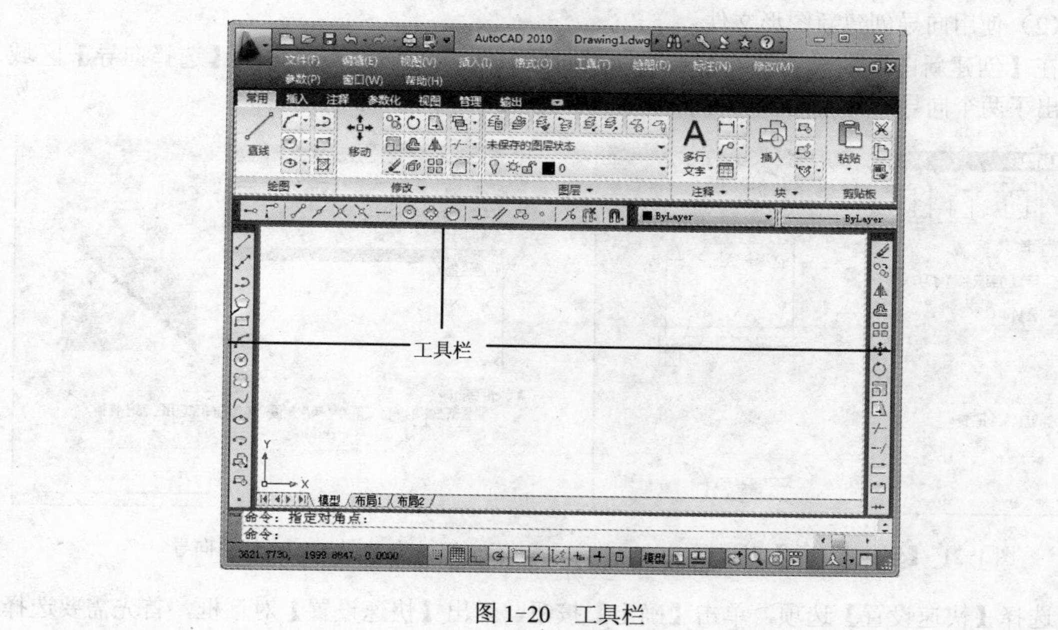

图 1-20　工具栏

1.3 图形文件管理

在使用 AutoCAD 2010 进行绘图之前，先要了解管理图形文件所必需的操作命令，即创建图形文件、打开现有的图形文件、保存或者重命名保存图形文件以及获得帮助等。熟悉这些图形文件的管理方法可以有效地提高工作效率。

1.3.1 创建图形文件

1．功能

使用该命令，用户可以通过多种方法创建新的图形文件，如从【创建新图形】对话框、从【选择样板】对话框，或通过不使用任何对话框的默认图形样板文件创建新的图形文件。

2．命令调用

用户可采用以下操作方法之一调用创建图形命令。

1）单击【应用程序】按钮，在弹出的菜单中选择【新建】按钮。

2）单击【快速访问工具栏】中的【新建】按钮。

3）在命令行中输入“New”，按〈Enter〉键执行命令。

4）按键盘组合键〈Ctrl+N〉执行命令。

3．命令操作

执行该命令，若用户将【Startup】和【Filedia】系统变量均设置为 1，将会弹出【创建新图形】对话框，反之则会弹出【选择样板】对话框。通过【创建新图形】对话框创建新图形文件的方法有以下 3 种。

（1）默认方式创建新的图形文件

在【创建新图形】对话框中，单击【从草图开始】按钮，表示使用默认设置新建一幅空白图形。如图 1-21 所示。

（2）使用向导创建新图形文件

在【创建新图形】对话框中单击【使用向导】按钮，在对话框的【选择向导】区域中给出了两个向导，即【高级设置】和【快速设置】，如图 1-22 所示。

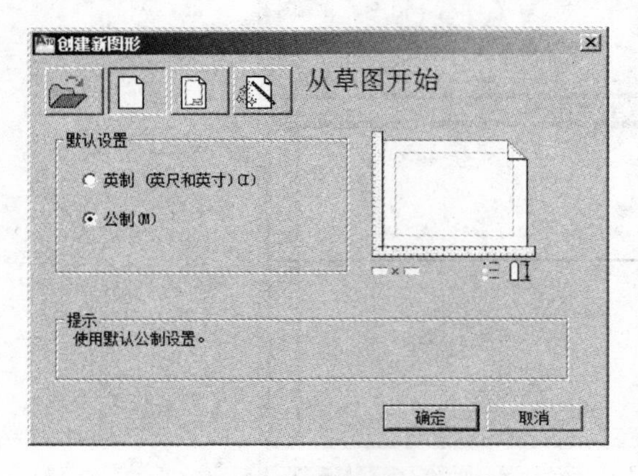

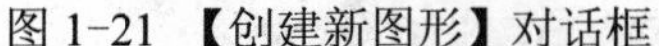
图 1-21 【创建新图形】对话框

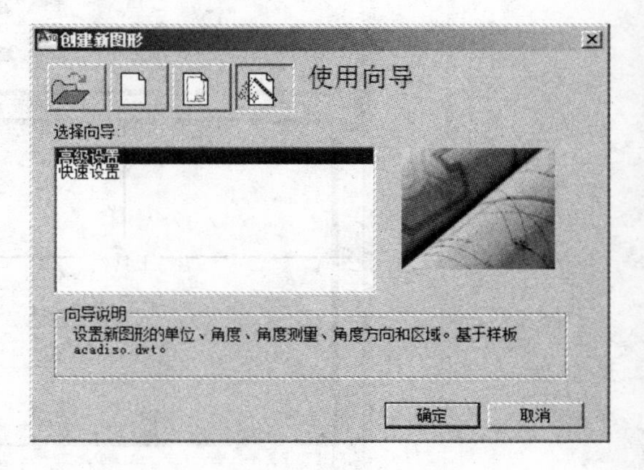

图 1-22 使用向导

选择【快速设置】选项，单击【确定】按钮，弹出【快速设置】对话框，首先需要选择测量单位，单位是指用户输入以及程序显示坐标和测量所采用的格式，一般选择为“小数”。如图 1-23 所示。

单击【下一步】按钮，设置绘图区域，区域是指按绘制图形的实际比例单位表示的宽度和长度，此设置还将限定栅格点所覆盖的绘图区域，如图 1-24 所示。

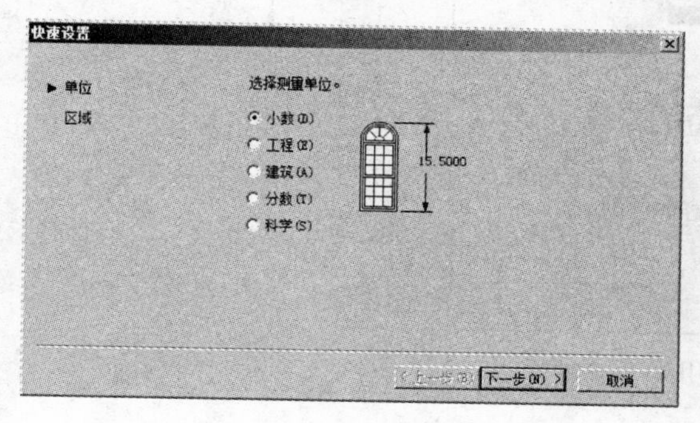

图 1-23　测量单位设置

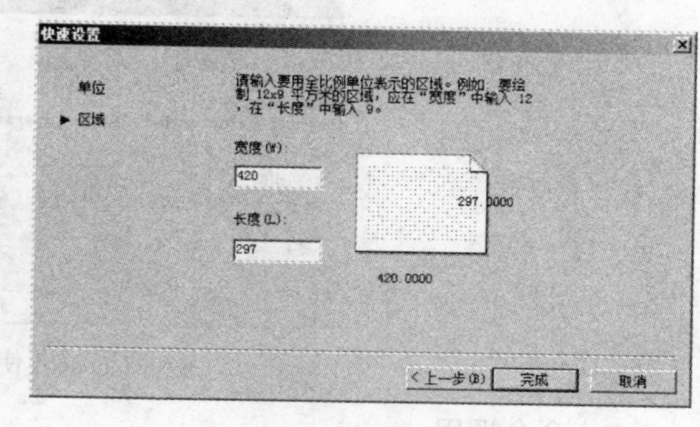

图 1-24　绘图区域设置

若在【创建新图形】对话框中选择【高级设置】选项，单击【确定】按钮，则会弹出【高级设置】对话框。在其左侧区域会多出 3 个设置项，即“角度”、“角度测量”和“角度方向”。一般情况下，角度选择为“十进制度数”，角度测量的起始方向选为“东”，角度方向选为“逆时针”，如图 1-25 所示。

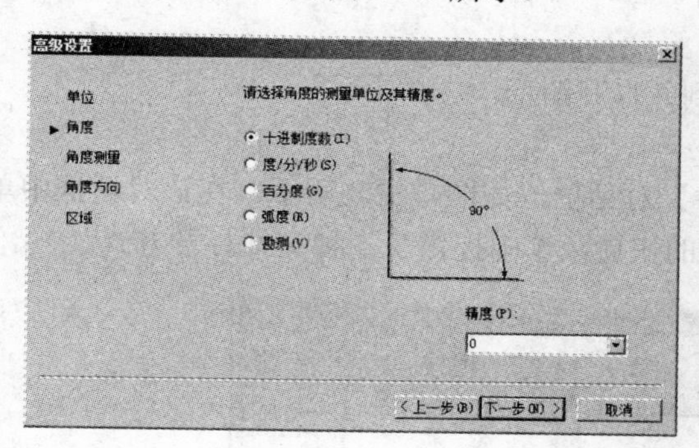

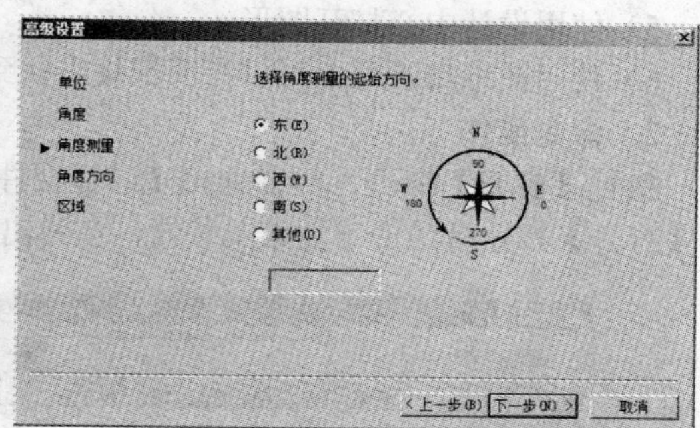

图 1-25　角度设置

完成以上设置，单击【完成】按钮，进入工作界面，即完成了新图形文件的创建。

（3）使用样板文件创建新图形

样板图形是预先对绘图环境进行了设置的“图形模板”，通过创建或自定义样板文件可避免重复性的设置工作。样板文件中通常包含有与绘图相关的一些通用设置，如单位类型和精度、栅格界限、图层、线型、文字样式、尺寸标注样式等，还可以包括一些通用图形对象，如标题栏、图框等。用户在命令行中输入“New”或在对话框中单击【使用样板】按钮 ，即可调用样板文件，如图 1-26 所示。

1.3.2　打开图形文件

1．功能

在实际的图形绘制过程中，用户经常需要打开原有的图形文件进行编辑和修改。

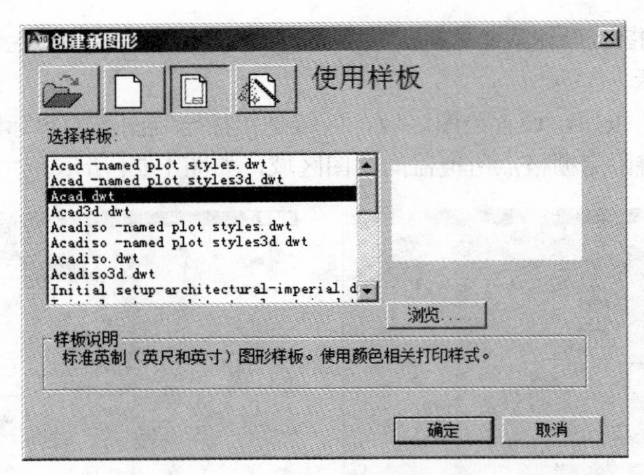

图 1-26　使用样板文件

2．命令调用

用户可采用以下操作方法之一调用打开图形命令。

1）单击【应用程序】按钮，在弹出的菜单中选择【打开】按钮。

2）单击【快速访问工具栏】中的【打开】按钮。

3）在命令行中输入"Open"，按〈Enter〉键执行命令。

4）按键盘组合键〈Ctrl+O〉打开图形文件。

5）使用设计中心打开图形。

6）使用图纸集管理器可以在图纸集中找到并打开图形。

3．命令操作

执行【打开】命令，将会弹出【选择文件】对话框，如图 1-27 所示。在该对话框中单击【打开】按钮旁边的下拉菜单按钮，在弹出的快捷菜单中提供了 4 种文件打开方式。

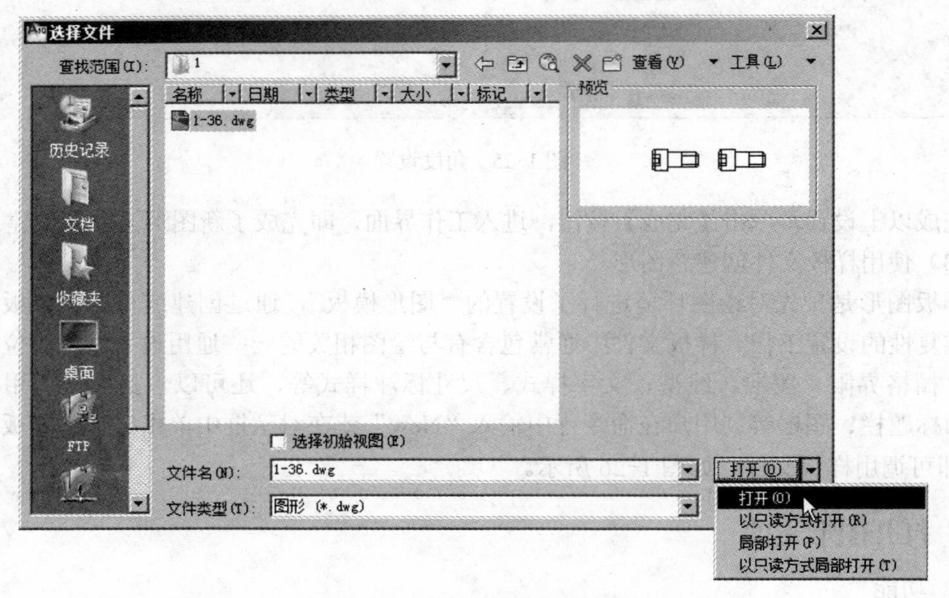

图 1-27　【选择文件】对话框

（1）打开

该方式是打开图形文件时最常见的操作方式，在【选择文件】对话框中双击图形文件即可打开图形，或单击【打开】按钮打开当前所指定的图形文件。

（2）以只读方式打开

该打开方式是将文件以只读的方式打开，用户可对其进行编辑操作。但是编辑后不能直接以原文件名存盘，可另存为其他名称的图形文件。

（3）局部打开

局部打开是有选择地打开图形中的部分内容。执行该命令，将会弹出【局部打开】对话框，如图 1-28 所示。当用户处理较大的图形文件时，可以利用局部打开命令来提高软件的工作效率。

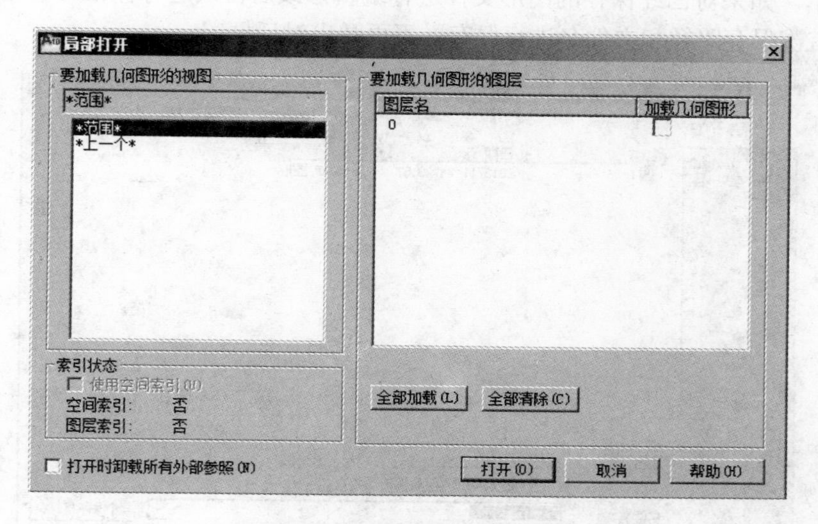

图 1-28 【局部打开】对话框

（4）以只读方式局部打开

该方式与局部打开文件一样，并且对当前图形进行的编辑操作，只可另存为其他名称的图形文件，无法直接保存。

1.3.3 保存图形文件

1．功能

与使用其他 Microsoft Windows 应用程序一样，使用 AutoCAD 进行图形绘制后需要保存图形文件以便日后使用。用户可以设置自动保存、备份文件以及仅保存选定的对象。AutoCAD 2010 图形文档的文件扩展名为“.dwg”，除非更改保存图形文件所使用的默认文件格式，否则将使用最新的图形文件格式保存图形。

在 AutoCAD 2010 中图形文档默认的文件类型为“AutoCAD 2010 图形”，用户也可以将图形文档保存为传统图形文件格式（AutoCAD 2007 或早期版本），但是早期版本的图形文档不支持大于 256MB 的对象。通过 AutoCAD 2010 图形文件格式，这些限制已删除，从而使用户可以保存容量更大的对象。用户可以使用【Largeobjectsupport】系统变量控制保存图形时使用的图形对象大小限制。需要注意的是，在对图形进行处理时，用户应当经常进行保存操作。保存操作可以在出现电源故障或发生其他意外事件时防止图形及其数据丢失。

2．命令调用

用户可采用以下操作方法之一调用保存图形命令。

1）单击【应用程序】按钮，在弹出的菜单中选择【保存】按钮。

2）单击【快速访问工具栏】中的【保存】按钮。

3）在命令行中输入“Save”，按〈Enter〉键执行命令。

4）按键盘组合键〈Ctrl+S〉保存图形文件。

3．命令操作

如果当前的图形文件是首次执行【保存】命令，将会弹出【图形另存为】对话框，如图 1-29 所示。如果对已经保存的图形文件进行编辑修改后再次进行保存时，程序则直接按原有文件的首次保存路径和文件名进行保存，不再弹出对话框。

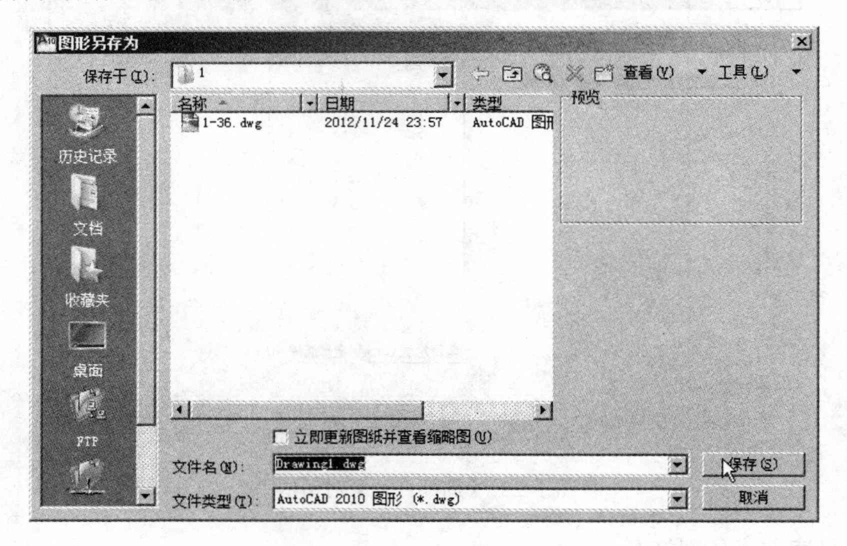

图 1-29 【图形另存为】对话框

1.4 选择对象

要对绘制的图形对象进行编辑修改操作时，首先需要定义用以编辑修改的图形对象，用户需要掌握选择图形对象的方法。用户可以设置在 AutoCAD 中选择对象时，对象被选择的预览效果、选择后的显示效果以及编辑操作与选取对象之间的相应顺序等。下面对选择对象的方式进行详细介绍，如点选、框选、栏选和快速选择等。

1.4.1 设置选择集

1．功能

通过设置选择集的选项，用户可以根据个人使用习惯对拾取框、夹点显示以及选择视觉效果等方面选项进行详细的设置，从而可以提高选择对象时的准确性和速度，达到提高绘图效率和精确度的目的。

2．命令调用

用户可采用以下操作方法之一调用设置选择集命令。

1）在菜单栏选择【工具】→【选项】选项，在打开的【选项】对话框中选择【选择集】选项卡进行设置。

2）单击【应用程序按钮】→【选项】，在打开的【选项】对话框中选择【选择集】选项卡进行设置。

3）在命令行输入“Options”，按〈Enter〉键执行命令，在打开的【选项】对话框中选择【选择集】选项卡进行设置。

3．命令操作

执行该命令，程序将会弹出【选择集】选项卡，如图 1-30 所示。该选项卡中各选项组的作用如下。

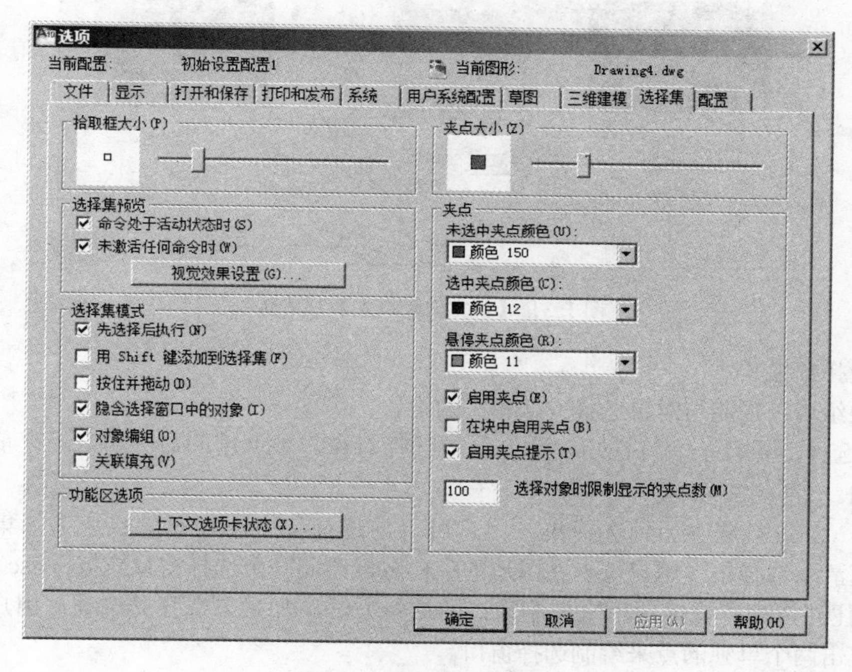

图 1-30 【选项】对话框

（1）拾取框和夹点大小

拾取框是十字光标中部用来确定拾取对象的方形图框。夹点是图形对象被选中后，处于对象端部、中点或控制点处的矩形或圆锥形实心标识。拖动夹点，可对图形对象的长度、位置或弧度等进行手动调整。

拖动【拾取框大小】选项组中的调整滑块，即可改变拾取框的大小，并且在拖动滑块的过程中，其左侧的调整框预览图标将动态显示调整框的大小。在选择对象时，只有处于拾取框内的图形对象才会被选取。因此在绘制较为简单的图形时，可以将拾取框调大，以便选取图形对象。用户在绘制复杂图形对象时，可适当调小拾取框大小，以免误选取图形对象。

夹点可以标识图形对象的选取情况，还可以通过拖动夹点的位置，对选取的对象进行相应的编辑。用户可以适当地将夹点调大，以方便在利用夹点编辑图形时选取夹点。夹点的调整方法和拾取框大小的调整方法相同，都是拖动调整滑块进行调整的。

（2）选择集预览

选择集预览就是当光标的拾取框移动到图形对象上时，图形对象以加粗或虚线的形式显示为预览效果。启用【命令处于活动状态时】复选框，只有某个命令处于激活状态，并在命令提示行中显示【选取对象】提示信息时，将拾取框移动到图形对象上，该对象才会显示选择预览。启用【未激活任何命令时】复选框，其作用与上述复选框相反，即启用该复选框时，只在没有任何命令处于激活状态时，才会显示选择预览。

若用户单击【视觉效果设置】按钮，将打开【视觉效果设置】对话框，如图 1-31 所示。用户可以在此对选择对象的显示效果进行设置。

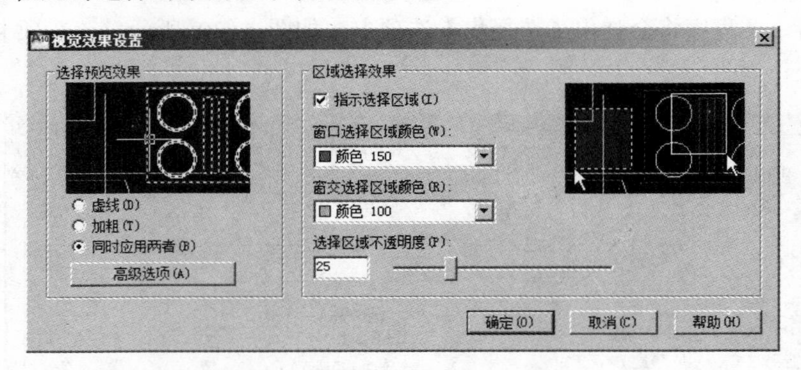

图 1-31 【视觉效果设置】对话框

（3）选择集模式

该选项组用以控制与对象选择方法相关的设置。

1）先选择后执行：允许在启动命令之前选择对象。被调用的命令将会对之前选定的对象产生影响。

2）用〈Shift〉键添加到选择集：用户可以向选择集中添加对象或从选择集中删除对象。要快速清除选择集，用户可以在图形的空白区域绘制一个选择窗口或按〈Esc〉键。

3）按住并拖动：该选项用来控制窗口的选择方法。如果未选择此选项，用户则可以用定点设备单击两个单独的点来绘制选择窗口。

4）隐含选择窗口中的对象：当用户在对象外单击了一点时，程序将初始化选择窗口中的图形。当用户从左向右绘制选择窗口将选择完全处于窗口边界内的对象。从右向左绘制选择窗口将选择处于窗口边界内以及与边界相交的对象。

5）对象编组：当用户选择编组中的一个对象时，也同时选择了编组中的所有对象。用户可以使用“Group”命令创建和命名一组选择对象。

6）关联填充：确定选择关联填充时将选定哪些对象。如果选择该选项，那么选择关联填充时还可选定边界对象。

1.4.2 选择对象的方法

1. 单击选择对象

使用该方式选择对象时，一次只能选择一个对象。单击选择对象是最简单和最常用的选择方式。直接用十字光标在绘图区域中单击该对象即可完成对象的选取操作，连续单击不同的对象则可以同时选择多个对象。当命令窗口出现“选择对象”命令提示时再选择要编辑的对象，被选中的对象将会以虚线的方式显示。效果如图 1-32 所示。

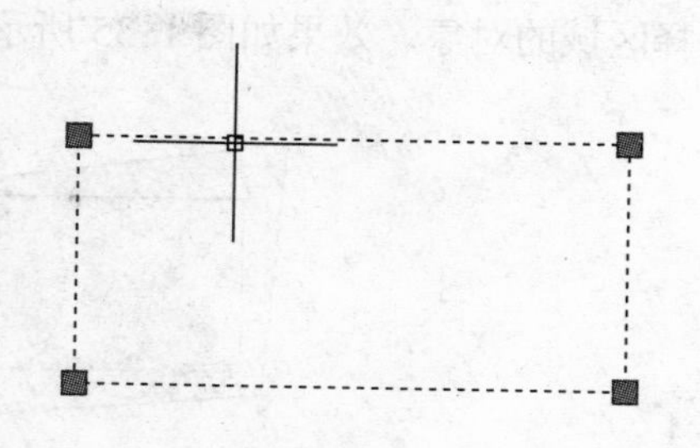

图 1-32 点选对象

2．指定矩形选择区域

当用户要选择的图形对象较多且较为复杂时，可以使用该方式来选择对象，以提高选择对象的效率。用户可以通过指定矩形选择框的对角点来定义矩形区域，选择区域背景的颜色将更改为透明色。在 AutoCAD 中的指定矩形选择区域来选择对象的方式分为“窗口选择”和“窗交选择”两种。如图 1-33 所示。

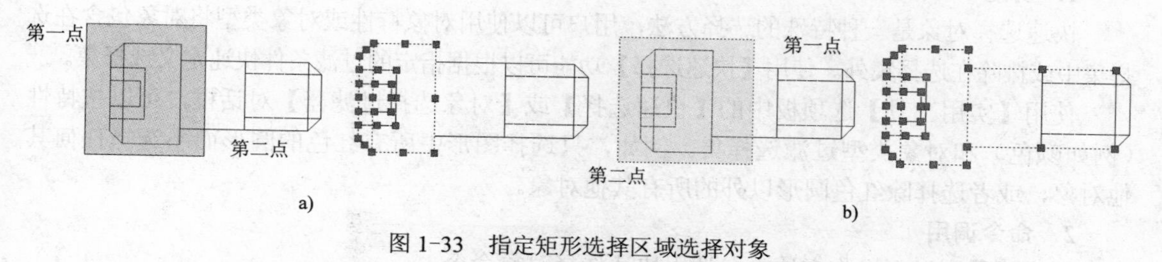

a) b)

图 1-33 指定矩形选择区域选择对象

a) 窗口选择 b) 窗交选择

【窗口选择】：将鼠标光标移动到图形对象的左侧，按住鼠标左键不放，向右侧拖动，释放鼠标后，即可选择完全位于浅蓝色矩形选择区域中的对象。

【窗交选择】：将鼠标光标移动到图形对象的右侧，按住鼠标左键不放，向左侧拖动，释放鼠标后，与浅绿色矩形选择区域相交或完全包围的所有对象都将被选取。

3．栏选对象

使用该选取方式，用户可以绘制一条由一段或多段直线组成的任意折线，凡是与折线相交的图形对象均会被选取。利用该方式选择连续性目标非常方便，但是栏选不能封闭或相交。在复杂图形中，可以使用选择栏。选择栏的外观类似于多段线，仅选择它经过的对象。

在执行命令过程中，当出现“选择对象或〈全部选择〉:”命令提示时，在命令行的提示后输入“F”并按〈Enter〉键即可调用栏选对象。效果如图 1-34 所示。

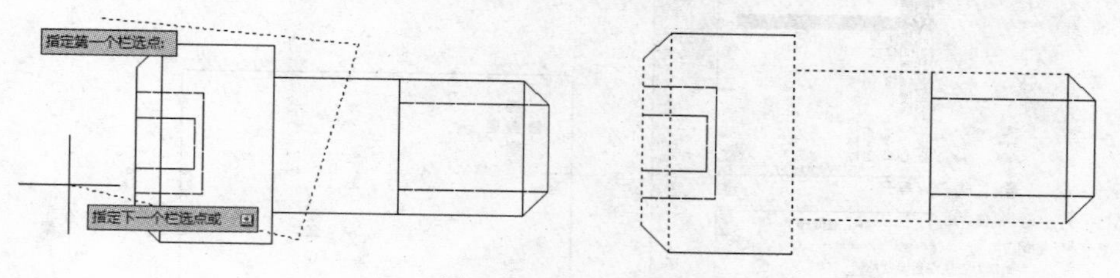

图 1-34 栏选对象

4．指定不规则形状的选择区域

用户可通过多个指定点来定义一个形状不规则的选择区域。使用窗口多边形选择方式可选择完全封闭在选择区域中的对象。使用交叉多边形选择方式可以选择完全包含于或经过选择区域的对象。效果如图 1-35 所示。

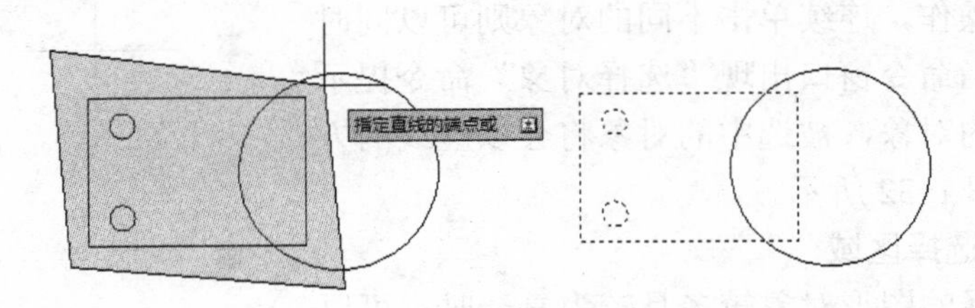

图 1-35　指定不规则形状的选择区域

1.4.3　快速选择对象

1．功能

快速选择对象是一种特殊的选择方法，用户可以使用对象特性或对象类型将对象包含在选择集中或排除在选择集外。使用【快速选择】功能可以根据指定的过滤条件快速定义选择集。

使用【实用工具】选项板中的【快速选择】或【对象选择过滤器】对话框，可以按特性（例如颜色）和对象类型过滤选择集。例如，只选择图形中所有红色的圆形而不选择任何其他对象，或者选择除红色圆形以外的所有其他对象。

2．命令调用

用户可采用以下操作方法之一调用快速选择对象命令。

1）在功能区选择【实用工具】→【快速选择】命令按钮。

2）在菜单栏中选择【工具】→【快速选择】选项。

3）在命令行中输入“Qselect”命令，按〈Enter〉键执行。

3．命令操作

执行上述命令，程序将弹出如图 1-36 所示的【快速选择】对话框，用户在该对话框中设置指定对象的应用范围、对象类型、特性以及想指定类型所对应的值等选项后，单击【确定】按钮，即可完成对象的快速选择。如在【快速选择】对话框中选择【对象类型】为圆，【特性】为颜色，【值】为蓝，执行命令后即可选中图形中的相应对象。

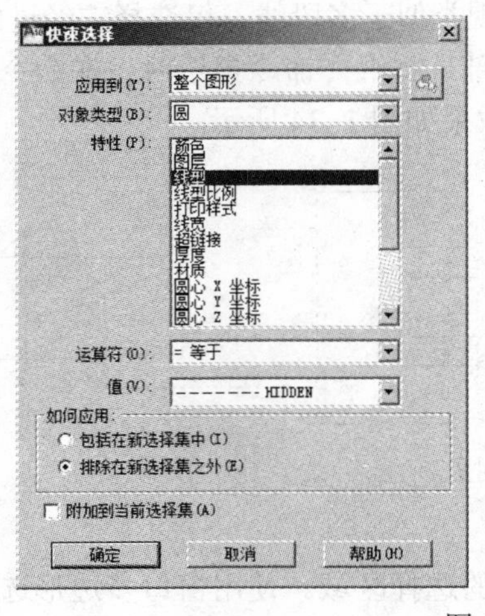

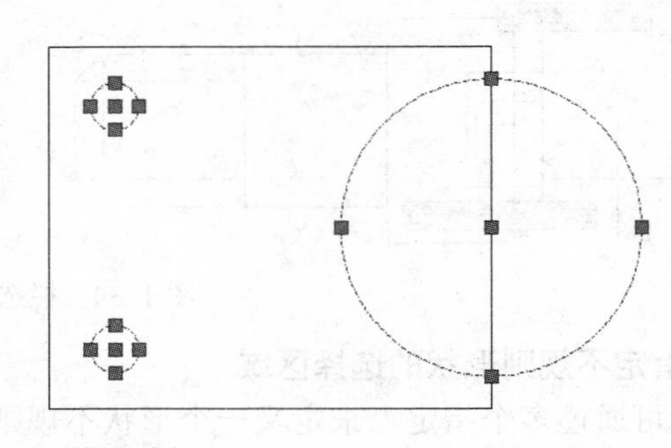

图 1-36　快速选择

1.5 命令的基本操作

用户在 AutoCAD 系统中工作时，执行命令的方法有很多种，用户可以根据实际应用的需要和自己的使用习惯进行调用。如可以通过应用程序菜单、快速访问工具栏、功能区面板、右键快捷菜单、动态命令窗口、命令行窗口来输入 AutoCAD 命令。无论使用哪种方式执行命令，AutoCAD 都会以同样的方式执行命令，并在命令提示行中显示命令的执行信息，或弹出相应的对话框，并提示用户进行下一步操作。如图 1-37 所示。

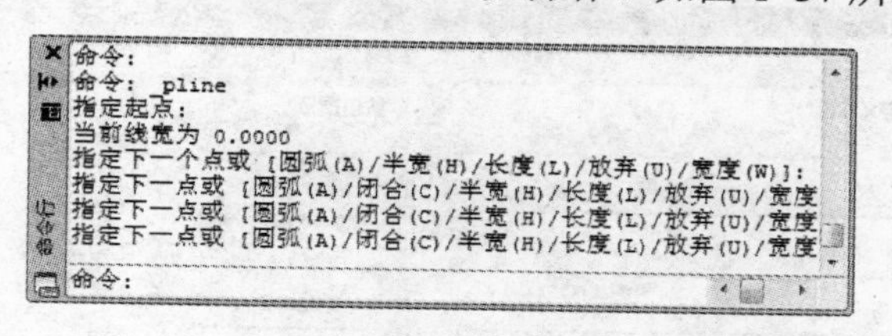

图 1-37　命令提示窗口

1.5.1 应用程序菜单输入命令

用户可在应用程序菜单中输入命令操作，搜索字段显示在应用程序菜单的顶部。搜索结果可以包括菜单命令、基本工具提示和命令提示文字字符串。如图 1-38 所示。

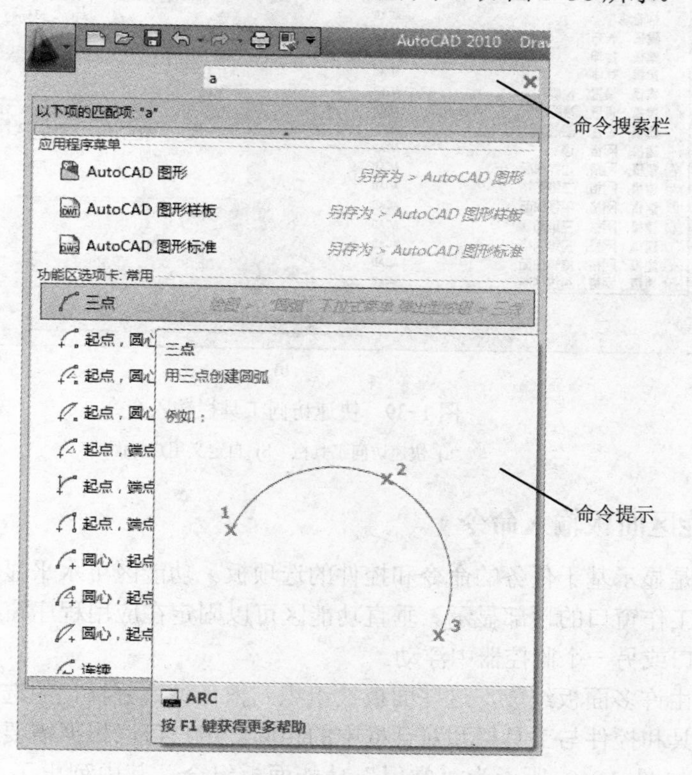

图 1-38　应用程序菜单输入命令

1.5.2　快速访问工具栏输入命令

用户可以在快速访问工具栏中选择相应的命令进行操作。还可以根据工作需要或个人习惯，选择下拉箭头按钮▼中的【更多命令】，调出“自定义用户界面”窗口，将常用命令添加到快速访问工具栏中，以提高绘图工作效率。如图 1-39 所示。

图 1-39　快速访问工具栏输入命令

a) 快速访问工具栏　b) 自定义用户界面

1.5.3　功能区面板输入命令

功能区是显示基于任务的命令和控件的选项板。功能区可水平显示，也可竖直显示。水平功能区在工作窗口的顶部显示。垂直功能区可以固定在应用程序窗口的左侧或右侧，也可以在文件窗口或另一个监控器中浮动。

功能区由许多面板组成，这些面板被组织到依任务进行标记的选项卡中。功能区面板包含的很多工具和控件与工具栏和对话框中的相同。用户可以根据需要选择不同的选项板进行命令操作。如图 1-40 所示为“常用”功能面板组合，其中列出了“绘图”、“修改”、“图层”、“注释”、“块”、“特性”、“实用工具”和“剪贴板”8 个面板。

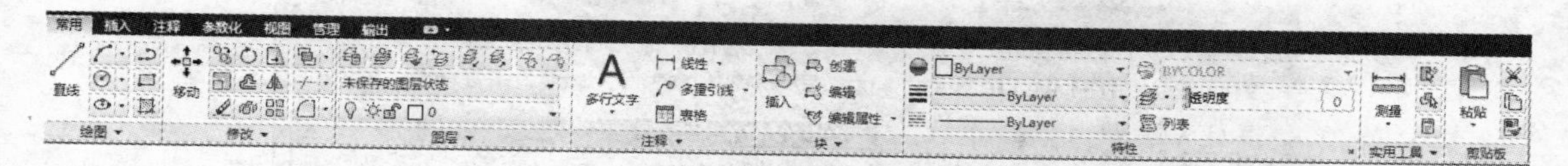

图 1-40 “常用”功能面板组合

有些功能区面板会显示与该面板相关的对话框，对话框启动器由面板右下角的↘箭头图标表示，对话框启动器指示用户可以显示相关的对话框，通过单击对话框启动器可以显示相关对话框。面板标题中间的箭头“▼”表示可以展开该面板以显示其他工具和控件，在已打开的面板的标题栏上单击鼠标左键即可显示滑出式面板。

1.5.4 右键快捷菜单输入命令

通过单击鼠标右键，将会弹出快捷菜单，快捷菜单的内容将根据光标所处的位置和系统状态的不同而变化。比如，直接在绘图区中单击右键，将弹出如图 1-41a 所示的快捷菜单；选中某一图形对象后单击右键将弹出如图 1-41b 所示的快捷菜单；在文本窗口区单击右键将弹出如图 1-41c 所示的快捷菜单。

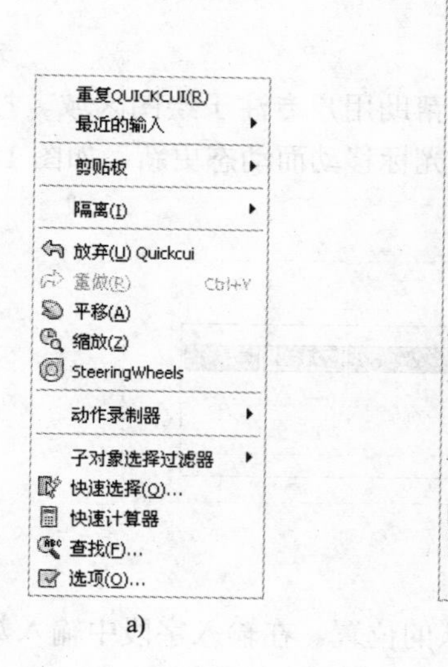

a)

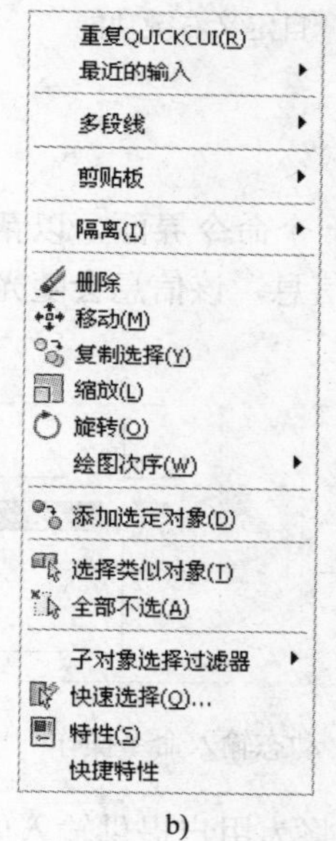

b)

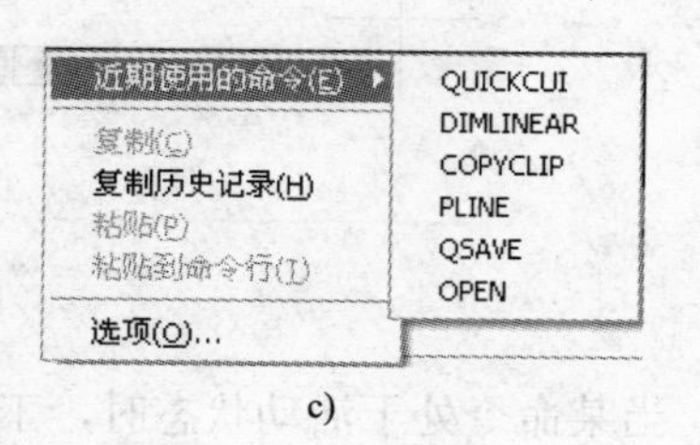

c)

图 1-41 右键快捷菜单

单击鼠标右键的另一个功能等同于按下键盘中的〈Enter〉键，即用户在命令行输入命令、选项或参数后可单击鼠标右键确定。该用法需要进行配置才可以使用，具体配置如下。

从应用程序菜单中执行【选项】命令，弹出【选项】对话框，切换到【用户系统配置】选项卡，选中【绘图区域中使用快捷菜单】复选框，单击【自定义右键单击】按钮，在弹出的对话框中可修改鼠标右键的功能，如设置“快速单击表示按〈Enter〉键”，如图 1-42 所示。

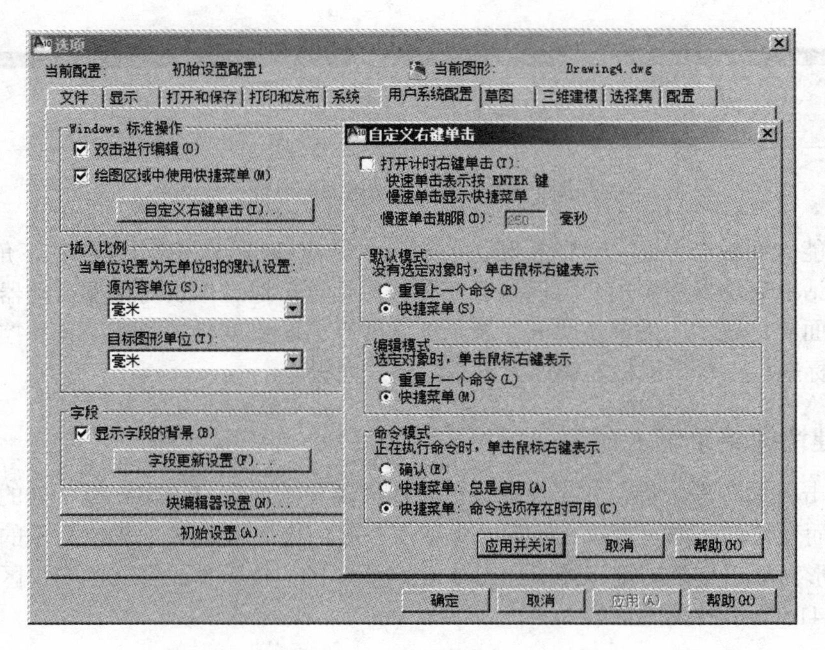

图 1-42　自定义右键功能

1.5.5　动态输入窗口输入命令

【动态输入】功能在光标附近提供了一个命令界面，以帮助用户专注于绘图区域。打开动态输入时，工具提示将在光标旁边显示信息，该信息会随光标移动而动态更新。如图 1-43 所示为利用动态输入绘制矩形的过程。

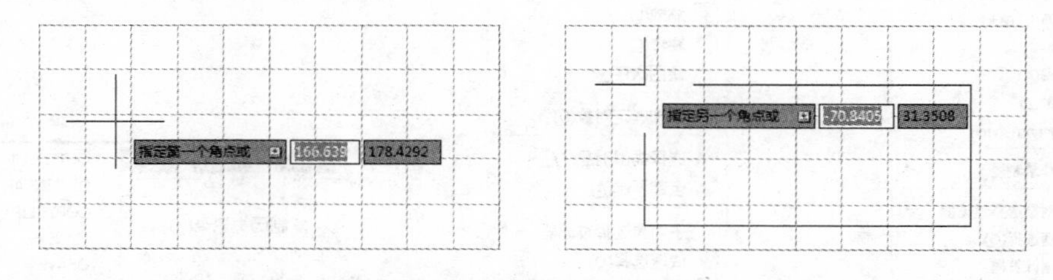

图 1-43　动态输入命令操作

当某命令处于活动状态时，工具提示将为用户提供输入的位置。在输入字段中输入数值并按〈Tab〉键后，该字段将显示一个锁定图标，并且光标会受用户输入的值约束。随后可以在第二个输入字段中输入数值。完成命令或使用夹点所需的动作与命令提示中的动作类似。区别是用户的注意力可以保持在光标附近。

动态输入不会取代命令窗口。用户可以隐藏命令窗口以增加绘图屏幕区域，但是在有些操作中还是需要显示命令窗口。按〈F2〉键则可根据需要隐藏和显示命令提示窗口。另外，也可以浮动命令窗口，并使用“自动隐藏”功能来展开或卷起该窗口。

单击状态栏上的动态输入按钮以打开和关闭动态输入。动态输入有 3 个组件：指针输入、标注输入和动态提示，用户可在状态栏单击鼠标右键，在快捷菜单中选择【设置】项，可调出动态输入设置窗口。如图 1-44 所示。

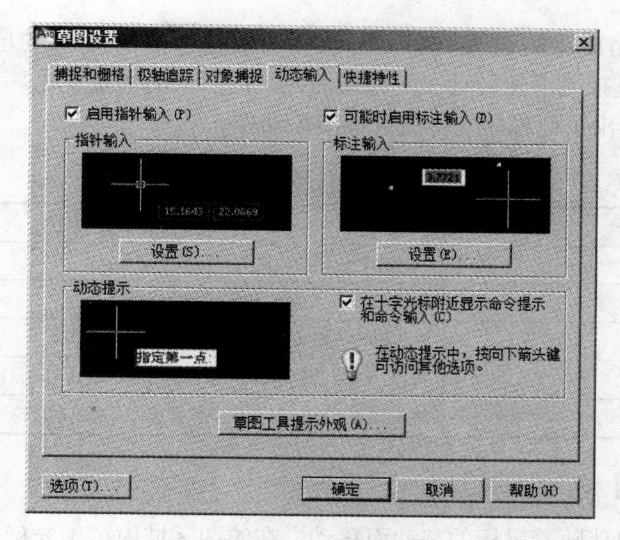

图 1-44 【动态输入设置】对话框

当启用指针输入且有命令在执行时，十字光标的位置将在光标附近的工具提示中显示为坐标。可以在工具提示中输入坐标值，而不用在命令行中输入。

启用标注输入时，当命令提示输入第二点时，工具提示将显示距离和角度值。在工具提示中的值将随着光标移动而改变。

启用动态提示时，提示会显示在光标附近的工具提示中。用户可以在工具提示（而不是在命令行）中输入响应。

1.5.6 命令行窗口输入命令

用户可以使用键盘在命令行窗口输入命令。有些命令具有缩写的名称，称为命令别名。例如，除了通过输入“Circle”来启动绘制“圆形”命令之外，还可以输入“C”。在命令行中单击鼠标右键还可以重新启动最近使用过的命令。

许多命令可以透明使用，即可以在使用另一个命令时，在命令行中输入这些命令。透明命令经常用于更改图形设置或显示，例如“Grid”或“Zoom”。要以透明的方式使用命令，可单击其工具栏按钮或在当前命令提示下输入命令之前输入单引号“'”。如图 1-45 所示，绘制圆形时打开栅格并为其设置一个新的单位间隔，然后继续绘制圆形。

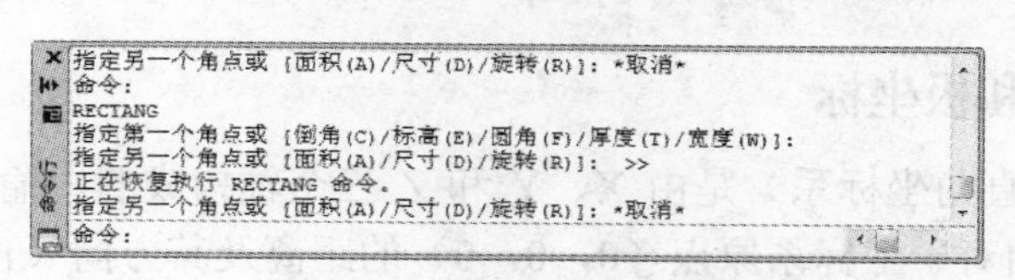

图 1-45 命令行输入窗口

1.5.7 鼠标滚轮的应用

在滚轮鼠标上的两个按钮之间有一个小滚轮，它可以转动或按下。用户可以使用滚轮在图形中进行缩放和平移，而无需使用任何命令。

默认情况下，缩放比例设为 10%，每次转动滚轮都将按 10%的增量改变缩放级别。Zoomfactor 系统变量控制滑轮转动（无论向前还是向后）的增量变化。其数值越大，增量变化就越大。表 1-2 列出了此程序支持的鼠标滚轮动作。

表 1-2 鼠标滚轮动作列表

命令	滚轮动作
放大或缩小	转动滚轮：向前，放大；向后，缩小
缩放到图形范围	双击滚轮
平移	按住滚轮并拖动鼠标
平移（操纵杆）	按住〈Ctrl〉键不放，再按鼠标滚轮按钮并拖动鼠标
显示“对象捕捉”菜单	将 MBUTTONPAN 系统变量设置为 0 并单击滚轮

1.5.8 光标的应用

屏幕上的光标将伴随着鼠标的移动而移动。在绘图区域内可用光标选择点或对象。光标形状随着执行的操作和光标移动的位置不同而变化。在不执行任何命令的状态下，光标是一个带有十字线的小方框，十字线的交点是光标的实际位置。小方框被称为拾取框，用于选择图形中的对象，如图 1-46 所示。

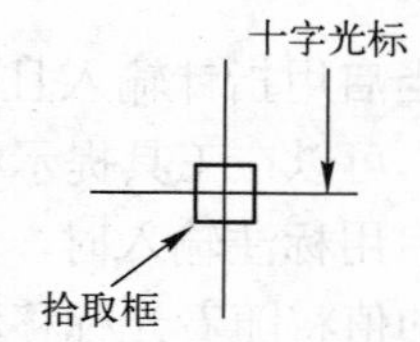

图 1-46 拾取框和十字光标

在执行【绘图】命令操作时，光标上的拾取框将会从十字线上消失，系统等待键盘输入参数或单击十字光标输入。当进行“对象选择”操作时，十字光标消失，仅显示拾取框。

如果将光标移出绘图区，光标将会变成几种标准的窗口指针之一。例如，当光标移动到工具栏或状态栏上时，将会变成窗口箭头。此时可以从工具栏上的图标或菜单中选择要执行的命令。

1.6 坐标与坐标系

精确绘图是进行工程设计的重要依据，而精确绘图的关键是给出输入点的坐标。在 AutoCAD 中采用了笛卡儿坐标系和极坐标系两种坐标系。为了方便地创建三维模型，系统提供了世界坐标系（WCS）和用户坐标系（UCS）进行坐标变换。

1.6.1 笛卡儿坐标和极坐标

笛卡儿坐标系（直角坐标系）是由 X、Y 和 Z 三个轴构成的。输入坐标值时，需要指定沿 X、Y 和 Z 轴相对于坐标系原点（0，0，0）的距离及其方向（正或负）。工作平面类似于平铺的网格纸。笛卡儿坐标水平方向的坐标轴为 X 轴，X 值指定水平距离，以向右为其正方向；垂直方向的坐标轴为 Y 轴，Y 值指定垂直距离，以向上为其正方向；原点（0，0）表示两轴相交的位置。平面中的点都用（X，Y）坐标值来指定，比如坐标（6，4）表示该点在 X 轴正方向与原点相距 6 个单位，在 Y 轴正方向与原点相距 4 个单位。如图 1-47 所示。

极坐标使用距离和角度来定位点，角度计量以水平向右为 0° 方向，逆时针计量角度。平面上任何一点 P 都可以由该点到极点的连线长度 L（L>0）和连线与极轴的夹角α（极角，逆时针方向为正）定义，即用一对坐标值（L<α）来定义一个点，其中“<”表示角度。例如，某点的极坐标为（8<30），表示该点距离极点 8 个单位，且该点与极点连线与 0° 方向的夹角为 30°，如图 1-48 所示。

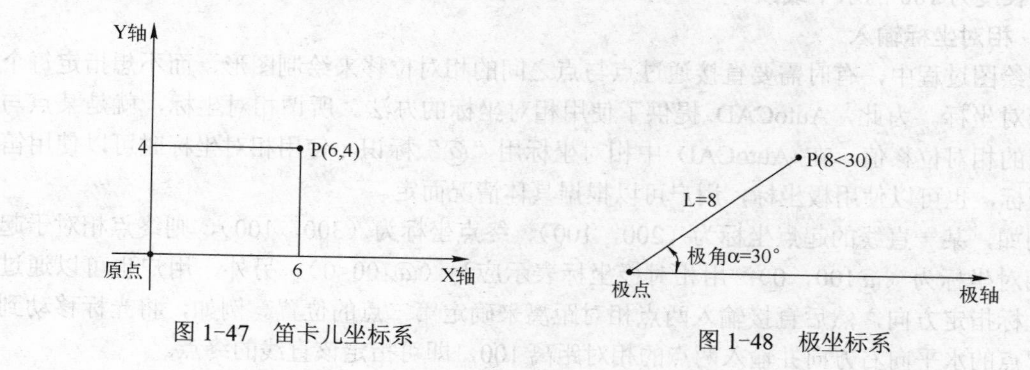

图 1-47　笛卡儿坐标系　　图 1-48　极坐标系

1.6.2　世界坐标系和用户坐标系

世界坐标系（WCS）由三个相互垂直并相交的坐标轴 X、Y 和 Z 组成。世界坐标系在默认情况下，X 轴正方向水平向右，Y 轴正方向垂直向上，Z 轴正方向垂直屏幕向外，坐标原点在绘图区的左下角。在绘图和编辑图形的过程中，WCS 是默认的坐标系统，其坐标原点和坐标轴方向都不会改变。

相对于世界坐标系（WCS），我们可根据需要创建无限多的坐标系，这些坐标系称为用户坐标系（UCS）。UCS 可以在绘图过程中根据具体需要而定义，这一点在创建复杂三维模型时的作用非常突出。例如，可以将 UCS 设置在斜面上，也可以根据需要设置成与侧立面重合或平行的状态，如图 1-49 所示。

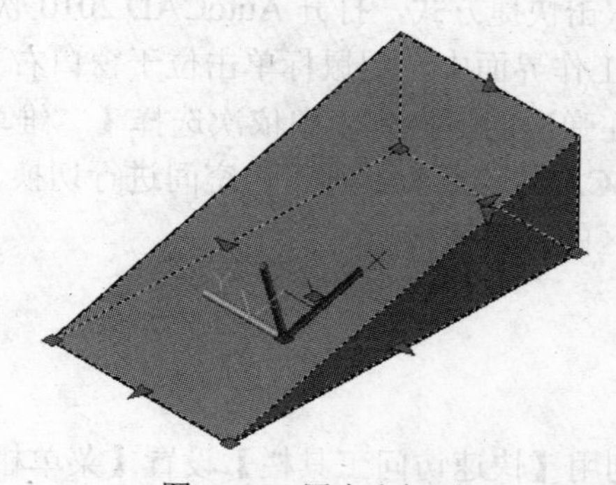

图 1-49　用户坐标系

1.6.3　坐标输入

在命令提示输入点时，可以使用定点设备指定点，也可以在命令提示下输入坐标值。打开动态输入时，还可以在光标旁边的工具提示中输入坐标值。用户可以按照笛卡儿坐标或极坐标输入二维坐标。

1．绝对坐标输入

绝对坐标是以左下角的原点（0，0，0）为基点来定义所有的点。绘图区内任何一点均可用（X，Y，Z）来表示，可以通过输入 X、Y、Z（中间用逗号间隔）坐标来定义点的位置。例如：绘制一条直线段 AB，端点坐标分别为 A（100，100）和 B（200，100），即可绘制一条长度为 100 的水平线段。

2．相对坐标输入

在绘图过程中，有时需要直接通过点与点之间的相对位移来绘制图形，而不想指定每个点的绝对坐标。为此，AutoCAD 提供了使用相对坐标的办法。所谓相对坐标，就是某点与相对点的相对位移值，在 AutoCAD 中相对坐标用“@”标识。使用相对坐标时可以使用笛卡儿坐标，也可以使用极坐标，用户可以根据具体情况而定。

例如，某一直线的起点坐标为（200，100）、终点坐标为（300，100），则终点相对于起点的相对坐标为（@100，0）；用相对极坐标表示应为（@100<0）。另外，用户也可以通过移动光标指定方向，然后直接输入两点相对距离来确定第二点的位置。例如，将光标移动到直线起点的水平向右方向并输入两点的相对距离 100，即可指定该直线的终点。

1.7 实训

1.7.1 工作空间的切换

1．实训要求

启动 AutoCAD 2010 软件，依次将工作空间切换为【二维草图与注释】、【三维建模】、【初始设置工作空间】、【AutoCAD 经典】，熟悉 AutoCAD 2010 工作界面。

2．实训指导

1）从【开始】菜单依次单击【所有程序】→【AutoCAD 2010 - Simplified Chinese】→【AutoCAD 2010】或从桌面双击快捷方式，打开 AutoCAD 2010 软件。

2）在 AutoCAD 2010 工作界面中，用鼠标单击位于窗口右下角状态栏中的【切换工作空间】按钮 二维草图与注释 ，在弹出的下拉列表中依次选择【二维草图与注释】、【三维建模】、【初始设置工作空间】、【AutoCAD 经典】4 种工作空间进行切换，并熟悉在不同的工作空间中，工作界面变化以及功能区的分布情况。

1.7.2 调用菜单栏

1．实训要求

启动 AutoCAD 2010，利用【快速访问工具栏】设置【菜单栏】的显示与隐藏。

2．实训指导

1）从【开始】菜单依次单击【所有程序】→【AutoCAD 2010 - Simplified Chinese】→【AutoCAD 2010】或从桌面双击快捷图标，打开 AutoCAD 2010。

2）单击【快速访问工具栏】右端的下拉箭头按钮，选择【显示菜单栏】调出菜单栏。

3）单击【快速访问工具栏】右端的下拉箭头按钮，选择【隐藏菜单栏】隐藏菜单栏。如图 1-50 所示。

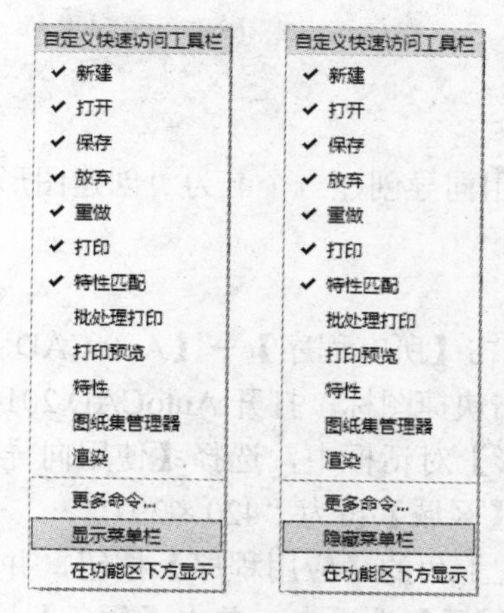

图 1-50　调用菜单栏

1.7.3　设置工具选项板

1．实训要求

利用本章所学内容，对 AutoCAD 2010 提供的工具选项板进行相应设置。

2．实训指导

1）从【开始】菜单依次单击【所有程序】→【AutoCAD 2010 - Simplified Chinese】→【AutoCAD 2010】或从桌面双击快捷方式，打开 AutoCAD 2010。

2）在菜单栏依次选择【工具】→【选项板】→【工具选项板】选项，调出工具选项板。也可以在功能区依次选择【视图】选项卡→【选项板】面板→【工具选项板】选项调出工具选项板。

3）在弹出的【工具选项板】的空白区域单击鼠标右键，在弹出的如图 1-51 所示的快捷菜单中选择相应的命令，对【工具选项板】的【自动隐藏】、【透明度】、【排序】、【新建选项板】、【删除选项板】、【自定义选项板】、【自定义命令】等选项进行设置。

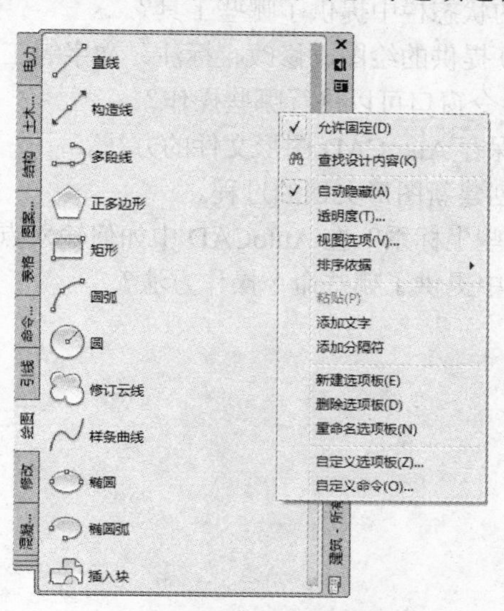

图 1-51　设置工具选项板

1.7.4 创建图形文档

1．实训要求

启动 AutoCAD 2010，利用向导创建一个名为“创建图形文档”的新文件并保存至指定文件夹中，具体的操作步骤如下。

2．实训指导

1）从【开始】菜单依次单击【所有程序】→【AutoCAD 2010 - Simplified Chinese】→【AutoCAD 2010】或从桌面双击快捷图标，打开 AutoCAD 2010。

2）在弹出的【创建新图形】对话框中，选择【使用向导】选项对图形文档进行“快速设置”,【单位】设为“小数”、【区域】设为“420×297”。

3）用鼠标单击程序窗口左上角的【应用程序】按钮，并选择【选项】命令按钮，在弹出的【选项】对话框中选择【显示】选项卡，单击【颜色】按钮 颜色(C)... ，在弹出的【图形窗口颜色】对话框中，将颜色设为“黑色”，单击【应用并关闭】按钮，完成绘图区背景颜色的设置。

4）在菜单栏中选择【格式】菜单中的【单位】工具，在弹出的【图形单位】对话框中进行单位设置，将【类型】设为“小数，【精度】设为“0”,【插入时的缩放单位】设为“毫米”,【光源】设为“国际”。

5）单击【快速访问工具栏】中的【保存】按钮，在弹出的【图形另存为】对话框中选择路径，将图形文档保存至“D:\第 1 章实训”文件夹中，文件名为“创建图形文档”。

1.8 练习题

1．AutoCAD 有哪些主要功能？AutoCAD 2010 提供了哪些新功能？

2．AutoCAD 2010 中应用程序菜单和快速访问工具栏有哪些作用？

3．AutoCAD 2010 中如何切换工作空间？

4．在 AutoCAD 2010 的状态栏中提供了哪些工具？

5．调用 AutoCAD 2010 提供的绘图、修改、标注、文字等工具栏，熟悉其工作环境。

6．通过 AutoCAD 的命令窗口可以进行哪些操作？

7．简述新建、打开和保存 AutoCAD 图形文件的方法。

8．简述利用向导工具创建新图形文档的过程。

9．AutoCAD 提供了哪些坐标系？在 AutoCAD 中如何输入点的坐标？

10．在 AutoCAD 2010 中提供了哪些命令操作方法？

第2章　绘图环境设置

与传统的设计方式相同，使用 AutoCAD 进行设计绘图工作之前，需要对一些必要的条件进行设置，例如参数选项设置、图形界限设置、绘图单位设置等。用户还可以将设置好的绘图环境保存为图形样板文件，以免每次创建新的图形文件，都要重新进行绘图环境设置。另外，在绘图过程中，用户还可利用图形显示控制以及绘图辅助工具，以提高绘图工作效率。

本章主要学习在 AutoCAD 2010 中进行绘图环境设置、图形显示控制和绘图辅助工具应用等内容。这些操作和设置都是应用 AutoCAD 绘图的基本要求，用户必须熟练掌握，并能够运用自如，为后面进行图形绘制打下牢固的基础。

2.1　设置绘图环境

绘图环境是设计者与 AutoCAD 软件的交流平台。对绘图环境进行正确的设置，是保证准确、快速绘制图形的基本条件。用户要想提高绘图速度和质量，必须有一个合理的、适合自己绘图习惯的参数配置。

2.1.1　参数选项设置

1．功能

用户可以通过 AutoCAD 提供的【选项】对话框对程序默认的界面选项进行设置，以得到一个最佳的、最适合自己习惯的系统配置，从而提高设计绘图工作的效率。

2．命令调用

用户可采用以下操作方法之一调用参数选项设置命令。

1）在菜单栏中选择【工具】→【选项】，以执行命令。

2）单击【应用程序按钮】→【选项】，以执行命令。

3）在绘图区单击鼠标右键，在弹出的快捷菜单中选择【选项】菜单项，以执行命令。

4）在命令行输入“Options”，按〈Enter〉键执行命令。

3．命令操作

执行该命令，将会弹出【选项】对话框。在【选项】对话框中提供了【文件】、【显示】、【打开】、【打印】、【系统配置】、【三维建模】、【选择集】等 10 个选项卡，用户可根据需要对其进行设置。各选项卡具体功能如下。

（1）【文件】选项卡

通过【文件】选项卡，用户可以确定 AutoCAD 搜索支持文件、驱动程序文件、菜单文件和其他文件时的路径，以及用户定义的一些选项。如图 2-1 所示。

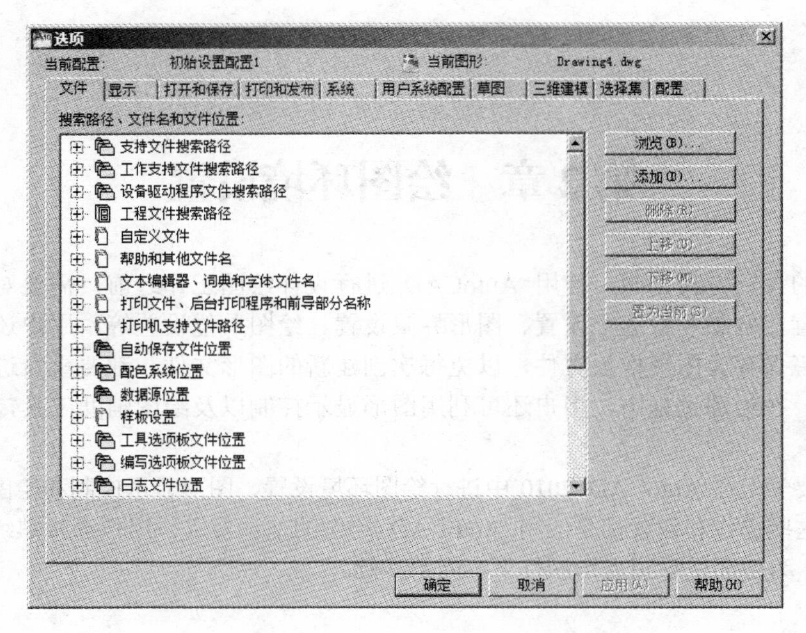

图 2-1 【文件】选项卡

（2）【显示】选项卡

通过【显示】选项卡，用户可以设置窗口元素、布局元素、显示精度、显示性能、十字光标大小等显示属性。如图 2-2 所示。如在【窗口元素】区域，用户可以设置绘图窗口显示的内容、颜色及字体，按下【颜色】按钮，将会弹出如图 2-3 所示的【图形窗口颜色】对话框；在【显示精度】区域，用户可以设置图形的显示精度，其值越小，运行性能越好，但显示精度会下降；在【十字光标大小】区域，用户可设置光标大小，一般按默认设置取 5。

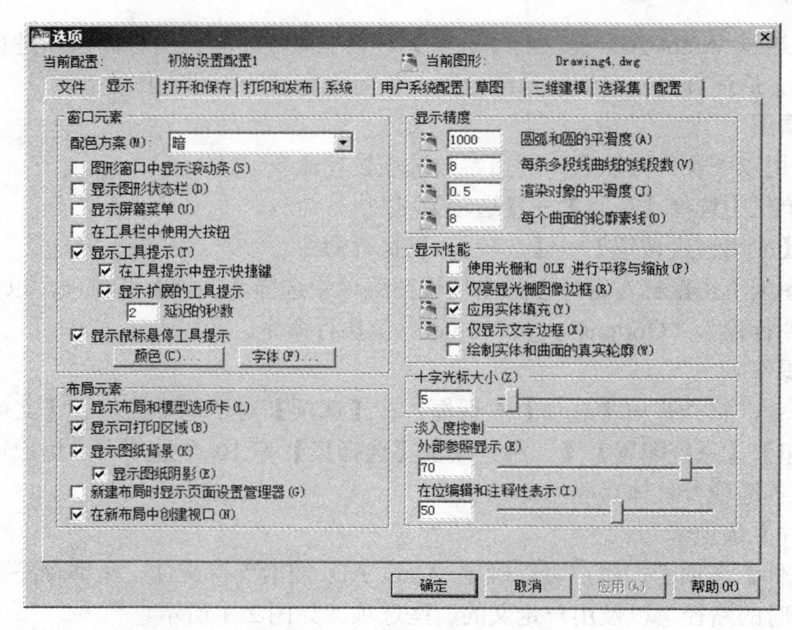

图 2-2 【显示】选项卡

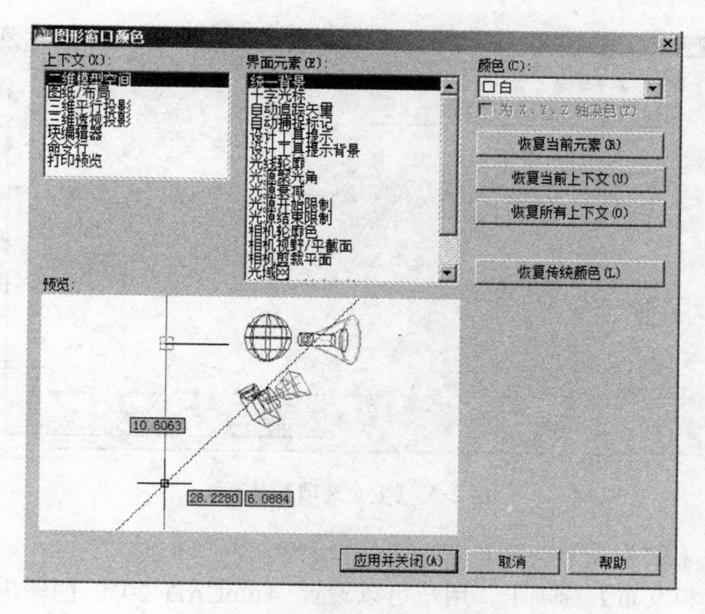

图 2-3 【图形窗口颜色】对话框

（3）【打开】和【保存】选项卡

通过【打开和保存】选项卡，用户可以设置图形文件自动保存以及自动保存文件的时间间隔，是否维护日志以及是否加载外部参照文件等。如图 2-4 所示。按下【安全选项】按钮，将会弹出如图 2-5 所示的【安全选项】对话框，用户可以在此设置文件的安全措施，如添加图形文件的打开密码。

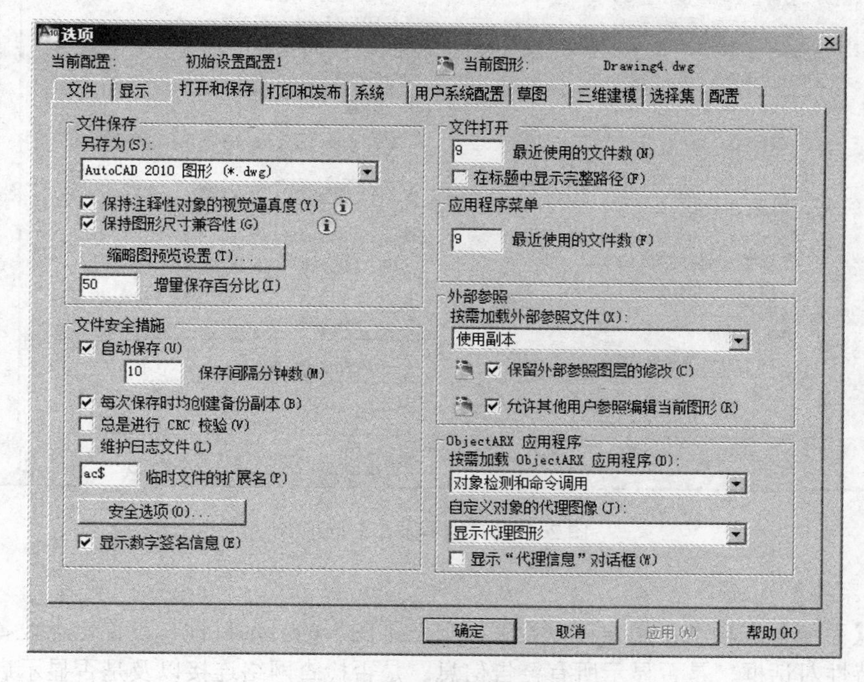

图 2-4 【打开和保存】选项卡

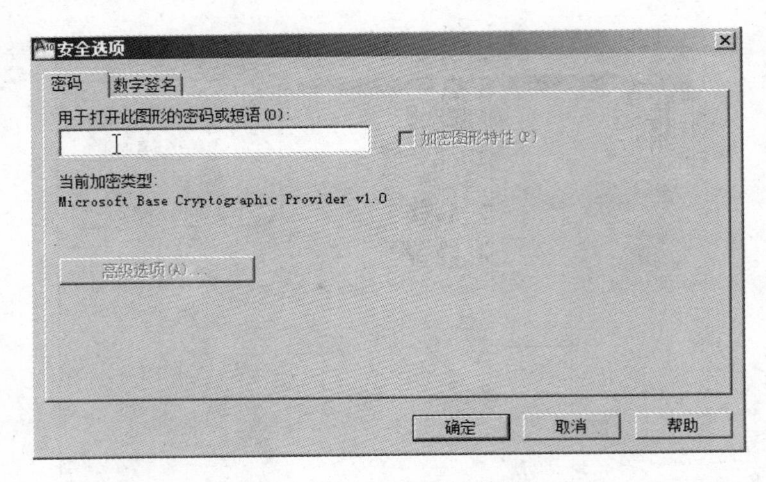

图 2-5 【安全选项】对话框

(4)【打印】和【发布】选项卡

通过【打印和发布】选项卡，用户可以设置 AutoCAD 2010 的输出设备。如图 2-6 所示。

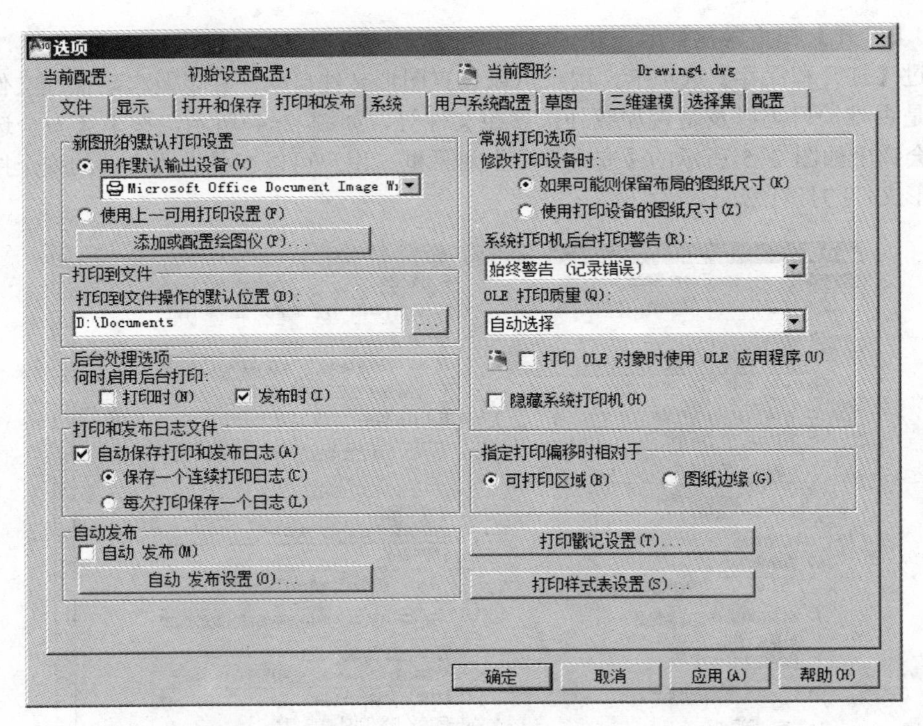

图 2-6 【打印和发布】选项卡

(5)【系统】选项卡

通过【系统】选项卡，用户可以设置当前三维图形的显示特性、设置定点设备、是否显示 OLE 特性对话框、是否显示所有警告信息、是否检查网络连接以及是否显示启动对话框等。如图 2-7 所示。

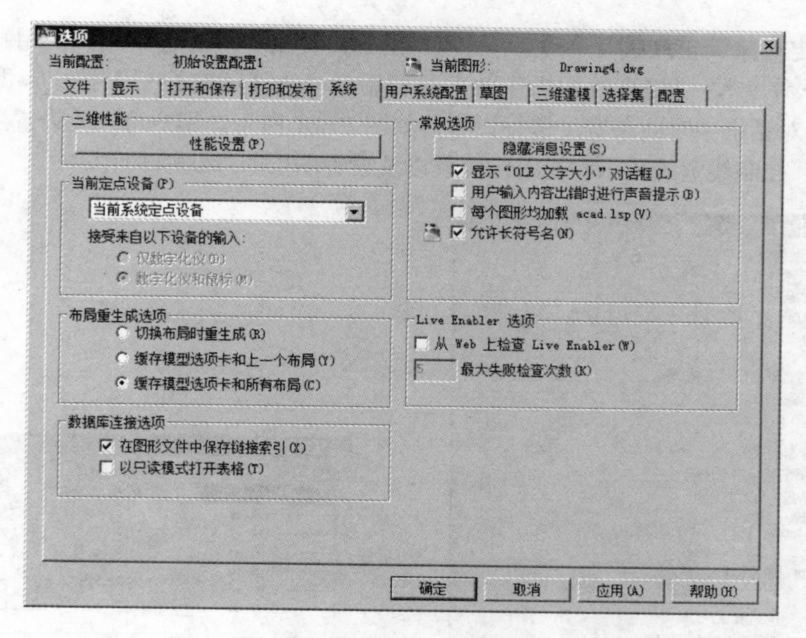

图 2-7 【系统】选项卡

（6）【用户系统配置】选项卡

通过【用户系统配置】选项卡，用户可以根据习惯自定义鼠标右键功能，可以设置图形插入比例，还可以设置线宽。如图 2-8 所示。

选项
当前配置：初始设置配置1
当前图形：Drawing4.dwg
文件 显示 打开和保存 打印和发布 系统 用户系统配置 草图 三维建模 选择集 配置
Windows 标准操作
双击进行编辑(O)
绘图区域中使用快捷菜单(M)
自定义右键单击(I)...
插入比例
当单位设置为无单位时的默认设置：
源内容单位(S)：
毫米
目标图形单位(T)：
毫米
字段
显示字段的背景(B)
字段更新设置(F)...
块编辑器设置(N)...
初始设置(A)...
坐标数据输入的优先级
执行对象捕捉(R)
键盘输入(K)
键盘输入，脚本例外(X)
关联标注
使新标注可关联(D)
超链接
显示超链接光标、工具提示和快捷菜单(U)
放弃/重做
合并“缩放”和“平移”命令(C)
合并图层特性更改(Y)
线宽设置(L)...
编辑比例列表(E)...
确定 取消 应用(A) 帮助(H)

图 2-8 【用户系统配置】选项卡

为了提高绘图效率，用户通常会使用【自定义右键单击】对话框对右键快捷菜单进行设置，如图 2-9 所示。默认的系统配置是单击右键可弹出快捷菜单，根据操作状态不同（未选定对象、选定对象、正在执行命令），系统弹出的快捷菜单内容也不相同，用户也可以选择“重复上一个命令”，以提高绘图操作效率。若用户单击【线宽设置】按钮，即可在弹出的【线宽设置】对话框中对线条宽度进行设置，如图 2-10 所示。用户可在此设置当前线宽、设置线宽单位、控制线宽的显示和显示比例，以及设置图层的默认线宽值。

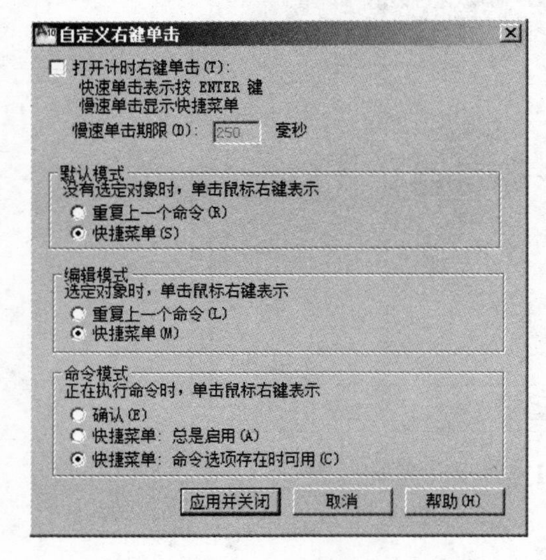

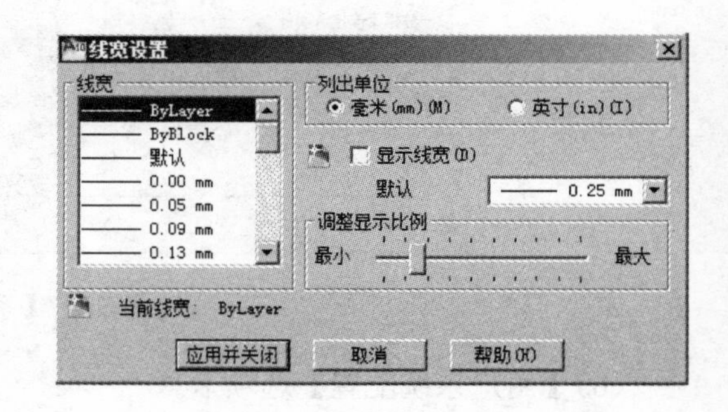

图 2-9 【自定义右键单击】对话框

图 2-10 【线宽设置】对话框

（7）【草图】选项卡

通过【草图】选项卡，用户可以设置自动捕捉、自动追踪、对象捕捉标记框的颜色和大小，以及靶框的大小，如图 2-11 所示。

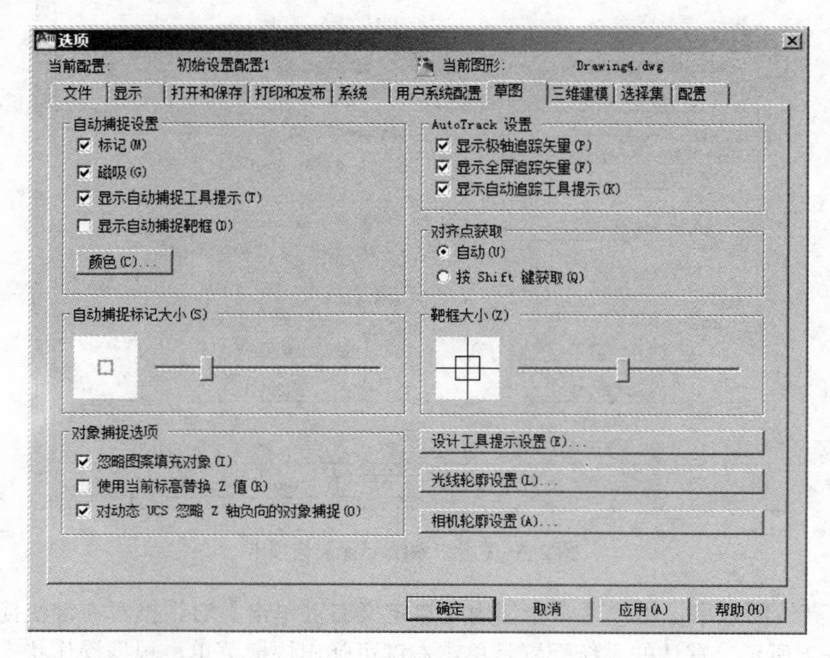

图 2-11 【草图】选项卡

（8）【三维建模】选项卡

通过【三维模型】选项卡，用户可以对三维绘图模式下的三维十字光标、UCS 光标、动态输入光标、三维对象和三维导航等选项进行设置。如图 2-12 所示。

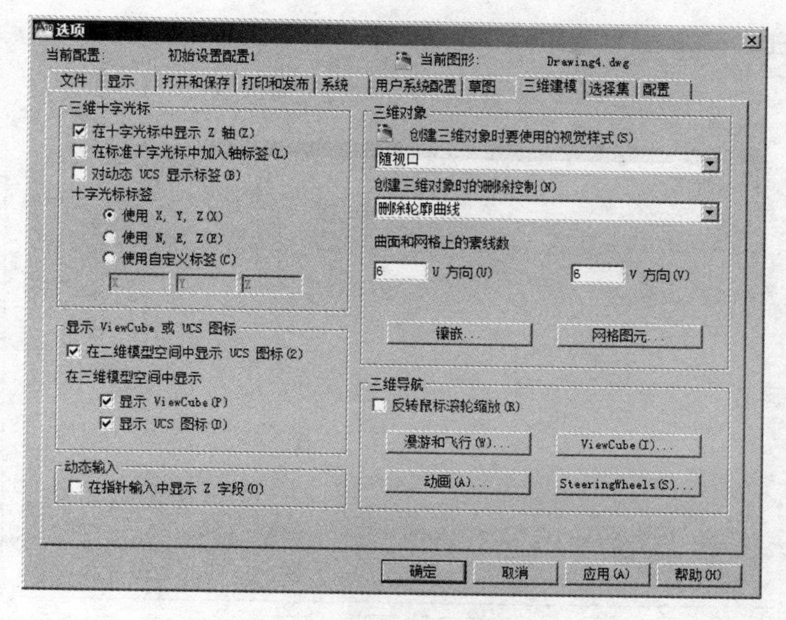

图 2-12 【三维建模】选项卡

（9）【选择集】选项卡

通过【选择集】选项卡，用户可以设置选择集模式、拾取框大小、对象夹点大小及颜色等。如图 2-13 所示。

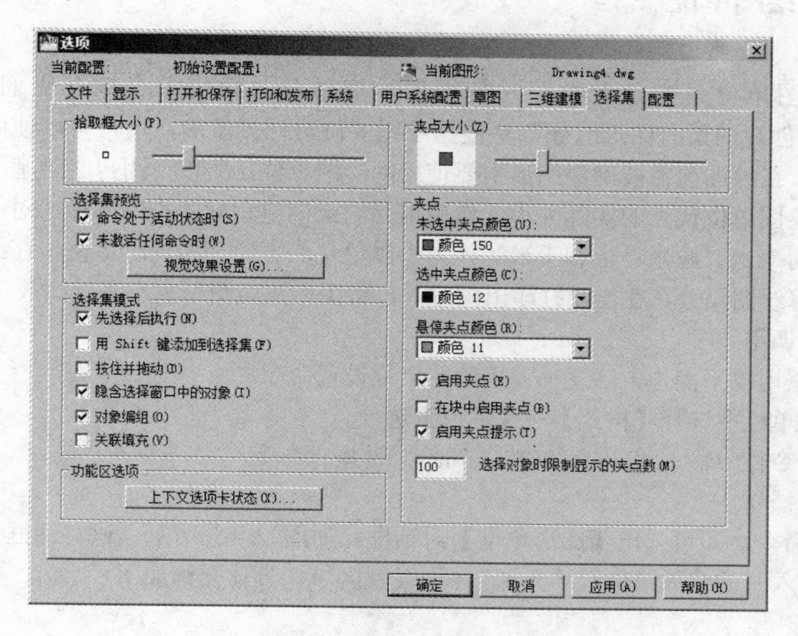

图 2-13 【选择集】选项卡

（10）【配置】选项卡

通过【配置】选项卡，用户可以新建系统配置文件、重命名系统配置文件以及删除系统配置文件。如图 2-14 所示。

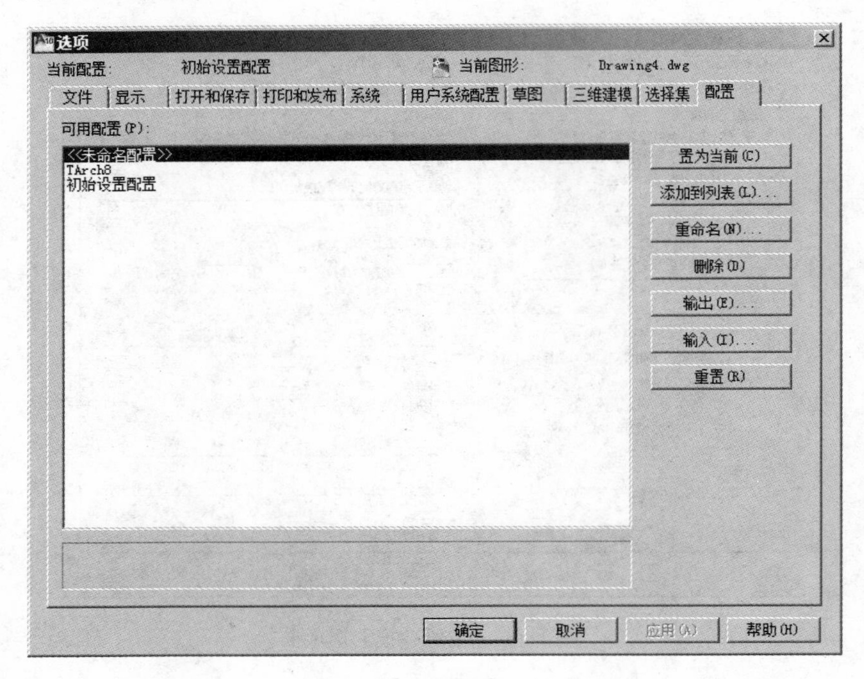

图 2-14 【配置】选项卡

2.1.2 设置绘图单位

1. 功能

设置绘图单位是指定义绘图时使用的长度单位、角度单位以及它们的精度。在 AutoCAD 中创建的所有图形对象都是根据绘图单位进行测量的，用户可以使用各种标准单位进行绘图。在绘图前需要确定图形中要使用的绘图单位，所以，用户必须基于要绘制的图形确定一个绘图单位代表的实际大小，然后据此约定创建实际大小的图形。对于中国用户来说，通常使用毫米、厘米、米和千米等作为绘图单位。不论使用何种单位，在绘图时只能以图形单位计算绘图尺寸，在需要打印出图时，再将图形按照图纸大小进行缩放。

2. 命令调用

用户可采用以下操作方法之一调用绘图单位设置命令。

1）在菜单栏中选择【格式】→【单位】选项。

2）在命令行中输入“Units”，按〈Enter〉键执行命令。

3. 命令操作

执行该命令，即可弹出【图形单位】对话框，如图 2-15 所示。该对话框分有“长度”、“角度”、“插入时的缩放单位”、“光源”4 个设置区域，具体介绍如下。

（1）长度

在“长度”区域，用户可以设置图形的长度单位类型和精度。AutoCAD 2010 提供了 5

种长度单位类型，分别为“分数”、“工程”、“建筑”、“科学”、“小数”。在【精度】选项框中，用户可控制线型测量值显示的小数位数或分数大小，程序提供了 9 种精度，在机械制图中通常选择“0.00”，精度精确到小数点后 2 位，在建筑制图中通常选择“0”，精度精确到个位。

（2）角度

在“角度”区域，用户可以设置图形的角度格式和精度。AutoCAD 2010 提供了 5 种角度单位类型，分别为“百分度”、“度/分/秒”、“弧度”、“勘测单位”、“十进制度数”。在【精度】选项框中，用户可以设置当前角度显示的精度，程序提供了 9 种精度。用户还可以选择【顺时针】复选框，以顺时针方向计算正的角度值，默认的正角度方向为逆时针方向。通过单击对话框下部的【方向】按钮，将会弹出如图 2-16 所示【方向控制】对话框，可在此设置基准角度的位置，以控制角度的方向。系统默认 0° 角的方向为正东方向。

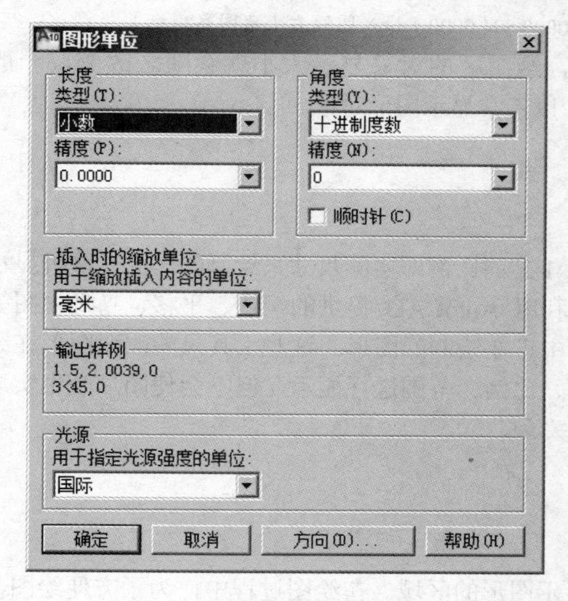

图 2-15 【图形单位】对话框

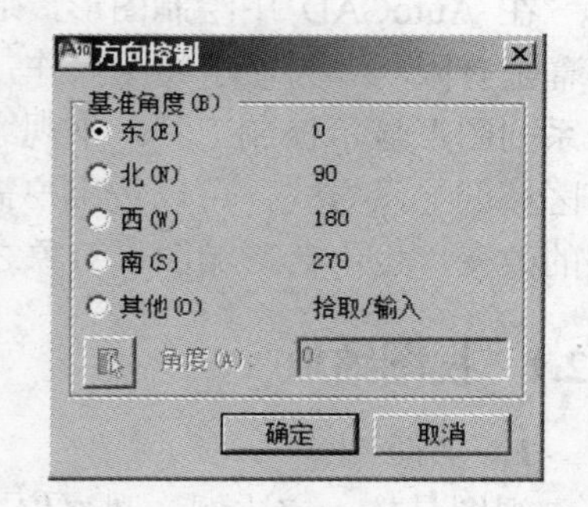

图 2-16 【方向控制】对话框

（3）插入时的缩放单位

在“插入时的缩放单位”区域，用户可以控制插入到当前图形中所有对象的测量单位，程序提供了多种选项，如毫米、厘米、分米、米、千米、微米、百万公里等。

（4）光源

对话框左下角是“光源”区域，用户可以选择光源单位的类型。AutoCAD 2010 提供了 3 种光源单位，分别是常规、国际标准和美国。

2.1.3 设置图形界限

1．功能

在 AutoCAD 中进行绘图的工作环境是一个无限大的空间，即模型空间，它是指用户根据需要设定的绘图工作区域的大小。它以坐标形式表示，并以绘图单位来度量，它是用户可以使用的绘图区域。

2．命令调用

用户可采用以下操作方法之一调用图形界限命令。

1）在菜单栏中选择【格式】→【图形界限】选项。

2）在命令行输入“Limits”，按〈Enter〉键执行命令。

3．命令操作

图形界限是通过指定左下角与右上角两点的坐标来定义，一般要大于或等于实体的绝对尺寸。用户可以根据所绘图形的大小、比例等因素来确定绘图幅面，如 A2（420×594）、A3（297×420）等。执行该命令，命令行提示如下。

命令: Limits（执行图形界限命令）

重新设置模型空间界限:

指定左下角点或 [开(ON)/关(OFF)] <0.0000,0.0000>:（按〈Enter〉键使用默认值）

指定右上角点 <420.0000,297.0000>: 420.0000,594.0000（输入图幅右上角图界坐标）

在实际操作中，一旦改变了图纸界限，绘图区的对象显示大小就会随之改变，一般“Limits”命令常与“Zoom”命令配合使用，以正常显示图形对象。

2.2 图形显示控制

在 AutoCAD 中绘制图形，通常是按照 1:1 的比例即实际尺寸来绘制的，而计算机显示屏幕是有限的。为便于绘图操作，用户可以利用 AutoCAD 提供的缩放、平移、鸟瞰视图等一系列图形显示控制工具，来观察工作窗口中正在绘制的图形。这些工具只能改变图形在绘图区域的显示方式，可以按用户需要的位置、比例、范围进行显示，但不会使图形产生实质性的改变，也不会影响图形对象之间的相对关系。

2.2.1 视图缩放

1．功能

视图是按一定比例、观察位置和角度显示图形的区域。在绘图过程中，为了方便绘图，经常要利用缩放视图的功能来观察图形。通过放大和缩小操作可以改变视图的比例，而不改变图形中对象的绝对大小，类似于使用相机进行缩放。

2．命令调用

用户可采用以下操作方法之一调用视图缩放命令。

1）在菜单栏中选择【视图】→【缩放】工具菜单。

2）在功能区中选择【视图】→【导航】→【缩放】按钮。

3）在【缩放】工具栏中单击相应的命令选项即可实现缩放。

4）在命令行输入“Zoom”，按〈Enter〉键执行命令。

3．命令操作

用户可用上述多种方式调用【缩放】命令，如图 2-17 所示。

执行该命令，提示行提示操作示例如下。

命令: zoom（执行缩放命令）

指定窗口的角点，输入比例因子 (nX 或 nXP)，或者[全部(A)/中心(C)/动态(D)/范围(E)/上一个

(P)/比例(S)/窗口(W)/对象(O)] <实时>: a（选择缩放操作方式）

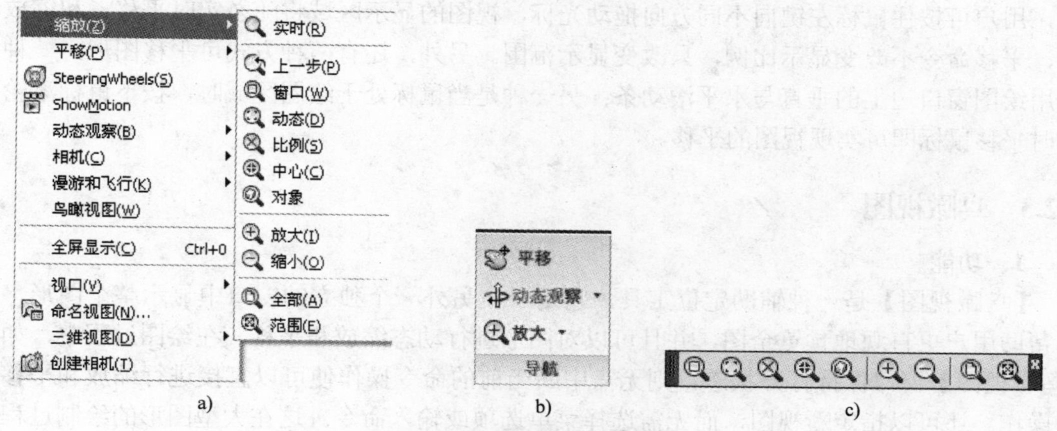

图 2-17　视图缩放工具

a) 视图缩放工具菜单　b) 功能区导航面板　c)【缩放】工具栏

常用的视图缩放操作方式有【全部】、【中心】、【动态】、【范围】、【比例】、【窗口】、【对象】。用户可根据需要选择使用。

2.2.2　视图平移

1．功能

在绘图过程中，为了方便绘图，经常要用到平移视图的功能来观察和绘制图形，用户可以平移视图以重新确定其在绘图区域中的位置。利用【Pan】命令的【实时】选项，用户可以通过移动定点设备进行动态平移观察图形。与使用相机平移一样，【Pan】命令不会更改图形中的对象位置或比例，而只是更改视图。

2．命令调用

用户可采用以下操作方法之一调用视图平移命令。

1）在菜单栏中选择【视图】→【平移】工具菜单。

2）在功能区中选择【视图】→【导航】→【平移】按钮。

3）在命令行输入“Pan”，按〈Enter〉键执行命令。

3．命令操作

用户可用上述多种方式调用【平移】命令，如图 2-18 所示。

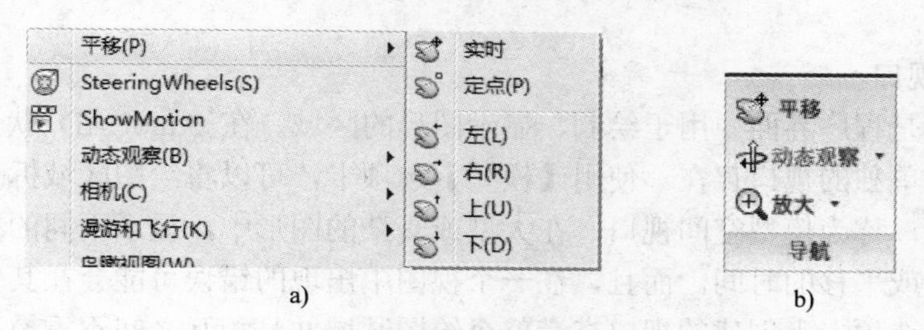

图 2-18　视图平移工具

a) 视图平移工具菜单　b) 功能区导航面板

在命令行输入“Pan”命令或单击导航面板中的按钮，光标将变成小手形状，这时，用户可按住鼠标左键向不同方向拖动光标，视图的显示区域将随之实时平移。和缩放不同，平移命令不改变显示比例，只改变显示范围。另外，还有两种方式可平移图形，一种是使用绘图窗口边上的垂直与水平滚动条；另一种是当鼠标处于绘图区域时，按下鼠标滚轮并同时平移鼠标即可实现视图的平移。

2.2.3 鸟瞰视图

1．功能

【鸟瞰视图】是一种辅助定位工具，它用于在另外一个独立的窗口中显示整个图形，可以帮助用户更直观地预览全图，并且可以对图形进行动态缩放和平移。在绘图过程中，如果【鸟瞰视图】窗口保持打开状态，则无需中断当前的命令操作便可以直接进行缩放和平移视图操作。还可以指定新视图，而无需选择菜单选项或输入命令。这在大型图形的绘制过程中非常有用。在启动【鸟瞰视图】后，屏幕将自动产生一个小视窗，其大小可以用双箭头光标进行调节。

2．命令调用

用户可采用以下操作方法之一调用鸟瞰视图命令。

1）在菜单栏中选择【视图】→【鸟瞰视图】工具菜单。

2）在命令行输入“Dsviewer”，按〈Enter〉键执行命令。

3．命令操作

视图框在【鸟瞰视图】窗口内，是一个用于显示当前视口中视图边界的粗线矩形。用户可以通过在【鸟瞰视图】窗口中改变视图框来改变图形中的视图。将视图框缩小可以放大图形在绘图区域的显示，若将视图框放大则会缩小图形在绘图区域的显示。单击鼠标左键可以执行所有平移和缩放操作。单击鼠标右键可以结束平移或缩放操作。如图 2-19 所示。

图 2-19 【鸟瞰视图】窗口

2.2.4 创建及命名视口

AutoCAD 可以将绘图区域拆分为多个单独的视口，并且可以重复利用，这样在绘制较复杂的图形时，可以缩短在单一视图中平移或缩放的时间，还可以对某一视图进行命名和保存，以利于下次能够迅速打开视图进行编辑。

1．创建多视口

所谓视口，是程序界面中用于绘制、显示图形的区域。在 AutoCAD 默认情况下，绘图区域将作为一个单独的视口存在。使用【模型】选项卡，可以将绘图区域拆分成一个或多个相邻的矩形视图，称为模型空间视口。在大型或复杂的图形中，显示不同的视图可以缩短在单一视图中缩放或平移的时间。而且，在一个视图中出现的错误可能会在其他视图中表现出来。在【模型】选项卡上创建的视口充满整个绘图区域并且相互之间不重叠。在一个视口中对图形做出修改后，其他视口也会立即更新。

程序在【视图】→【视口】子菜单和功能区的【视口】面板中都提供了用于创建和编辑

视口的命令，如图 2-20 所示。

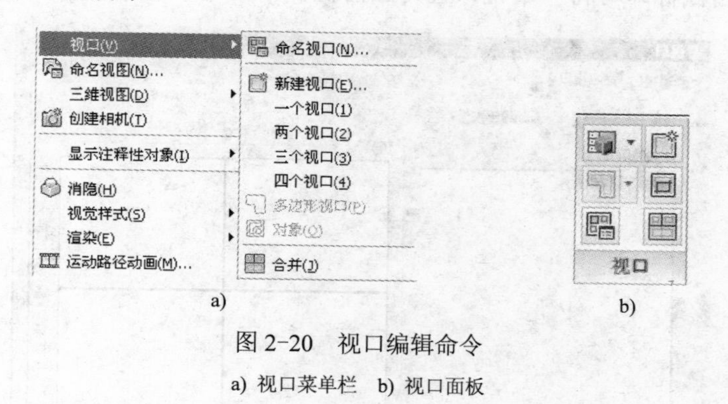

a) b)

图 2-20 视口编辑命令

a) 视口菜单栏 b) 视口面板

在绘图过程中，如果需要用到多个视口时，用户可选择功能区中【视口】面板的【新建视口】命令，此时，将会弹出【视口】对话框，如图 2-21 所示。用户可以在该对话框中创建新的视口配置，或命名和保存模型视口配置。

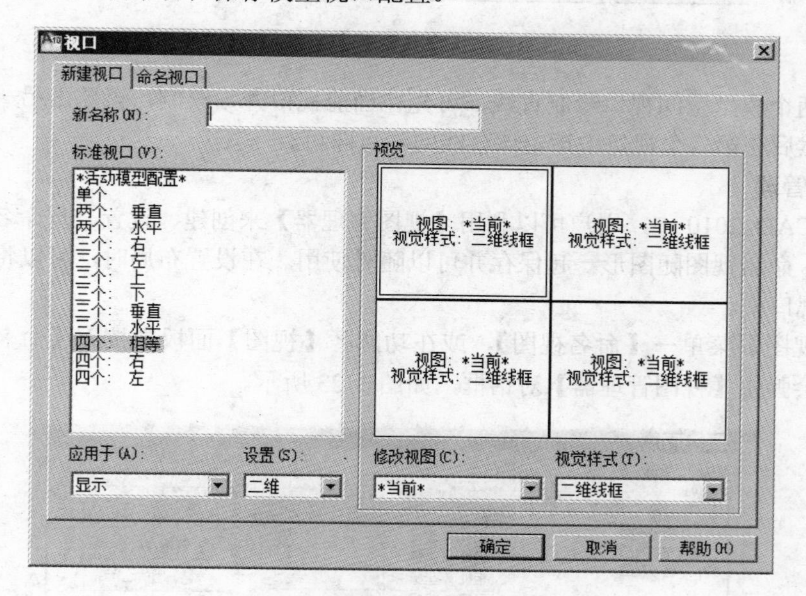

图 2-21 【新建视口】对话框

如在“新名称”栏内输入“我的视口”，在“标准视口”选项栏中选择“四个：相等”，按下【确定】按钮即可创建多视口。

2．命名视口

在【视口】对话框中单击【命名视口】选项卡，即可切换到该选项卡，其表框中将显示当前视口配置的名称，如“主视口”、“我的视口”等。完成设置后，按下【确定】按钮即可，如图 2-22 所示。

3．使用视口

使用多个视口时，其中有一个为当前视口，用户可在其中输入光标和执行视图命令。对于当前视口，光标显示为十字而不是箭头，并且视口边缘亮显。用户可以随时切换当前视口。在视口中单击鼠标即可将一个视口置为当前视口。

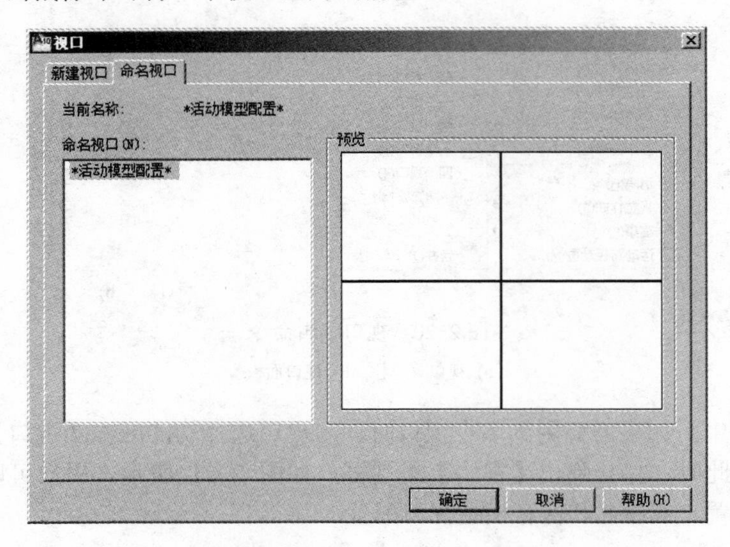

图 2-22 【命名视口】对话框

要使用两个模型空间视口绘制直线，可先在当前视口开始绘制，再单击另一个视口将其置为当前，然后在第二个视口中指定该直线的端点即可。

4. 视图管理

在 AutoCAD 2010 中，用户可以利用【视图管理器】来创建、设置、重命名、修改和删除命名视图。命名视图随图形一起保存并可以随时使用。在设置布局时，可以将命名视图恢复到布局的视口中。

选择【视图】菜单→【命名视图】，或在功能区【视图】面板中按下【命名视图】按钮 命名视图，将会弹出【视图管理器】对话框，如图 2-23 所示。

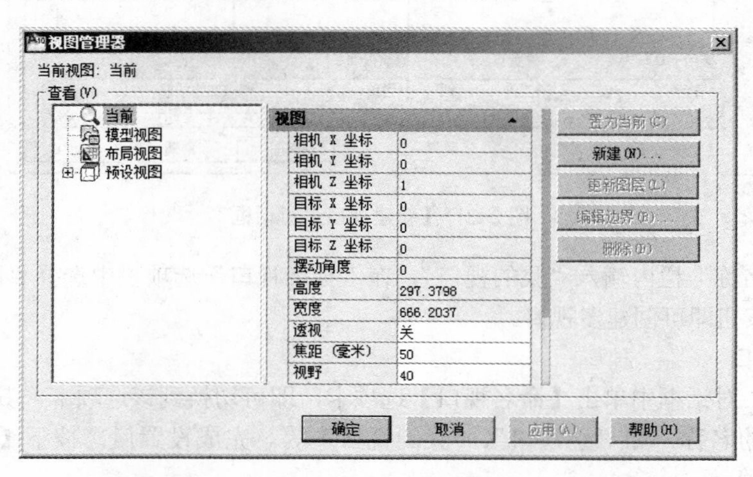

图 2-23 【视图管理器】对话框

在【视图管理器】对话框中按下【新建】按钮，将会弹出【新建视图】对话框，用户可以在此设置视图名称、视图类别等内容，如图 2-24 所示。

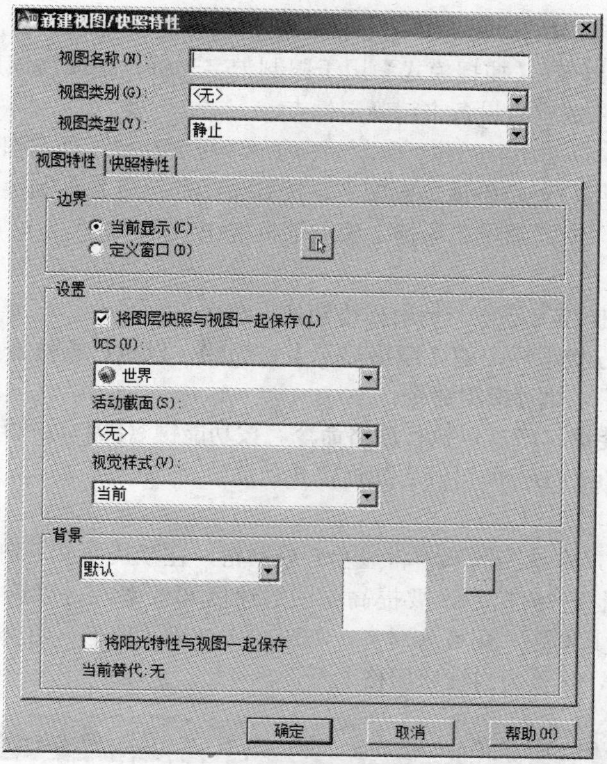

图 2-24 【新建视图】对话框

2.3 绘图辅助工具的应用

AutoCAD 2010 提供的绘图辅助工具主要有栅格和捕捉、正交、极轴追踪、对象捕捉、对象捕捉追踪、动态输入等。绘图辅助工具集中显示在状态栏中，用户可以在任意按钮上单击鼠标右键，在弹出的快捷菜单中选择【使用图标】选项，可将绘图辅助工具的显示状态切换为“图标显示”或“文本显示”，如图 2-25 所示。在绘图过程中，用户可以灵活运用绘图辅助工具，以便更准确地绘制图形，提高绘图的准确性，并提高绘图工作效率。

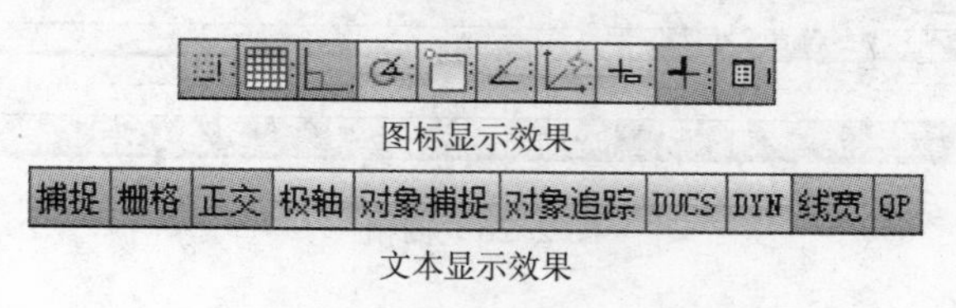

图 2-25 绘图辅助工具

2.3.1 栅格

1．功能

栅格是指点或线的矩阵遍布指定为栅格界限的整个区域。使用栅格类似于在图形下放置一张坐标纸，以提供直观的距离和位置参照。栅格只是绘图辅助工具，并不是图形的一部分，所以不会被打印出来。【捕捉模式】用于限制十字光标，使其按照用户定义的栅格间距移动，有助于使用箭头或定点设备来精确定位点。

栅格是在 AutoCAD 2010 中进行辅助绘图的一项重要功能，使用栅格和捕捉模式可以快速指定点的位置，使用户更精确地绘制图形，提高绘图的速度和准确性。栅格打开时，光标的移动受栅格间距的限制，通过鼠标指定的点都将落在栅格间距所定的点上。

2．命令调用

用户可采用以下操作方法之一调用栅格和捕捉命令。

1）单击屏幕下方状态栏中的【栅格显示】按钮，以执行栅格命令。单击状态栏中的【捕捉模式】按钮，以执行捕捉命令。

2）按键盘的功能键〈F7〉以执行栅格命令。按功能键〈F9〉以执行捕捉模式命令。

3）按组合键〈Ctrl＋B〉即可开启捕捉模式功能。

3．命令操作

开启栅格功能后，在绘图区域中将显示一些网格，在默认情况下栅格功能是开启的。这些网格即栅格，如图 2-26 所示。要提高绘图的速度和效率，可以选择显示并捕捉矩形栅格，用户还可以控制其间距、角度和对齐。如果放大或缩小图形，将会自动调整栅格间距，使其更适合新的比例，这称为自适应栅格显示。

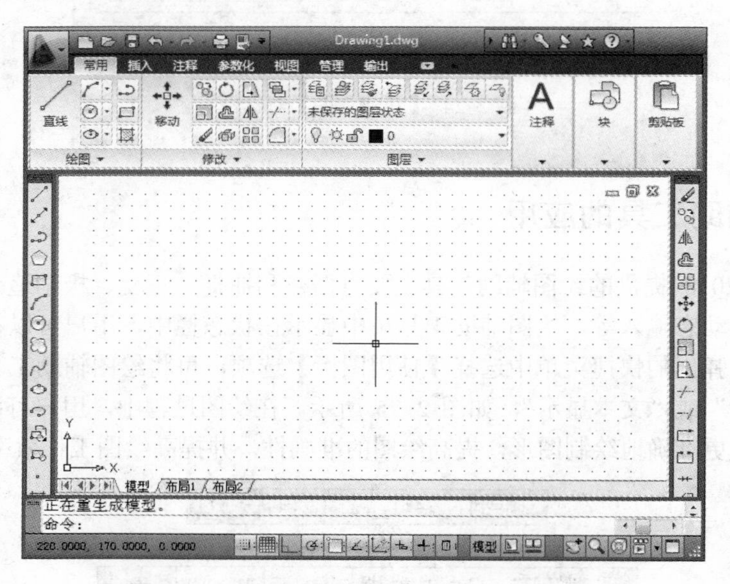

图 2-26　栅格

（1）栅格的显示样式

栅格有两种显示样式，用户可以将栅格显示为点矩阵或线矩阵。仅在当前视觉样式设置为“二维线框”时，栅格才会显示为点，否则栅格将显示为线。在三维界面中工作时，栅格在所有视觉样式中都显示为线栅格。

（2）主栅格线的密度

如果栅格以线显示，则颜色较深的线称为主栅格线，以十进制单位或英尺和英寸绘图时，主栅格线对于快速测量距离非常有用。要设置主栅格线的密度，用户可在状态栏的栅格功能下单击鼠标右键，并在弹出的快捷菜单中选择【设置】选项。即可在打开的对话框中设置【栅格 X 轴间距】和【栅格 Y 轴间距】的数值，从而控制主栅格的密度，两轴间默认为相等间距，如图 2-27 所示。

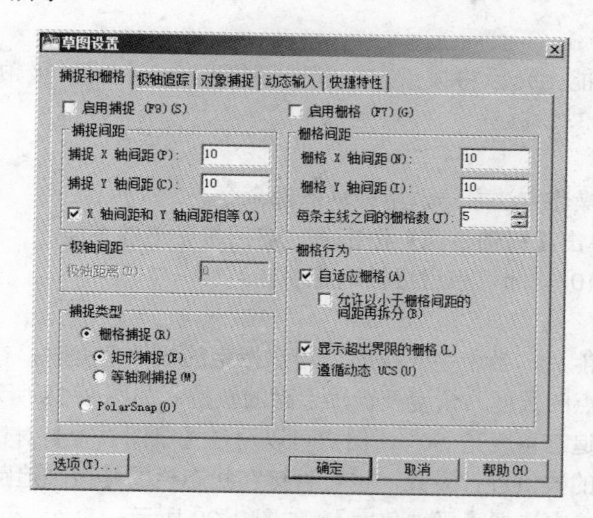

图 2-27　设置主栅格线密度

（3）更改栅格角度

在绘图过程中如果需要沿特定的对齐或角度绘图，可以通过【UCS】坐标系来更改栅格角度。或者在命令行中输入“Snapang”，对栅格角度进行修改。

（4）捕捉模式

在移动鼠标时，屏幕上的十字光标将沿着栅格的点或线的 X 轴或 Y 轴进行移动并自动定位到附近的栅格上。要设置捕捉方式，用户可以在状态栏中的【捕捉模式】按钮上单击鼠标右键，并在打开的快捷菜单中选择【设置】选项，将会显示【草图设置】对话框的【捕捉和栅格】选项板，用户可在此设置捕捉间距和捕捉类型等。

捕捉间距的设置可以与栅格的间距不一致，但最好将栅格间距设置为捕捉间距的整数倍，这样既可使用较大的栅格参考，也可使用较小的捕捉间距，以便保证定点位的精确性。

2.3.2　正交模式

1．功能

在绘图过程中使用正交功能，可以将光标限制在水平或垂直方向上移动，以便精确地创建和修改对象。在绘图和编辑过程中，用户可以随时打开或关闭【正交模式】。输入坐标或指定对象捕捉时将忽略【正交模式】。要临时打开或关闭【正交模式】，可按住临时替代键【Shift】。使用临时替代键时，将无法使用直接距离输入方法。【正交模式】和【极轴追踪】不能同时打开。当用户打开【正交模式】时，将自动关闭【极轴追踪】。

2．命令调用

用户可采用以下操作方法之一调用正交模式命令。

1）按下状态栏中的【正交模式】命令按钮，启用或禁用正交模式。

2）按下功能键〈F8〉以启用或禁用正交模式。

3）在命令行输入“Ortho”，按〈Enter〉键执行命令。

2.3.3 极轴追踪

1．功能

使用极轴追踪功能，光标将按指定角度提示角度值，并将沿极轴角按指定增量进行移动。

2．命令调用

用户可采用以下操作方法之一调用极轴追踪命令。

1）在状态栏中单击【极轴追踪】按钮，启用极轴追踪功能。

2）按功能键〈F10〉，即可启用极轴追踪功能。

3．命令操作

开启极轴追踪功能后，当十字光标靠近用户指定的极轴角度时，在十字光标的一侧就会显示当前点距离前一点的长度、角度及极轴追踪的轨迹，如图 2-28 所示。

系统默认的极轴追踪角度是 90°，用户可以通过【草图设置】对话框中的【极轴追踪】选项卡，对极轴角度的数值进行设置，也可直接在状态栏的【极轴追踪】按钮上单击鼠标右键，在弹出的快捷菜单中选择【极轴角度】。如图 2-29 所示。

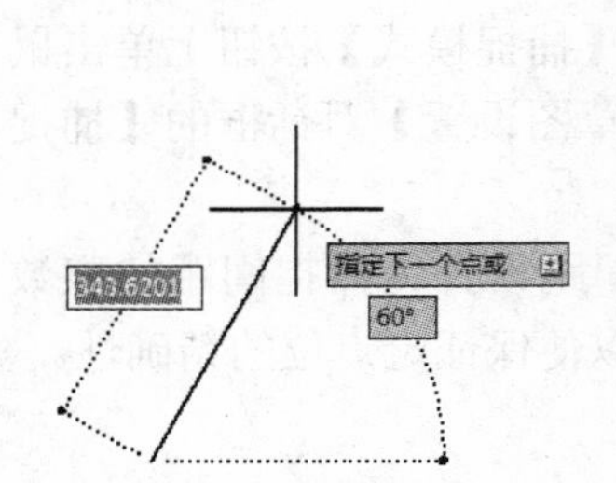

图 2-28　极轴追踪模式

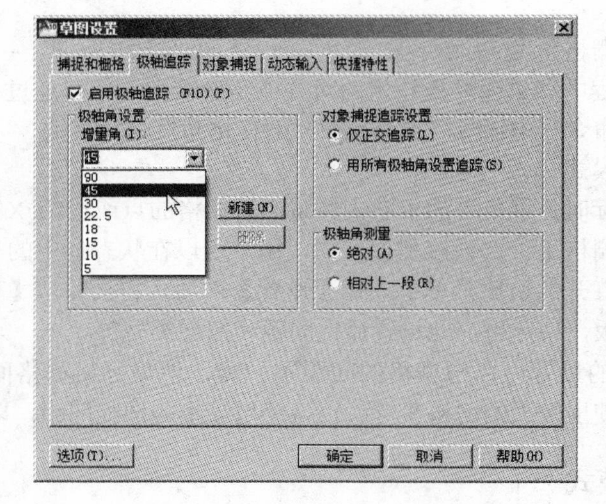

图 2-29　设置极轴角

【极轴追踪】选项卡中各选项的功能如下。

【启用极轴追踪】：勾选该复选框后将启用极轴功能。

【增量角】：在该下拉列表框中选择或直接输入角度值来指定极轴角度。

【附加角】：勾选该框后按下【新建】按钮，在旁边的列表框中可追加多个极轴角度。

【对象捕捉追踪设置】：用于设置对象捕捉追踪的显示方式。选择【仅正交追踪】单选钮，只显示捕捉的正交追踪路径；选择【用所有极轴角设置追踪】单选钮，光标将从捕捉点起沿极轴角度进行追踪。

【极轴角测量】：用于更改极轴的角度类型。默认选择【绝对】类型，即以当前用户坐标系确定极轴追踪的角度。如果选择【相对上一段】单选钮，则根据上一个绘制线段确定极轴的追踪角度。

2.3.4 对象捕捉

1．功能

对象捕捉是将指定的点限制在现有对象的特定位置上，如可以捕捉到图形的端点、中点、圆心、切点和交点等。使用对象捕捉功能，可快速、准确地捕捉到那些特征点，从而达到准确绘图的效果。

2．命令调用

用户可采用以下操作方法之一调用对象捕捉命令。

1）使用鼠标左键单击状态栏中的【对象捕捉】按钮，以激活【对象捕捉】状态。

2）在【对象捕捉】工具栏中单击相应的捕捉模式，以激活【对象捕捉】状态。

3）按功能键〈F3〉，以激活【对象捕捉】状态。

4）按住〈Shift〉键在绘图区中单击鼠标右键，将会打开【对象捕捉】快捷菜单，用户可以方便地在快捷菜单中选择对象捕捉的方式，以激活【对象捕捉】状态。

5）在命令行中输入相应的捕捉命令（例如圆心捕捉命令为“Cen”、端点捕捉命令为“Endp”），以激活【对象捕捉】状态。

3．命令操作

当用户激活【对象捕捉】状态后，即可在绘图过程中捕捉到所需要的特征点。要执行对象捕捉操作，首先需要指定捕捉该点的类型。用户可以用鼠标右键单击状态栏中的【对象捕捉】按钮，在打开的快捷菜单中选择【设置】选项，或在【对象捕捉】工具栏中单击【对象捕捉设置】按钮，在弹出的对话框中选择对象捕捉点的方式即可。另外，用户也可以通过右键快捷菜单来选择对象捕捉点的方式。如图 2-30 所示。

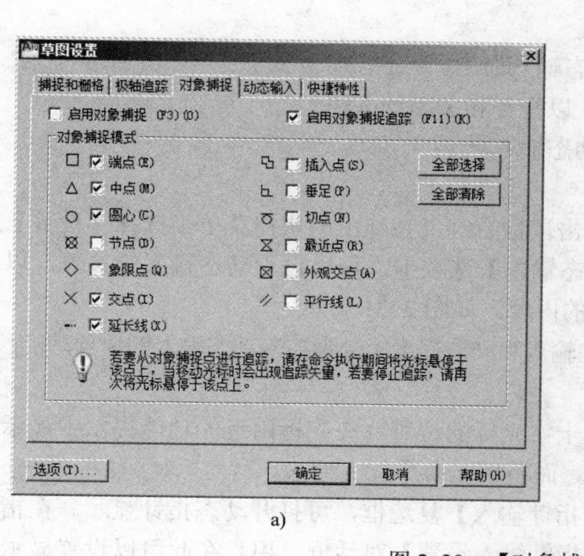

a)

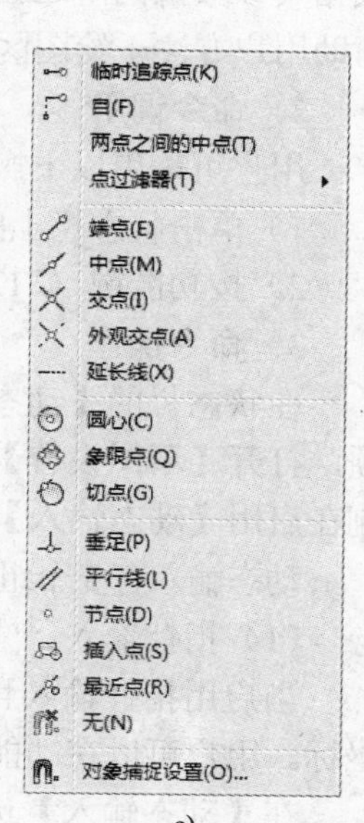

b) c)

图 2-30 【对象捕捉】模式

a) 对象捕捉选项卡 b) 对象捕捉工具栏 c) 对象捕捉快捷菜单

常用的对象捕捉类型包括以下内容。

【端点】：捕捉到圆弧、椭圆弧、直线、多线、多段线线段、样条曲线、面域或射线最近的端点，或捕捉宽线、实体或三维面域的最近角点。

【中点】：捕捉到圆弧、椭圆、椭圆弧、直线、多线、多段线线段、面域、实体、样条曲线或参照线的中点。

【圆心】：捕捉到圆弧、圆、椭圆或椭圆弧的中心。

【节点】：捕捉到点对象、标注定义点或标注文字原点。

【象限点】：捕捉到圆弧、圆、椭圆或椭圆弧的象限点。

【交点】：捕捉到圆弧、圆、椭圆、椭圆弧、直线、多线、多段线、射线、面域、样条曲线或参照线的交点。“延伸交点”不能用做执行对象捕捉模式。

【延伸】：当光标经过对象的端点时，显示临时延长线或圆弧，以便用户在延长线或圆弧上指定点。

【插入点】：捕捉到属性、块、形或文字的插入点。

【垂足】：捕捉圆弧、圆、椭圆、椭圆弧、直线、多线、多段线、射线、面域、实体、样条曲线或构造线的垂足。

【切点】：捕捉到圆弧、圆、椭圆、椭圆弧或样条曲线的切点。

【最近点】：捕捉到圆弧、圆、椭圆、椭圆弧、直线、多线、点、多段线、射线、样条曲线或参照线的最近点。

2.3.5 动态输入

1．功能

使用动态输入功能时，将在光标附近显示一个快捷命令界面，用户可在此直接输入命令或相关参数，同时还会显示当前命令的相关信息，且该信息会随光标的移动而动态更新，以帮助用户专注于绘图区域。动态输入有 3 个组件：指针输入、标注输入和动态提示。

2．命令调用

用户可采用以下操作方法之一调用动态输入命令。

1）单击状态栏上的动态输入按钮，以打开和关闭动态输入。

2）按功能键〈F12〉，以打开和关闭动态输入。

3．命令操作

在状态栏的【动态输入】按钮上单击鼠标右键，在弹出的快捷菜单中选择【设置】选项，打开【草图设置】对话框，选择【动态输入】选项卡，可以设置动态输入的参数，以控制在启用【动态输入】时每个部件所显示的内容。如图 2-31 所示。

动态输入有 3 个组件：指针输入、标注输入和动态提示。分别控制动态输入的 3 项功能。

（1）指针输入

当启用指针输入且正在执行命令时，十字光标的位置将在光标附近的功能提示中显示为坐标。用户可以在功能提示中输入坐标值，而不用在命令行中输入。

在【动态输入】选项卡中勾选【启用指针输入】复选框，可打开动态指针显示。在指针输入栏中单击【设置】按钮，即可弹出【指针输入设置】对话框，用户在此可以设置显示信息的格式和可见性，如图 2-32 所示。使用指针输入设置可修改坐标的默认格式，以及控制指针输入工具提示何时显示。

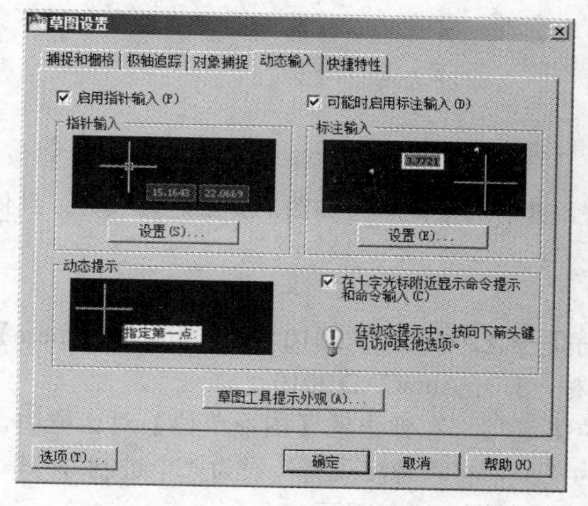

图 2-31 【动态输入】选项卡

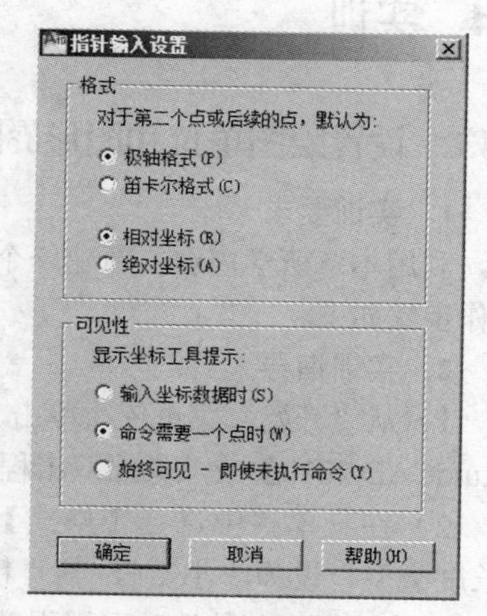

图 2-32 【指针输入设置】对话框

（2）标注输入

启用标注输入功能，当命令提示指定第二点时，工具提示将显示距离和角度值，而且在工具提示中的数值将会随着光标的移动而改变，此时按〈Tab〉键可以移动到要更改的数值。标注输入可用于直线和多段线、弧、椭圆、圆等图形对象。

在【动态输入】选项卡中勾选【可能时启用标注输入】复选框，可以启用标注输入。单击标注输入栏中的【设置】按钮，将会弹出【标注输入设置】对话框，用户可以在此设置标注输入的字段数和内容，如图 2-33 所示。

（3）动态提示

当用户启用动态提示时，命令提示会显示在光标附近的工具提示中。用户可以在工具提示栏中输入相应参数。按下键盘的〈↓〉键可以查看和选择选项，按下〈↑〉键可以显示最近的输入内容。

另外，当用户单击【草图工具提示外观】按钮时，将会弹出【工具提示外观】对话框，用户可以在此设置工具提示框的颜色和大小等，如图 2-34 所示。

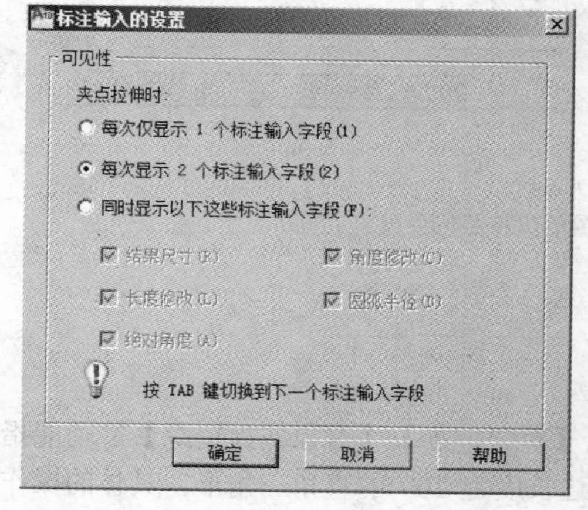

图 2-33 【标注输入设置】对话框

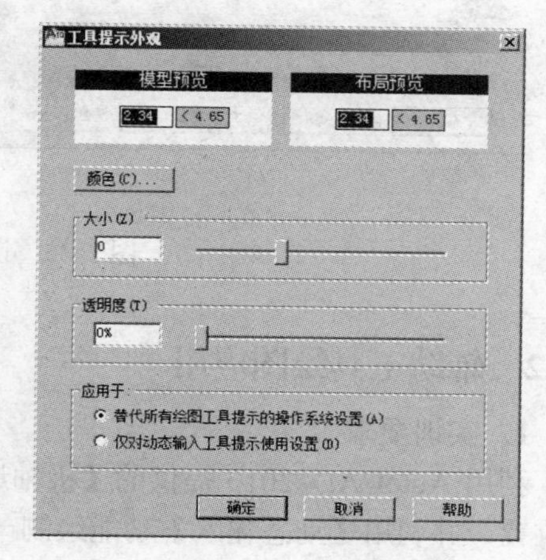

图 2-34 【工具提示外观】对话框

2.4 实训

2.4.1 设置绘图单位和图形界限

1．实训要求

利用本章所学内容，新建一个图形文件，并对其绘图单位和图形界限进行设置。具体的操作步骤如下。

2．实训指导

1）从“开始”菜单依次单击【所有程序】→【AutoCAD 2010 - Simplified Chinese】→【AutoCAD 2010】或从桌面双击程序快捷图标，打开 AutoCAD 2010。

2）在菜单栏中选择【格式】→【单位】选项，在弹出的【图形单位】对话框中，将“长度类型”设为“小数”，其“精度”设为“0”，将“角度类型”设为“十进制”，其“精度”设为“0”，其他选项采用程序默认值即可。如图 2-35a 所示。

3）在菜单栏中选择【格式】→【图形界限】选项，根据动态提示指定图形界限的左下角点坐标为（0,0），右上角点坐标为（841,594）。如图 2-35b 所示。

4）单击【快速访问工具栏】中的【保存】按钮，在弹出的【图形另存为】对话框中选择路径，将图形文档保存至“D:\第 2 章实训”文件夹中，文件名为“设置绘图单位和图形界限”。

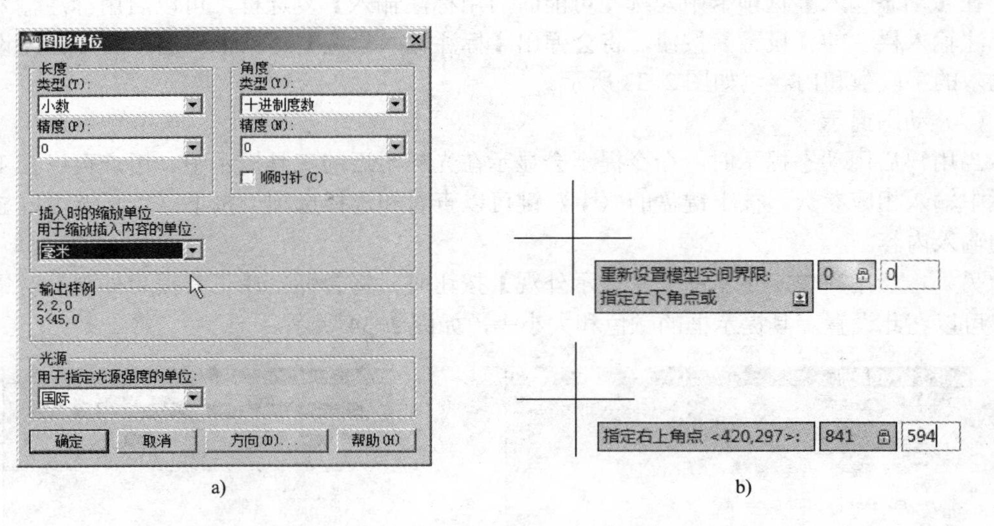

a)　　　　b)

图 2-35　设置绘图单位和图形界限

2.4.2 辅助工具绘图应用

1．实训要求

利用 AutoCAD 2010 提供的【极轴追踪】、【对象捕捉】、【对象捕捉追踪】等功能指定点的位置，并利用【动态输入】功能绘制一个斜边长度为 100 的直角三角形，具体的操作步骤如下。

2．实训指导

1）从【开始】菜单依次单击【所有程序】→【AutoCAD 2010 - Simplified Chinese】→【AutoCAD 2010】或从桌面双击程序快捷图标，打开 AutoCAD 2010 程序。

2）在程序界面下方的状态栏中，依次单击【极轴追踪】、【对象捕捉】、【动态输入】3 个功能按钮以激活该功能。

3）在功能区【常用】选项卡内选择【绘图】面板中的【直线】命令按钮，根据命令提示指定直角三角形斜边的第一点，利用【极轴追踪】功能绘制一条与水平线夹角为 45° 的斜线，通过【动态输入】功能指定其长度为 100，如图 2-36a 所示，再连续绘制一条垂直线，利用【对象捕捉追踪】功能，使其终点捕捉到 45° 斜线起点的水平对齐位置，如图 2-36b 所示，再连续绘制一条水平线，完成直角三角形的绘制，如图 2-36c 所示。

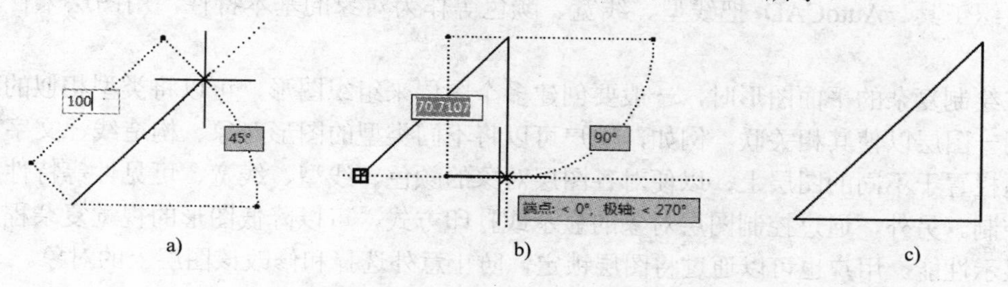

图 2-36　辅助工具绘图应用

4）单击【快速访问工具栏】中的【保存】按钮，在弹出的【图形另存为】对话框中选择路径，将图形文档保存至“D:\第 2 章实训”文件夹中，文件名为“辅助工具绘图应用”。

2.5 练习题

1．如何定义图形界限？

2．如何设置图形文件的自动保存？

3．栅格的作用是什么？如何设置栅格？

4．鸟瞰视图的作用是什么？

5．对象捕捉的模式有哪些？

6．如何设置极轴追踪的极轴角？

7．在绘图时如何使用捕捉、追踪、栅格和正交模式定点？它们有什么作用？

8．使用动态输入有什么作用？如何设置动态输入中的工具提示？

第3章　图层与对象特性

在传统的工程图纸中，有很多类型的图线，它们代表了不同的含义，每一类图线都有线型和线宽等不同的特性。同样，用户在 AutoCAD 中创建的图形对象也可以具有不同的特性。在 AutoCAD 中用图层工具来组织不同特性的图形对象，并对图形进行分类管理。用户可以分别在不同的图层上绘制不同的对象，最终形成复杂的图形。图层是图形绘制中使用的重要组织工具。AutoCAD 把线型、线宽、颜色等作为对象的基本特性，用图层来管理这些特性。

在绘制复杂的平面图形时，一般要创建多个图层来组织图形，可以将类型相似的对象指定给同一图层以使其相关联。例如，用户可以将不同类型的图形对象、构造线、文字、标注和标题栏置于不同的图层上，以便对各图层对象的颜色、线型、线宽、可见性等特性方便地进行控制。另外，通过控制图层对象的显示或打印方式，可以降低图形的视觉复杂程度，并提高显示性能。用户也可以通过将图层锁定，防止意外选择和修改该图层上的对象。

3.1　创建图层

1．功能

在开始图形绘制前，用户可以为相关的图形对象创建和命名图层，并为这些图层指定通用的特性，这样便于图形文件的编辑和管理。对于一个图形，可创建的图层数和在每个图层中创建的对象数都是没有限制的。通过设置图层，可改变图层的线型、颜色、线宽、状态、名称、打开、关闭和冻结、解冻等特性，极大地提高绘图速度和效率。

每个图形均包含一个名为 0 的图层。用户无法删除或重命名 0 图层。该图层的用途是确保每个图形至少包括一个图层，提供与块中的控制颜色相关的特殊图层。建议用户在绘图时创建多个新图层来组织图形，而不是在 0 图层上创建整个图形。

2．命令调用

用户可采用以下操作方法之一调用创建图层命令。

1）在功能区选择【常用】选项卡→【图层】面板→【图层特性】按钮。

2）在菜单栏中选择【格式】→【图层】选项。

3）在命令行输入“Layer”，按〈Enter〉键执行。

3．命令操作

创建图层的过程如下。

1）利用上述方法打开【图层特性管理器】对话框，如图 3-1 所示。

2）在【图层特性管理器】对话框中，单击【新建图层】按钮，图层列表中将自动添加名为“图层 1”的图层，所添加的图层呈被选中（即高亮显示）状态，并采用默认设置的特性。若用户需要创建多个图层时，可多次单击【新建图层】按钮。如图 3-2 所示。

3）为新建的图层命名，图层名最多可包含 255 个字符，其中包括字母、数字和特殊字符，如人民币符号“¥”和连字符“—”等。用户也可以选择图层的颜色、线型、线宽等特性进行图层特性设置。

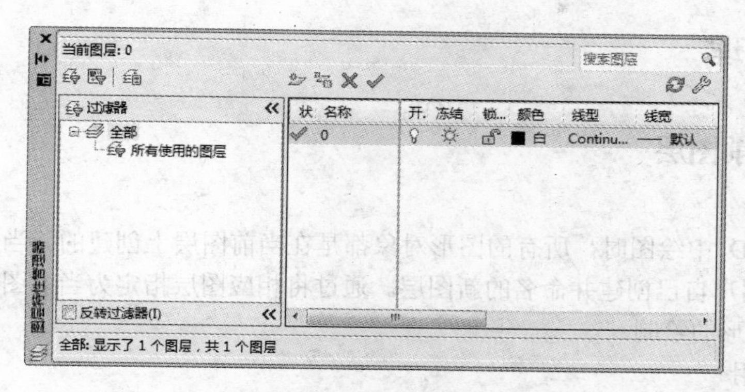

图 3-1 【图层特性管理器】对话框

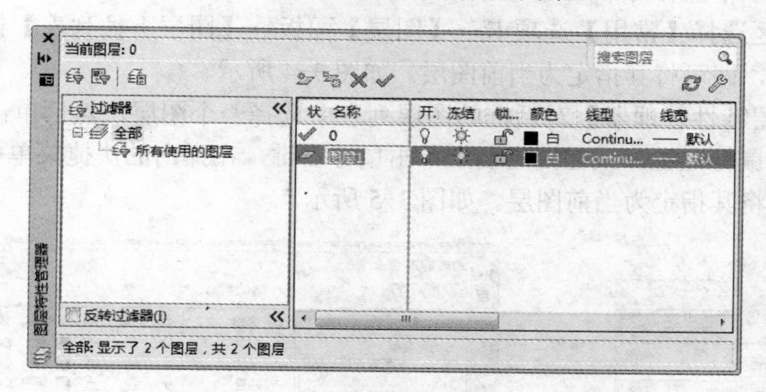

图 3-2 新建图层

4）关闭【图层特性管理器】，系统将会自动保存当前图形的图层设置。

用户可根据上述步骤来创建要绘制图形的相关图层，例如，绘制建筑平面图时，用户可创建名为轴线、墙线、门窗、尺寸、文字、符号、图框等的图层。如图 3-3 所示。

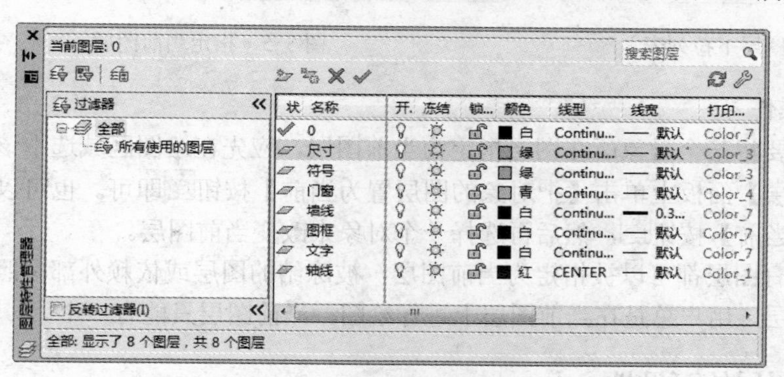

图 3-3 创建和命名图层

每个新建图层的特性都被指定为默认设置：颜色为编号 7 的颜色（白色或黑色，由背景色决定）；线型为 continuous 线型；线宽为默认值；打印样式为“普通”打印样式。用户可以使用默认设置，也可以给每个图层指定新的颜色、线型、线宽和打印样式。如果在创建新图层之前选中了一个现有的图层，新建的图层将继承所选定图层的特性。

3.2 图层管理

3.2.1 指定当前图层

1．功能

在 AutoCAD 中绘图时，所有的图形对象都是在当前图层上创建的。当前图层可能是默认的 0 图层或用户自己创建并命名的新图层。通过将相应图层指定为当前图层，用户可以切换图层并进行图形的绘制。

2．命令调用

用户可采用以下操作方法之一调用指定当前图层命令。

1）在功能区选择【常用】选项卡→【图层】面板→【图层下拉列表】按钮，并选择所需的某一个图层，即可将其指定为当前图层。如图 3-4 所示。

2）在【图层特性管理器】对话框的图层列表中选择一个图层，然后单击按钮，或是在图层名上双击鼠标左键，或在图层名上单击鼠标右键，在弹出的快捷菜单中执行【置为当前】命令，即可将其指定为当前图层。如图 3-5 所示。

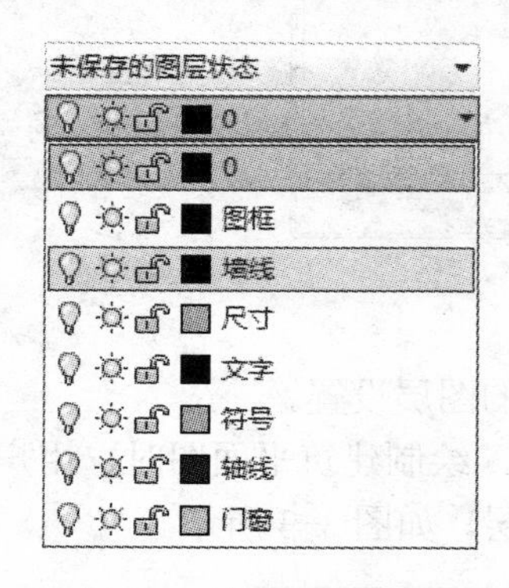

图 3-4　图层下拉列表

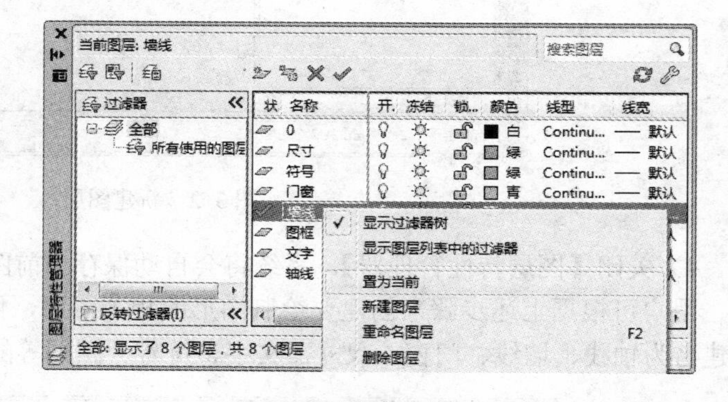

图 3-5　指定当前图层

3．命令操作

用户若需要将某个对象所在图层指定为当前图层，应先在绘图区域选中该对象，然后在功能区的【图层】面板上单击【把对象的图层置为当前】按钮即可。也可以先单击【把对象的图层置为当前】按钮，然后再选择一个对象来改变当前图层。

并不是所有图层都可以被指定为当前图层，被冻结的图层或依赖外部参照的图层不可以设定为当前图层。用户总是在当前图层上进行绘图，当前图层只能有一个。

3.2.2 控制图层的可见性

1．功能

AutoCAD 可以控制图层中的对象的显示与编辑。用于控制图层可见性的工具有打开/关闭、冻结/解冻、锁定/解锁、打印/不打印等。对图层进行关闭或冻结，可以隐藏该图层上的对象。关闭图层后，该图层上的图形将不能被显示或打印。冻结图层后，AutoCAD 不能在被冻结图层上显示、打印或重生成对象。打开已关闭的图层时，AutoCAD 将重画该图层上的对象。解冻已冻结的图层时，AutoCAD 将重生成图形并显示该图层上的对象。关闭而不冻结图层，可避免每次解冻图层时重生成图形。

2．命令操作

（1）打开或关闭图层

当某些图层需要频繁地切换它的可见性时，可选择关闭该图层。当再次打开已关闭的图层时，图层上的对象会自动重新显示。关闭图层可以使图层上的对象不可见。

当用户要打开或关闭图层时，可在功能区选择【图层】面板中的【图层下拉列表】或使用【图层特性管理器】中的图层控件，并单击要控制图层的【开/关图层】灯泡图标。当图标显示为黄色时，图层处于打开状态；否则，图层处于关闭状态。如图 3-6 所示。

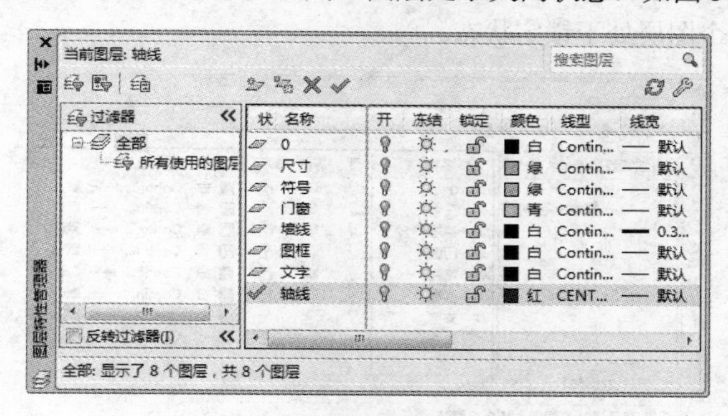

图 3-6　打开或关闭图层

（2）冻结和解冻图层

在绘图中，对于一些长时间不必显示的图层，可将其冻结而非关闭。当要冻结或解冻图层时，可在功能区选择【图层】面板中的【图层下拉列表】或使用【图层特性管理器】的图层控件，并单击要控制图层的【在所有视口中冻结解冻】图标。如果该图标显示为黄色的太阳状态时，所选图层处于解冻状态；否则，所选图层处于冻结状态。如图 3-7 所示的“轴线”图层处于解冻状态，其余图层为“冻结”状态。

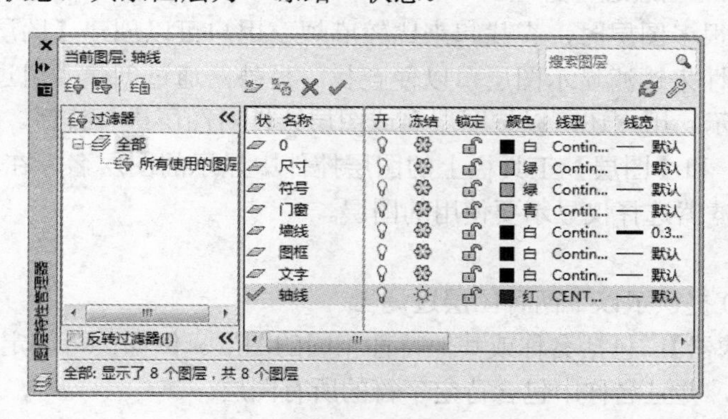

图 3-7　冻结和解冻图层

（3）锁定和解锁图层

锁定某个图层时，在解锁该图层之前，用户无法选择和修改该图层上的所有对象。锁定图层可以降低意外修改对象的可能性。在锁定图层上的对象仍然可以使用对象捕捉功能，且可以执行不会修改这些对象的其他操作，例如，可以使锁定图层作为当前图层，并为其添加对象。还可以使用查询命令，使用对象捕捉指定锁定图层中对象上的点，以及更改锁定图层上对象的绘制次序。

为有助于用户区分锁定和解锁图层，可执行以下操作：在图形对象上悬停光标，查看是否显示锁定图标；在锁定图层上标注对象。需要说明的是，在锁定图层上的对象不显示夹点。

在功能区选择【图层】面板中的【图层下拉列表】或使用【图层特性管理器】的图层控件，并单击要控制图层的【锁定/解锁图层】图标。当锁定图标显示为打开状态时，表示该图层未被锁定。当锁定图标显示为锁定状态时，表示该图层处于锁定状态。如图 3-8 所示的“墙线”、“门窗”两个图层处于锁定状态。

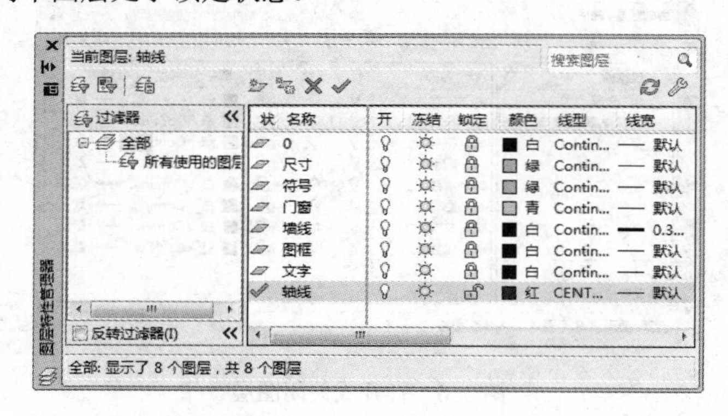

图 3-8　锁定和解锁图层

3.2.3 图层过滤

1．功能

利用【图层特性管理器】对话框左侧的【新建特性过滤器】、【新建组过滤器】和【图层状态管理器】，可以对图层进行管理。

如果图形中有很多图层时，查找起来比较麻烦，用户可以创建【图层特性过滤器】，根据图层的名称或特性来过滤显示图层，以便查找。另外，通过创建【组过滤器】，可将某些图层归为一组来显示。用户还可以按图层名或图层特性对图层进行排序。图层过滤器可限制【图层特性管理器】和【图层】工具栏上的图层控件中显示的图层名。在复杂的图形中，用户可以使用图层过滤器选择仅显示要使用的图层。

2．命令操作

AutoCAD 2010 提供了以下两种图层过滤器。

【图层特性过滤器】：包括名称或其他特性相同的图层。例如，可以定义一个过滤器，其中包括颜色为红色，并且名称中包含特定字符的所有图层。

【图层组过滤器】：包括在定义时放入过滤器的图层，而不考虑其名称或特性。通过将选定图层拖动到过滤器，可以从图层列表中添加选定图层。

在【图层特性管理器】的树状图中显示了默认的图层过滤器，以及在当前图形中创建并保存的所有过滤器。图层过滤器旁边的图标指示过滤器的类型。如图 3-9 所示。AutoCAD 2010 主要提供了以下 5 种默认过滤器。

1）【全部】：显示当前图形中的所有图层。

2）【所有使用的图层】：显示在当前图形中绘制的对象上的所有图层。

3）【外部参照】：如果图形附着了外部参照，将显示从其他图形参照的所有图层。

4）【视口替代】：如果存在具有当前视口替代的图层，将显示包含特性替代的所有图层。

5）【未协调的新图层】：如果自上次打开、保存、重载或打印图形后添加了新图层，将显示未协调的新图层的列表。

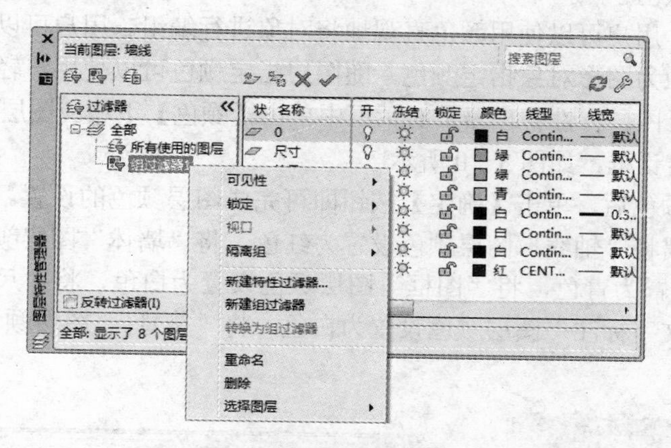

图 3-9　图层过滤器

命名并定义了【图层过滤器】之后，用户可以在树状图中选择该过滤器，以在列表视图中显示图层。也可将过滤器应用于【图层】工具栏，以便图层控件仅显示当前过滤器中的图层。

当用户在树状图中选择一个过滤器并单击鼠标右键时，可以使用快捷菜单中的选项对图层过滤器进行删除、重命名或修改等操作。例如，可以将图层特性过滤器转换为图层组过滤器。也可以在过滤器中更改所有图层的特性。

3.3 图层特性

3.3.1 设置图层特性

1．功能

用户可以更改图层的任意特性（包括颜色、线型和线宽等），也可以将图形对象从一个图层指定给其他图层以改变其特性。如果在错误的图层上创建了对象，或者决定更改图层的组织方式，将对象重新指定给其他图层会非常有用。除非已明确设置了对象的颜色、线型或其他特性，否则，重新指定给其他图层的对象将采用该图层的特性。

图层上的对象通常采用该图层所设定的特性，用户也可以替代对象的任何图层特性。例如，如果对象的颜色特性设置为【Bylayer】，则对象将显示该图层的颜色。如果对象的颜色设置为“红”，则不管指定给该图层的是什么颜色，对象都将显示为红色。

2．命令调用

用户可采用以下操作方法之一调用设置图层特性命令。

1）利用前面所讲方法打开【图层特性管理器】，选择相应图层的特性按钮进行设置。

2）在功能区【常用】选项卡的【图层】面板中选择【图层下拉列表】，选择相应图层的特性按钮进行设置。

3）在图层工具栏中选择【图层下拉列表】，选择相应图层的特性按钮进行设置。

3．命令操作

（1）设置图层颜色

在绘图过程中，用户可以使用颜色直观地将对象进行编组。用户可以随图层将颜色指定给对象，也可以单独为图形对象指定颜色。随图层指定颜色可以使用户轻松识别图形中的每个图层。用户可从【图层特性管理器】对话框中单击【颜色】下相应图层的按钮■ 白，将会弹出【选择颜色】对话框，如图3-10所示。

选择好所需的颜色后，单击【确定】按钮即可完成图层颜色的设置。一般情况下，在建筑图的绘制中，习惯将“轴线”图层颜色设置为红色，将“墙体”图层颜色设置为灰色，将“门窗”图层颜色设置为青色，将“图框”图层颜色设置为白色，将“尺寸标注”图层颜色设置为绿色，将“文字标注”图层颜色设置为白色，将“符号” 图层颜色设置为“蓝色”。如图3-11所示。

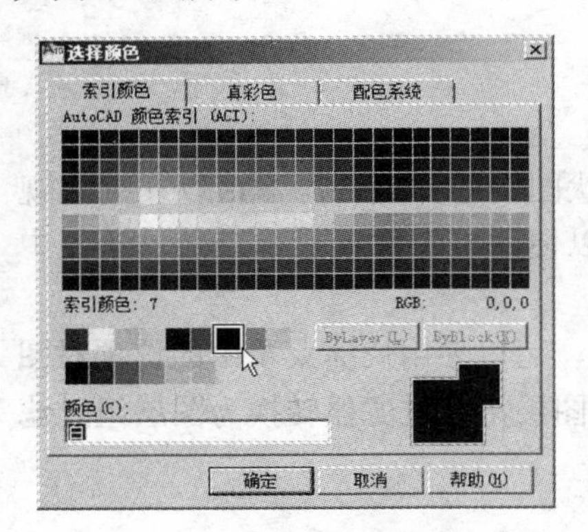

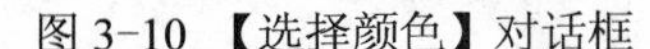
图3-10 【选择颜色】对话框

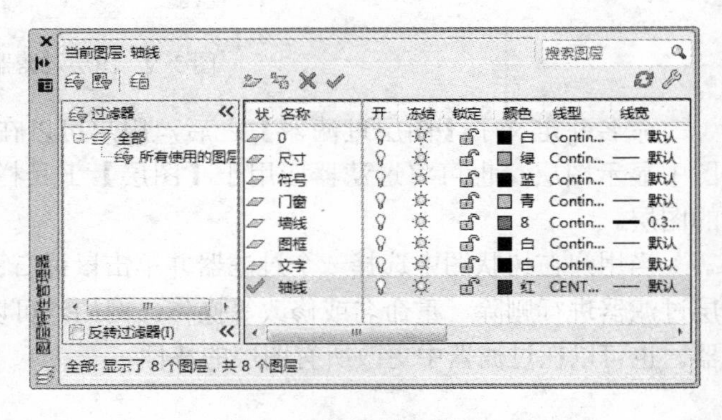

图3-11 图层颜色设置

在【选择颜色】对话框中，用户可以选择使用“索引颜色（ACI）”、“真彩色”、“配色系统”3种类型的色彩系统。

ACI颜色是AutoCAD中使用的标准颜色。每种颜色均通过ACI编号（1～255的整数）标识。标准颜色名称仅用于颜色1～7。颜色指定为：1红、2黄、3绿、4青、5蓝、6洋红、7白/黑。

真彩色使用24位颜色定义显示1600多万种颜色。指定真彩色时，可以使用RGB或HSL颜色模式。通过RGB颜色模式，可以指定颜色的红、绿、蓝组合；通过HSL颜色模式，可以指定颜色的色调、饱和度和亮度要素。

配色系统包括几个标准Pantone配色系统。也可以输入其他配色系统，例如DIC色彩指南或 RAL 颜色集。输入用户定义的配色系统可以进一步扩充可以使用的颜色选择。

（2）设置图层线型

线型是由虚线、点和空格组成的重复图案，用户可以通过图层将线型指定给对象。用户也可以根据需要创建自定义线型。在绘图过程中要用到不同类型和样式的线型，每种线型在图形中所代表的含义也各不相同。默认状态下的线型为“Continuous”线型（实线型），因此需要根据实际情况修改线型，同时还可以设置线型比例以控制虚线和点画线等线型的显示。

从【图层特性管理器】对话框中单击【线型】下的【Continuous】按钮，将会弹出如图 3-12 所示【选择线型】对话框，用户可以在此选择需要使用的线型。在【选择线型】对话框中，单击【加载】按钮，将会弹出【加载或重载线型】对话框，可为线型的选择范围添加多个新的线型种类。如图 3-13 所示。

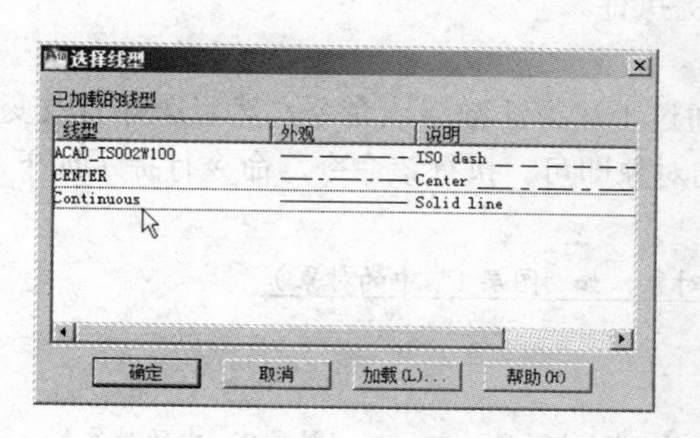

图 3-12 【选择线型】对话框

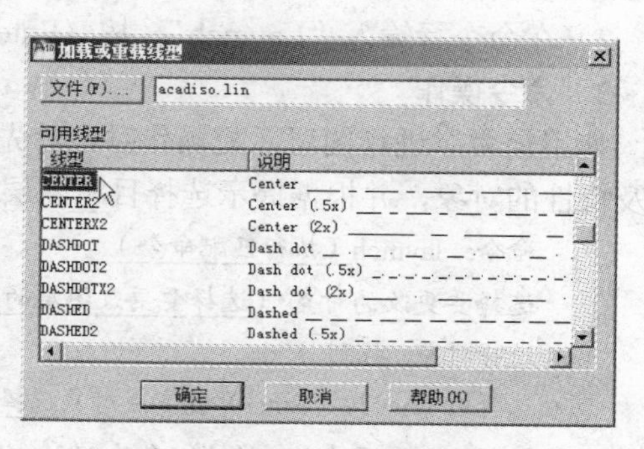

图 3-13 【加载或重载线型】对话框

在图 3-12 中，用户可选择所需线型，然后单击【确定】按钮，回到【选择线型】对话框。单击【确定】按钮以完成线型的设置。选择【格式】菜单中的【线型】选项，将弹出【线型管理器】对话框，在其右下角的【全局比例因子】中，可输入线型的比例值，此比例值用于调整虚线和点画线的横线与空格的比例显示，一般设置为“0.2～0.5”。

（3）设置图层线宽

线宽是指定给图形对象以及某些类型的文字的宽度值，线宽可以显示在电脑屏幕上，也可输出到图纸中。通过线宽，可以用粗线和细线清楚地表现出截面的剖切方式、标高的深度、尺寸线细节的不同。从【图层特性管理器】对话框中单击【线宽】下的【默认】按钮，将会弹出如图 3-14 所示的【线宽】对话框，用户可以在此根据需要选择所需线宽。

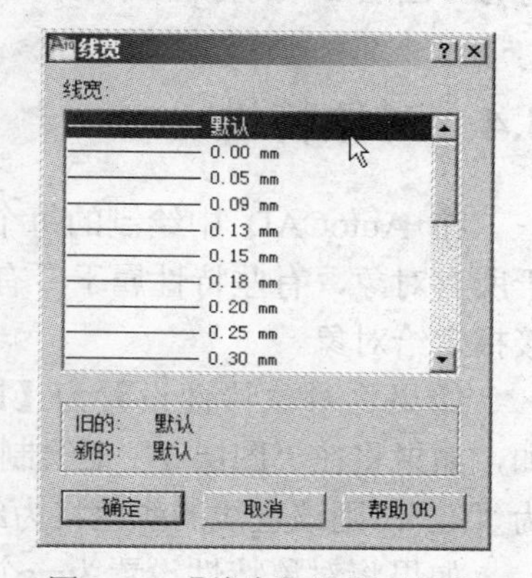

图 3-14 【线宽】设置对话框

通过为不同的图层指定不同的线宽，用户可以轻松区分复杂图形中的图形对象。在 AutoCAD 中提供了显示线宽的功能。若用户在状态栏上按下【显示/隐藏线宽】按钮，程序将不显示线宽，反之则会显示对象的线宽。

在模型空间中显示的线宽不随缩放比例而变化。例如，无论如何放大，以四个像素的宽度表示的线宽值总是用四个像素显示。如果要使对象的线宽在“模型”窗口上显示得更厚些或更薄些，更改显示比例不影响线宽的打印值。在【布局】窗口和打印预览时，线宽以实际单位显示，并随缩放比例而变化。用户可以通过【打印】对话框的【打印设置】选项卡控制图形中的线宽打印和缩放。

3.3.2 图层匹配工具

1．功能

使用图层的【匹配】工具，可以更改选定对象所在的图层及其特性，以使其匹配到目标图层。

2．命令调用

用户可采用以下操作方法之一调用图层匹配工具命令。

1）在功能区选择【常用】选项卡→【图层】面板→【匹配】按钮。

2）在命令行输入“Laymch”，按〈Enter〉键执行。

3．命令操作

使用该命令进行图层匹配操作时，首先要通过上述方法激活该命令，然后选择要改变图层及特性的对象，并根据提示选择目标图层上的对象即可。执行该命令，命令行提示如下。

命令: _laymch（执行匹配命令）

选择要更改的对象:（选择要更改图层的目标对象，如“图层 1”中的对象）

选择对象: 找到 1 个

选择对象:（按〈Enter〉键完成对象选择）

选择目标图层上的对象或 [名称(N)]:（选择要更改到的图层对象，如“图层 2”中的对象）

一个对象已更改到图层“图层 2”上（按〈Enter〉键完成命令操作）

完成命令操作，即可将所选择的“图层 1”中的对象移动至“图层 2”，且将其特性改变为与“图层 2”的特性一致。

3.4 对象特性

在 AutoCAD 中绘制的每个图形对象都具有自己的特性，有些特性属于基本特性，适用于所有对象，有些特性属于专有特性。大多数基本特性可以通过图层指定给对象，也可以直接指定给对象。

如果将对象特性设置为【Bylayer】，则将为对象指定与其所在图层相同的特性值。例如，如果将在“图层 1”上绘制的直线的颜色指定为【Bylayer】，并将“图层 1”的颜色指定为“红”，则该直线的颜色将为红色。

如果将对象特性设置为一个特定值，则该特性值将替代为图层设置的特性值。例如，如果将在“图层 1”上绘制的直线的颜色指定为“蓝”，并将“图层 1”的颜色指定为“红”，则该直线的颜色将为蓝色。

3.4.1 设置对象特性

1．功能

在 AutoCAD 中用户可以通过功能区【常用】选项卡中的【特性】面板查看或设置对象特性，还可以通过【快捷特性】选项板、【特性】选项板查看或设置对象特性。

2．命令调用

用户可采用以下操作方法之一调用设置对象特性命令。

1）在功能区选择【常用】选项卡中【特性】面板提供的特性列表查看或设置对象特性。

2）按下状态栏的【快捷特性】功能按钮，在选中对象时将会弹出相应的【快捷特性】选项板，用户可在此查看或设置对象特性。

3）在菜单栏中选择【工具】→【选项板】→【特性】选项，在弹出的【特性】选项板中可以查看或设置对象特性。

4）在绘图区域单击鼠标右键，选择快捷菜单中的【特性】选项，将弹出【特性】选项板。

5）在命令行输入“Properties”，按〈Enter〉键将会弹出【特性】选项板。

3．命令操作

（1）通过功能区的【特性】面板设置对象特性

使用功能区的【特性】面板可以显示和设置对象特性，列出的常用特性主要有对象颜色、线宽、线型。如图 3-15 所示。

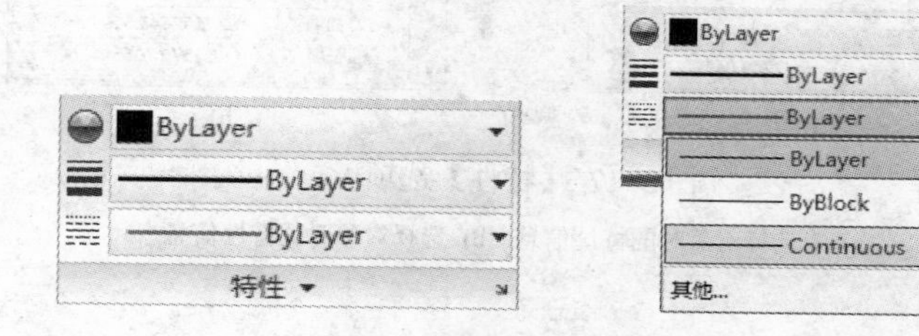

图 3-15 【特性】面板

当用户选择图形对象时，在【特性】面板中将会显示其当前特性，用户可以通过单击相应特性列表后的下拉箭头按钮来修改其特性。

（2）通过【快捷特性】选项板设置对象特性

用户可以使用【快捷特性】选项板查看或设置选中对象的特性。根据需要，用户也可以自定义设置显示在【快捷特性】选项板中的特性。需要注意的是，选定对象后所显示的特性是选择集中所有对象类型的共有特性，也是选定对象的专用特性。

若要通过【快捷特性】选项卡设置对象特性，首先要打开【快捷特性】功能，当用户选择对象后，将会弹出【快捷特性】选项板，并列出当前对象的相应特性。如图 3-16 所示。

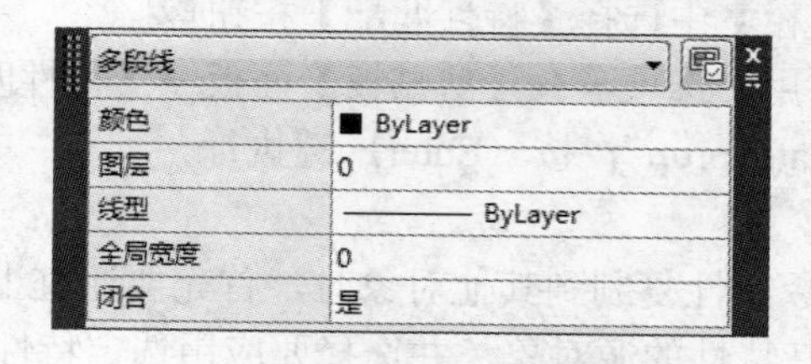

图 3-16 【快捷特性】选项板

（3）通过【特性】选项板设置对象特性

在【特性】选项板中列出了选定对象或一组对象的当前特性。用户可以修改任何可以通过指定新值进行修改的对象特性。当用户选中多个对象时，在【特性】选项板中只显示选择集中所有对象的共有特性。如果用户未选中对象，在【特性】选项板中则只显示当前图层的常规特性、视图特性以及有关 UCS 的信息等。如图 3-17 所示。

a)

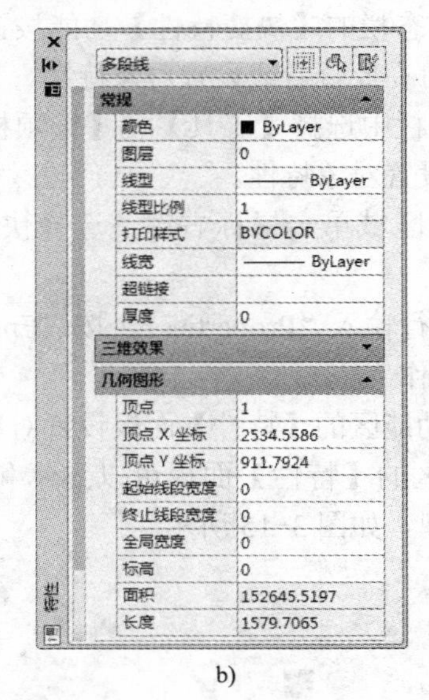

b)

图 3-17 【特性】选项板

a) 未选择对象时的特性信息 b) 选择对象时的特性信息

3.4.2 特性匹配

1. 功能

使用【特性匹配】工具，可以将一个对象的某些特性或所有特性复制到其他对象。可以复制的对象特性类型包括但不限于颜色、图层、线型、线型比例、线宽、打印样式、视口特性替代和三维厚度。

默认情况下，所有可用特性均可自动从选定的第一个对象复制到其他对象。如果不希望复制特定特性，则可使用【设置】选项禁止复制该特性。

2. 命令调用

用户可采用以下操作方法之一调用特性匹配命令。

1）在【快速访问工具栏】中选择【特性匹配】按钮。

2）在功能区选择【常用】选项卡→【剪贴板】面板→【特性匹配】按钮。

3）在命令行输入“Matchprop”，按〈Enter〉键执行。

3. 命令操作

使用该命令将一个对象特性复制到其他对象时，首先要通过上述方法激活该命令，然后根据命令提示选择要复制其特性的源对象，并选择要应用选定特性的对象，按下〈Enter〉键即可。执行该命令，命令行提示如下。

命令: '_matchprop（执行特性匹配命令）

选择源对象:（选择更改特性的源对象）

当前活动设置：颜色 图层 线型 线型比例 线宽 厚度 打印样式 标注 文字 填充图案 多段线 视口 表格材质 阴影显示 多重引线

选择目标对象或 [设置(S)]:（选择要更改特性的目标对象）

选择目标对象或 [设置(S)]:（依次选择其他要更改特性的目标对象）

选择目标对象或 [设置(S)]:（按〈Enter〉键完成命令操作）

若用户要控制所复制的对象特性，可在命令行输入“s”（设置），将会弹出【特性设置】对话框，可在此清除不希望复制的特性项目（默认情况下所有项目均处于打开状态）。如图 3-18 所示。

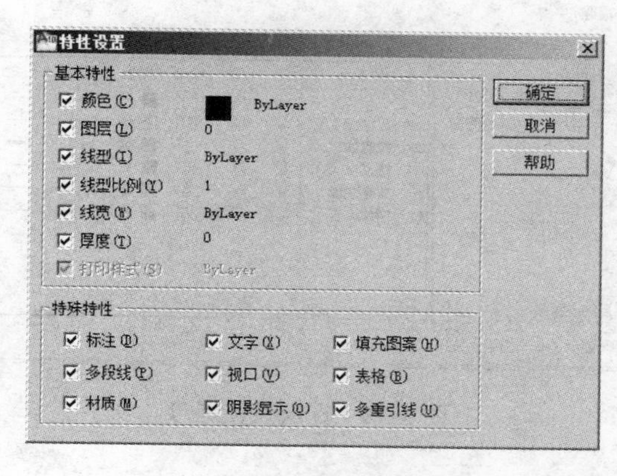

图 3-18 【特性设置】对话框

3.5 实训

3.5.1 创建图层

1．实训要求

根据本章所学内容，为绘制工程图创建相应图层，完成如图 3-19 所示的图层设置。具体的操作步骤如下。

2．实训指导

1）从【开始】菜单依次单击【所有程序】→【AutoCAD 2010 - Simplified Chinese】→【AutoCAD 2010】或从桌面双击快捷方式，打开 AutoCAD 2010 程序。

2）在功能区【常用】选项卡的【图层】面板中单击【图层特性】按钮，调用图层特性管理器。

3）在【图层特性管理器】中单击【新建图层】按钮，依次创建 5 个图层，分别命名为“中线”、“轮廓线”、“尺寸标注”、“文字注释”和“图框”。

4）将图层“中线”的【颜色】设为“红”，【线型】设为“CENTER”，【线宽】设为“默认”。

5）将图层“轮廓线”的【颜色】设为“蓝”，【线型】设为“Continuous”，【线宽】设为“0.30 毫米”。

6）将图层“尺寸标注”的【颜色】设为“绿”,【线型】设为“Continuous”,【线宽】设为“默认”。

7）将图层“文字注释”的【颜色】设为“黑”，其余为默认选项。

8）将图层“图框”的【颜色】设为“黑”，其余为默认选项。

9）完成图层的设置，结果如图 3-19 所示。单击【快速访问工具栏】中的【保存】按钮，在弹出的【图形另存为】对话框中选择路径，将图形文档保存至“D:\第 3 章实训”文件夹中，文件名为“图层设置练习”。

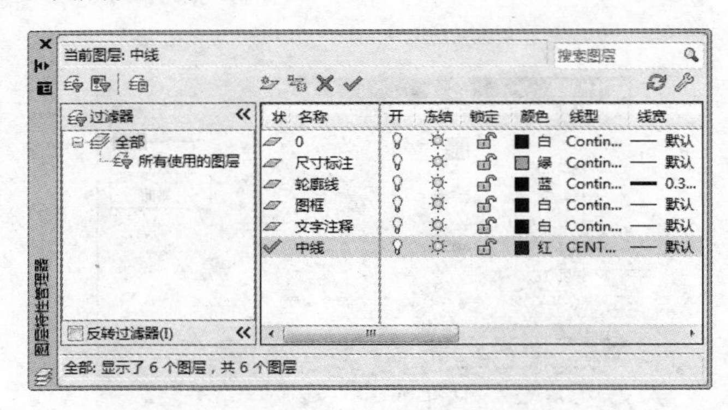

图 3-19　图层设置练习

3.5.2　设置当前图层

1．实训要求

根据本章所学内容，将上例中创建的图层“中线”指定为当前图层。

2．实训指导

1）从【开始】菜单依次单击【所有程序】→【AutoCAD 2010 - Simplified Chinese】→【AutoCAD 2010】或从桌面双击程序快捷图标，打开 AutoCAD 2010 程序。

2）在功能区【常用】选项卡的【图层】面板中选择【图层下拉列表】按钮，在弹出的“图层列表”中选择名为“中线”的图层，并按下列表上方的【置为当前】按钮，将其指定为当前图层。

3）选择在“中线”图层中已绘制的任一图形对象，然后在功能区【常用】选项卡的【图层】面板中选择【将对象的图层设为当前图层】按钮，将其指定为当前图层。

4）完成命令操作，最后将文件保存至“D:\第 3 章实训”文件夹中，文件名为“设置当前图层”。

3.6　练习题

1．图层特性管理器的作用是什么？在 AutoCAD 中如何指定当前图层，有哪些途径？

2．在 AutoCAD 中如何设置图层的可见性，关闭、冻结和锁定图层有什么区别？

3．使用图层过滤器有什么作用？AutoCAD 2010 主要提供了哪些图层过滤器？

4．试述在绘制复杂工程图的过程中，应用图层工具的作用。

5．利用本章所学内容，为图形文档进行如图 3-20 所示的图层设置。

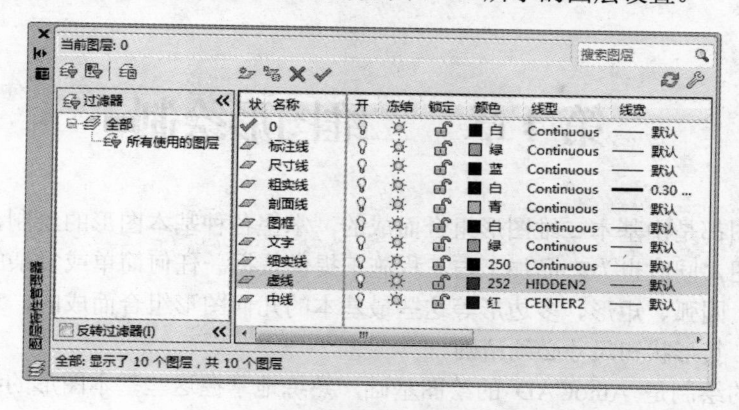

图 3-20　创建图层练习

第4章　二维图形绘制

任何工程图都是由基本二维图形组合而成的，掌握各种基本图形的绘制，有助于表现工程师的设计意图，同时也为产品加工与工程施工提供依据。任何简单或复杂的工程图都是由点、直线、圆、圆弧、矩形、多边形等这些最基本的几何图形组合而成的，它们是构成工程图的基本元素，其形状和尺寸必须精确。

二维图形的绘制是 AutoCAD 的绘图基础，熟练地掌握这些基本图形的绘制方法和技巧才能方便、快捷地绘制出各行各业所需的各种图形。本章主要讲述点、直线、构造线、射线、多线、圆、圆弧、椭圆、椭圆弧、矩形、正多边形、多段线、圆环、样条曲线等基本图形的绘制。

4.1　创建点对象

几何对象点是用于精确绘图的辅助对象，它可以作为对象捕捉和相对偏移的基点。为使用户可以方便地识别点对象，在 AutoCAD 中可设置不同的点样式。另外，在绘制点时可以通过单击鼠标左键确定点位，也可以通过输入坐标来确定点位。

4.1.1　设置点样式

1．功能

默认情况下，点对象是以一个点的形式表现，不便于用户识别，因此在绘制点对象之前通常先要设置点样式，必要时也可以自定义设置点的大小。

2．命令调用

用户可采用以下操作方法之一调用设置点样式命令。

1）选择菜单栏中的【格式】→【点样式】命令 点样式(P)...。

2）在功能区选择【常用】选项卡→【实用工具】面板→【点样式】按钮 点样式...。

3）在命令行中输入“Ddptype”命令，按〈Enter〉键执行。

3．命令操作

执行该命令，将会弹出【点样式】对话框。用户可以在【点样式】对话框中选择需要的样式，并且可以设置点的大小。如图 4-1 所示。在此提供了如下两种设置点大小的方式。

【相对于屏幕设置大小】单选按钮：选择该选项，程序将按屏幕尺寸的百分比设置点的显示大小。当缩放视图时，点的显示大小不变。

【按绝对单位设置大小】单选按钮：选择该选项，用户可以在【点大小】列表框中输入实际单位参数定义点对象的大小。当缩放图形时，绘图区中点对象的显示大小也会随之改变。

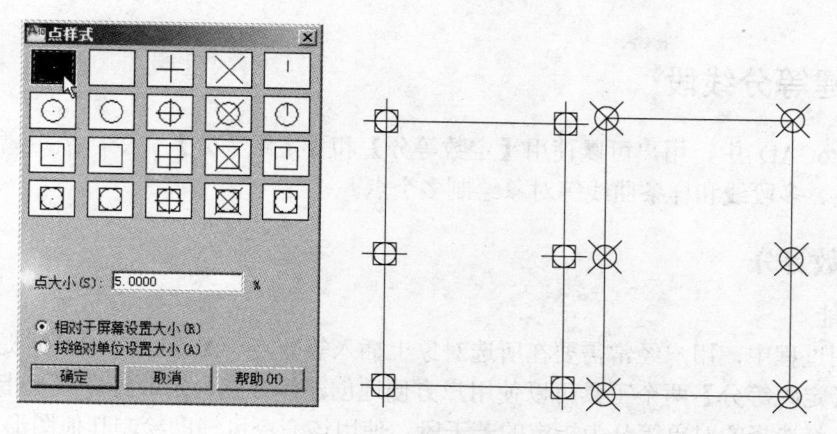

图 4-1　设置点样式

4.1.2　绘制点

1．功能

在绘图过程中，通常将点对象作为圆心标记或者定位标记来使用。在 AutoCAD 2010 中，每执行一次【单点】命令只能绘制一个单点。若需要连续绘制多个点，使用【单点】命令绘制多个点会显得十分繁琐，用户可以使用【多点】命令来解决这个问题。

2．命令调用

用户可采用以下操作方法之一调用绘制点命令。

1）在菜单栏中选择【绘图】→【点】→【单点】或【多点】命令。

2）在功能区选项板中选择【常用】选项卡→【绘图】面板→【多点】工具按钮。

3）在命令行中输入“Point”命令，按〈Enter〉键执行。

3．命令操作

执行该命令后，命令行提示如下。

命令: _point（执行单点命令）

当前点模式:　PDMODE=35　PDSIZE=0.0000

指定点:（在绘图区域中单击鼠标左键，指定点的位置即可）

执行【多点】命令，用户即可在窗口中连续绘制多个点对象。完成多点绘制后，按〈Esc〉键即可退出命令。由于点主要起到定位标记参照的作用，因此在绘制点时不能够任意确定点的位置。确定点的位置的方法有以下几种。

1）鼠标输入法：此方法是在绘图中最常用的输入方法，即移动鼠标直接在绘图区的指定位置处单击鼠标左键，即可获得指定的点。在 AutoCAD 中，坐标的显示是动态直角坐标，当移动鼠标时，十字光标和坐标值将连续更新，随时指示当前光标位置的坐标值。

2）键盘输入法：该输入方法是通过键盘在命令行中输入参数值来确定位置的坐标。

3）用指定距离的方式输入：该输入方法是鼠标输入法和键盘输入法的结合，当命令行提示输入一个点时，将鼠标移动至输入点附近（不要单击）用来确定方向，使用键盘直接输入一个相对前一点的距离，按〈Enter〉键即可确定点的位置。

4.2 创建等分线段

在 AutoCAD 中，用户可以使用【定数等分】和【定距等分】命令，按距离或等分数沿直线、弧线、多段线和样条曲线等对象绘制多个点。

4.2.1 定数等分

1．功能

在绘图过程中，用户经常需要在所选对象上插入等分点。AutoCAD 2010 提供了【定数等分】和【定距等分】两个工具可以使用户方便地创建等分点。定数等分点是指在对象上放置等分点，将选择的对象等分为指定的若干段，使用该命令可辅助绘制其他图形。

2．命令调用

用户可采用以下操作方法之一调用定数等分命令。

1）在菜单栏中单击【绘图】→【点】→【定数等分】按钮。

2）在功能区【常用】选项卡的【绘图】面板选择【定数等分】工具按钮。

3）在命令行中输入“Divide”命令，按〈Enter〉键执行。

3．命令操作

例如，将一个圆形创建为八等分。执行该命令，根据命令提示选择要等分的图形对象，并指定等分数量即可完成定数等分点的绘制。命令行提示如下。

命令: _divide（执行定数等分命令）

选择要定数等分的对象:（指定要进行等分的图形对象）

输入线段数目或 [块(B)]: 8（将等分数量设为 8）

完成命令操作，结果如图 4-2 所示。

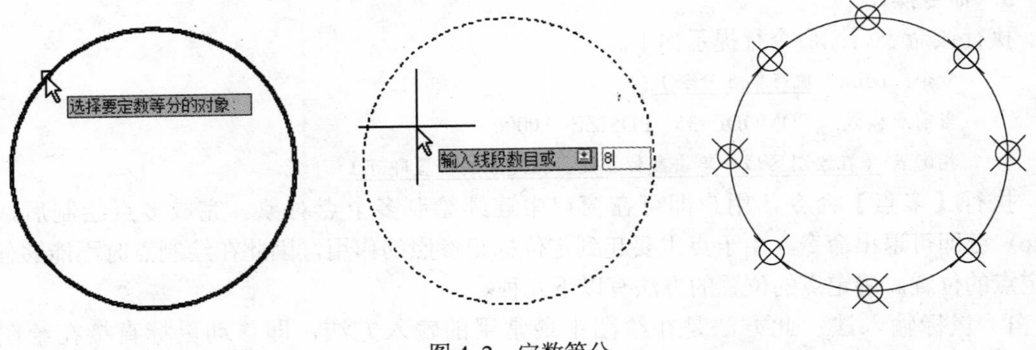

图 4-2　定数等分

4.2.2 定距等分

1．功能

创建定距等分点是指在所选对象上按指定距离绘制多个点对象。

2．命令调用

用户可采用以下操作方法之一调用定距等分命令。

1）在菜单栏中单击【绘图】→【点】→【定距等分】按钮 定距等分(M)。
2）在功能区【常用】选项卡的【绘图】面板选择【定距等分】工具按钮 定距等分。
3）在命令行中输入“Measure”命令，按〈Enter〉键执行。

3．命令操作

例如，将一个三角形按间距为 50 的等分点进行等分。执行该命令，根据命令提示选择要等分的对象，并指定等分间距即可完成定距等分点的绘制。命令行提示如下。

命令: _measure（执行定距等分命令）
选择要定距等分的对象:（指定要进行等分的图形对象）
指定线段长度或 [块(B)]: 50（将等分距离设为 50）

完成命令操作，结果如图 4-3 所示。

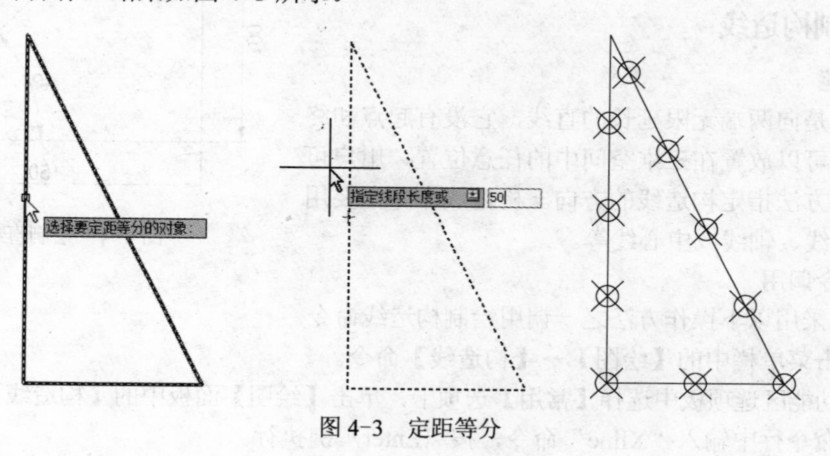

图 4-3　定距等分

4.3 绘制直线型对象

线条是图形的主要组成部分，线条主要有直线型和曲线型两种。本节将讲述绘制直线型对象的方法，包括直线、射线和构造线等。

4.3.1 绘制直线

1．功能

直线命令用于绘制一系列连续的直线段。直线是最基本的线性对象，在使用 AutoCAD 绘图时，直线是最常用、最简单的一类图形对象。直线一般由位置和长度两个参数确定，只要指定了直线的起点和终点，或指定直线的起点和长度就可以确定直线。

2．命令调用

用户可采用以下操作方法之一调用绘制直线命令。
1）在菜单栏中单击【绘图】→【直线】命令。
2）在功能区选项板中选择【常用】选项卡，单击【绘图】面板中的【直线】按钮。
3）在命令行中输入“Line”命令，按〈Enter〉键执行。

3．命令操作

例如，绘制一个如图 4-4 所示的零件轮廓，执行该命令，命令行提示如下。

命令: _line 指定第一点: （执行直线命令并指定图形右上角点为第一点）

指定下一点或 [放弃(U)]: 50（在状态行打开【正交】模式，水平向左指定第二点，并输入距离值为 50）

指定下一点或 [放弃(U)]: 100（光标垂直向下给定方向，并输入距离值为 100）

指定下一点或 [闭合(C)/放弃(U)]:150（光标水平向右给定方向，并输入距离值为 150）

指定下一点或 [闭合(C)/放弃(U)]:（在状态行打开【极轴追踪】模式，捕捉与水平直线夹角为 45°的方向，并指定与所绘制的第一点相交）

指定下一点或 [闭合(C)/放弃(U)]: C（选择闭合选项）

完成命令操作，结果如图 4-4 所示。

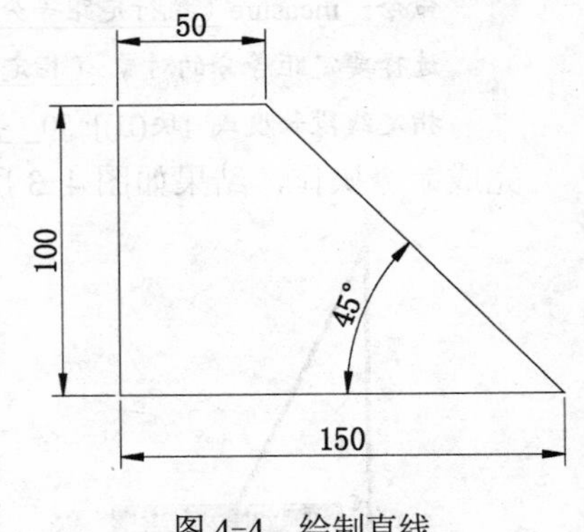

图 4-4　绘制直线

4.3.2　绘制构造线

1．功能

构造线是向两端无限延长的直线，它没有起点和终点。构造线可以放置在三维空间中的任意位置，用户可以使用多种方法指定构造线的方向。构造线命令主要用来绘制辅助线、轴线或中心线等。

2．命令调用

用户可采用以下操作方法之一调用绘制构造线命令。

1）单击菜单栏中的【绘图】→【构造线】命令。

2）在功能区选项板中选择【常用】选项卡，单击【绘图】面板中的【构造线】按钮。

3）在命令行中输入“Xline”命令，按〈Enter〉键执行。

3．命令操作

创建构造线的默认方法是两点法，即用无限长直线所通过的两点定义构造线的位置。用户也可以使用其他方法创建构造线。如图 4-5 所示。

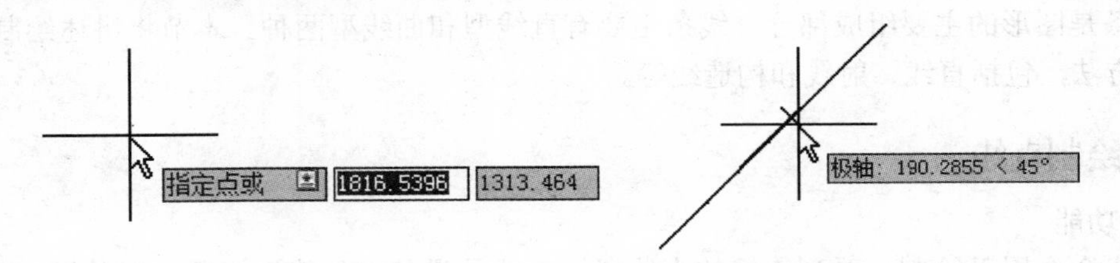

图 4-5　绘制构造线

执行该命令，命令行将显示“指定点或水平（H）垂直（V）角度（A）二等分（B）偏移（O）”提示信息，各选项含义如下。

【水平】：默认辅助线为水平线，单击一次绘制一条水平辅助线，直到用户单击鼠标右键或回车键时结束。

【垂直】：默认辅助线为垂直直线，单击一次创建一条垂直辅助线，直到用户单击鼠标右键或回车键时结束。

【角度】：创建一条用户指定角度的倾斜辅助线，单击一次创建一条倾斜辅助线，直到用户单击鼠标右键或回车键时结束。

【二等分】：首先指定一个角的顶点，再分别确定该角两条边的两个端点，从而创建一条辅助线。该辅助线通过用户指定的角的顶点，平分该角。

【偏移】：创建平行于另一个实体的辅助线，类似于偏移编辑命令。选择的另一个实体可以是一条辅助线、直线或复合线实体。

4.3.3 绘制射线

1．功能

射线是一端固定另一端无限延伸的直线，只有起点没有终点或终点无穷远的直线。主要用于绘制图形中投影所得线段的辅助引线，或绘制某些长度参数不确定的角度等类型的线段。

2．命令调用

用户可采用以下操作方法之一调用绘制射线命令。

1）单击菜单栏中的【绘图】→【射线】命令。

2）在功能区选项板中选择【常用】选项卡，单击【绘图】面板中的【射线】按钮。

3）在命令行输入“Ray”命令，按〈Enter〉键执行。

3．命令操作

射线通常用于辅助绘图，也可以用修剪等编辑命令进行编辑后使其成为图形的一部分。在绘制射线的指定通过点时，如果要使其保持一定的角度，最好采用输入点的极坐标方式进行绘制，长度可以任意输入非零的数值。在 AutoCAD 中可以绘制任意角度的射线。执行该命令后，命令行提示如下。

命令: _ray 指定起点: （指定点 1）

指定通过点:（指定射线要通过的点 2）

指定通过点:（指定射线要通过的点 3）

指定通过点:（指定射线要通过的点 4）

按〈Enter〉键完成命令操作，结果如图 4-6 所示。

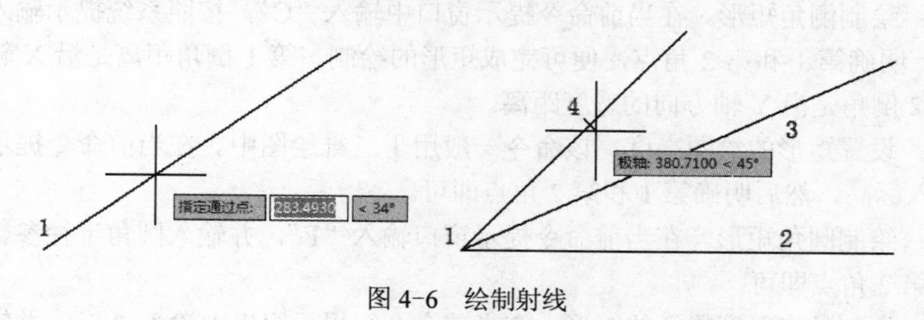

图 4-6 绘制射线

4.4 绘制多边形

矩形和正多边形同属于多边形，矩形和正多边形中的所有线段不是孤立的，而是合成一个面域。在进行三维绘图时，无需直线面域操作，即可使用拉伸或旋转工具将该轮廓线转换为实体。正多边形和矩形命令的使用可以简化图形的绘制过程，提高绘图效率。

4.4.1 绘制矩形

1. 功能

使用该命令可以快速地绘制出所需的矩形，而不必使用直线命令逐一绘制组成矩形的各条直线，而且在绘制矩形的过程中，还可以设置矩形的倒角、圆角效果和宽度、厚度值。

2. 命令调用

用户可采用以下操作方法之一调用绘制矩形命令。

1）在功能区【常用】选项卡的【绘图】面板中选择【矩形】工具按钮▭。

2）在菜单中执行【绘图】→【矩形】命令。

3）在命令行中输入“Rectang”命令，按〈Enter〉键执行。

3. 命令操作

绘制矩形的默认方法是指定矩形的两个对角点，选择 AutoCAD 提供的不同选项，将绘制出不同效果的矩形，但都必须指定一个角点和一个对角点，从而确定矩形的大小。执行该命令，命令行提示如下。

命令: _rectang（执行矩形绘制命令）

指定第一个角点或 [倒角(C)/标高(E)/圆角(F)/厚度(T)/宽度(W)]:（指定矩形左下角点）

指定另一个角点或 [面积(A)/尺寸(D)/旋转(R)]:（指定矩形对角点）

完成命令操作，结果如图 4-7 所示。

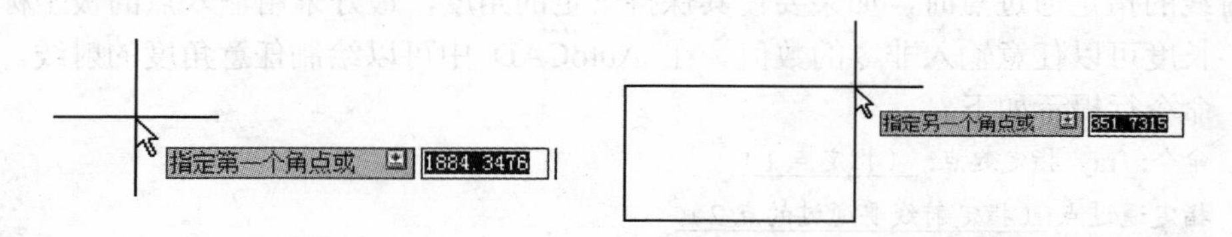

图 4-7 绘制矩形

命令行中各选项的含义介绍如下。

【倒角】：绘制倒角矩形。在当前命令提示窗口中输入“C”，按照系统提示输入第 1、第 2 倒角距离，明确第 1 和第 2 角点，便可完成矩形的绘制。第 1 倒角距离是沿 X 轴方向的长度距离，第 2 倒角是沿 Y 轴方向的宽度距离。

【标高】：设置矩形的绘图高度，该命令一般用于三维绘图中。在当前命令提示窗口中输入 E，并输入标高，然后明确第 1 和第 2 角点即可。

【圆角】：绘制圆角矩形。在当前命令提示窗口输入“F”，并输入圆角半径参数值，然后明确第 1 和第 2 角点即可。

【厚度】：绘制具有厚度特征的矩形。在当前命令行提示窗口中输入“T”，并输入厚度参数值，然后明确第 1 和第 2 角点即可。

【宽度】：绘制具有宽度特征的矩形。在当前命令行提示窗口中输入“W”，并输入宽度参数值，然后明确第 1 和第 2 角点即可。

【面积】：通过制定矩形面积绘制矩形。

【尺寸】：通过指定矩形的长度和宽度来绘制矩形。

【旋转】：绘制按指定的倾斜角度放置的矩阵。

这些选项的应用方法如下所示。

1）绘制一个矩形并在角点加倒角。执行该命令，命令行提示如下。

命令: _rectang（执行矩形绘制命令）

指定第一个角点或 [倒角(C)/标高(E)/圆角(F)/厚度(T)/宽度(W)]: c （选择倒角选项）

指定矩形的第一个倒角距离 <0.0000>: 15（指定倒角距离）

指定矩形的第二个倒角距离 <15.0000>:（指定倒角距离）

指定第一个角点或 [倒角(C)/标高(E)/圆角(F)/厚度(T)/宽度(W)]:（拾取矩形角点）

指定另一个角点或 [面积(A)/尺寸(D)/旋转(R)]:（拾取矩形对角点）

完成命令操作，结果如图 4-8 所示。

2）绘制矩形并在角点加圆角。执行该命令，命令行提示如下。

命令: _rectang（执行矩形绘制命令）

指定第一个角点或 [倒角(C)/标高(E)/圆角(F)/厚度(T)/宽度(W)]: f（选择圆角选项）

指定矩形的圆角半径 <0.0000>: 15（指定圆角半径为 15）

指定第一个角点或 [倒角(C)/标高(E)/圆角(F)/厚度(T)/宽度(W)]:（拾取矩形角点）

指定另一个角点或 [面积(A)/尺寸(D)/旋转(R)]:（拾取矩形对角点）

完成命令操作，结果如图 4-9 所示。

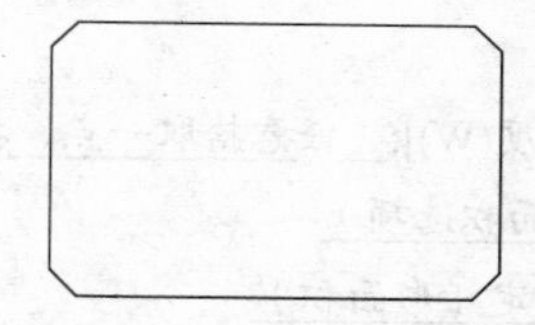

图 4-8　绘制带倒角矩形

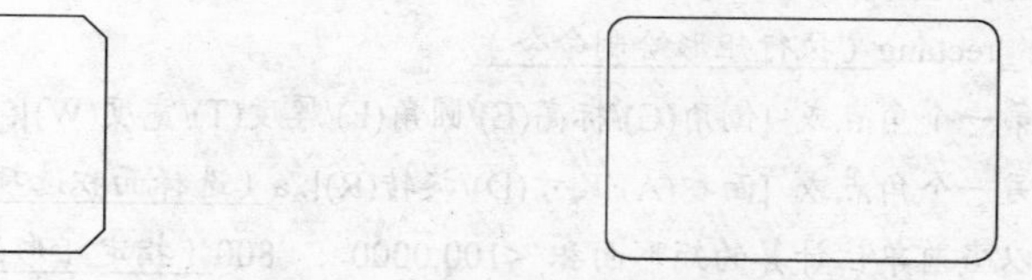

图 4-9　绘制带圆角矩形

3）绘制矩形并指定线宽。执行该命令，命令行提示如下。

命令: _rectang（执行矩形绘制命令）

指定第一个角点或 [倒角(C)/标高(E)/圆角(F)/厚度(T)/宽度(W)]: w（选择宽度选项）

指定矩形的线宽 <0.0000>: 5（指定线宽为 5）

指定第一个角点或 [倒角(C)/标高(E)/圆角(F)/厚度(T)/宽度(W)]:（拾取矩形角点）

指定另一个角点或 [面积(A)/尺寸(D)/旋转(R)]:（拾取矩形对角点）

完成命令操作，结果如图 4-10 所示。

4）绘制矩形并指定标高和厚度。执行该命令，命令行提示如下。

通过确定矩形的厚度可绘制长方体，“厚度（T）”选项可绘制一个在 Z 轴方向上有一定高度的矩形。若将厚度设为 15，即可绘制一个高度为 15 的长方体。如果指定标高为 15，就可以在原来的长方体顶面上再绘制一个长方体。

命令: _rectang（执行矩形绘制命令）

指定第一个角点或 [倒角(C)/标高(E)/圆角(F)/厚度(T)/宽度(W)]: t（选择厚度选项）

指定矩形的厚度 <0.0000>: 15（将厚度定义为 15）

指定第一个角点或 [倒角(C)/标高(E)/圆角(F)/厚度(T)/宽度(W)]:（拾取矩形角点）

指定另一个角点或 [面积(A)/尺寸(D)/旋转(R)]:（拾取矩形对角点）

命令: _rectang（执行矩形绘制命令）

当前矩形模式： 厚度=15.0000

指定第一个角点或 [倒角(C)/标高(E)/圆角(F)/厚度(T)/宽度(W)]: e（选择标高选项）

指定矩形的标高 <0.0000>: 15（将标高定义为 15）

指定第一个角点或 [倒角(C)/标高(E)/圆角(F)/厚度(T)/宽度(W)]:（拾取矩形角点）

指定另一个角点或 [面积(A)/尺寸(D)/旋转(R)]:（拾取矩形对角点）

完成命令操作，结果如图 4-11 所示。

图 4-10 绘制带线宽矩形

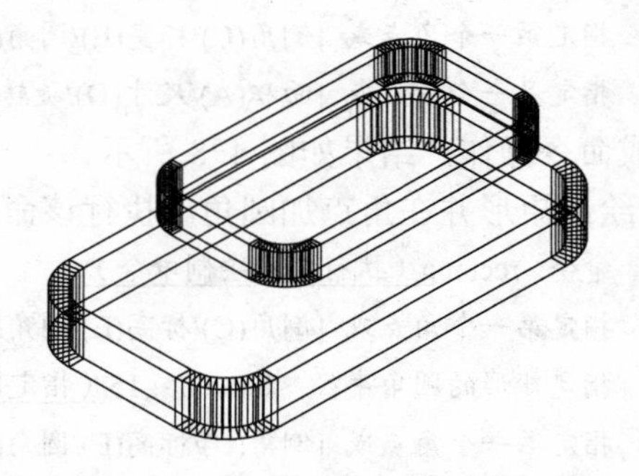

图 4-11 指定标高和厚度绘制矩形

5）指定面积绘制矩形。执行该命令，命令行提示如下。

命令: _rectang（执行矩形绘制命令）

指定第一个角点或 [倒角(C)/标高(E)/圆角(F)/厚度(T)/宽度(W)]:（任意拾取一点，指定矩形角点）

指定另一个角点或 [面积(A)/尺寸(D)/旋转(R)]: a（选择面积选项）

输入以当前单位计算的矩形面积 <100.0000>: 800（指定矩形面积）

计算矩形标注时依据 [长度(L)/宽度(W)] <长度>: L（选择长度选项）

输入矩形长度 <20.0000>: 40（指定矩形长度为 40）

完成命令操作，结果如图 4-12 所示。

6）指定尺寸绘制矩形。执行该命令，命令行提示如下。

命令: _rectang（执行矩形绘制命令）

指定第一个角点或 [倒角(C)/标高(E)/圆角(F)/厚度(T)/宽度(W)]:（任意拾取一点，指定矩形角点）

指定另一个角点或 [面积(A)/尺寸(D)/旋转(R)]: d（选择尺寸选项）

指定矩形的长度 <0.0000>:40（指定矩形长度）

指定矩形的宽度 <0.0000>:30（指定矩形宽度）

指定另一个角点或 [面积(A)/尺寸(D)/旋转(R)]:（按〈Enter〉键确定）

完成命令操作，结果如图 4-13 所示。

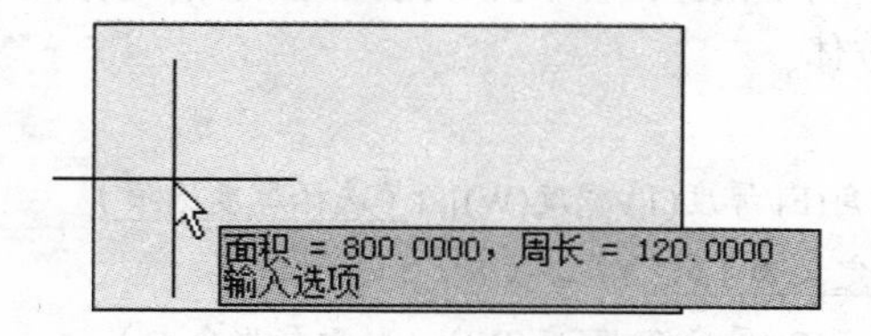

图 4-12 指定面积绘制矩形

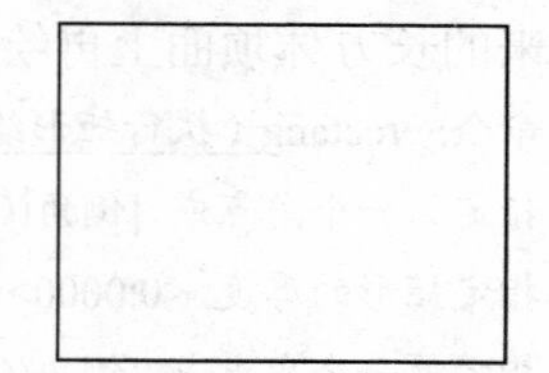

图 4-13 指定尺寸绘制矩形

7）指定旋转角度绘制矩形。执行该命令，命令行提示如下。

命令: _rectang（执行矩形绘制命令）

指定第一个角点或 [倒角(C)/标高(E)/圆角(F)/厚度(T)/宽度(W)]:（任意拾取一点，指定矩形角点）

指定另一个角点或 [面积(A)/尺寸(D)/旋转(R)]: r（选择旋转选项）

指定旋转角度或 [拾取点(P)] <0>:45（设置旋转角度为 45°）

指定另一个角点或 [面积(A)/尺寸(D)/旋转(R)]:（按〈Enter〉键确定）

完成命令操作，结果如图 4-14 所示。

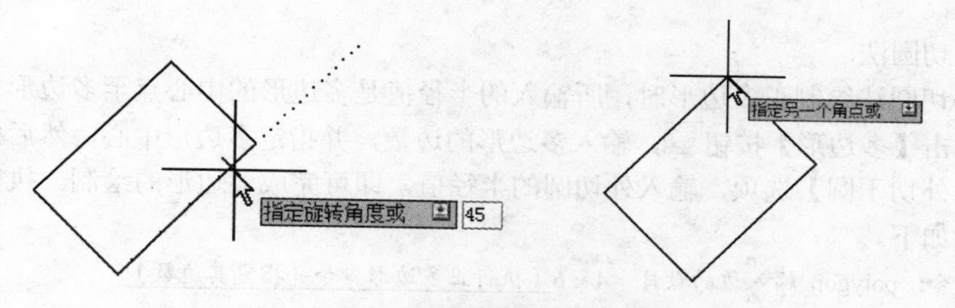

图 4-14　指定旋转角度绘制矩形

4.4.2　绘制正多边形

1．功能

在 AutoCAD 中，利用该命令可以快速创建正多边形。创建正多边形是绘制等边三角形、正方形、五边形、六边形等的简单方法。用户可以创建具有 3～1024 条等长边的正多边形。

2．命令调用

用户可采用以下操作方法之一调用绘制正多边形命令。

1）在功能区【常用】选项卡的【绘图】面板中选择【正多边形】按钮。

2）在菜单中执行【绘图】→【正多边形】命令。

3）在命令行中输入“Polygon”命令，按〈Enter〉键执行。

3．命令操作

使用 AutoCAD 2010 绘制正多边形，执行命令后，用户可以选择使用以下 3 种方法绘制正多边形。

（1）内接圆法

使用内接圆法绘制正多边形时，由于该正多边形是由多边形的中心到多边形的顶角点之间的距离相等的边组成的，因此整个多边形位于一个虚拟的圆形中。单击【正多边形】按钮，输入多边形的边数，并指定多边形中心。然后根据命令行提示选择【内接于圆】选项，并输入内接圆的半径值，即可完成正多边形的绘制。执行该命令，命令行提示如下。

命令: _polygon 输入边的数目 <4>: 5（执行正多边形命令并指定其边数）

指定正多边形的中心点或 [边(E)]:（光标拾取正多边形的中心点）

输入选项 [内接于圆(I)/外切于圆(C)] <I>: I （选择内接于圆方式创建正多边形）

指定圆的半径:100（指定圆形的半径）

完成命令操作，结果如图 4-15 所示。

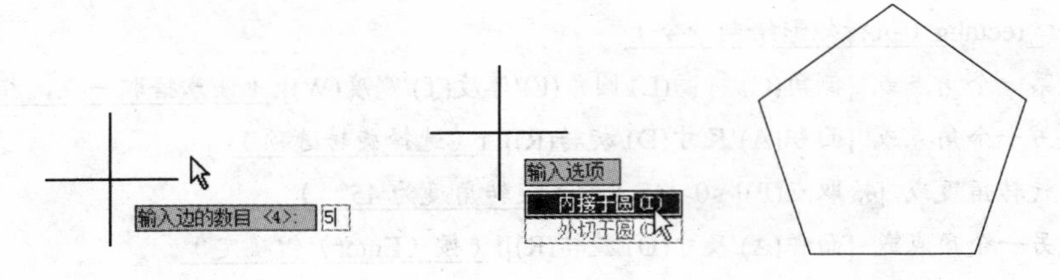

图 4-15　内接圆法

（2）外切圆法

使用外切圆法绘制正多边形时，所输入的半径值是多边形的中心点至多边形任意边的垂直距离。单击【多边形】按钮，输入多边形的边数，并指定多边形中心，然后根据命令行提示选择【外切于圆】选项，输入外切圆的半径值，即可完成多边形的绘制。执行该命令，命令行提示如下。

命令: _polygon 输入边的数目 <4>: 6（执行正多边形命令并指定其边数）
指定正多边形的中心点或 [边(E)]:（光标拾取正多边形的中心点）
输入选项 [内接于圆(I)/外切于圆(C)] <I>:C （选择外切于圆方式创建正多边形）
指定圆的半径: 100（指定圆形的半径）

完成命令操作，结果如图 4-16 所示。

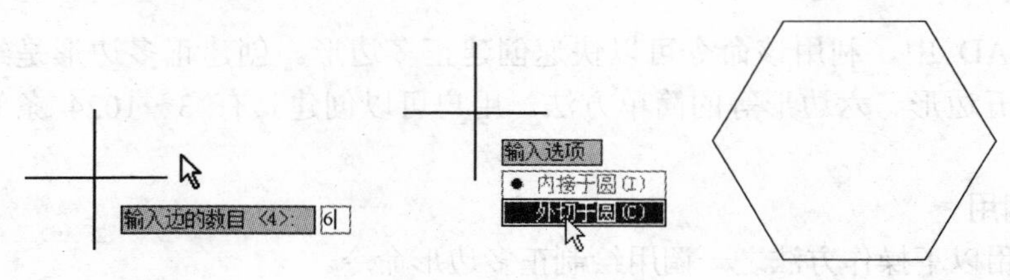

图 4-16　外切圆法

（3）边长法

使用边长法绘制正多边形时，还可以通过设定正多边形的边长和一条边的两个端点创建正多边形。此方法与上述方法类似，在命令提示指定正多边形的中心点时输入字母 E，可直接在绘图区域指定两点或在指定一点后输入边长即可绘制出所需的正多边形。执行该命令，命令行提示如下。

命令: _polygon 输入边的数目 <4>: 6（执行正多边形命令并指定其边数）
指定正多边形的中心点或 [边(E)]: E （选择指定边的方式创建正多边形）
指定边的第一个端点: 指定边的第二个端点: 80 （指定正多边形第一条边的端点和长度）

完成命令操作，结果如图 4-17 所示。

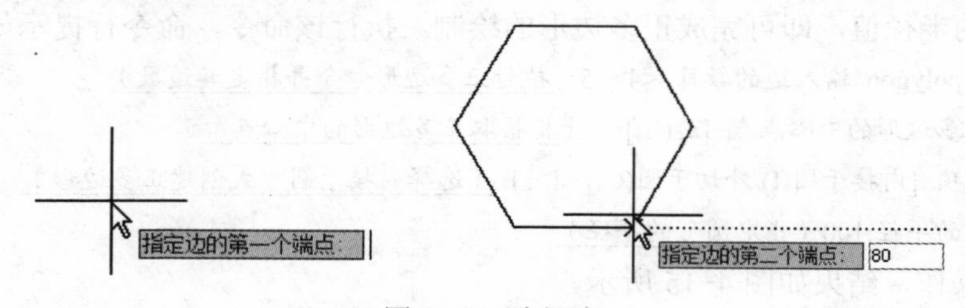

图 4-17　边长法

4.5 绘制曲线型对象

在绘制建筑或机械类工程图时，不仅要使用直线，还要大量使用圆、圆弧、椭圆、椭圆弧以及圆环等曲线对象来满足设计要求，而曲线型对象的操作方法要比绘制直线型对象复杂，绘制方法也比较多。

4.5.1 绘制圆形

1．功能

圆形是形状规则的曲线对象，是由指定点沿另一个点旋转一周所形成的曲线特征。用户可以通过指定圆心、半径、直径、圆周上的点和其他对象上点的不同组合方式，来创建圆形。

2．命令调用

用户可采用以下操作方法之一调用绘制圆形命令。

1）在功能区【常用】选项卡的【绘图】面板中选择【圆形】按钮。

2）在菜单中执行【绘图】→【圆】命令，再从级联子菜单中选一种画圆方式。

3）在命令行中输入“Circle”命令，按〈Enter〉键执行。

3．命令操作

AutoCAD 提供了 6 种创建圆形的方法，即【圆心、半径】、【圆心、直径】、【两点】、【三点】、【相切、相切、半径】、【相切、相切、相切】，下面分别介绍各种创建圆形的方法。

（1）【圆心、半径】

该方式是系统默认的绘制方式，用户只需在屏幕上指定一点作为圆心，然后输入半径，即可完成圆形的创建。执行该命令，命令行提示如下。

命令: _circle 指定圆的圆心或 [三点(3P)/两点(2P)/切点、切点、半径(T)]:（执行圆形命令并指定圆心）

指定圆的半径或 [直径(D)] <100.0000>: 400（指定圆形的半径）

完成命令操作，结果如图 4-18 所示。

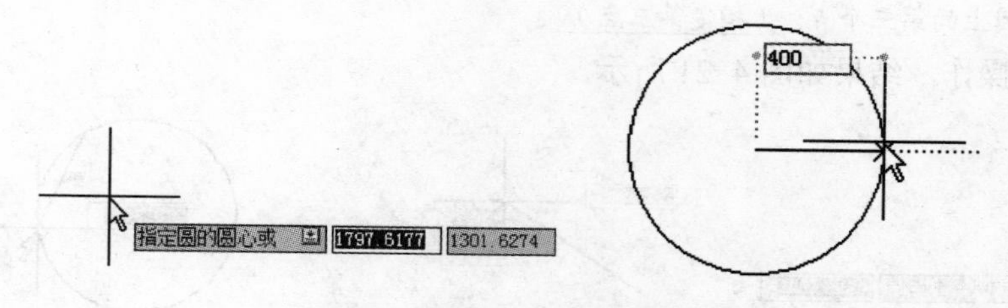

图 4-18 【圆心、半径】绘制圆形

（2）【圆心、直径】

在图形中指定圆心的位置，直接输入直径即可完成圆形的创建。执行该命令，命令行提示如下。

命令: _circle 指定圆的圆心或 [三点(3P)/两点(2P)/切点、切点、半径(T)]:（执行圆形命令并指定圆心）

指定圆的半径或 [直径(D)] <100.0000>: _d 指定圆的直径 <100.0000>: 800（指定圆形的直径）

完成命令操作，结果如图 4-19 所示。

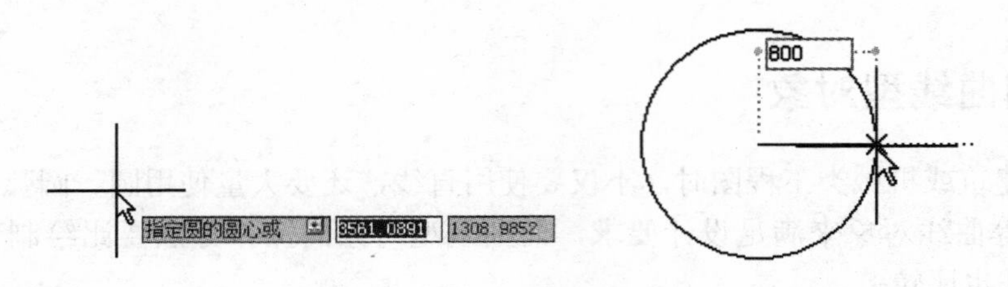

图 4-19 【圆心、直径】绘制圆形

（3）【两点】

该方式通过指定两个点来绘制圆形，系统将会提示圆形的直径方向的两个端点。执行该命令，命令行提示如下。

命令: _circle 指定圆的圆心或 [三点(3P)/两点(2P)/切点、切点、半径(T)]: _2p 指定圆直径的第一个端点: （执行圆形命令并指定其第一个端点）

指定圆直径的第二个端点: 400（指定圆形的第二个端点）

完成命令操作，结果如图 4-20 示。

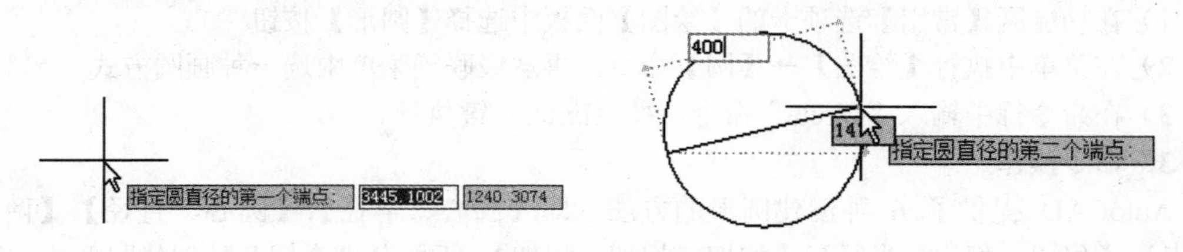

图 4-20 【两点】绘制圆形

（4）【三点】

该方式通过指定圆周上的三个点来绘制圆形。执行该命令，命令行提示如下。

命令: _circle 指定圆的圆心或 [三点(3P)/两点(2P)/切点、切点、半径(T)]: _3p 指定圆上的第一个点: （执行圆形命令并指定第一点）

指定圆上的第二个点: （指定第二点）

指定圆上的第三个点: （指定第三点）

完成命令操作，结果如图 4-21 所示。

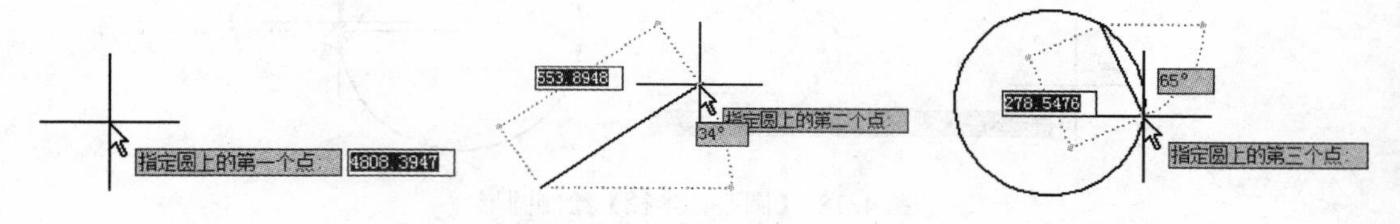

图 4-21 【三点】绘制圆形

（5）【相切、相切、半径】

该方式是指用两个已知对象的切点和圆的半径来绘制圆形。系统会提示指定圆形的第一切线、第二切线上的点，以及圆的半径。在使用该选项绘制圆时应该注意，由于圆的半径限制，绘制的圆可能与已知对象不是实际相切的，而是与其延长线相切的，如果输入的圆半径不合适，也可能绘制不出所需的圆。执行该命令，命令行提示如下。

命令: _circle 指定圆的圆心或 [三点(3P)/两点(2P)/切点、切点、半径(T)]: _ttr（执行圆形命令）

指定对象与圆的第一个切点:（在左侧梯形斜边上指定第一个切点）

指定对象与圆的第二个切点:（在右侧梯形斜边上指定第二个切点）

指定圆的半径 <100.0000>:300（指定圆形半径）

完成命令操作，结果如图 4-22 所示。

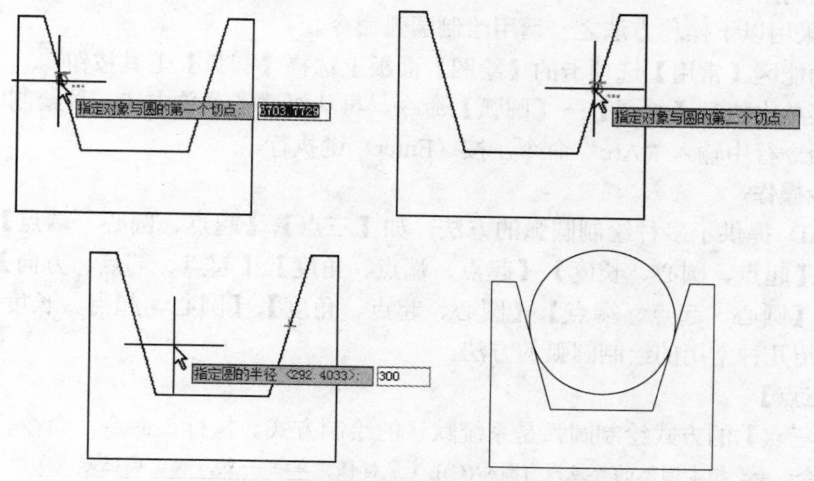

图 4-22 【相切、相切、半径】绘制圆形

（6）【相切、相切、相切】

该方式用 3 个已知对象的切点来绘制圆形，系统会分别提示指定圆的 3 个切线上的点。执行该命令，命令行提示如下。

命令: _circle 指定圆的圆心或 [三点(3P)/两点(2P)/切点、切点、半径(T)]: _3p 指定圆上的第一个点: _tan 到（执行圆形命令并指定第一点）

指定圆上的第二个点: _tan 到（指定第二点）

指定圆上的第三个点: _tan 到（指定第三点）

完成命令操作，结果如图 4-23 所示。

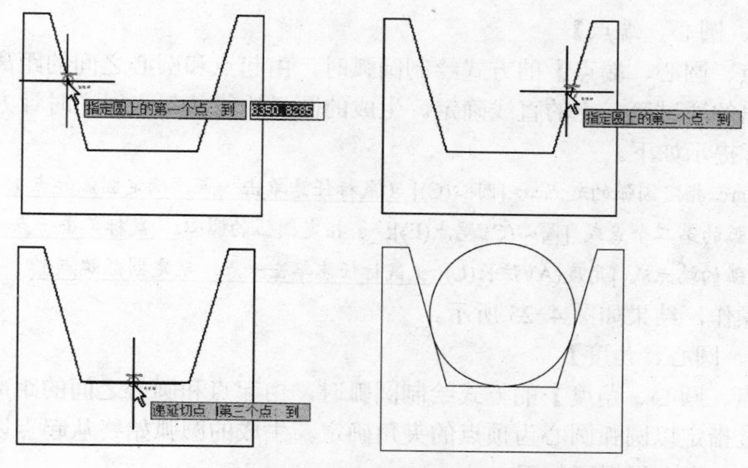

图 4-23 【相切、相切、相切】绘制圆形

4.5.2 绘制圆弧

1．功能

圆弧就是圆的某个组成部分。AutoCAD 提供了多种绘制圆弧的方法，用户可以通过指定圆心、端点、起点、半径、角度、弦长和方向值的各种组合形式来绘制圆弧。

2．命令调用

用户可采用以下操作方法之一调用绘制圆弧命令。

1）在功能区【常用】选项卡的【绘图】面板上选择【圆弧】工具按钮。

2）在菜单中执行【绘图】→【圆弧】命令，再从级联子菜单中选一种绘制圆弧方式。

3）在命令行中输入“Arc”命令，按〈Enter〉键执行。

3．命令操作

AutoCAD 提供了多种绘制圆弧的方法，如【三点】、【起点、圆心、端点】、【起点、圆心、角度】、【起点、圆心、长度】、【起点、端点、角度】、【起点、端点、方向】、【起点、端点、半径】、【圆心、起点、端点】、【圆心、起点、角度】、【圆心、起点、长度】、【连续】，下面分别介绍几种常用的绘制圆弧的方法。

（1）【三点】

采用【三点】的方式绘制圆弧是系统默认的绘制方式。执行该命令，命令行提示如下。

命令: _arc 指定圆弧的起点或 [圆心(C)]:（鼠标任意单击一点，确定圆弧起点）

指定圆弧的第二个点或 [圆心(C)/端点(E)]:（鼠标任意单击一点，确定圆弧上第二点）

指定圆弧的端点:（鼠标任意单击一点，确定圆弧端点）

完成命令操作，结果如图 4-24 所示。

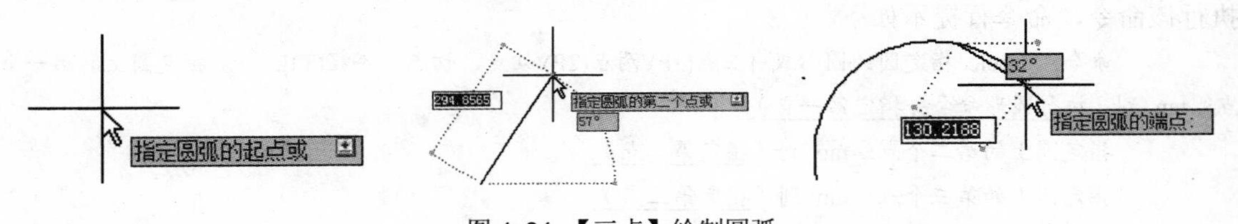

图 4-24 【三点】绘制圆弧

（2）【起点、圆心、端点】

采用【起点、圆心、端点】的方式绘制圆弧时，由起点和圆心之间的距离确定半径，端点由从圆心引出的通过第三点的直线确定。生成的圆弧始终从起点以逆时针方向绘制。执行该命令，命令行提示如下。

命令: _arc 指定圆弧的起点或 [圆心(C)]:（鼠标任意单击一点，确定圆弧起点）

指定圆弧的第二个点或 [圆心(C)/端点(E)]: _c 指定圆弧的圆心:（鼠标单击一点，确定圆心）

指定圆弧的端点或 [角度(A)/弦长(L)]:（鼠标任意单击一点，确定圆弧端点）

完成命令操作，结果如图 4-25 所示。

（3）【起点、圆心、角度】

采用【起点、圆心、角度】的方式绘制圆弧时，由起点和圆心之间的距离确定半径，圆弧的另一端通过指定以圆弧圆心为顶点的夹角确定。生成的圆弧始终从起点以逆时针方向绘制。执行该命令，命令行提示如下。

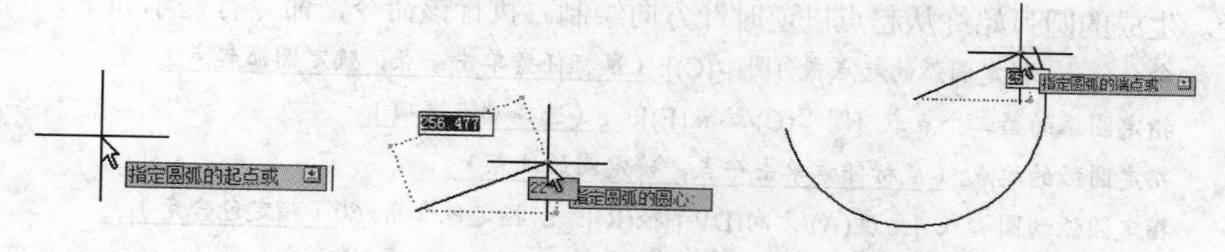

图 4-25 【起点、圆心、端点】绘制圆弧

命令: _arc 指定圆弧的起点或 [圆心(C)]:（鼠标任意单击一点，确定圆弧起点）

指定圆弧的第二个点或 [圆心(C)/端点(E)]: _c 指定圆弧的圆心:（鼠标单击一点，确定圆心）

指定圆弧的端点或 [角度(A)/弦长(L)]: _a 指定包含角: 1 （鼠标单击一点，确定圆弧端点，或输入包含角数值）

完成命令操作，结果如图 4-26 所示。

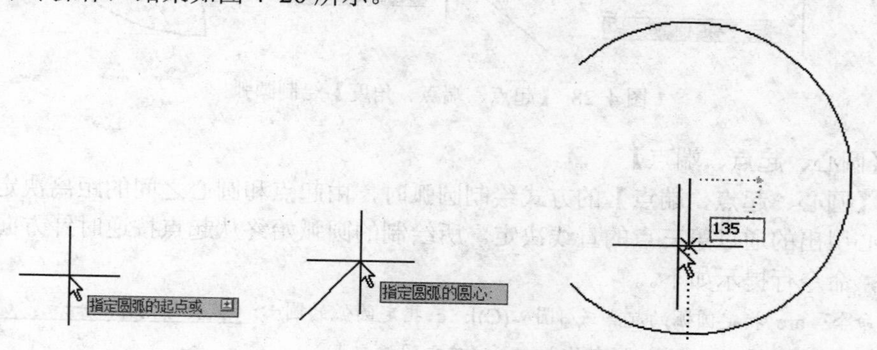

图 4-26 【起点、圆心、角度】绘制圆弧

（4）【起点、圆心、长度】

采用【起点、圆心、长度】的方式绘制圆弧时，由起点和圆心之间的距离确定半径，圆弧的另一端通过指定圆弧起点和端点之间的弦长确定。生成的圆弧始终从起点以逆时针方向绘制。执行该命令，命令行提示如下。

命令: _arc 指定圆弧的起点或 [圆心(C)]:（鼠标任意单击一点，确定圆弧起点）

指定圆弧的第二个点或 [圆心(C)/端点(E)]: _c 指定圆弧的圆心:（单击圆弧的圆心）

指定圆弧的端点或 [角度(A)/弦长(L)]: _l 指定弦长: 500 （指定弦长）

完成命令操作，结果如图 4-27 所示。

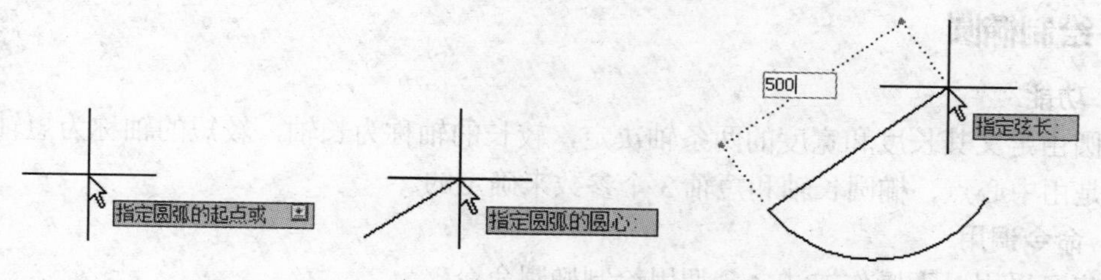

图 4-27 【起点、圆心、长度】绘制圆弧

（5）【起点、端点、角度】

采用【起点、端点、角度】的方式绘制圆弧时，由圆弧端点之间的夹角确定圆弧的圆心

和半径。生成的圆弧始终从起点以逆时针方向绘制。执行该命令，命令行提示如下。

命令: _arc 指定圆弧的起点或 [圆心(C)]:（鼠标任意单击一点，确定圆弧起点）

指定圆弧的第二个点或 [圆心(C)/端点(E)]: _e（选择端点选项）

指定圆弧的端点:（鼠标任意单击一点，确定圆弧端点）

指定圆弧的圆心或 [角度(A)/方向(D)/半径(R)]: _a 指定包含角: 60（指定包含角）

完成命令操作，结果如图 4-28 所示。

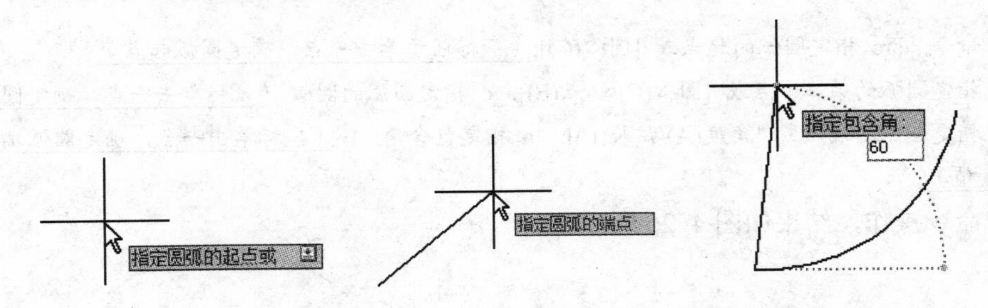

图 4-28 【起点、端点、角度】绘制圆弧

（6）【圆心、起点、端点】

采用【圆心、起点、端点】的方式绘制圆弧时，由起点和圆心之间的距离决定半径，端点由从圆心引出的通过第三点的直线决定。所绘制的圆弧始终从起点按逆时针方向绘制。执行该命令，命令行提示如下。

命令: _arc 指定圆弧的起点或 [圆心(C)]: _c 指定圆弧的圆心:（鼠标任意单击一点，确定圆心）

指定圆弧的起点:（鼠标任意单击一点，确定圆弧起点）

指定圆弧的端点或 [角度(A)/弦长(L)]:（鼠标任意单击一点，确定圆弧端点）

完成命令操作，结果如图 4-29 所示。

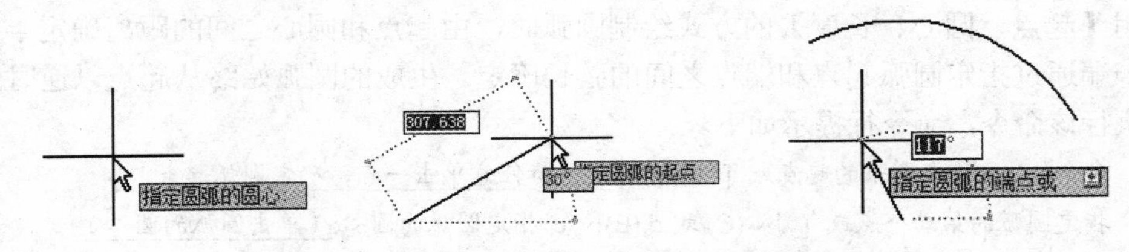

图 4-29 【圆心、起点、端点】绘制圆弧

4.5.3 绘制椭圆

1．功能

椭圆由定义其长度和宽度的两条轴决定，较长的轴称为长轴，较短的轴称为短轴。椭圆的形状是由中心点、椭圆长轴和短轴 3 个参数来确定的。

2．命令调用

用户可采用以下操作方法之一调用绘制椭圆命令。

1）在菜单中执行【绘图】→【椭圆】命令。

2）在功能区【常用】选项卡的【绘图】面板中选择【椭圆】工具按钮。

3）在命令行中输入“Ellipse”，按〈Enter〉键执行。

3．命令操作

绘制椭圆的方法有【圆心】和【轴、端点】两种，用户可以根据需要选择使用。

（1）【圆心】

采用该方式绘制椭圆时，先要指定椭圆的中心点，然后指定椭圆长轴和短轴的长度。执行该命令，命令行提示如下。

命令: _ellipse（执行绘制椭圆命令）

指定椭圆的轴端点或 [圆弧(A)/中心点(C)]: c（选择使用中心点选项）

指定椭圆的中心点:（鼠标单击一点，确定椭圆中心点）

指定轴的端点:（鼠标单击一点，确定椭圆轴的端点）

指定另一条半轴长度或 [旋转(R)]:（指定第二条轴的长度）

完成命令操作，结果如图 4-30 所示。

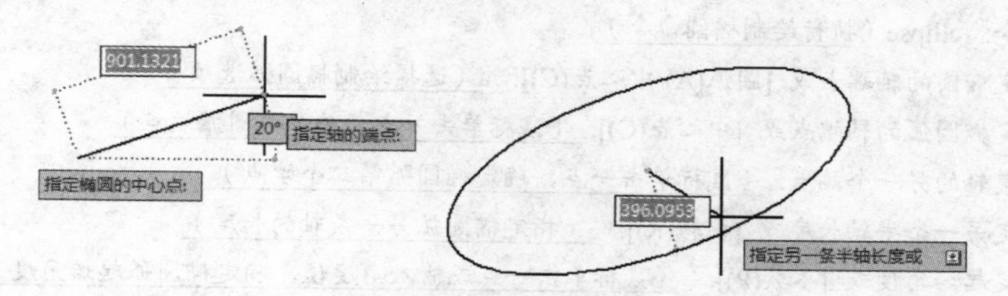

图 4-30 【圆心】绘制椭圆

（2）【轴、端点】

采用该方式绘制椭圆时，根据两个端点定义椭圆的第一条轴。第一条轴的角度确定了整个椭圆的角度。第一条轴既可作为椭圆的长轴也可作为短轴。执行该命令，命令行提示如下。

命令: _ellipse（执行绘制椭圆命令）

指定椭圆的轴端点或 [圆弧(A)/中心点(C)]:（鼠标单击一点，确定椭圆第一条轴的端点）

指定轴的另一个端点:（鼠标单击一点，确定椭圆第一条轴的第二个端点）

指定另一条半轴长度或 [旋转(R)]:（鼠标单击一点，确定椭圆第二条轴的长度）

完成命令操作，结果如图 4-31 所示。

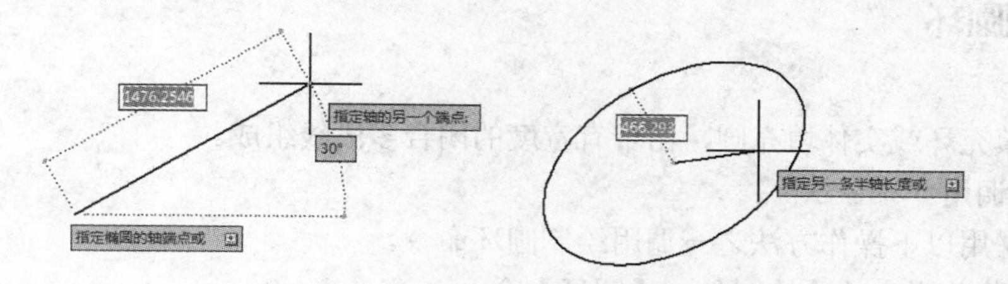

图 4-31 【轴、端点】绘制椭圆

4.5.4 绘制椭圆弧

1．功能

椭圆弧就是椭圆的部分弧线，是椭圆上的一部分。绘制时只要指定圆弧的起始角和终止角，即可绘制椭圆弧。在指定椭圆弧终止角时，可以通过在命令行输入数值或直接在图形中位置点定义终止角。

2．命令调用

用户可采用以下操作方法之一调用绘制椭圆弧命令。

1）选择菜单栏中的【绘图】→【椭圆】→【圆弧】命令。

2）在功能区【常用】选项卡的【绘图】面板中选择【椭圆弧】工具按钮。

3）在命令行中输入“Ellipse”并选择〈圆弧〉选项，按【Enter】键执行。

3．命令操作

绘制椭圆弧时，椭圆弧上的前两个点确定第一条轴的位置和长度。第三个点确定椭圆弧的圆心与第二条轴的端点之间的距离。第四个点和第五个点确定起始和终止角度。执行该命令，命令行提示如下。

命令: _ellipse（执行绘制椭圆命令）

指定椭圆的轴端点或 [圆弧(A)/中心点(C)]: _a（选择绘制椭圆弧选项）

指定椭圆弧的轴端点或 [中心点(C)]: （鼠标单击一点，确定椭圆弧端点）

指定轴的另一个端点: （鼠标单击一点，确定椭圆弧第二个端点）

指定另一条半轴长度或 [旋转(R)]: （指定椭圆弧另一条轴的长度）

指定起始角度或 [参数(P)]: （鼠标单击一点或输入角度值，确定椭圆弧起始角度）

指定终止角度或 [参数(P)/包含角度(I)]: （鼠标单击一点或输入角度值，确定椭圆弧终止角度）

完成命令操作，结果如图 4-32 所示。

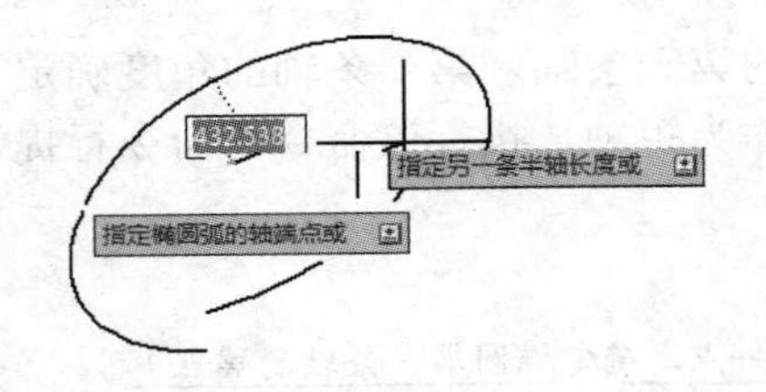

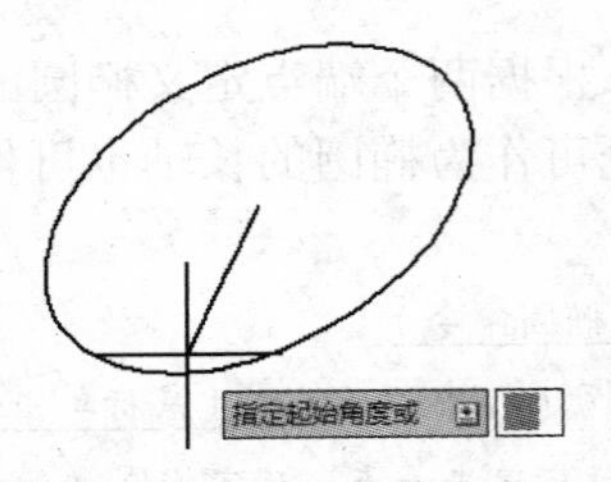

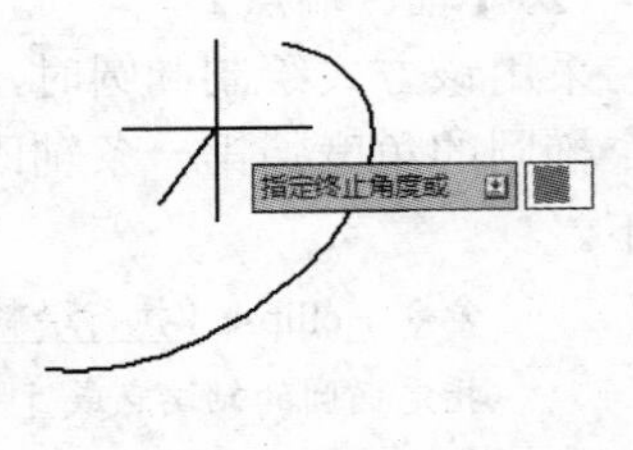

图 4-32　椭圆弧绘制

4.5.5　绘制圆环

1．功能

圆环是填充环或实体填充圆，由带有宽度的闭合多段线组成。

2．命令调用

用户可采用以下操作方法之一调用绘制圆环命令。

1）选择菜单栏中的【绘图】→【圆环】命令。

2）在功能区【常用】选项卡的【绘图】面板中选择【圆环】工具按钮◎。

3）在命令行中输入“Donut”，按〈Enter〉键执行。

3．命令操作

圆环的绘制比较简单，通过指定圆环的内径、外径和中心点后就可以绘制圆环。若将内径值指定为 0，则可创建实体填充圆。在绘制圆环之前，用户可以通过在命令行中输入

“Fill”命令，选择圆环是否执行填充效果。执行该命令，命令行提示如下。

命令: _donut（执行绘制圆环命令）

指定圆环的内径 <0.5000>: 2（设置圆环内径，如图 4-33a 所示）

指定圆环的外径 <1.0000>: 3（设置圆环外径，如图 4-33b 所示）

指定圆环的中心点或 <退出>:（按〈Enter〉键，完成命令）

完成命令操作，结果如图 4-33c 所示。

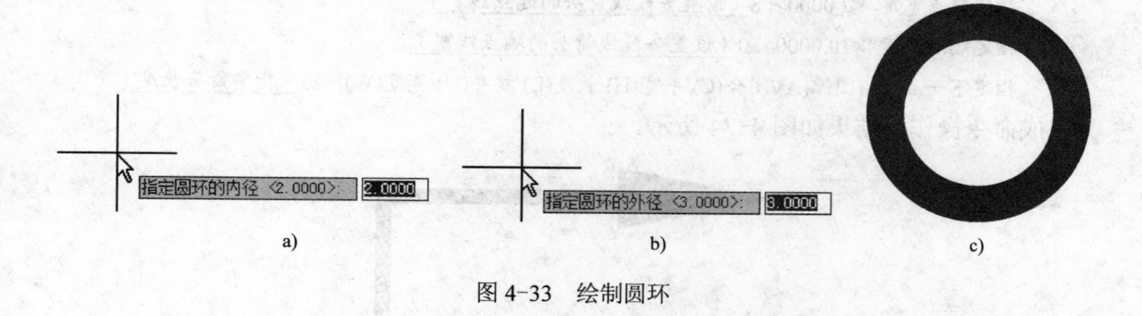

图 4-33 绘制圆环

4.6 创建多段线对象

4.6.1 绘制多段线

1．功能

多段线是由若干个首尾相连的、相同或不同宽度的直线段、直线和圆弧组成的对象，用户可以对多段线的每条线段指定不同的线宽，从而绘制一些特殊图形。多段线适用于以下几个方面：用于地形和其他科学应用的轮廓素线；布线图、流程图和布管图；三维实体建模的拉伸轮廓和拉伸路径等。

多段线提供了单条直线所不具备的编辑功能，用户可以调整多段线的宽度和曲率，可以使用夹点功能对多段线进行编辑，也可以使用【多段线编辑】命令对其进行编辑。用户也可以根据需要，使用【分解】命令将其转换成单独的直线段和弧线段，然后再进行编辑。

2．命令调用

用户可采用以下操作方法之一调用绘制多段线命令。

1）选择菜单栏中的【绘图】→【多段线】命令。

2）在功能区【常用】选项卡的【绘图】面板中选择【多段线】工具按钮。

3）在命令行中输入“Pline”命令，按〈Enter〉键执行。

3．命令操作

利用该命令绘制一条转折箭线，命令行提示如下。

命令: _pline（执行多段线命令）

指定起点:（任意单击一点，确定指向箭头起点）

当前线宽为 0.0000

指定下一个点或 [圆弧(A)/半宽(H)/长度(L)/放弃(U)/宽度(W)]: w（选择多段线宽度选项）

指定起点宽度 <0.0000>: 2（设置起点线宽）

指定端点宽度 <2.0000>:（端点线宽同起点线宽）

指定下一个点或 [圆弧(A)/半宽(H)/长度(L)/放弃(U)/宽度(W)]: 50（指定多段线第二点距离）

指定下一个点或 [圆弧(A)/半宽(H)/长度(L)/放弃(U)/宽度(W)]: 20（指定多段线第三点距离）

指定下一个点或 [圆弧(A)/半宽(H)/长度(L)/放弃(U)/宽度(W)]: 30（指定多段线第四点距离）

指定下一点或 [圆弧(A)/闭合(C)/半宽(H)/长度(L)/放弃(U)/宽度(W)]: w（选择多段线宽度选项）

指定起点宽度 <2.0000>: 8（设置多段线箭头的起点线宽）

指定端点宽度 <10.0000>: 0（设置多段线箭头的端点线宽）

指定下一点或 [圆弧(A)/闭合(C)/半宽(H)/长度(L)/放弃(U)/宽度(W)]: 20（指定箭头长度）

完成命令操作，结果如图 4-34 所示。

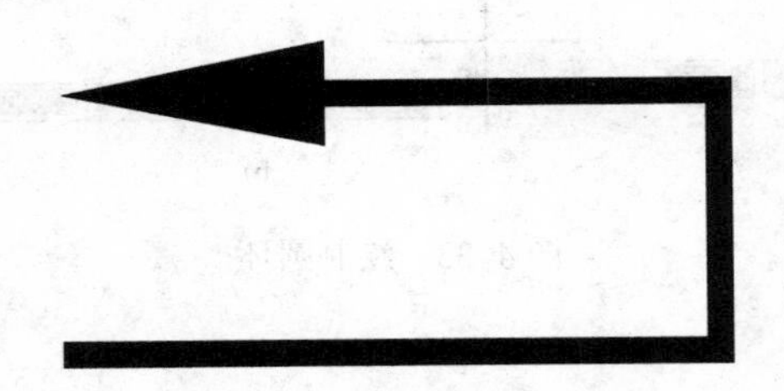

图 4-34　绘制多段线

4.6.2　编辑多段线

1．功能

多段线是单一的整体对象，需要使用专门的多段线编辑工具。使用多段线编辑命令可以移动、添加或删除多段线对象的各个顶点，可以为整条多段线设置统一的宽度，也可以控制各条线段的宽度，可以创建样条曲线的近似（称为样条曲线拟合多段线）等。用户还可以使用夹点功能或对象特性选项板编辑多段线对象。

2．命令调用

用户可采用以下操作方法之一调用编辑多段线命令。

1）选择菜单栏中的【修改】→【对象】→【多段线】选项。

2）在功能区【常用】选项卡的【修改】面板中选择【编辑多段线】按钮。

2）鼠标双击多段线对象，在弹出的快捷菜单中选择编辑多段线的选项。

3）选择多段线对象，激活多段线的夹点模式，使用夹点功能编辑多段线对象。

4）在命令行中输入“Pedit”命令，按〈Enter〉键执行。

3．命令操作

使用【多段线编辑】命令可对多段线对象进行不同方式的编辑。执行该命令，程序将会弹出如图 4-35 所示的快捷菜单，各选项的含义和设置方法如下。

【闭合】：创建闭合的多段线，将其首尾连接。

【合并】：合并连续的直线、圆弧或多段线。

【宽度】：指定整个多段线新的统一宽度，选择该选项，命令行将显示“指定所有线段的新宽度：”提示信息，输入新宽度数值，整个曲线宽度发生改变。

【编辑顶点】：可对多段线顶点进行移动、打断、插入、修改线的宽度以及拉直任意两顶点之间的多段线等操作。

【拟合】：创建连接每一对顶点的平滑圆弧曲线，就是将原来的直线段转换为拟合曲线。

【样条曲线】：该方式与拟合方式相比拟合量较小，就是将多段线顶点用作样条曲线拟合的控制点或控制框架。

【非曲线化】：删除圆弧拟合或样条曲线拟合多段线插入的其他顶点并拉直所有多段线。

【线型生成】：生成经过多段线顶点的连续图案的线型。

当用户选中多段线对象并打开【特性】窗口时，程序将会弹出如图 4-36 所示的【多段线特性】选项板，用户可以在此设置多段线的宽度、长度、闭合等特性。

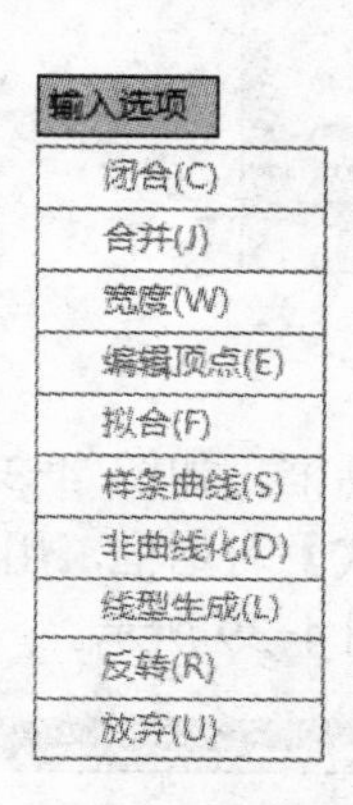

图 4-35 编辑多段线快捷菜单

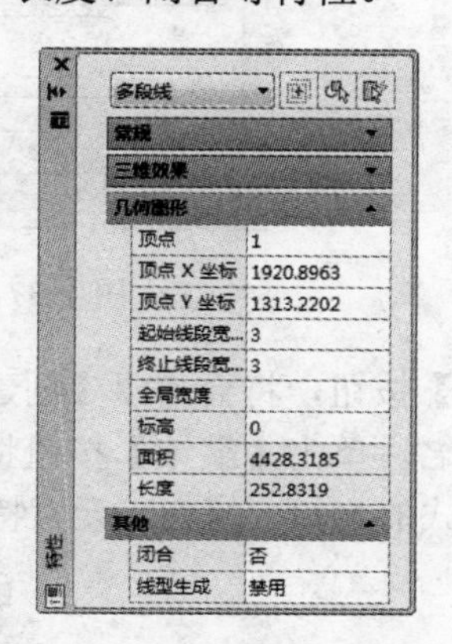

图 4-36 多段线特性选项板

4.7 创建多线对象

多线对象由 1～16 条平行线组成，这些平行线称为元素。这些平行线通过【多线】命令一次绘制而成，用户可以根据需要设置平行线之间的间距和平行线的数目。多线对象常用于绘制建筑图中的墙体、窗子，或用来绘制电子线路图中的平行线条等图形对象。

4.7.1 设置多线样式

1．功能

在绘制多线之前，常先设置多线样式，例如选择多线的数目，指定多线比例因子、线条颜色、填充颜色等。

2．命令调用

用户可采用以下操作方法之一调用设置多线样式命令。

1）在菜单中选择【格式】→【多线样式】选项，打开【多线样式】对话框进行设置。

2）在命令行中输入“Mlstyle”，按〈Enter〉键执行。

3．命令操作

执行该命令，将会弹出如图 4-37 所示的【多线样式】对话框，在该对话框中可以执行新建、修改、重命名以及加载多线样式等操作。

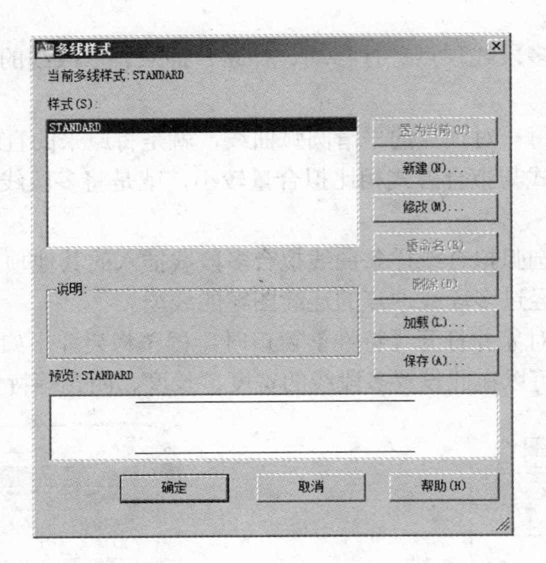

图 4-37 【多线样式】对话框

单击【新建】按钮，将会弹出【创建新的多线样式】对话框，如图 4-38 所示，用户可在此输入新样式名。单击【继续】按钮将打开【新建多线样式】对话框，用户可以在该对话框中设置多线样式的封口、填充、元素特性等设置区域，如图 4-39 所示。

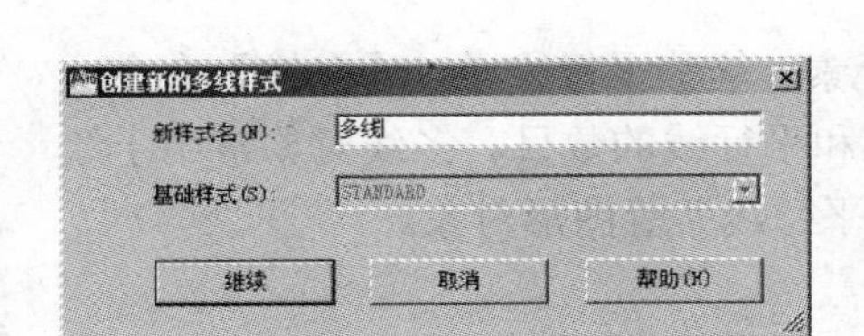

图 4-38 【创建新的多线样式】对话框

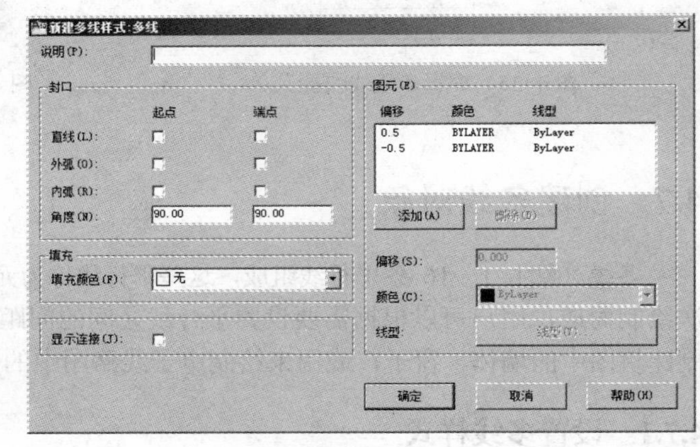

图 4-39 【新建多线样式】对话框

在该对话框中“封口”设置区域是用来控制多线起点和端点处的样式，用户可以为多线的每个端点选择不同方式的封口效果。

4.7.2 绘制多线

1．功能

多线常用于绘制那些由多条平行线组成的实体对象。在创建新图形时，AutoCAD 将会自动创建一个标准的多线样式作为默认值。用户也可以根据需要对多线样式进行设置。

2．命令调用

用户可采用以下操作方法之一调用绘制多线命令。

1）在菜单中执行【绘图】→【多线】命令。

2）在命令行中输入“Mline”，按〈Enter〉键执行。

3．命令操作

绘制多线对象的操作方法与绘制直线对象相同。例如，利用该命令绘制一个桌面轮廓，命令行提示如下。

命令: _mline（执行多线命令）

当前设置: 对正 = 上，比例 =20.00，样式 = 多线 1

指定起点或 [对正(J)/比例(S)/样式(ST)]: j（选择对正选项）

输入对正类型 [上(T)/无(Z)/下(B)] <上>: z（将“对正”类型设置为“无”）

当前设置: 对正 = 无，比例 =20.00，样式 = 多线 1

指定起点或 [对正(J)/比例(S)/样式(ST)]:（鼠标单击一点，确定桌面轮廓起点）

指定下一点:（鼠标单击第二点）

指定下一点或 [放弃(U)]:（鼠标单击第三点）

指定下一点或 [闭合(C)/放弃(U)]:（鼠标单击第四点）

指定下一点或 [闭合(C)/放弃(U)]: c（选择闭合选项，将房间的墙线轮廓封闭）

完成命令操作，结果如图 4-40 所示。

4.7.3 编辑多线

1．功能

用户可以使用【多线编辑】工具对多线对象执行闭合、结合、修剪、合并等操作，从而使绘制的多线符合预想的设计效果。

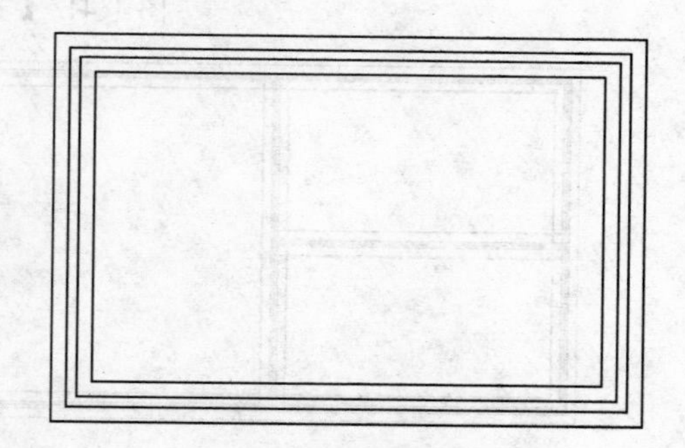

图 4-40 绘制多线

2．命令调用

用户可采用以下操作方法之一调用编辑多线命令。

1）在菜单栏中选择【修改】→【对象】→【多线】选项，打开【多线编辑工具】对话框。

2）在命令行中输入“Mledit”，按〈Enter〉键执行。

3．命令操作

执行该命令，将会弹出如图 4-41 所示的【多线编辑工具】对话框。该对话框汇总了 12 种编辑工具，其中使用第一列和第二列工具以及【角点结合】工具可清除相交线，获得与工具图标相符合的修剪效果。利用角点结合工具还可以清除多线一侧的延伸线，从而形成直角。利用【十字合并】工具选取两条相交的多线，系统会将多线相交的部分合并。其他几种工具同样可以对多线对象进行编辑。其中【单个剪切】工具用于剪切多线中的一条线，【全部剪切】工具用于切断整条多线，【全部接合】工具用于重新显示所选两点间的任何切断部分。

例如，将“T”形相交的多线对象角点打开，用户可以使用【多线编辑工具】中的【T 形打开】工具来实现；将“L”形相交的多线对象角点打开，用户可以使用【多线编辑工具】中的【角点结合】工具来实现；将“十字”形相交的多线对象相交点打开，用户可以使用【多线编辑工具】中的【十字打开】工具来实现。结果如图 4-42 所示。

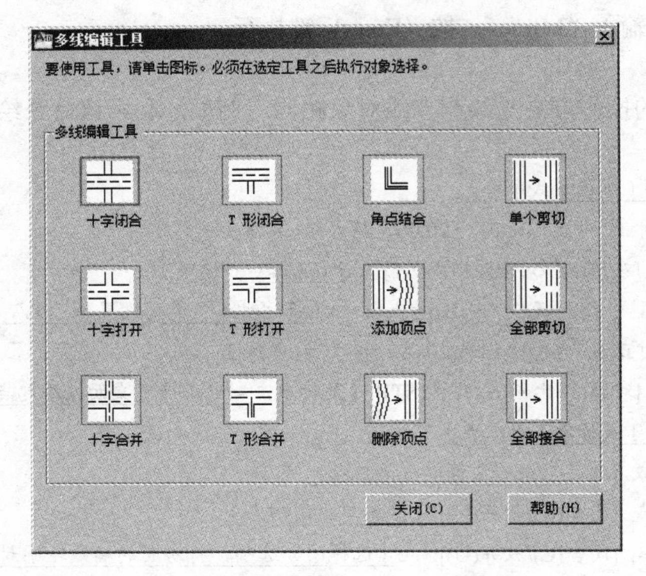

图 4-41 【多线编辑工具】对话框

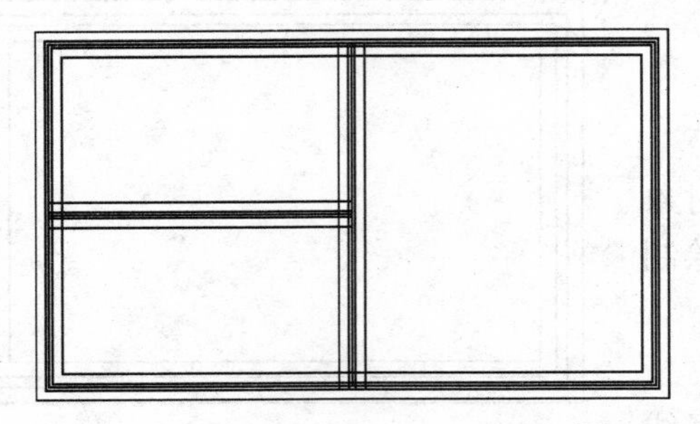
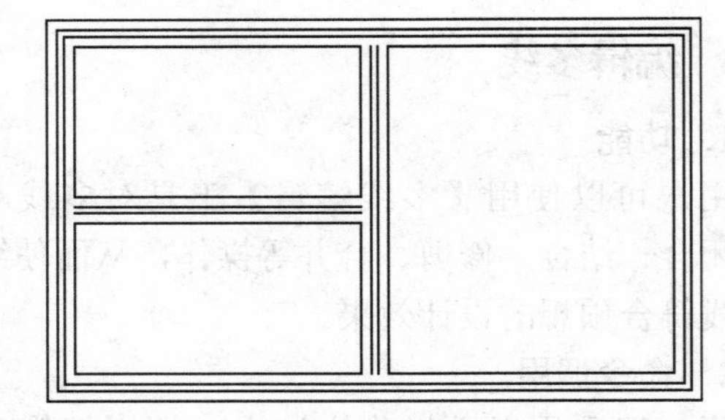

图 4-42 多线编辑

4.8 创建样条曲线

4.8.1 绘制样条曲线

1．功能

样条曲线是经过或接近一系列给定点的光滑曲线。用户可以控制曲线与点的拟合程度。用户可以通过指定点来创建样条曲线，也可以封闭样条曲线，使起点和端点重合。用户可以通过指定的一系列控制点，在指定的允差范围内把控制点拟合成光滑的 Nurbs 曲线。

2．命令调用

用户可采用以下操作方法之一调用绘制样条曲线命令。

1）在功能区【常用】选项卡的【绘图】面板中选择【样条曲线】工具按钮。

2）在菜单中执行【绘图】→【样条曲线】命令。

3）在命令行中输入“Spline”命令，按〈Enter〉键执行。

3. 命令操作

利用样条曲线命令，绘制一条光滑的闭合曲线。命令行提示如下。

命令: _spline（执行样条曲线命令）

指定第一个点或 [对象(O)]:（指定样条曲线的起点）

指定下一点:（指定第二点）

指定下一点或 [闭合(C)/拟合公差(F)] <起点切向>:（依次指定其他各点位置）

……

指定下一点或 [闭合(C)/拟合公差(F)] <起点切向>: c（选择闭合选项）

指定切向:（单击一点确定其切向，完成样条曲线绘制）

完成命令操作，结果如图 4-43 所示。

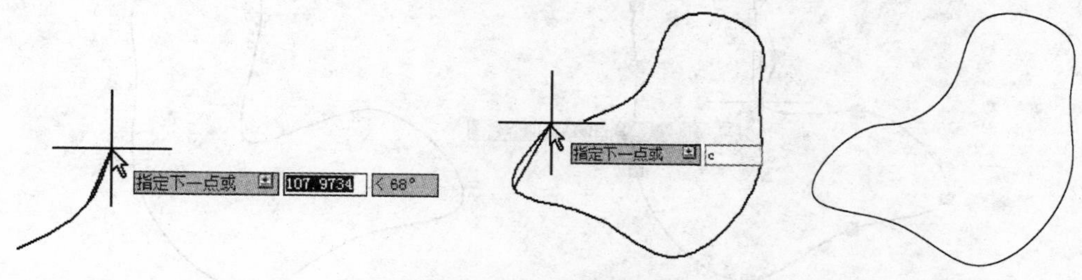

图 4-43　绘制样条曲线

4.8.2　编辑样条曲线

1. 功能

在 AutoCAD 2010 中，除了可以使用在大多数对象上使用的常规编辑操作外，还可以使用【夹点编辑】和【编辑样条曲线】命令对绘制的样条曲线对象进行修改。

2. 命令调用

用户可采用以下操作方法之一调用编辑样条曲线命令。

1）在功能区【常用】选项卡的【修改】面板中选择【编辑样条曲线】工具按钮。

2）在菜单中执行【修改】→【对象】→【样条曲线】命令。

3）在命令行中输入“Splinedit”，按〈Enter〉键执行。

3. 命令操作

执行该命令，将会弹出【编辑样条曲线】快捷菜单，用户可以根据需要对样条曲线进行各种编辑。如图 4-44 所示。

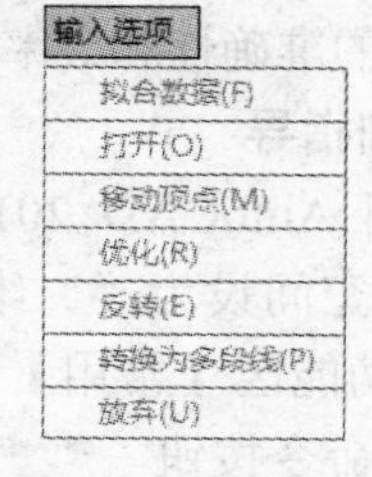

图 4-44 【编辑样条曲线】快捷菜单

执行该命令时，命令行提示如下。

命令: _splinedit（执行编辑样条曲线命令）

选择样条曲线:（选择要编辑的样条曲线对象）

输入选项 [拟合数据(F)/打开(O)/移动顶点(M)/优化(R)/反转(E)/转换为多段线(P)/放弃(U)]:

命令行提示的各选项编辑功能如下。

【拟合数据】：编辑定义样条曲线的拟合数据。

【打开或闭合】：将闭合的样条曲线修改为开放样条曲线或将开放样条曲线修改为连续闭

合的曲线。

【移动顶点】：将拟合点移动到新的位置。

【优化】：通过添加、权值控制点并提高样条曲线阶数来修改样条曲线定义。

【反转】：反转样条曲线的方向。

【转换为多段线】：将样条曲线转换为多段线。

【放弃】：取消上一次编辑操作。

另外，当用户选中样条曲线对象后，将会显示该对象的夹点，此时，用户可以根据需要选择任意夹点，通过对其进行拉伸或移动等操作来改变样条曲线的形状。结果如图 4-45 所示。

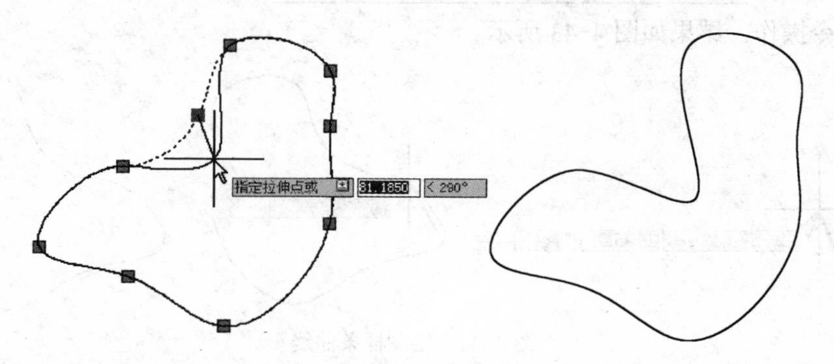

图 4-45　样条曲线夹点编辑

4.9　实训

4.9.1　绘制基本图形

1．实训要求

运用本章所学的圆形、正多边形、多段线等基本绘图命令，绘制如图 4-46 所示的基本图形。在绘制过程中，辅助运用对象捕捉、极轴追踪、动态输入等功能，以提高绘图的准确性和效率。具体的操作步骤如下。

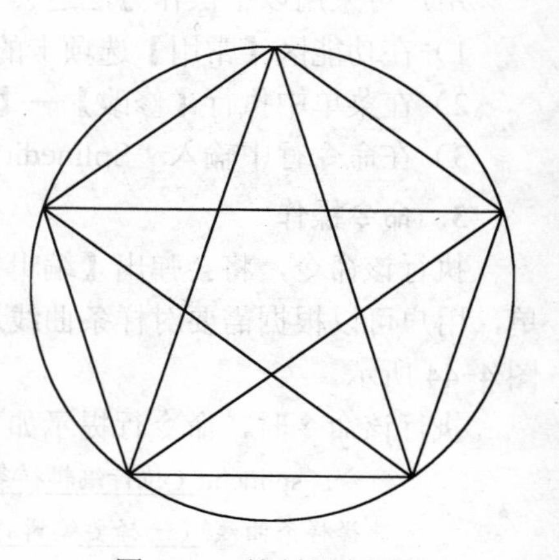

图 4-46　绘制基本图形

2．实训指导

1）打开 AutoCAD 2010 中文版，新建一个图形文件，将工作空间设为“二维草图与注释”。

2）在功能区【常用】选项卡内选择【绘图】面板中的【圆】命令按钮（圆心，半径），并使用“圆心，半径”模式，绘制一个半径为 200 的圆形。

3）在功能区【常用】选项卡内选择【绘图】面板中的【正多边形】命令按钮，根据命令提示将多边形边数设为 5，多边形的中心点指定为圆形的圆心，并将其顶点指定为圆形的象限点，完成正五边形的绘制。如图 4-47 所示。

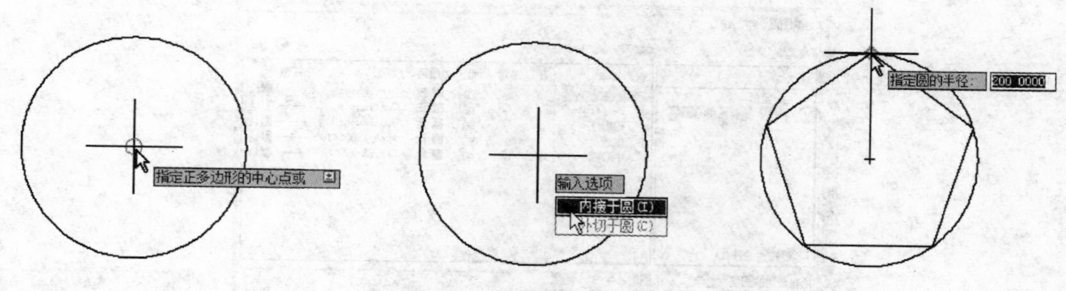

图 4-47　绘制多边形

4）在功能区【常用】选项卡内选择【绘图】面板中的【多段线】命令按钮，以绘制的正五边形的顶点为端点，绘制一个五角星，完成图形的绘制。如图 4-48 所示。

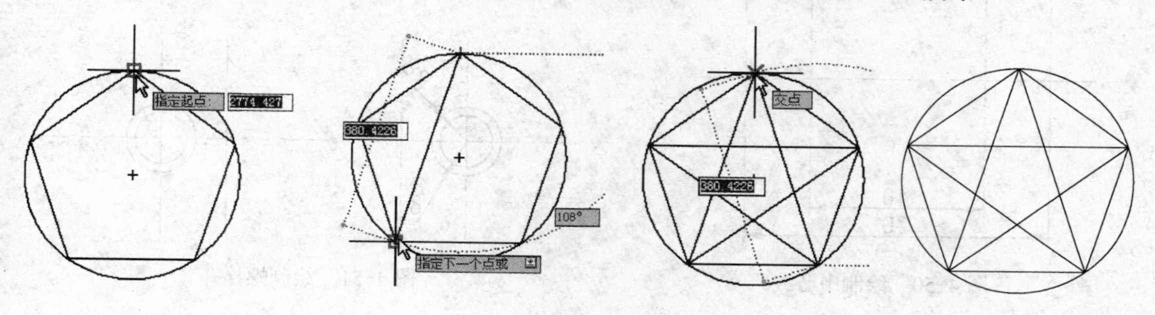

图 4-48　绘制五角星

5）完成图形的绘制。结果如图 4-46 所示。最后将文件保存至“D:\第 4 章实训”文件夹中，文件名为“基本图形绘制”。

4.9.2　绘制支座

1．实训要求

运用本章所学的直线、多段线、圆等基本图形绘制命令，绘制一个支座零件图。在绘制过程中，运用对象捕捉追踪、极轴追踪、对象捕捉、动态输入等辅助功能，以提高绘图的准确性和效率。具体的操作步骤如下。

2．实训指导

1）打开 AutoCAD 2010 中文版，新建一个图形文件，将工作空间选定为“二维草图与注释”。

2）在功能区【常用】选项卡的【图层】面板中选择【图层特性】命令按钮，在弹出的【图层特性管理器】中创建“中心线”、“轮廓线”、“虚线”3 个图层。图层设置要求如图 4-49 所示。

3）将“中心线”图层置为当前，并在功能区【常用】选项卡的【绘图】面板中单击【直线】按钮，绘制如图 4-50 所示的中心线。

4）将“轮廓线”图层置为当前，并在功能区【常用】选项卡的【绘图】面板中单击【圆】按钮，并使用“圆心、半径”方式绘制螺栓孔圆形，外圆半径为 8，内圆半径为 6，如图 4-51 所示。

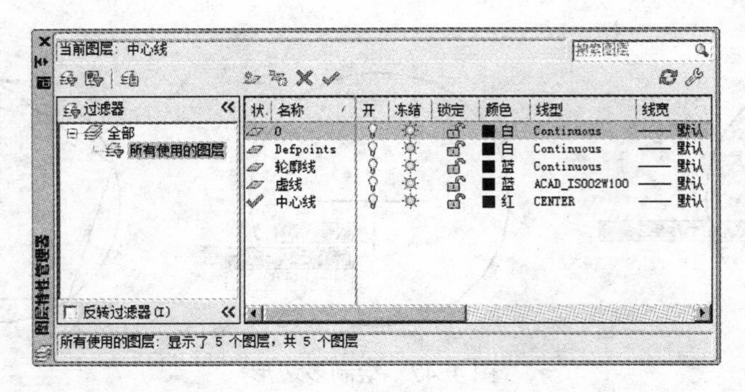

图 4-49 设置图层

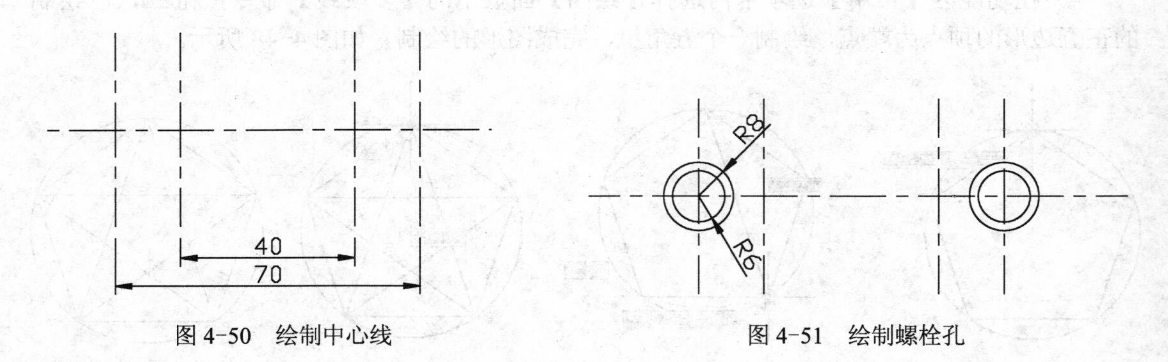

图 4-50 绘制中心线　　　　图 4-51 绘制螺栓孔

5）将“轮廓线”图层置为当前，并在功能区【常用】选项卡的【绘图】面板中单击【多段线】按钮，绘制支座轮廓线和表示圆孔轮廓的虚线，如图 4-52 所示。注意在绘制过程中灵活运用对象捕捉追踪、极轴追踪、对象捕捉、动态输入等功能。

6）在功能区【常用】选项卡的【修改】面板中单击【圆角】按钮，并将圆角半径设为 8，对支座四角进行圆角处理，结果如图 4-53 所示。

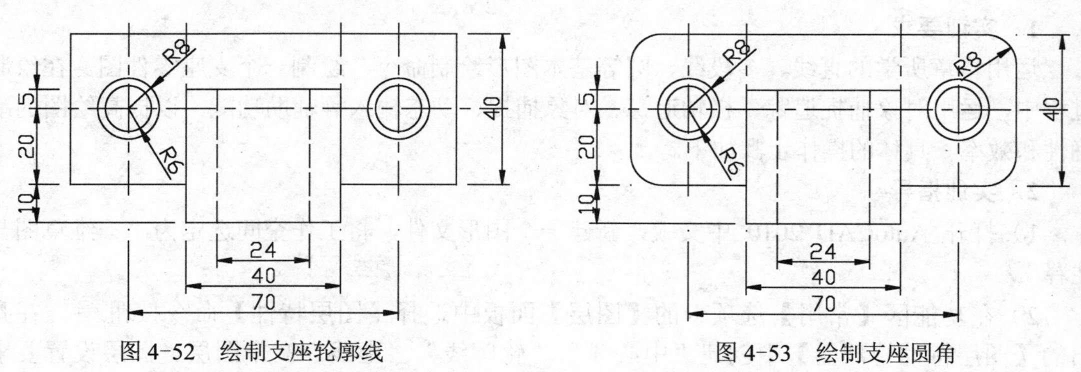

图 4-52 绘制支座轮廓线　　　　图 4-53 绘制支座圆角

7）完成图形绘制，将文件保存至“D:\第 4 章实训”文件夹中，文件名为“支座”。

4.10 练习题

1．利用本章所学的直线、矩形、多段线、圆、圆弧等工具，绘制如图 4-54 所示的零件示意图并保存至指定位置。

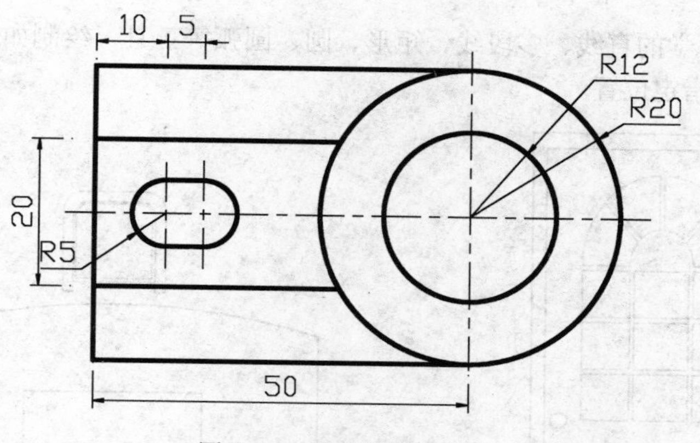

图 4-54　绘制零件示意图

2．利用本章所学的矩形、多段线等工具，绘制如图 4-55 所示的推拉窗示意图并保存至指定位置。

3．利用本章所学的矩形、直线、圆弧、多段线、样条曲线等命令，绘制如图 4-56 所示的单人床平面图并保存，单人床尺寸为 2200×1200。

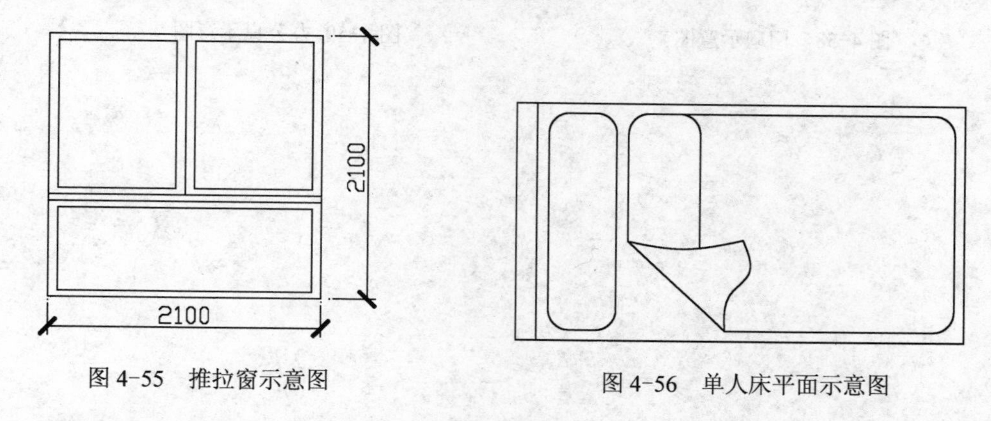

图 4-55　推拉窗示意图

图 4-56　单人床平面示意图

4．利用本章所学的直线、矩形、多段线、圆弧等工具，绘制如图 4-57 所示的手柄示意图并保存至指定位置。

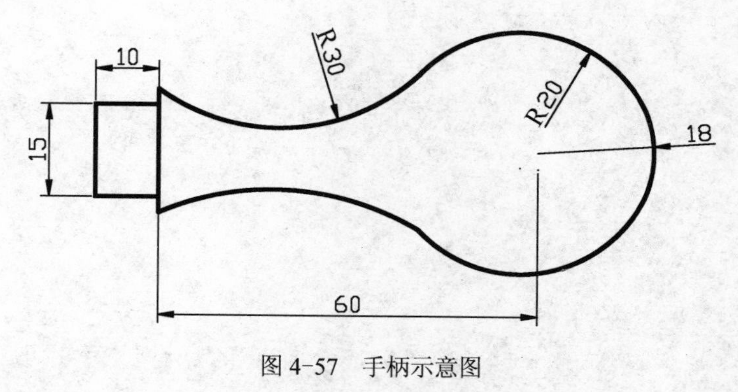

图 4-57　手柄示意图

5．利用本章所学的直线、矩形、多段线、圆、圆弧等工具，绘制如图 4-58 所示的门扇示意图并保存至指定位置。

6．利用本章所学的直线、多段线、矩形、圆、圆弧等工具，绘制如图 4-59 所示的办公桌示意图并保存至指定位置。

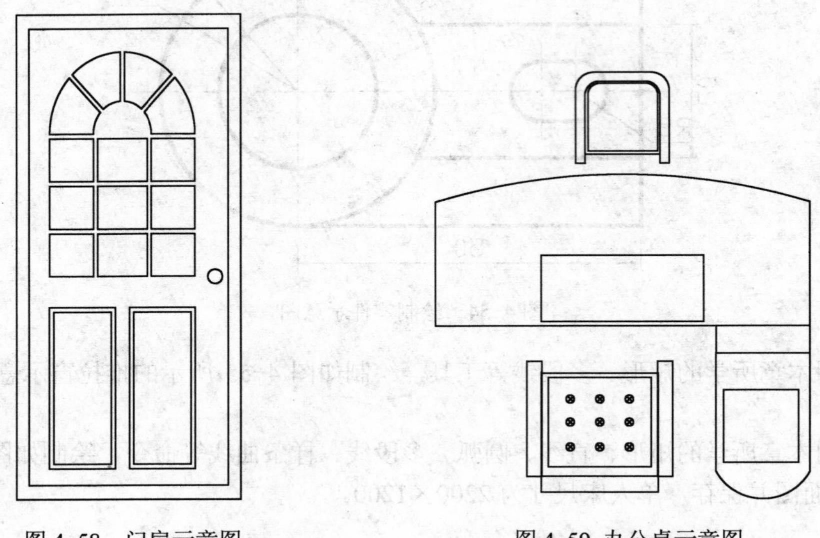

图 4-58　门扇示意图　　　　图 4-59　办公桌示意图

第 5 章　二维图形编辑

使用 AutoCAD 进行图形的绘制，并非所有图形都可以使用基本绘图命令直接绘制出来，而是需要使用强大的图形编辑功能来完成。用户不仅需要掌握绘图命令，还需要使用图形编辑命令对图形进行修改和编辑，以满足绘制复杂图形的需求。AutoCAD 2010 提供了功能强大的图形编辑命令，通过执行相应的编辑命令，可以帮助用户合理地构造和组织图形，保证绘图的准确性，提高绘图效率。本章主要介绍复制、移动、旋转、对齐、偏移、镜像、阵列、倒角、圆角、打断对象、夹点编辑等命令的使用方法。

5.1　复制

对于在图形中重复出现的相同部分，在绘图时可只绘制出一处，其他对象可以通过复制的方法快速生成与源对象相同或相似的图形，然后根据情况对其进行细微的修改或调整，从而可以简化绘制重复性或近似性图形的绘图步骤，达到提高绘图效率和绘图精度的目的。复制图形的方法有多种，如复制、偏移、镜像、阵列等，在实际操作中，用户可以根据实际情况选择不同的方法。

5.1.1　复制对象

1．功能

使用【复制】命令可以从原对象以指定的角度和方向创建对象的副本，复制操作可以大大提高绘图效率。若配合使用坐标、栅格捕捉、对象捕捉和其他工具还可以精确复制对象。

2．命令调用

用户可采用以下操作方法之一调用复制对象命令。

1）在功能区【常用】选项卡内的【修改】面板上选择【复制】按钮。

2）执行菜单【修改】→【复制】中的命令。

3）在命令行中输入“Copy”，按〈Enter〉键执行。

3．命令操作

执行该命令，命令行提示如下。

命令: _copy（执行复制命令）

选择对象: 指定对角点: 找到 1 个（选择已绘制好的源对象）

选择对象:（按〈Enter〉键或单击鼠标右键完成选择）

当前设置:　复制模式 = 多个

指定基点或 [位移(D)/模式(O)] <位移>: 指定第二个点或 <使用第一个点作为位移>:（用鼠标指定基点位置）

指定第二个点或 [退出(E)/放弃(U)] <退出>:（用鼠标指定目标点，也可直接输入距离进行复制）

按〈Enter〉键完成命令操作，结果如图 5-1 所示。

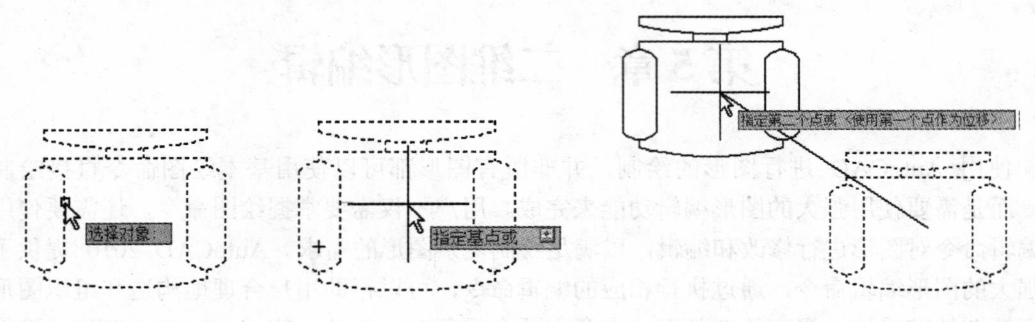

图 5-1　复制对象

默认情况下，【复制】命令自动重复执行。用户可以使用系统变量【Copymode】来控制是否自动重复【复制】命令。变量值为 0 时，程序将会自动重复【复制】命令；变量值为 1 时，设置创建单个副本的【复制】命令。

5.1.2 偏移对象

1．功能

利用该功能可以创建出与源对象相平行并有一定距离、形状相同或相似的新对象。在使用【偏移】功能时，可采用指定距离进行偏移，或通过指定点来进行偏移。使用该命令可以偏移直线、圆弧、圆、椭圆和椭圆弧、二维多段线、构造线、射线、样条曲线等图形对象，常用于创建同心圆、平行线和平行曲线等。在偏移圆、圆弧或图块时，用户可以创建更大或更小的相似图形，这些取决于向哪一侧进行偏移。

2．命令调用

用户可采用以下操作方法之一调用偏移对象命令。

1）在功能区【常用】选项卡内的【修改】面板上选择【偏移】按钮。

2）在菜单栏中单击【修改】→【偏移】命令。

3）在命令行中输入“Offset”，按〈Enter〉键执行。

3．命令操作

在绘图中使用【偏移】命令时，如果偏移的对象是线段时，偏移后的线段长度是不变的，但如果偏移的对象是圆、圆弧或矩形等，则偏移后的对象将放大或缩小。偏移功能在使用时分为定距偏移、通过点偏移和删除源对象偏移、变图层偏移 4 种，其中程序默认方式为定距偏移。执行该命令，命令行提示如下。

命令: _offset（执行偏移命令）

当前设置: 删除源=否　图层=源　OFFSETGAPTYPE=0

指定偏移距离或 [通过(T)/删除(E)/图层(L)] <0.0000>: 50（指定偏移距离）

选择要偏移的对象，或 [退出(E)/放弃(U)] <退出>:（鼠标单击要偏移的对象）

指定要偏移的那一侧上的点，或 [退出(E)/多个(M)/放弃(U)] <退出>:（指定偏移方向）

按〈Enter〉键完成命令操作，结果如图 5-2 所示。

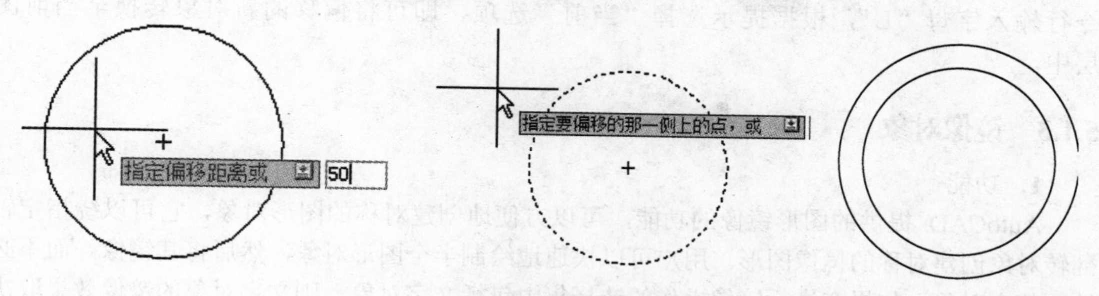

图 5-2　偏移对象

【定距偏移】：该方式为系统默认的偏移方式，是以输入偏移距离数值为偏移参照，指定的方向为偏移方向。单击【偏移】按钮，根据命令提示输入偏移距离值并按〈Enter〉键，在要偏移一侧单击鼠标左键，即可完成定距偏移操作。

【通过点偏移】：该偏移方式是以图形中现有的端点、各节点、切点等为源对象的偏移参照，进行偏移操作。单击【偏移】按钮，在命令行中输入字母“t”并按〈Enter〉键执行，然后选取偏移源对象，再指定通过点，即可完成偏移操作，如图 5-3 所示。

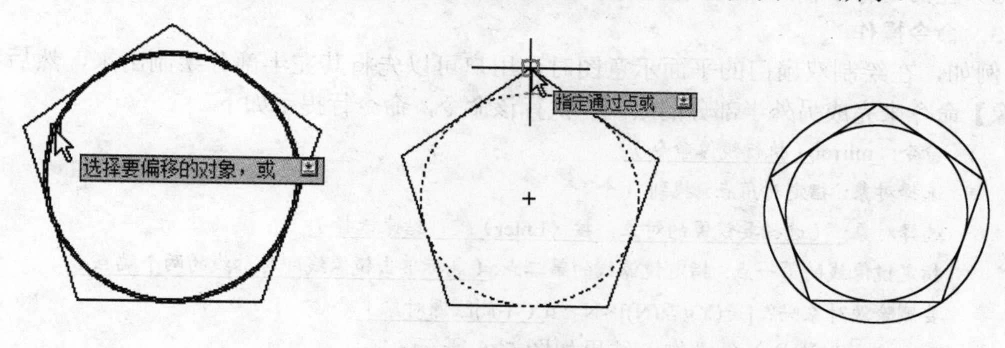

图 5-3　通过点偏移

【删除源对象偏移】：当偏移只是以源对象作为偏移参照，偏移出新图形后需要删除源对象，则可以利用删除源对象偏移的方式。单击【偏移】按钮，在命令行输入字母“e”，并根据提示选择“是”选项，即可将源对象删除，结果如图 5-4 所示。

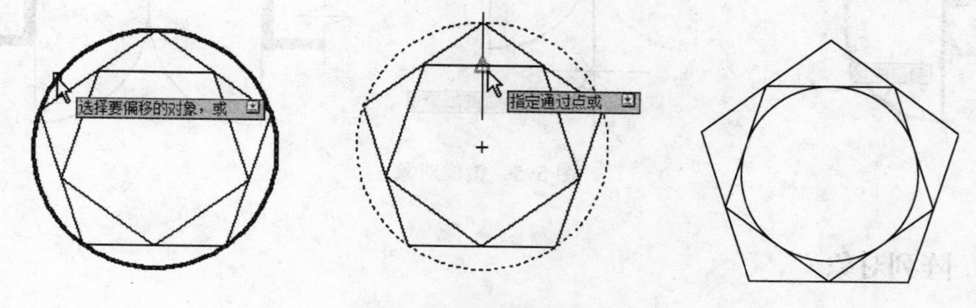

图 5-4　删除源对象偏移

【变图层偏移】：通过变图层偏移，可以将偏移出的新对象的图层转换为当前图层，该方式可以避免修改图层的重复操作，大大提高绘图速度。单击【偏移】按钮后，在命令行输入字母“L”，根据提示选择“当前”选项，即可将偏移的新对象转换至当前图层中。

5.1.3 镜像对象

1．功能

AutoCAD 提供的图形镜像的功能，可以方便地创建对称的图形对象，它可以绕指定轴翻转对象创建对称的镜像图形。用户可以快速地绘制半个图形对象，然后将其镜像，而不必绘制整个对象。如果在进行镜像操作的选择集中包括文字对象，则文字对象的镜像效果取决于系统变量【Mirrtext】，如果该变量取值为 1，则文字也镜像显示；如果取值为 0，则镜像后的文字仍保持原方向。

2．命令调用

用户可采用以下操作方法之一调用镜像对象命令。

1）在功能区【常用】选项卡内的【修改】面板上选择【镜像】按钮。

2）在菜单中执行【修改】→【镜像】命令。

3）在命令行中输入“Mirror”，按〈Enter〉键执行。

3．命令操作

例如，在绘制双扇门的平面示意图时，用户可以先将其左半部分绘制出来，然后利用【镜像】命令来完成另外半部分的绘制。执行该命令，命令行提示如下。

命令: _mirror（执行镜像命令）

选择对象: 指定对角点: 找到 1 个

选择对象: （选择要镜像的对象，按〈Enter〉键，结束选择）

指定镜像线的第一点: 指定镜像线的第二点:（鼠标单击镜像线即对称线的两个端点）

要删除源对象吗? [是(Y)/否(N)] <N>: n（不删除源对象）

按〈Enter〉键完成命令操作，结果如图 5-5 所示。

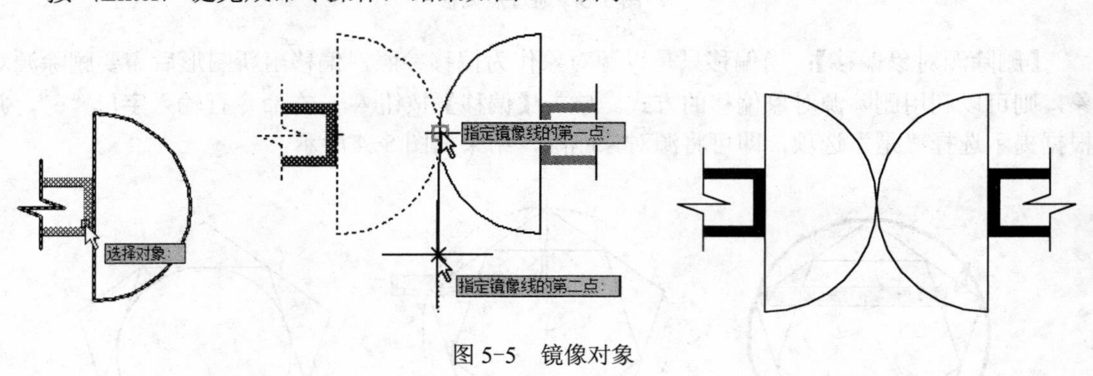

图 5-5　镜像对象

5.1.4 阵列对象

1．功能

阵列对象可以快速复制出与源对象相同，且按一定规律分布的多个图形对象副本。在

AutoCAD 2010 中，用户可以创建矩形阵列和环形阵列。

2．命令调用

用户可采用以下操作方法之一调用阵列对象命令。

1）在功能区【常用】选项卡内的【修改】面板上选择【阵列】按钮。

2）在菜单中执行【修改】→【阵列】命令。

3）在命令行输入“Array”，并按〈Enter〉键执行命令。

3．命令操作

（1）矩形阵列

在创建矩形阵列时，通过指定行、列的数量以及它们之间的距离，可以控制阵列中的副本数量。用户还可以通过预览功能快速获得阵列效果。执行该命令，将会弹出【阵列】对话框，按照如图 5-6 所示的参数设置，对图形进行矩形阵列，结果如图 5-7 所示。

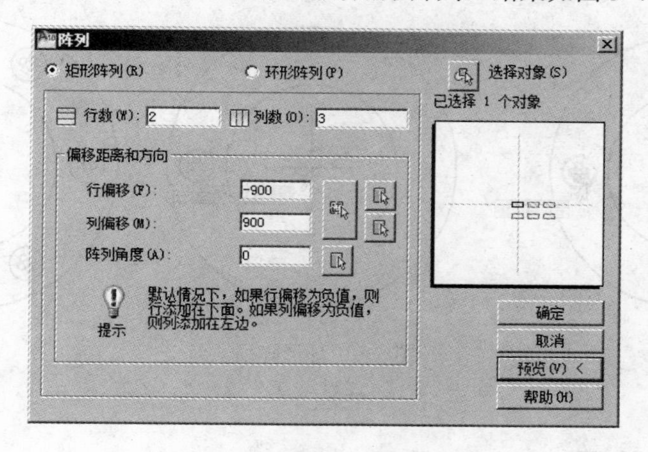

图 5-6 【阵列】对话框（一）

图 5-7 矩形阵列

（2）环形阵列

在创建环形阵列时，用户可以控制阵列中副本的数量以及决定是否旋转副本。环形阵列能够以任一点为阵列中心点，将阵列源对象以圆周或扇形的方式进行阵列，用户可指定阵列项目总数、填充角度、项目间的角度。执行该命令，将会弹出【阵列】对话框，按照如图 5-8 所示的参数设置，对图形进行环形阵列，结果如图 5-9 所示。

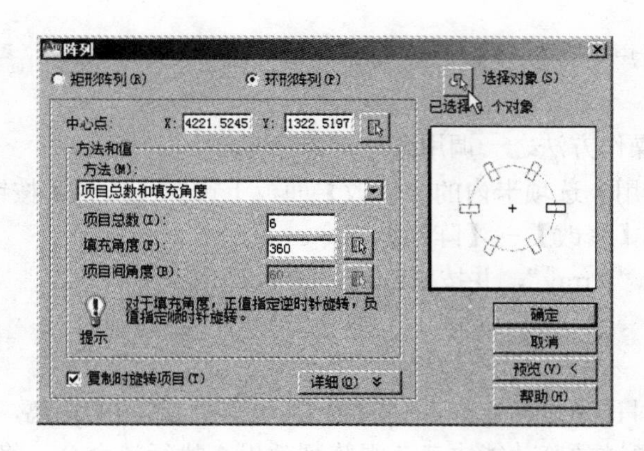

图 5-8 【阵列】对话框（二）

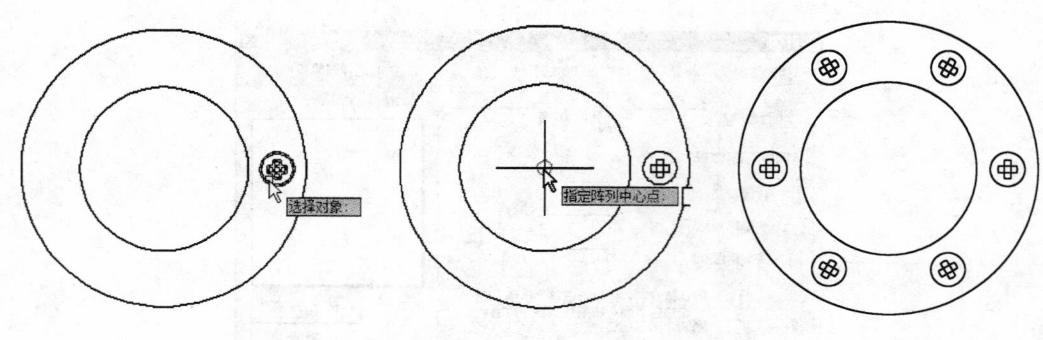

图 5-9　环形阵列

5.2　改变对象位置

5.2.1　移动

1．功能

在 AutoCAD 中，用户可以利用【移动】命令，方便地将图形对象平移到所需的其他任意位置。

2．命令调用

用户可采用以下操作方法之一调用移动命令。

1）在功能区【常用】选项卡内的【修改】面板上选择【移动】工具按钮。

2）在菜单中执行【修改】→【移动】命令。

3）选中对象后单击鼠标右键，在弹出的快捷菜单中选择【移动】命令。

4）在命令行输入“Move”，按〈Enter〉键执行命令。

3．命令操作

使用该命令，用户可以将源对象以指定的角度和方向进行移动。若辅助使用坐标输入、栅格捕捉、对象捕捉、极轴追踪、动态输入和其他工具还可以精确移动对象。执行该命令，命令行提示如下。

命令: _move（执行移动对象命令）

选择对象: 找到 1 个（选择需要移动的对象）

选择对象: （按〈Enter〉键结束选择）

指定基点或 [位移(D)] <位移>: 指定第二个点或 <使用第一个点作为位移>: （利用鼠标单击移动的起点和目标点，或直接输入需移动的距离）

完成命令操作，结果如图 5-10 所示。

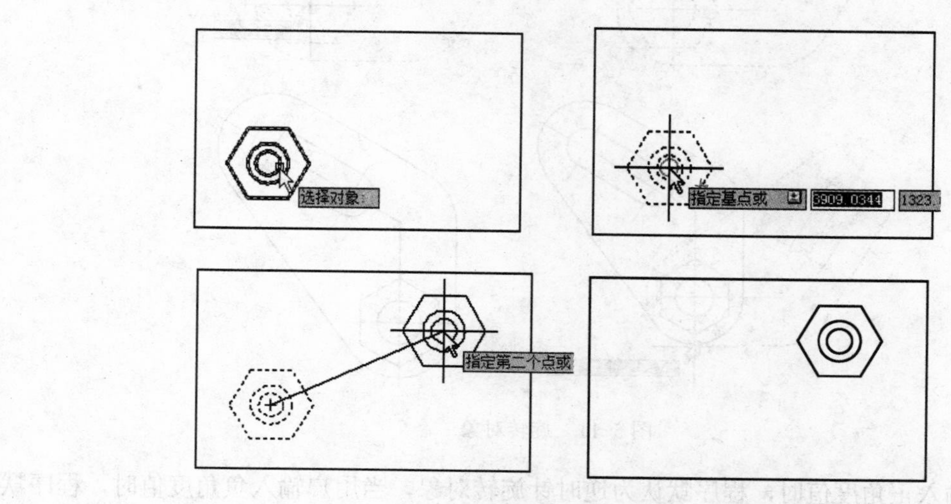

图 5-10 移动对象

5.2.2 旋转

1．功能

使用该命令，可以绕指定基点旋转图形中的对象。进行对象旋转操作时，用户可以使用的转角方式有“复制”和“参照”两种。用户可以按角度、弧度、百分度或勘测方向等方式输入旋转角度值。

2．命令调用

用户可采用以下操作方法之一调用旋转命令。

1）在功能区【常用】选项卡内的【修改】面板上选择【旋转】工具按钮。

2）在菜单中执行【修改】→【旋转】命令。

3）在命令行中输入“Rotate”，按〈Enter〉键执行命令。

3．命令操作

执行该命令，命令行提示如下。

命令: _rotate（执行旋转对象命令）

UCS 当前的正角方向: ANGDIR=逆时针 ANGBASE=0

选择对象: 指定对角点: 找到 17 个（选择需要旋转的对象）

选择对象: （按〈Enter〉键，结束选择）

指定基点: （鼠标单击对象的旋转中心）

指定旋转角度，或 [复制(C)/参照(R)] <0>: （输入对象旋转角度或用光标指定）

按〈Enter〉键完成命令操作，结果如图 5-11 所示。

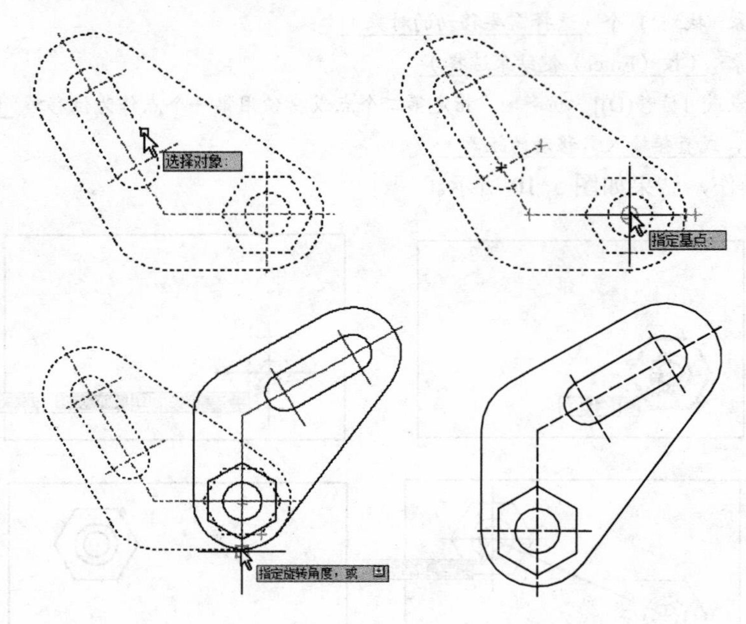

图 5-11　旋转对象

当用户输入正角度值时，程序默认为逆时针旋转对象，当用户输入负角度值时，程序默认为顺时针旋转对象。用户可以在新建图形向导中设置角度旋转方向，也可以在【图形单位】对话框中进行设置。

5.2.3　对齐

1．功能

利用该命令可以通过移动、旋转或倾斜图形对象来使目标对象与源对象对齐。

2．命令调用

用户可采用以下操作方法之一调用对齐命令。

- 在功能区【常用】选项卡内的【修改】面板上选择【对齐】工具按钮。
- 在菜单中执行【修改】→【对齐】命令。
- 在命令行中输入“Align”命令，按〈Enter〉键执行。

3．命令操作

执行该命令，命令行提示如下。

命令: _align（执行对齐对象命令）

选择对象: 指定对角点: 找到 7 个（选择需要对齐的图形对象，如图 5-12a 所示）

选择对象:（按〈Enter〉键，结束选择）

指定第一个源点:（鼠标指定源点，如图 5-12b 所示）

指定第一个目标点:（鼠标指定目标点，如图 5-12c 所示）

指定第二个源点:（鼠标指定源点，如图 5-12d 所示）

指定第二个目标点:（鼠标指定目标点，如图 5-12e 所示）

指定第三个源点或 <继续>: （按〈Enter〉键，结束选择）

是否基于对齐点缩放对象？[是(Y)/否(N)] <否>: Y（将对象基于对齐点缩放，如图 5-12f 所示）

按〈Enter〉键完成命令操作，结果如图 5-12 所示。

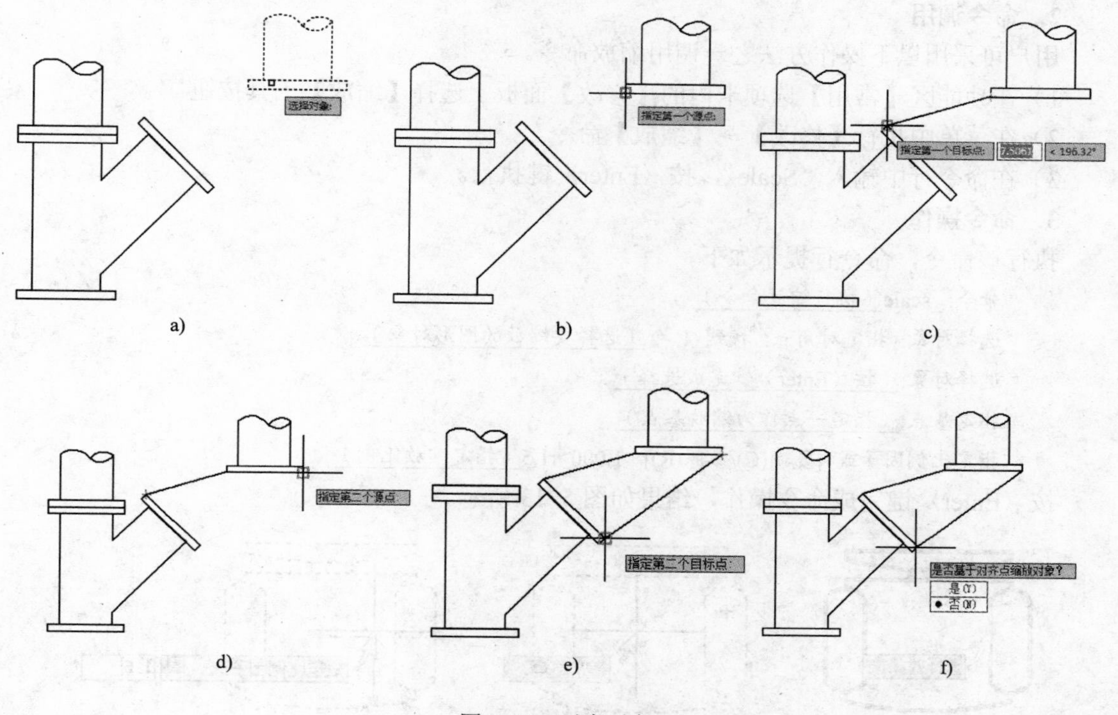

图 5-12　对齐对象

当选择对齐点时，用户可以在二维或三维空间移动、旋转和缩放所选定的对象，以便与其他对象对齐。当用户只选择一对源点和目标点时，选定对象将会从源点移动到目标点。当选择两对源点和目标点时，可以在二维或三维空间移动、旋转和缩放选定对象，以便与其他对象对齐。第一对源点和目标点定义对齐的基点。第二对点定义旋转的角度。输入第二对点后，系统会给出缩放对象的提示。将以第一目标点和第二目标点之间的距离作为缩放对象的参考长度。只有使用两对点对齐对象时才能使用缩放功能。

5.3　改变对象大小

在绘图过程中，若图形对象的大小不满足要求，需要根据情况改变已绘制图形的大小和长度比例时，则用户可以利用 AutoCAD 提供的相应编辑命令进行修改，如可以利用【缩放】、【拉伸】、【拉长】等命令来调整对象的比例和长度，以提高绘图效率。

5.3.1　缩放

1．功能

使用该命令，可以将图形对象沿坐标轴方向等比例地放大或缩小。用户可以调整图形对象的大小，使其按指定的比例增大或缩小。要缩放图形对象，用户需要指定基点和比例因子。基点将作为缩放操作的中心，并保持静止。指定的基点表示选定对象的大小发生改变时位置保持不变的点。比例因子大于 1 时将放大对象，比例因子介于 0 和 1 之间时将缩小对象。另外，用户还可以通过拖动光标使图形对象放大或缩小。

2．命令调用

用户可采用以下操作方法之一调用缩放命令。

1）在功能区【常用】选项卡内的【修改】面板上选择【缩放】工具按钮。

2）在菜单中执行【修改】→【缩放】命令。

3）在命令行中输入“Scale”，按〈Enter〉键执行。

3．命令操作

执行该命令，命令行提示如下。

命令: _scale（执行缩放命令）

选择对象: 指定对角点: 找到 1 个（选择要缩放的图形对象）

选择对象:（按〈Enter〉键完成选择）

指定基点:（指定一点作为缩放基点）

指定比例因子或 [复制(C)/参照(R)] <1.000>:1.5（指定缩放比例）

按〈Enter〉键完成命令操作，结果如图 5-13 所示。

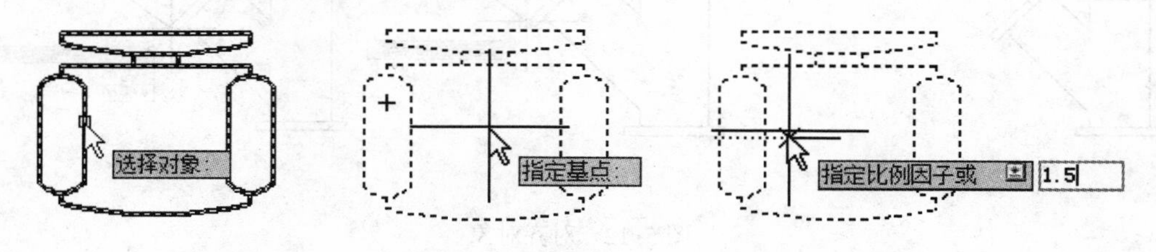

图 5-13　缩放对象

5.3.2　拉伸

1．功能

使用该命令，可以将选择的图形对象按规定的方向和角度拉长或缩短，拉伸后将改变对象在 X 或 Y 轴方向上的比例。拉伸命令可以用于拉伸圆弧、椭圆弧、直线、多段线、线段、射线和样条曲线等。

2．命令调用

用户可采用以下操作方法之一调用拉伸命令。

1）在功能区【常用】选项卡内的【修改】面板上选择【拉伸】工具按钮。

2）在菜单中执行【修改】→【拉伸】命令。

3）在命令行中输入“Stretch”，按〈Enter〉键执行。

3．命令操作

执行该命令，命令行提示如下。

命令: _stretch（执行拉伸命令）

以交叉窗口或交叉多边形选择要拉伸的对象...

选择对象: 指定对角点: 找到 8 个（以交叉窗口方式选择要拉伸的对象，如图 5-14a 所示）

选择对象:（按〈Enter〉键完成选择）

指定基点或 [位移(D)] <位移>:（指定要拉伸的起点，如图 5-14b 所示）

指定第二个点或 <使用第一个点作为位移>: （指定要拉伸到的终点，如图 5-14c 所示）

按〈Enter〉键完成命令操作，结果如图 5-14 所示。

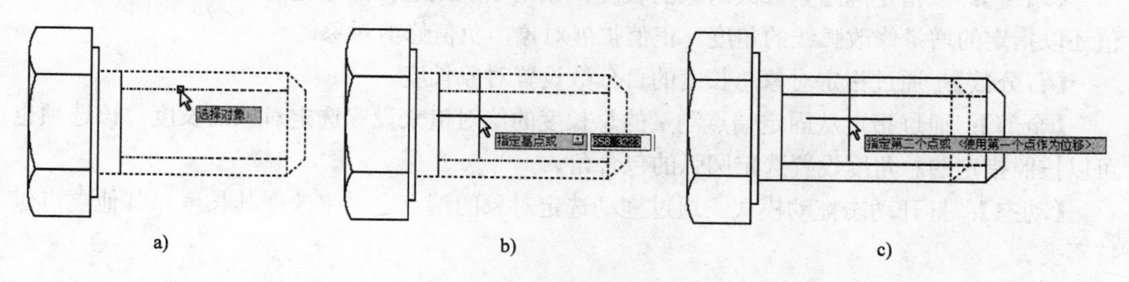

图 5-14　拉伸对象

5.3.3　拉长

1．功能

使用该命令，可以改变圆弧的夹角，或改变非闭合对象的长度，包括直线、圆弧、椭圆弧、开放的多段线和样条曲线等。

2．命令调用

用户可采用以下操作方法之一调用拉长命令。

1）在功能区【常用】选项卡内的【修改】面板上选择【拉长】工具按钮。

2）在菜单中执行【修改】→【拉长】命令。

3）在命令行输入“Lengthen”，按〈Enter〉键执行。

3．命令操作

执行该命令，命令行提示如下。

命令: _lengthen（执行拉长命令）

选择对象或 [增量(DE)/百分数(P)/全部(T)/动态(DY)]:（选择要拉长的图形对象）

当前长度:150

选择对象或 [增量(DE)/百分数(P)/全部(T)/动态(DY)]: de（选择以增量方式拉长对象）

输入长度增量或 [角度(A)] <0.0000>: 10（输入增加的长度为 10）

选择要修改的对象或 [放弃(U)]:（鼠标单击图形对象需要拉长的一端，即可拉长对象）

按〈Enter〉键完成命令操作，结果如图 5-15 所示。

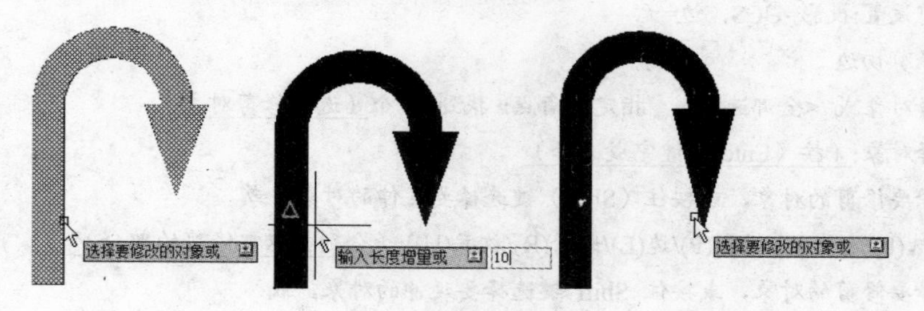

图 5-15　拉长对象

用户可以动态拖动对象的端点进行拉长，可以按总长度或角度的百分比指定新长度或角度，可以指定从端点开始测量的增量长度或角度，还可以指定对象总的绝对长度或包含角进行编辑。AutoCAD 2010 提供的 4 种拉长方式介绍如下。

【增量】：以指定的增量修改对象的长度，该增量从距选择点最近的端点处开始测量。差值还以指定的增量修改弧线的角度。正值扩展对象，负值修剪对象。

【百分数】：通过指定对象总长度的百分数设置对象长度。

【全部】：通过指定从固定端点测量的总长度的绝对值来设置选定对象的长度。该选项也可以按照指定的总角度设置选定圆弧的包含角。

【动态】：打开动态拖动模式。通过拖动选定对象的端点之一来改变其长度。其他端点保持不变。

5.4 修剪和延伸

5.4.1 修剪

1．功能

修剪是按照指定的对象边界裁剪对象，将多余的部分去除，使对象精确地终止于由其他对象定义的边界。【修剪】命令不仅可以修剪相交或不相交的二维对象，还可以修剪三维对象。

选择的剪切边或边界边无需与修剪对象相交。用户可以将对象修剪或延伸至投影边或延长线的交点，即对象延长后相交的地方。在执行修剪命令时，如果未指定边界并在【选择对象】提示下按〈Enter〉键，显示的所有对象都将成为可能边界。

2．命令调用

用户可采用以下操作方法之一调用修剪命令。

1）在功能区【常用】选项卡内的【修改】面板上选择【修剪】工具按钮。

2）在菜单中执行【修改】→【修剪】命令。

3）在命令行中输入“Trim”，按〈Enter〉键执行。

3．命令操作

执行该命令，命令行提示如下。

命令: _trim（执行修剪命令）

当前设置:投影=UCS，边=无

选择剪切边...

选择对象或 <全部选择>: 指定对角点: 找到 4 个（选取修剪对象）

选择对象:（按〈Enter〉键完成选择）

选择要修剪的对象，或按住〈Shift〉键选择要延伸的对象，或

[栏选(F)/窗交(C)/投影(P)/边(E)/删除(R)/放弃(U)]:（分别拾取需修剪的部分）

选择要修剪的对象，或按住 Shift 键选择要延伸的对象，或

[栏选(F)/窗交(C)/投影(P)/边(E)/删除(R)/放弃(U)]:（分别拾取需修剪的部分）

按〈Enter〉键完成命令操作，结果如图 5-16 所示。

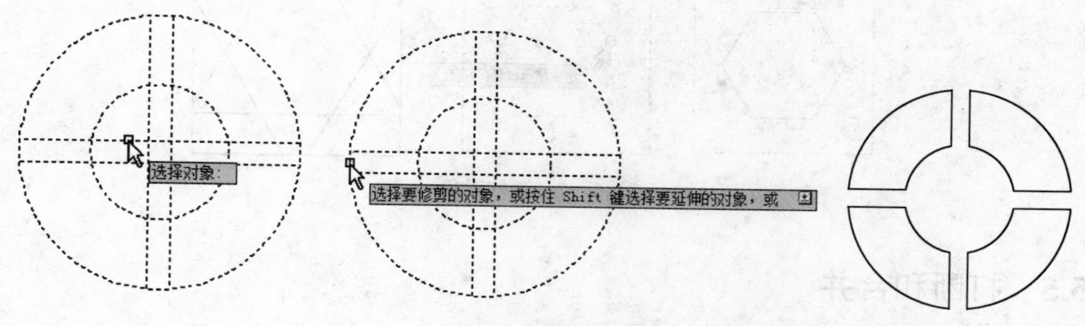

图 5-16　修剪对象

在绘图过程中，选择修剪对象和修剪边界常用窗口或交叉窗口方式。所选择的修剪对象既可以作为剪切边，也可以是被修剪的对象。修剪较为复杂的对象时，使用合适的对象选择方法有助于选择当前的剪切边和修剪对象。

5.4.2　延伸

1．功能

使用【延伸】命令，用户可以延伸图形对象，使选择的图形对象能够精确地延伸至由其他对象定义的边界处。

2．命令调用

用户可采用以下操作方法之一调用延伸命令。

1）在功能区【常用】选项卡内的【修改】面板上选择【延伸】工具。

2）在菜单中执行【修改】→【延伸】命令。

3）在命令行中输入“Extend”，按〈Enter〉键执行。

3．命令操作

执行该命令，命令行提示如下。

命令: _extend（执行延伸命令）

当前设置:投影=UCS，边=无

选择边界的边...

选择对象或 <全部选择>:　指定对角点: 找到 1 个（选择正方形为边界对象）

选择对象:（按〈Enter〉键，完成选择）

选择要延伸的对象，或按住 Shift 键选择要修剪的对象，或

[栏选(F)/窗交(C)/投影(P)/边(E)/放弃(U)]:（选取所要延伸的对象）

选择要延伸的对象，或按住 Shift 键选择要修剪的对象，或

[栏选(F)/窗交(C)/投影(P)/边(E)/放弃(U)]:（选取所要延伸的对象）

选择要延伸的对象，或按住 Shift 键选择要修剪的对象，或

[栏选(F)/窗交(C)/投影(P)/边(E)/放弃(U)]:（依次选取六边形各边的两个端点进行延伸）

按〈Enter〉键完成命令操作，结果如图 5-17 所示。

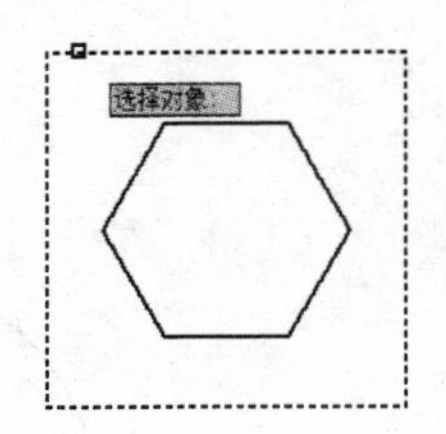

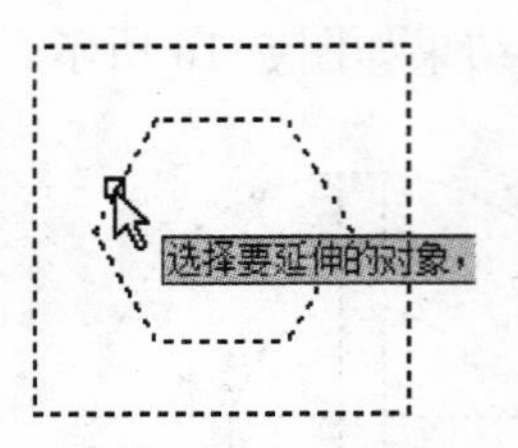

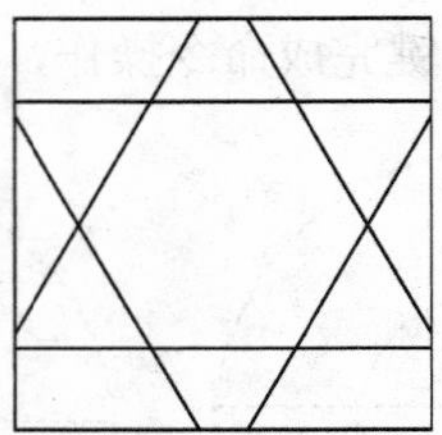

图 5-17　延伸对象

5.5　打断和合并

5.5.1　打断

1．功能

使用【打断】命令，可以将一个对象打断为两个对象，对象之间可以具有间隔，也可以没有间隔。要打断对象而不创建间隔，用户可以在相同的位置指定两个打断点，也可以在提示输入第二个打断点时输入“@0,0”。用户可以在大多数几何对象上创建打断，如直线、多段线、射线、样条曲线、圆和圆弧等，但不可以在块、标注、多线和面域等对象上创建打断。

2．命令调用

用户可采用以下操作方法之一调用打断命令。

1）在功能区【常用】选项卡内的【修改】面板上选择【打断】工具按钮。

2）在菜单中执行【修改】→【打断】命令。

3）在命令行中输入“Break”，按〈Enter〉键执行。

3．命令操作

执行该命令，将会删除所选图形对象的两个指定点之间的部分。如果第二个点不在对象上，将自动选择对象上与该点最接近的点。如果打断对象是圆形，程序将按逆时针方向删除圆形上第一个打断点到第二个打断点之间的部分，从而将圆形转换成圆弧。

执行该命令，命令行提示如下。

命令: _break 选择对象: (执行打断命令)

指定第二个打断点 或 [第一点(F)]: f (选择第一点选项)

指定第一个打断点: <对象捕捉 关> (鼠标单击第一个打断点)

指定第二个打断点: (鼠标单击第二个打断点)

按〈Enter〉键完成命令操作，结果如图 5-18 所示。

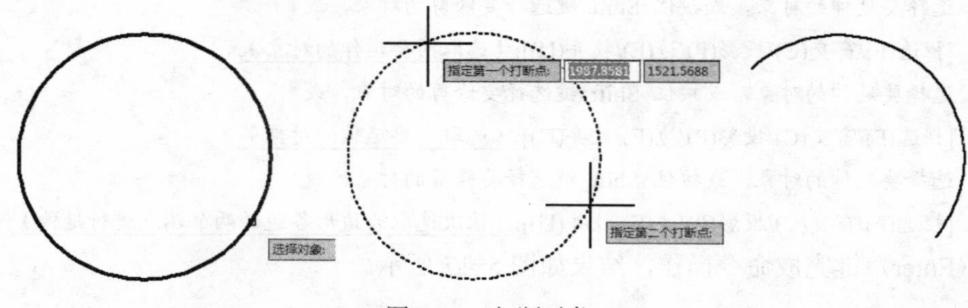

图 5-18　打断对象

5.5.2 合并对象

1．功能

使用【合并】命令，可以将相似的对象合并为一个对象。用户也可以使用圆弧和椭圆弧创建完整的圆和椭圆。用户可以进行合并的图形对象有圆弧、椭圆弧、直线、多段线、样条曲线等。若用户合并两条或多条圆弧时，将从源对象开始沿逆时针方向合并圆弧。

2．命令调用

用户可采用以下操作方法之一调用合并对象命令。

1）在功能区【常用】选项卡内的【修改】面板上选择【合并】工具按钮。

2）从菜单中执行【修改】→【合并】命令。

3）在命令行中输入“Join”，按〈Enter〉键执行。

3．命令操作

执行该命令，命令行提示如下。

命令: _join 选择源对象:（执行合并命令，并选取要合并的源对象）

选择直线（圆弧），以合并到源或进行 [闭合(L)]:（依次选取要合并的图形对象）

选择要合并到源的圆弧： 找到 1 个（依次选取要合并的图形对象）

选择要合并到源的圆弧： 找到 1 个，共 2 个（依次选取要合并的图形对象）

选择要合并到源的圆弧： 找到 1 个，共 3 个（依次选取要合并的图形对象）

选择要合并到源的圆弧： 找到 1 个，共 4 个（依次选取要合并的图形对象）

已将 4 个圆弧合并到源对象

按〈Enter〉键完成命令操作，结果如图 5-19 所示。

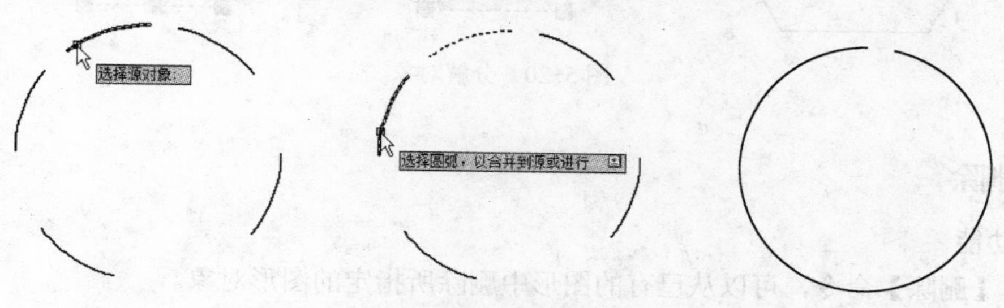

图 5-19　合并对象

合并直线对象时，多条直线必须位于同一无限长的直线上，但是它们之间可以有间隙。合并多段线对象时，对象之间不能有间隙，并且必须位于与 UCS 的 XY 平面平行的同一平面上。合并圆弧或椭圆弧对象时，多条圆弧或椭圆弧对象必须位于同一假想的圆上，但是它们之间可以有间隙。若选择“闭合”选项可将源对象转换成圆形。

5.6 分解和删除

5.6.1 分解

1．功能

使用【分解】命令，可以将多段线、标注、图案填充或块参照等复合对象转换为单个的元素。在绘图过程中，如果需要编辑矩形、块和多段线等由多个对象编组而成的组合对象时，需要先将它们分解，然后对单个对象进行编辑。任何分解对象的颜色、线型和线宽都可能会改变。其他结果将根据分解的复合对象类型的不同而有所不同。

2．命令调用

用户可采用以下操作方法之一调用分解命令。

1）在功能区【常用】选项卡内的【修改】面板上选择【分解】工具按钮。

2）在菜单中执行【修改】→【分解】命令。

3）在命令行中输入“Explode”，按〈Enter〉键执行。

3．命令操作

执行该命令，命令行提示如下。

命令: _explode（执行分解命令）

选择对象：找到 1 个（选择分解对象）

选择对象：（按〈Enter〉键，完成选择）

完成命令操作，结果如图 5-20 所示。

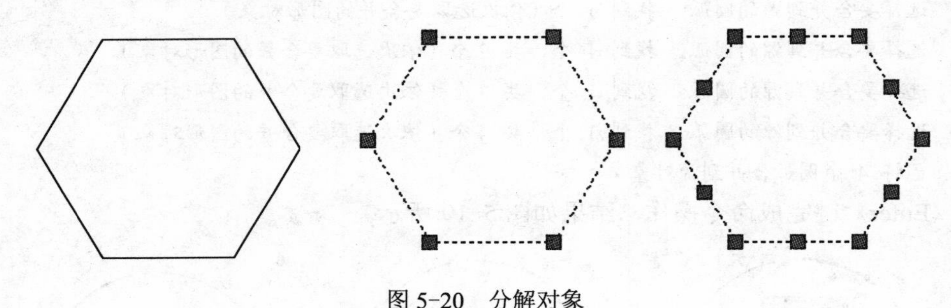

图 5-20　分解对象

5.6.2　删除

1．功能

使用【删除】命令，可以从已有的图形中删除所指定的图形对象。

2．命令调用

用户可采用以下操作方法之一调用删除命令。

1）在功能区【常用】选项卡内的【修改】面板上选择【删除】工具按钮。

2）在菜单中执行【修改】→【删除】命令。

3）在命令行中输入“Erase”，按〈Enter〉键执行。

4）选中要删除的对象后，按〈Delete〉键删除对象。

3．命令操作

执行该命令，命令行提示如下。

命令: _erase（执行删除命令）

选择对象：找到 46 个（选择删除对象）

选择对象：（按〈Enter〉键，完成选择）

完成命令操作，结果如图 5-21 所示。

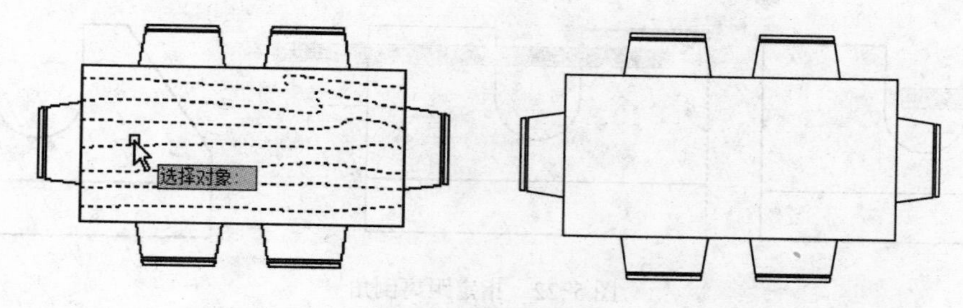

图 5-21 删除对象

5.7 倒角和圆角

5.7.1 倒角

1．功能

使用【倒角】命令，可以对两条非平行的直线或多段线创建有一定斜度的倒角，使它们以平角或倒角相接。通常用于表示角点上的倒角边。可以应用倒角命令的对象有直线、多段线、射线、构造线和三维实体等。

2．命令调用

用户可采用以下操作方法之一调用倒角命令。

1）在功能区【常用】选项卡内的【修改】面板上选择【倒角】工具按钮。

2）在菜单中执行【修改】→【倒角】命令。

3）在命令行中输入“Chamfer”，按〈Enter〉键执行。

3．命令操作

用户可使用两种方法来创建倒角，一种是指定倒角两端的距离，另一种是指定一端的距离和倒角的角度。

（1）指定倒角距离进行倒角

用户可以通过指定两个倒角距离来为两个对象倒角。执行该命令，命令行提示如下。

命令: _chamfer（执行倒角命令）

（“修剪”模式）当前倒角距离 1 = 0.0000，距离 2 = 0.0000

选择第一条直线或 [放弃(U)/多段线(P)/距离(D)/角度(A)/修剪(T)/方式(E)/多个(M)]: d（选择指定倒角距离）

指定 第一个 倒角距离 <0.0000>: 10（指定第一个倒角距离）

指定 第二个 倒角距离 <5.0000>: 15（指定第二个倒角距离）

选择第一条直线或 [放弃(U)/多段线(P)/距离(D)/角度(A)/修剪(T)/方式(E)/多个(M)]:（用鼠标单击要进行倒角的图形对象第一条边）

选择第二条直线，或按住 Shift 键选择要应用角点的直线:（单击要进行倒角的对象第二条边）

完成命令操作，对图形左上角进行倒角操作，重复上述步骤对图形右上角进行对称倒角，结果如图 5-22 所示。

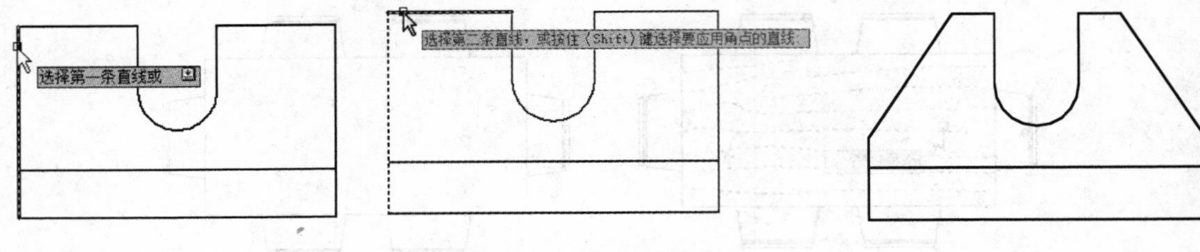

图 5-22　指定距离倒角

（2）指定角度进行倒角

用户可以通过指定第一个选定对象的倒角线起点及倒角线与该对象形成的角度来为两个对象倒角。执行该命令，命令行提示如下。

命令: _chamfer（执行倒角命令）

(“修剪”模式) 当前倒角距离 1 = 0.0000，距离 2 = 0.0000

选择第一条直线或 [放弃(U)/多段线(P)/距离(D)/角度(A)/修剪(T)/方式(E)/多个(M)]: a（选择指定倒角角度）

指定第一条直线的倒角长度 <0.0000>: 10（指定第一条直线的倒角距离）

指定第一条直线的倒角角度 <0>: 60（指定第一条直线的倒角角度）

选择第一条直线或 [放弃(U)/多段线(P)/距离(D)/角度(A)/修剪(T)/方式(E)/多个(M)]:（用鼠标单击要进行倒角的图形对象第一条边）

选择第二条直线，或按住 Shift 键选择要应用角点的直线:（单击要进行倒角的对象第二条边）

完成命令操作，对图形左上角进行倒角操作，重复上述步骤对图形右上角进行对称倒角，结果如图 5-23 所示。

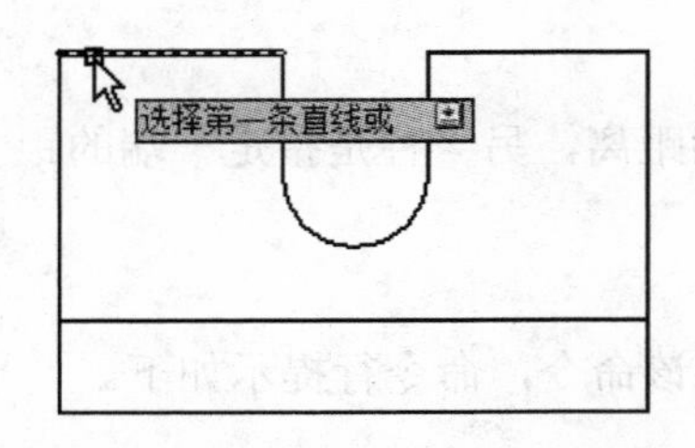

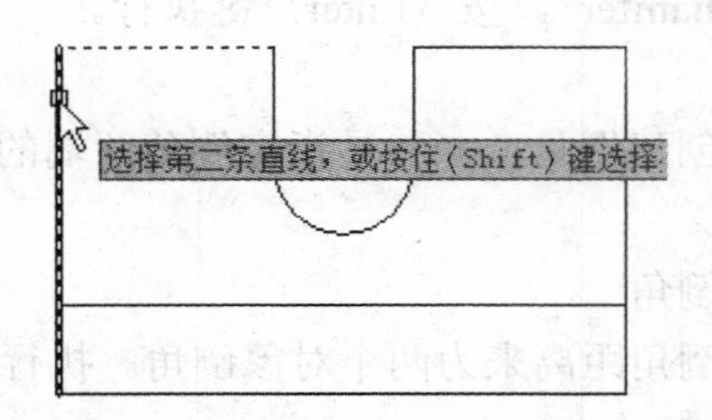

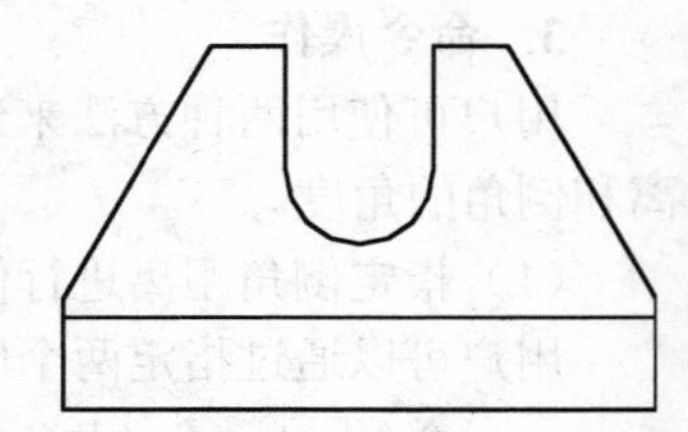

图 5-23　指定角度倒角

在执行倒角命令的过程中，常用选项的含义如下。

【多段线】: 使用该选项可以按当前设置的倒角大小对一条多段线上的多个顶点按设置的距离同时倒角。

【距离】: 该选项是设置倒角的精确距离。倒角距离是每个对象与倒角线相接或与其他对象相交而进行修剪或延伸的长度。如果两个倒角距离都为 0，则倒角操作将修剪或延伸这两个对象直至它们相交，但不创建倒角线。缺省情况下，对象在倒角时被修剪。在进行倒角时，只对那些长度足够适合倒角距离的线段进行倒角。

【角度】: 该选项是以指定一个倒角角度和一个倒角距离的方法进行倒角。

【修剪】：该选项可以定义添加倒角后，是否保留原倒角对象的拐角边。

【方式】：该选项可以将原有的距离或角度设置为选项，指定本次倒角的创建类型。

【多个】：选择该选项，可以依次选取多个对应的倒角边，为图形的多处拐角添加倒角。

5.7.2 圆角

1．功能

使用【圆角】命令，可以使用与对象相切并且具有指定半径的圆弧连接两个对象。可以进行圆角处理的对象包括直线、多段线、样条曲线、射线、构造线、圆、椭圆、圆弧、椭圆弧和三维实体等。

2．命令调用

用户可采用以下操作方法之一调用圆角命令。

1）在功能区【常用】选项卡内的【修改】面板上选择【圆角】工具。

2）在菜单中执行【修改】→【圆角】命令。

3）在命令行中输入“Fillet”，按〈Enter〉键执行。

3．命令操作

圆角半径是连接被圆角对象的圆弧半径。更改圆角半径将影响后续的圆角操作。如果设定圆角半径为 0，则被圆角的对象将被修剪或延伸直到它们相交，并不创建圆弧。默认情况下【圆角】为【修剪】模式。用户可以使用【修剪】选项指定是否修剪选定的对象、将对象延伸到创建的圆弧端点，或不做修改。执行该命令，命令行提示如下。

命令: _fillet（执行圆角命令）
当前设置: 模式 = 修剪，半径 = 0.0000
选择第一个对象或 [放弃(U)/多段线(P)/半径(R)/修剪(T)/多个(M)]: r（选择半径选项）
指定圆角半径 <0.0000>: 10（设置圆角半径）
选择第一个对象或 [放弃(U)/多段线(P)/半径(R)/修剪(T)/多个(M)]: m（选择多个选项）
选择第一个对象或 [放弃(U)/多段线(P)/半径(R)/修剪(T)/多个(M)]:（选择第一个圆角对象）
选择第二个对象，或按住 Shift 键选择要应用角点的对象:（选择第二个圆角对象）
……

用鼠标依次单击需进行圆角处理的对象，完成命令操作，结果如图 5-24 所示。

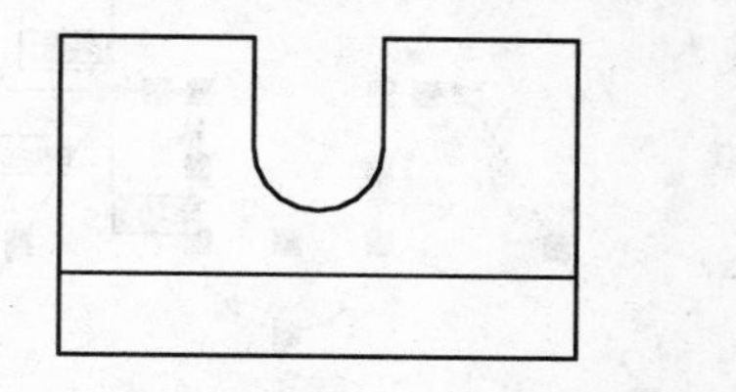

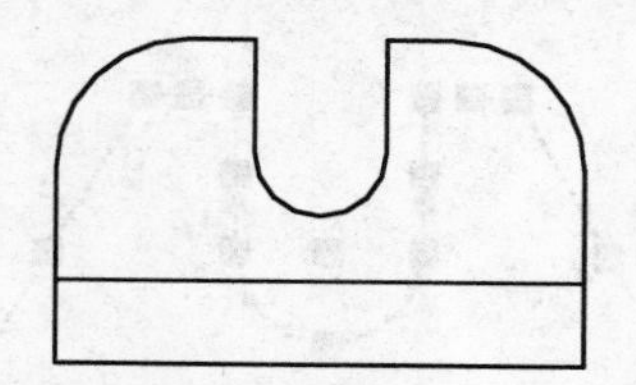

图 5-24　创建圆角

在执行【圆角】命令时，用户可以选择“多段线（P）”选项对多段线对象进行编辑，此时程序将会自动为长度适合圆角半径的每条多段线线段的顶点处插入圆角弧。如图 5-25 所示。

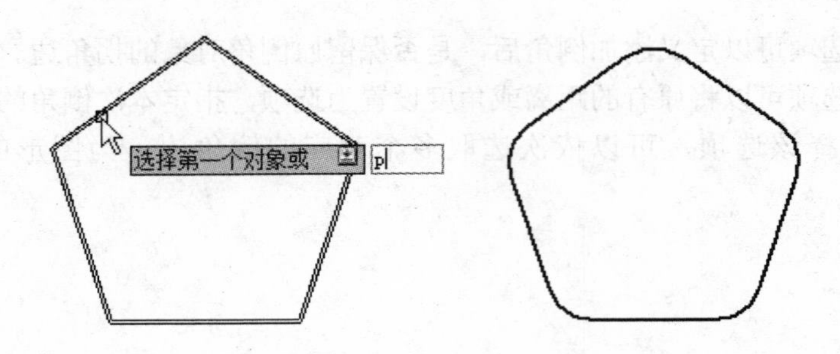

图 5-25　创建多段线圆角

在执行圆角命令的过程中，常用选项的含义如下。

【多段线】：使用该选项可以按当前设置的圆角大小对一条多段线上的多个顶点按设置的圆角半径同时圆角。

【半径】：圆角半径是连接被圆角对象的圆弧半径。若用户修改圆角半径，将会影响后续的圆角操作。如果设置圆角半径为 0，则被圆角的对象将被修剪或延伸直到它们相交，并不创建圆弧。

【修剪】：该选项可以定义添加圆角后，是否保留原圆角对象的拐角边。

【多个】：选择该选项，可以依次选取多个对应的圆角边，为图形的多处拐角添加圆角。

5.8　夹点模式

当图形对象被选择后，对象的关键点上将会显示出若干个小方框，这些小方框是用来标记被选中对象的夹点。夹点是一种集成的编辑模式，提供了一种方便快捷的编辑操作途径，用户可以通过拖动夹点直接而快速的编辑对象，如可以拖动夹点执行拉伸、移动、旋转、缩放或镜像操作。选择执行的编辑操作称为夹点模式。

要使用夹点模式，先要选择作为操作基点的夹点，然后选择一种夹点模式。用户可以通过按〈Enter〉键或〈Space〉键循环选择这些模式。还可以使用快捷键或单击鼠标右键查看所有模式和选项。当图形对象被选中时，夹点显示为蓝色，称为“冷夹点”，如果再次单击某个夹点，则该夹点显示为红色，称为“暖夹点”，若用户按住〈Shift〉键时，还可以连续选择多个夹点为“暖夹点”。如图 5-26 所示。

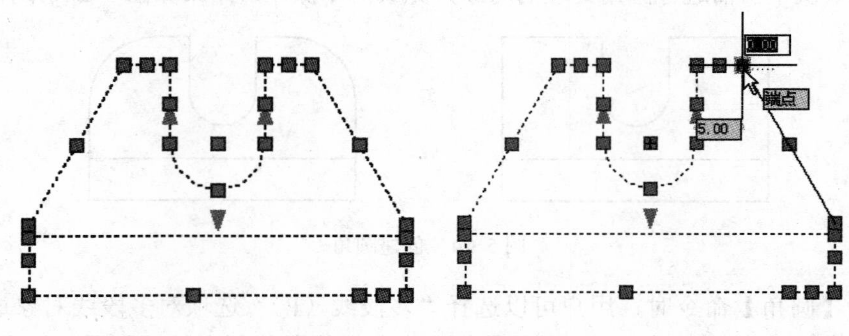

图 5-26　夹点模式

5.8.1 夹点设置

1．功能

用户可以在【选项】对话框的【选择集】选项卡中设置是否启用夹点，也可以对夹点样式进行设置。

2．命令调用

用户可采用以下操作方法之一调用夹点设置命令。

1）打开【应用程序】下拉菜单，选择【选项】按钮，打开【选项】对话框中的【选择集】选项卡，对夹点进行设置。

2）在菜单中执行【工具】→【选项】命令，打开【选项】对话框中的【选择集】选项卡，对夹点进行设置。

3）在未选中对象的状态下，在绘图区域单击鼠标右键，在弹出的快捷菜单中选择【选项】命令，打开【选项】对话框中的【选择集】选项卡，对夹点进行设置。

4）在命令行输入“Options”，打开【选项】对话框中的【选择集】选项卡，对夹点进行设置。

3．命令操作

（1）启用夹点

选择【选项】对话框的【选择集】选项卡中的【启用夹点】选项，即可启用夹点功能。如图 5-27 所示。若用户未启用夹点，则选中图形对象时不会显示对象夹点，无法进行夹点编辑。启用夹点功能后，当选中图形对象时即可显示其夹点。在锁定图层上的对象不会显示夹点。

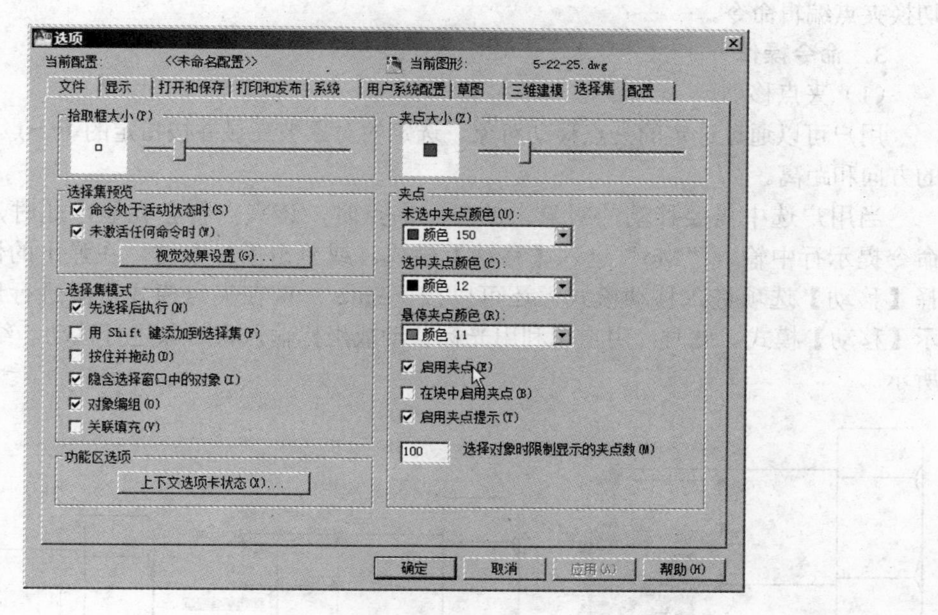

图 5-27　启用夹点

（2）夹点设置

用户可以在【选项】对话框的【选项集】选项卡中对夹点样式进行设置。AutoCAD

2010 提供的夹点设置内容有夹点大小、夹点颜色、在块中启用夹点、启用夹点提示、选择对象时限制显示的夹点数。

【夹点大小】：该选项可以控制夹点的显示尺寸。

【未选中夹点颜色】：可以设置未选中的夹点显示颜色。

【选中夹点颜色】：可以设置选中的夹点显示颜色。

【悬停夹点颜色】：可以设置光标悬停在夹点上时所显示的颜色。

【在块中启用夹点】：用以控制在选中图块后夹点显示的状态。如果选中此选项，则显示该图块内所有对象的全部夹点。

【启用夹点提示】：当光标悬停在对象的夹点上时，显示夹点的特定提示内容。

【选择对象时限制显示的夹点数】：当选择集中的对象包括多于指定数目的夹点时，将不显示夹点。有效值的范围是 1～32 767。

5.8.2 夹点编辑

1．功能

利用夹点功能，用户可以对选中对象进行拉伸、移动、旋转、缩放、镜像等操作。

2．命令调用

用户可采用以下操作方法之一调用夹点编辑命令。

1）选择要进行夹点编辑的图形对象，并单击该对象的一个夹点，单击鼠标右键，在弹出的快捷菜单中选择要执行的夹点编辑命令。

2）选择要进行夹点编辑的图形对象，并单击该对象的一个夹点，按〈Enter〉键可快速切换夹点编辑命令。

3．命令操作

（1）夹点移动

用户可以通过选定的夹点移动对象。选定的对象被亮显并按指定的下一点位置移动一定的方向和距离。

当用户选中需要移动的对象上的任一夹点时，该夹点将会亮显，此时，用户可以在命令提示行中输入“Mo”进入【移动】模式，或单击鼠标右键，在弹出的快捷菜单中选择【移动】选项进入移动模式，还可以按〈Enter〉键在夹点模式之间进行切换，直至显示【移动】模式。此时，用户可利用光标移动或坐标输入将对象进行移动。结果如图 5-28 所示。

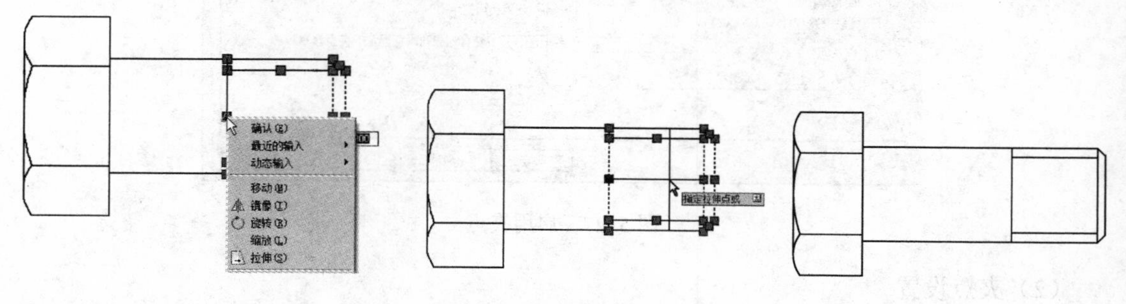

图 5-28　夹点移动

（2）夹点镜像

用户可以沿临时镜像线为选定对象创建镜像。在创建镜像时，辅助使用【正交】模式和【极轴追踪】模式有助于实现按指定角度的镜像线进行对象的镜像。与【镜像】命令的功能类似，默认情况下，镜像操作后将删除源对象。

在夹点编辑模式下确定基点后，在命令提示行中输入“Mi”进入【镜像】模式，或在夹点状态下按〈Enter〉键切换到【镜像】模式，也可在夹点模式下单击鼠标右键，在弹出的快捷菜单中选择【镜像】命令。结果如图 5-29 所示。

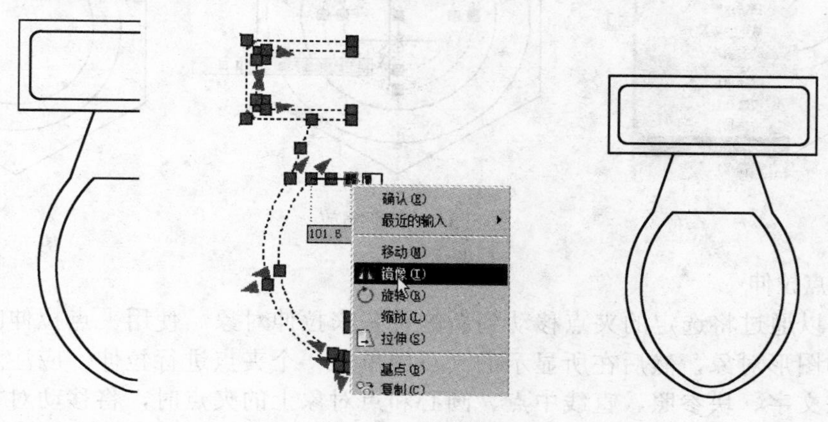

图 5-29　夹点镜像

（3）夹点旋转

用户可以通过拖动和指定点的位置来绕基点旋转所选定的对象。还可以输入角度值进行旋转。

在夹点编辑模式下，确定基点后，在命令提示行中输入“Ro”进入【旋转】模式，或单击鼠标右键，在弹出的快捷菜单中选择【旋转】模式，还可以在夹点状态下按〈Enter〉键切换到【旋转】模式。此时，用户可利用光标移动或输入旋转角度将对象进行旋转。结果如图 5-30 所示。

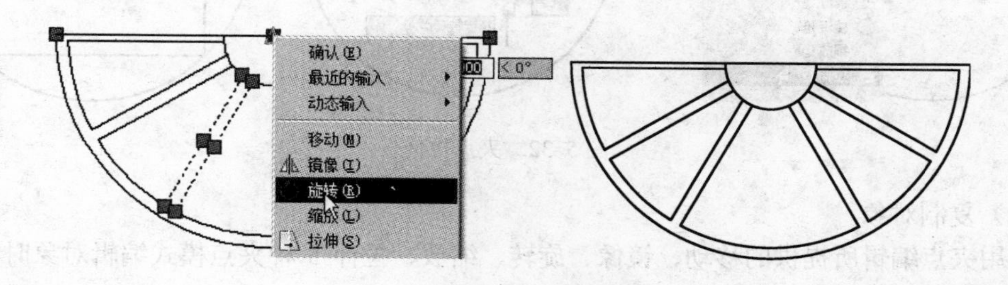

图 5-30　夹点旋转

（4）夹点缩放

用户可以通过夹点功能相对于基点缩放选定对象。通过从基点夹点向外拖动光标并指定点位置来增大对象尺寸，或通过向内拖动光标减小尺寸。此外，也可以输入比例因子来指定缩放比例，当比例因子大于 1 时将放大对象，当比例因子在 0～1 时将缩小对象。

在夹点编辑模式下确定基点后，在命令提示行中输入“Sc”进入【缩放】模式，或在夹点状态下按〈Enter〉键切换到【缩放】模式，也可在夹点模式下单击鼠标右键，在弹出的快捷菜单中选择【缩放】命令。结果如图 5-31 所示。

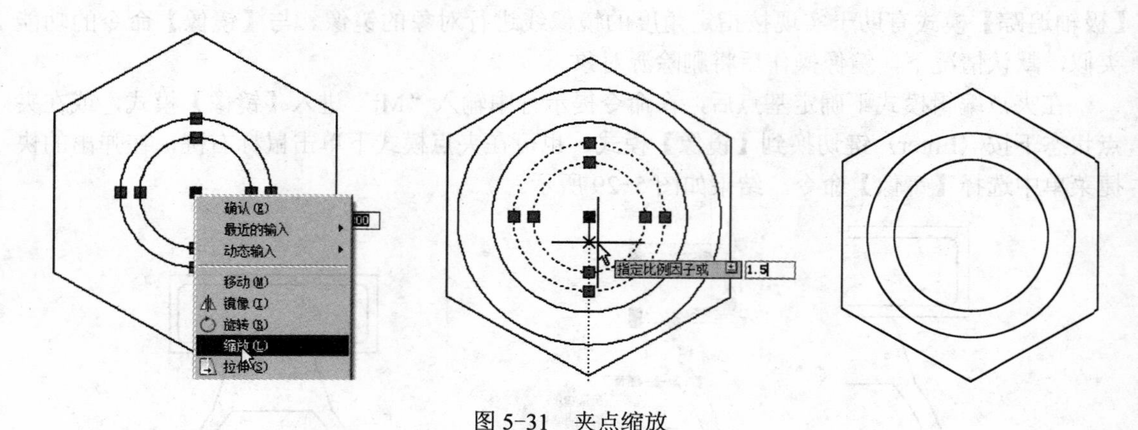

图 5-31　夹点缩放

（5）夹点拉伸

用户可以通过将选定的夹点移动到新的位置来拉伸对象。使用夹点拉伸时，首先选中要拉伸的图形对象，然后在所显示的夹点中单击一个夹点进行拉伸。应注意的是，当用户选中在文字、块参照、直线中点、圆心和点对象上的夹点时，将移动对象而不是拉伸对象。

当用户选中需要进行编辑的对象夹点时，该夹点将会亮显，并激活默认夹点模式【拉伸】，然后移动光标到合适位置单击一点，即可完成对象的拉伸。如图 5-32 所示。

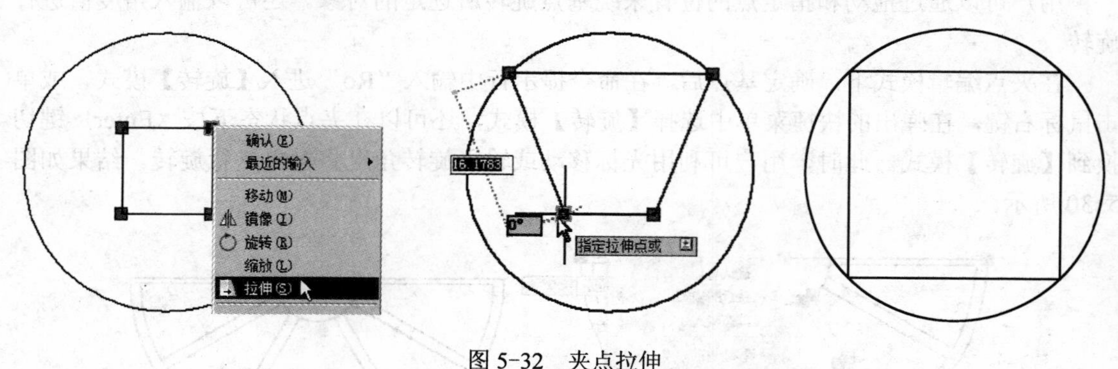

图 5-32　夹点拉伸

（6）复制对象

利用夹点编辑所提供的移动、镜像、旋转、缩放、拉伸 5 种夹点模式编辑对象时，均可以在进行夹点编辑的同时创建对象的多个副本。

在执行夹点编辑时，当用户选择好夹点编辑模式后，在命令提示行输入“C”，选择【复制】选项，或在执行夹点编辑命令的同时按〈Ctrl〉键，即可在执行夹点编辑的同时复制所选定的对象。例如，使用【旋转】模式进行夹点编辑时，按〈Ctrl〉键或在命令提示行输入“C”，在提示输入旋转角度时，分别输入 45、90、135、180、225、270、315，创建对象的多个副本，效果如图 5-33 所示。

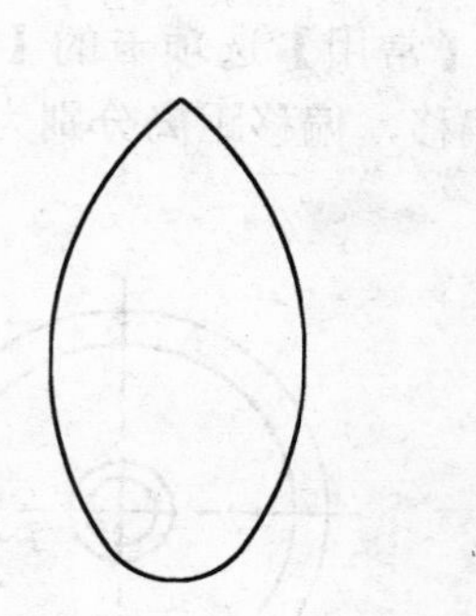 

图 5-33　夹点复制

5.9 实训

5.9.1 绘制齿轮

1．实训要求

运用基本绘图命令及本章所学的偏移、阵列等编辑命令，绘制一个“齿轮”零件图。在绘制过程中，运用对象捕捉追踪、极轴追踪、对象捕捉、动态输入等辅助功能，以提高绘图的准确性和效率。具体的操作步骤如下。

2．实训指导

1）打开 AutoCAD 2010 中文版，新建一个图形文件，将工作空间选为“二维草图与注释”。

2）在功能区【常用】选项卡的【图层】面板中单击【图层特性】按钮，在打开的图层特性管理器中创建“中心线”、“轮廓线”、“标注”3 个图层。图层设置要求如图 5-34 所示。

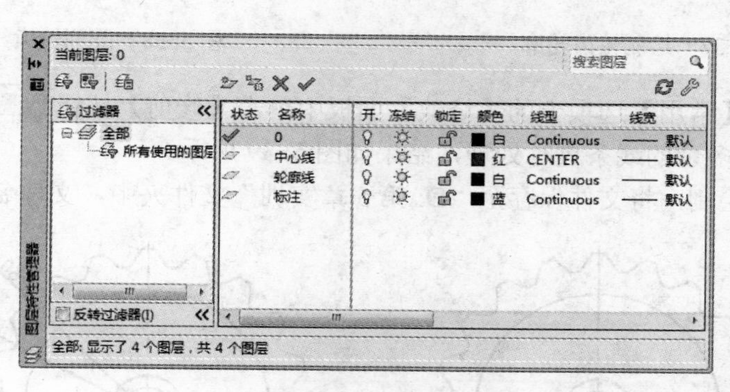

图 5-34　设置图层

3）将“中心线”图层置为当前，并在功能区【常用】选项卡的【绘图】面板中单击【直线】按钮，绘制图形定位中心线，长度为 140。

4）将“轮廓线”图层置为当前，并在功能区【常用】选项卡的【绘图】面板中单击【圆】按钮，绘制图形轮廓线，圆形半径为 10，如图 5-35 所示。

5）将“轮廓线”图层置为当前，并在功能区【常用】选项卡的【修改】面板中单击【偏移】按钮，将上一步所绘制的圆形向外进行偏移，偏移距离分别为 5、40、50，完善图形轮廓线的绘制，如图 5-36 所示。

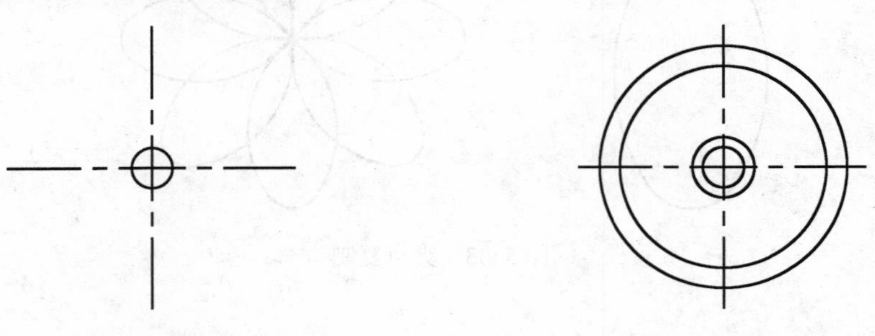

图 5-35　绘制中心线　　　　图 5-36　绘制轮廓线

6）在功能区【常用】选项卡的【绘图】面板中单击【多段线】按钮，绘制齿轮的一个轮齿。轮齿底宽为 15，顶宽为 5，高度为 8，如图 5-37 所示。

7）在功能区【常用】选项卡的【修改】面板中单击【环形阵列】按钮，将上一步所绘制的轮齿进行环形阵列，环形阵列中心点为圆形轮廓的圆心，阵列项目数为 20，阵列填充角度为 360，如图 5-38 所示。

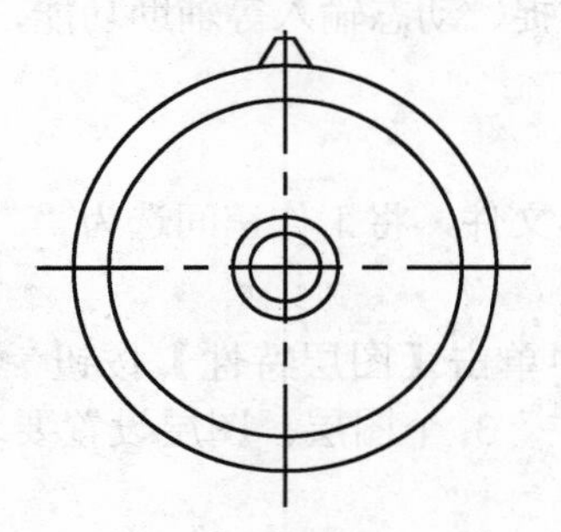

图 5-37　绘制轮齿轮廓

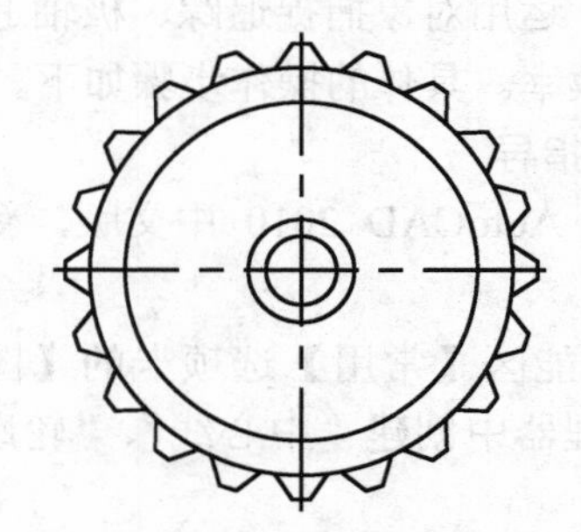

图 5-38　阵列轮齿

8）在功能区【常用】选项卡的【修改】面板中单击【修剪】按钮，对上一步所绘制的齿轮图形中多余的线条进行处理，结果如图 5-39 所示。

9）完成图形绘制，将文件保存至“D:\第 5 章实训”文件夹中，文件名为“齿轮”。

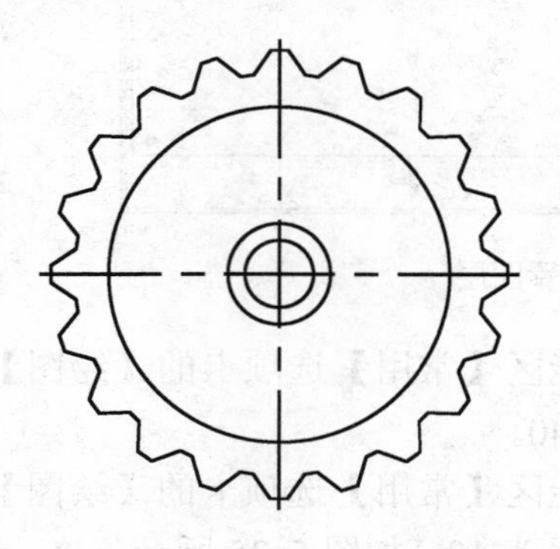

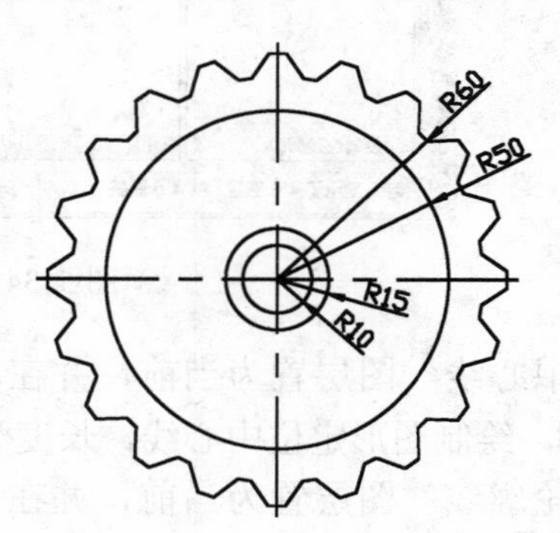

图 5-39　绘制齿轮

5.9.2 绘制沙发

1．实训要求

利用矩形、圆等基本绘图命令，圆角、阵列、镜像和修剪等编辑命令绘制一个“沙发”示意图。辅助运用对象捕捉追踪、极轴追踪、对象捕捉、动态输入等功能，以提高绘图的准确性和效率。具体的操作步骤如下。

2．实训指导

1）打开 AutoCAD 2010 中文版，新建一个图形文件，将工作空间选定为“二维草图与注释”。

2）在功能区【常用】选项卡的【绘图】面板上选择【矩形】命令按钮，绘制 6 个矩形，尺寸分别是 2 个 900×700、2 个 260×650、1 个 1600×120、1 个 1600×60，如图 5-40 所示。

3）在功能区【常用】选项卡的【修改】面板上选择【圆角】命令按钮，按照如图 5-41 所示将沙发扶手、靠背等位置做圆角处理，圆角半径设为 60。

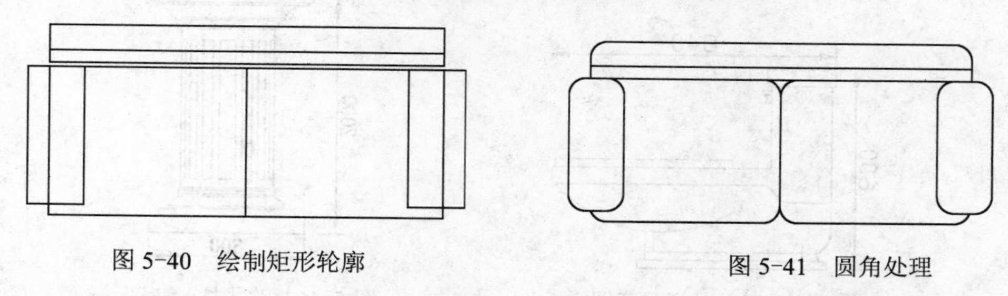

图 5-40　绘制矩形轮廓　　　　图 5-41　圆角处理

4）在功能区【常用】选项卡的【绘图】面板上选择【圆】命令按钮，在沙发坐垫中绘制一个半径为 40 的圆形。

5）在功能区【常用】选项卡的【修改】面板上选择【阵列】命令按钮，对坐垫中的圆形进行矩形阵列操作，在【阵列】对话框中将阵列行数设为 3，阵列列数设为 8，行列偏移均设为 180，结果如图 5-42 所示。

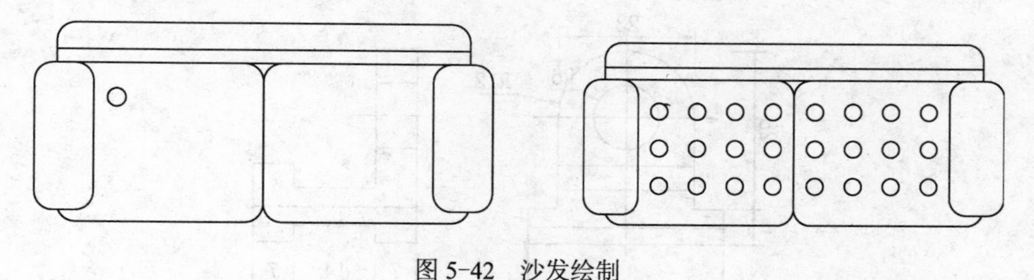

图 5-42　沙发绘制

6）完成图形绘制，将文件保存至“D:\第 5 章实训”文件夹中，文件名为“沙发”。

5.10 练习题

1．利用直线、矩形、多段线、圆弧等绘图命令以及相关的编辑工具，绘制一个“盥洗池”示意图并保存至指定位置。如图 5-43 所示。

2. 利用直线、多段线、矩形、圆弧、样条曲线等基本绘图命令和复制、夹点编辑、拉伸、旋转等编辑命令，绘制如图 5-44 所示的植物示意图并保存至指定位置。

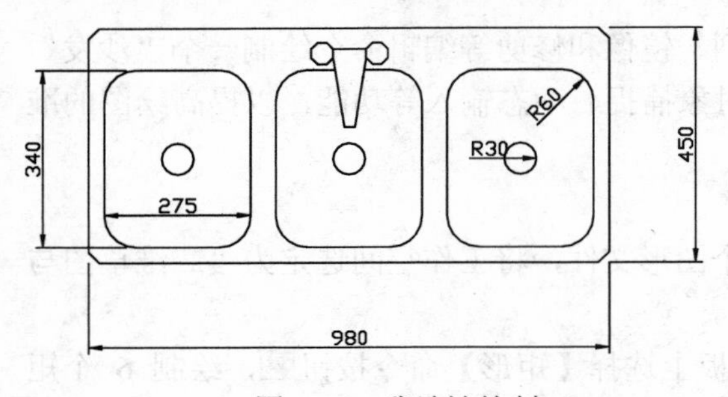

图 5-43 盥洗池绘制

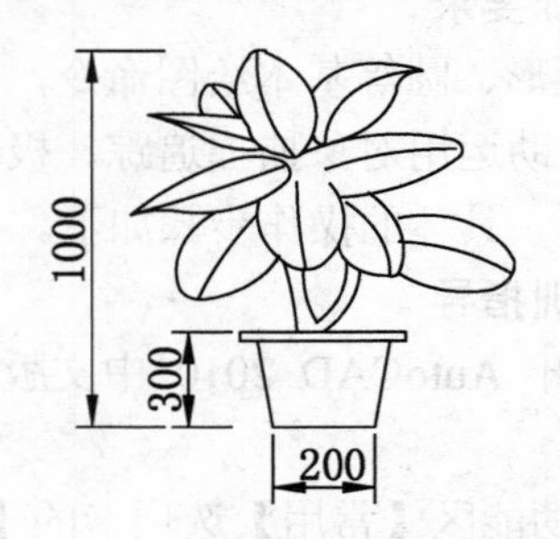

图 5-44 植物示意图

3. 利用本章所学的直线、多段线、矩形、圆弧等工具，绘制如图 5-45 所示的马桶示意图并保存至指定位置。

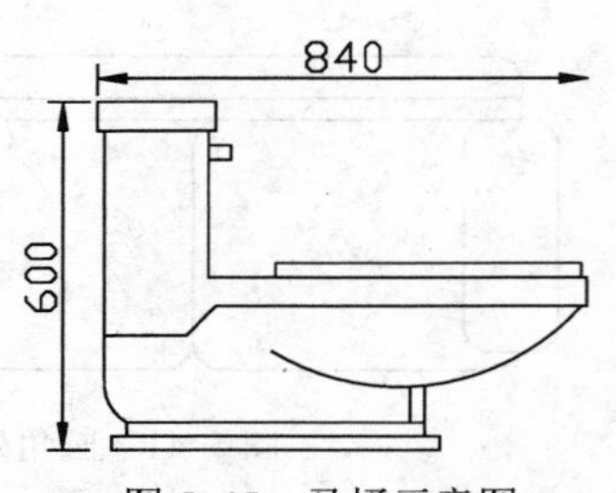

图 5-45 马桶示意图

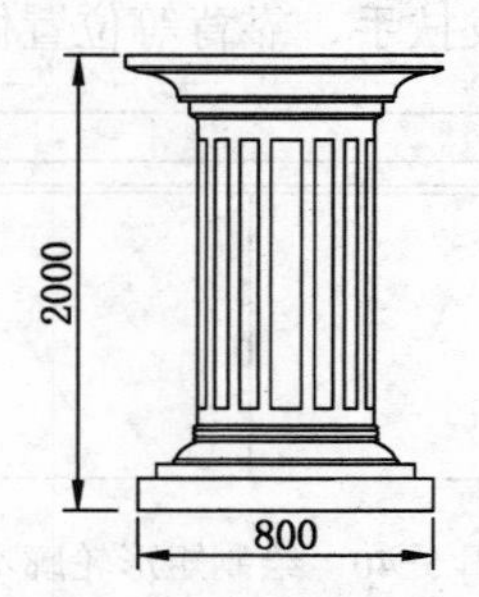

图 5-46 欧式柱示意图

4. 利用本章所学的直线、多段线、矩形等绘图命令和圆角、镜像、复制等编辑命令，绘制一个欧式柱示意图并保存至指定位置。如图 5-46 所示。

5. 利用本章所学的直线、多段线、矩形、圆形、圆弧等绘图命令和复制、镜像等编辑命令，绘制一个零件三视图并保存至指定位置。如图 5-47 所示。

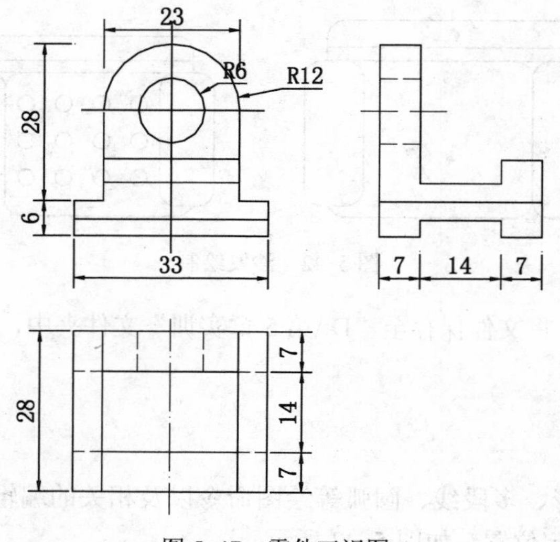

图 5-47 零件三视图

6. 利用本章所学的直线、多段线、矩形、圆形等绘图命令和复制、圆角、镜像等编辑命令，绘制一个四斗柜立面示意图并保存至指定位置。如图 5-48 所示。

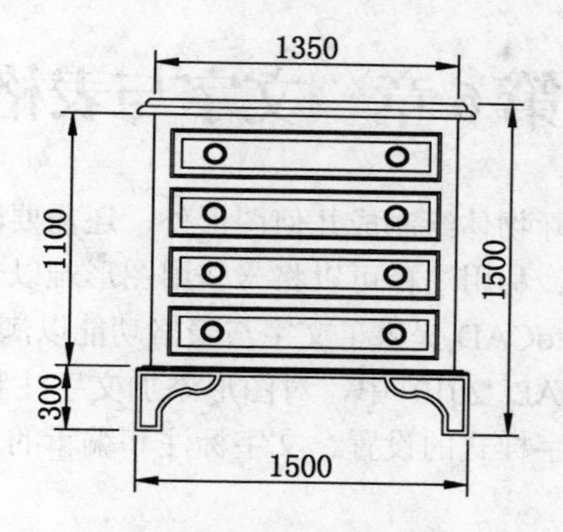

图 5-48 四斗柜立面示意图

7. 利用本章所学的直线、多段线、矩形、圆形、圆弧等绘图命令和复制、修剪、镜像等编辑命令，绘制一个房间平面图并保存至指定位置。如图 5-49 所示。

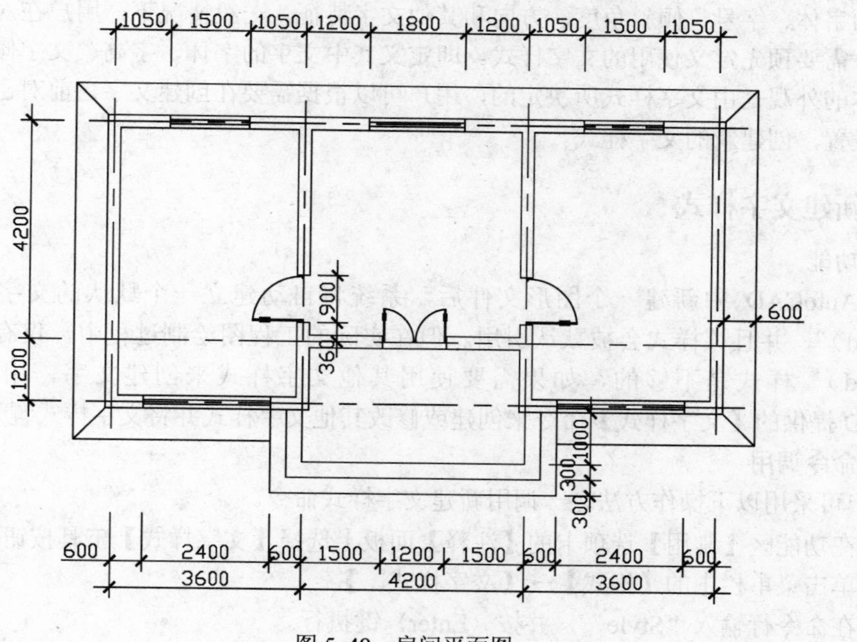

图 5-49 房间平面图

第 6 章　文字与表格

在工程图中除了要将实际物体绘制成几何图形外，还需要添加必要的文字注释，如技术要求、设计说明、标题栏等。利用注释可以将一些用图形难以表达清楚的信息表示出来，是对工程图很必要的补充。AutoCAD 提供了文字与表格功能以满足图形注释的需要。

本章主要介绍在 AutoCAD 2010 中，对图形添加文字注释和表格注释的方法。通过学习，用户应能够熟练掌握文字样式的设置、文字标注和编辑的基本方法，以及创建和编辑表格的方法。

6.1　建立文字样式

AutoCAD 中的所有文字都具有与之相关联的文字样式，当前的文字样式将会决定所输入文字的字体、字号、倾斜角度、方向和其他文字特征。一般情况下，用户在对图形添加文字之前，需要预先定义使用的文字样式。即定义其中文字的字体、字高、文字倾斜角度等参数，文本的外观是由文字样式所决定的，用户可以根据需要在创建文字之前对已有的文字样式进行设置，创建新的文字样式。

6.1.1　新建文字样式

1．功能

在 AutoCAD 中新建一个图形文件后，系统将自动建立一个默认的文字样式“标准（Standard）”，并且该样式会被默认引用。但在实际的工程图绘制过程中，仅有一个“标准（Standard）”样式是不够的，如果需要使用其他文字样式来创建文字，用户可以使用 AutoCAD 提供的【文字样式】命令来创建或修改其他文字样式并将文字样式置于当前。

2．命令调用

用户可采用以下操作方法之一调用新建文字样式命令。

1）在功能区【常用】选项卡的【注释】面板上选择【文字样式】工具按钮。

2）单击菜单栏中的【格式】→【文字样式…】。

3）在命令行输入“Style”，并按〈Enter〉键执行。

3．命令操作

执行上述任意一种命令操作后，将会弹出【文字样式】对话框，如图 6-1 所示。

（1）设置文字字体

用户可以通过【字体】选项选择和设置字体类型，AutoCAD 的默认字体是“txt.shx”，它通常用于系统字体的任何文字样式。该选项组中各选项的含义如下。

【字体名】：在该下拉列表中列出了多种可供使用的字体，用户选择一种字体并通过该对话框中的【预览】窗口，可以对所选的字体效果进行预览。其中在该列表框中字体名称带有“@”符号的表示字体竖向排列，不带“@”符号的表示文字横向排列。

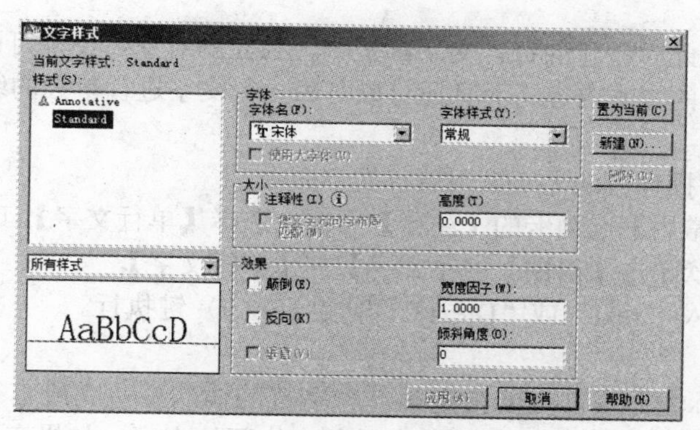

图 6-1 【文字样式】对话框

【字体样式】：该选项为所选字体提供不同的字体样式，用户可根据需要选择【常规】、【粗体】或【斜体】等多种字体样式。

【使用大字体】：该复选框在【字体名】列表框中选择“.shx”字体时才处于激活状态。

（2）设置文字大小

用户可以在该选项中选择注释性和设置字体高度。通过在【高度】文本框中输入数值，可以设置文字的高度。根据输入的数值确定文字高度，输入大于 0 的高度时将自动为此样式设置文字高度。如果输入 0，则文字高度将默认为上次使用的文字高度，或使用存储在图形样板文件中的字高数值。

（3）设置文字效果

该选项中可以编辑字体的特殊效果。用户可以选择启用或禁用【颠倒】、【反向】和【垂直】复选框，【垂直】只有在选定字体支持双向时才可用。在【宽度因子】和【倾斜角度】文本框中可以对字体的宽度以及文字放置的倾斜角度进行设置。

6.1.2 修改文字样式

如果图形中使用的某种字体在当前的系统中不可识别，则该字体将自动被另一种字体替换。程序通过替换字体来处理当前系统上未提供的字体。

如果将固定高度指定为文字样式的一部分，则在创建单行文字时将不提示输入“高度”。如果文字样式中的高度设置为 0，每次创建单行文字时都会提示用户输入文字高度。

AutoCAD 提供的某些样式设置对多行文字和单行文字对象的影响不同。例如，修改【颠倒】和【反向】选项对多行文字对象是没有影响的。修改【宽度比例】和【倾斜角度】选项对单行文字是没有影响的。

6.2 创建文字

AutoCAD 提供了【单行文字】和【多行文字】两种文字标注工具。用户在创建并设置好文字样式后就可以在绘图区域中创建文字了。在绘图过程中，用户还需要熟练掌握特殊格式的设置和特殊符号的输入方法。

6.2.1 单行文字

1．功能

利用【单行文字】工具可以创建一行或多行文字，在命令执行过程中，通过按〈Enter〉

键结束每一行文字，此时创建的每行文字都是一个独立的对象，不仅可以利用该工具一次性地在图纸中添加所需的文本内容，而且还可以对每一行文字进行单独的编辑修改。

2．命令调用

用户可采用以下操作方法之一调用单行文字命令。

1）在功能区【常用】选项卡的【注释】面板上选择【单行文字】工具按钮A单行文字。

2）在菜单中依次单击【绘图】→【文字】→【单行文字】。

3）在命令行输入“Text”或“Dtext”，并按〈Enter〉键执行。

3．命令操作

执行单行文字标注命令，先要指定第一个字符的插入点，完成首行文字的输入，并按〈Enter〉键，程序将紧接着最后创建的文字对象定位新的文字。如果在此命令执行过程中指定了另一个点，光标将移到该点上，继续输入文字。每次按〈Enter〉键或用鼠标指定点时，都会创建新的文字对象。

利用【单行文字】工具为图形标注文字内容。在输入文字的过程中，程序将以适当的大小在水平方向显示文字，使用户可以轻松地阅读和编辑文字。执行该命令，命令行提示如下。

命令: dtext（执行单行文字命令）

当前文字样式: “Standard” 文字高度: 3.5000 注释性: 否

指定文字的起点或 [对正(J)/样式(S)]: J（更改文字对正方式，也可输入“S”更改文字样式）

输入选项[对齐(A)/布满(F)/居中(C)/中间(M)/右对齐(R)/左上(TL)/中上(TC)/右上(TR)/左中(ML)/正中(MC)/右中(MR)/左下(BL)/中下(BC)/右下(BR)]: MC（选择“正中”对齐方式）

指定文字的左中点:（鼠标单击文字标注的起点）

指定高度 <3.5000>: 5 （用户可根据需要指定字高）

指定文字的旋转角度 <0>:（用户可根据需要指定文字的旋转角度）

完成命令操作，结果如图 6-2 所示。

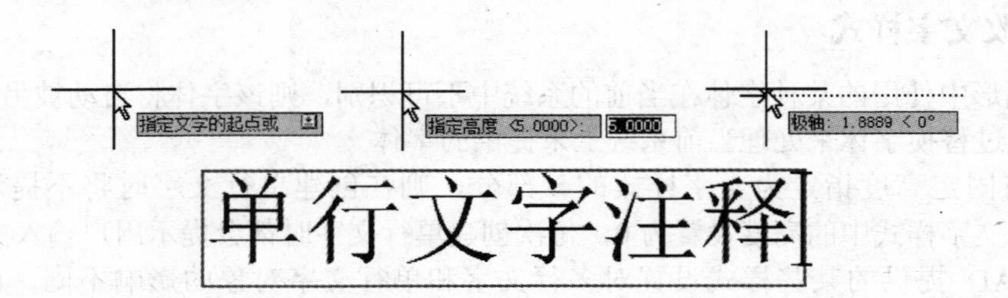

图 6-2 单行文字输入

如果要修改文字的【对正】方式，除了在命令提示行有对正样式的提示以外，AutoCAD 2010 还提供了如图 6-3 所示的【对正样式】快捷菜单，用户可以在功能区【注释】选项卡的【文字】面板中选择使用，以更好地提高工作效率。

完成以上设置后，按〈Enter〉键，进入文字输入状态，输入所需标注的文字内容。此时，用户还可以在绘图窗口的其他位置单击鼠标左键，以继续文字的标注，直至完成所有的标注内容后，再按〈Enter〉键完成标注工作。

输入对正选项
● 左对齐(L)
对齐(A)
布满(F)
居中(C)
中间(M)
右对齐(R)
左上(TL)
中上(TC)
右上(TR)
左中(ML)
正中(MC)
右中(MR)
左下(BL)
中下(BC)
右下(BR)

图 6-3 【对正样式】快捷菜单

6.2.2 多行文字

1．功能

利用 AutoCAD 2010 提供的【多行文字】工具，可以创建内容较长、较为复杂的文字注释。使用【多行文字】可以通过输入或导入文字来创建多行文字对象，在 AutoCAD 2010 中，提供了【在位文字编辑器】，用户可以在此集中地完成文字输入和编辑的全部功能。多行文字对象可以包含一个或多个文字段落，整个段落可作为单一对象进行处理。

输入文字之前，用户应指定文字边框的对角点。文字边框用于定义多行文字对象中段落的宽度。多行文字是由任意数目的文字行或段落组成的，文字内容将会自动布满指定的宽度，还可以沿垂直方向无限延伸。多行文字对象的长度取决于文字量，而不是边框的长度。多行文字对象和输入的文本文件最大为 256KB。

用户可以对多行文字对象进行移动、旋转、删除、复制、镜像或缩放操作，还可以利用夹点功能移动或旋转多行文字对象。

2．命令调用

用户可采用以下操作方法之一调用多行文字命令。

1）在功能区【常用】选项卡的【注释】面板上选择【多行文字】工具 A 多行文字 。

2）在菜单栏中选择【绘图】→【文字】→【多行文字】。

3）在命令行输入“Mtext”，并按〈Enter〉键执行。

3．命令操作

执行该命令，根据提示用鼠标单击要创建的文本框的两个对角点，将会在功能区弹出【在位文字编辑器】，其中包含有文字格式工具栏、段落对话框、工具栏菜单和编辑器设置等内容。另外，在绘图区域也会出现一个文字编辑窗口，如图 6-4 所示。

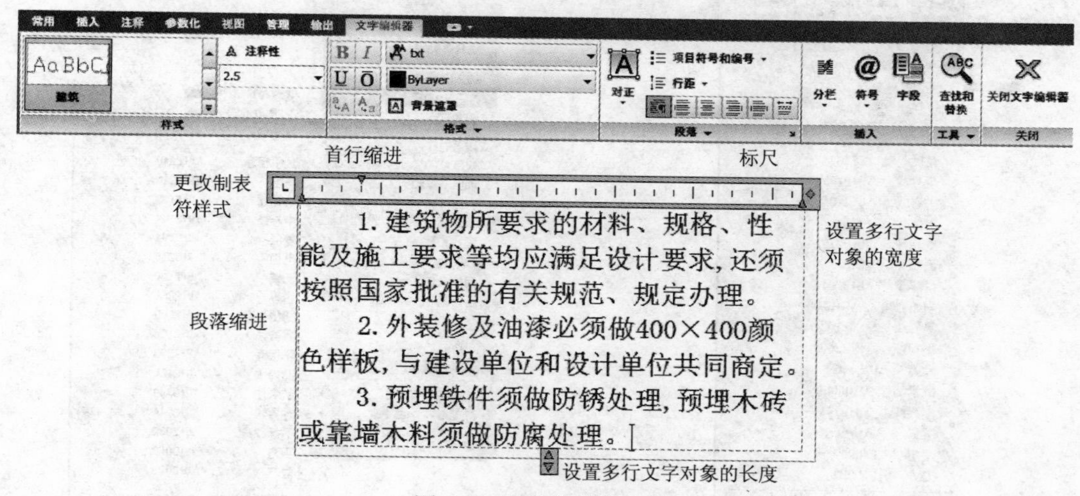

图 6-4　在位文字编辑器

在【在位文字编辑器】窗口将显示顶部带有标尺的边界框。如果功能区未处于活动状态，则还将显示【文字格式】工具栏。用户可以利用文字窗口提供的【首行缩进】、【段落缩进】工具来调整文字段落格式。例如要对每个段落均采取首行缩进，可以拖动标尺上的第一行缩进滑块；要对每个段落的其他行缩进，则可以拖动段落缩进滑块。

如果用户需要使用其他文字样式而不是默认值，则可以在【文字编辑器】的【样式】面板中，根据需要选择不同的【文字样式】。另外，在多行文字对象中，用户还可以通过将多种格式应用到单个字符来替代当前的文字样式，如下画线、上画线、粗体、倾斜、宽度因子和不同的字体。

6.2.3 插入特殊符号

用户在使用单行文字或多行文字的时候，常需要在文字中加入一些特殊符号，如百分号、直径符号和角度符号等，每个符号都有专门的代码，这些代码由一些字母、符号或数字组成，常用的特殊符号有以下几种。

【%%O】：打开或关闭文字上画线。

【%%U】：打开或关闭文字下画线。

【%%D】：标注度数符号“°”。

【%%P】：标注正负公差符号“±”。

【%%C】：标注直径符号“Φ”。

在单行文字说明中插入特殊符号时，可以通过输入该特殊符号的代码形式来插入符号；多行文字插入特殊符号除了输入代码外，还有以下两种方法。

1）可以在【文字编辑器】中的【插入】面板上单击【符号】工具按钮@，将会弹出如图6-5所示的插入符号菜单，直接单击所需使用的符号即可。

2）在多行文字输入框中单击鼠标右键，在弹出的快捷菜单中选择【符号】命令，在弹出的子菜单中选择需要的符号即可，如图6-6所示。

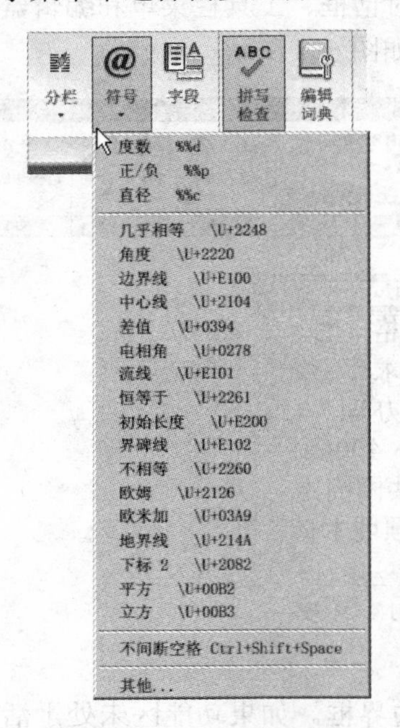

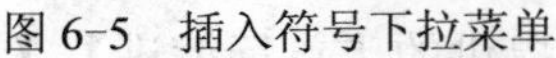
图 6-5　插入符号下拉菜单

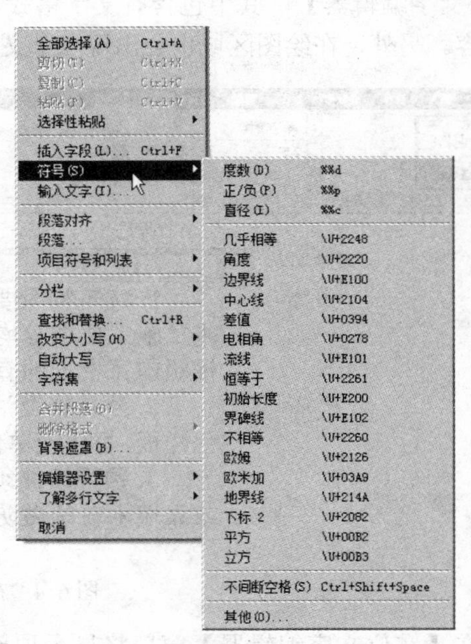

图 6-6　插入符号快捷菜单

在【符号】子菜单中找不到的符号，用户可以在【符号】子菜单中选择【其他】命令，在弹出的【字符映射表】对话框中选择其他符号，如图6-7所示。

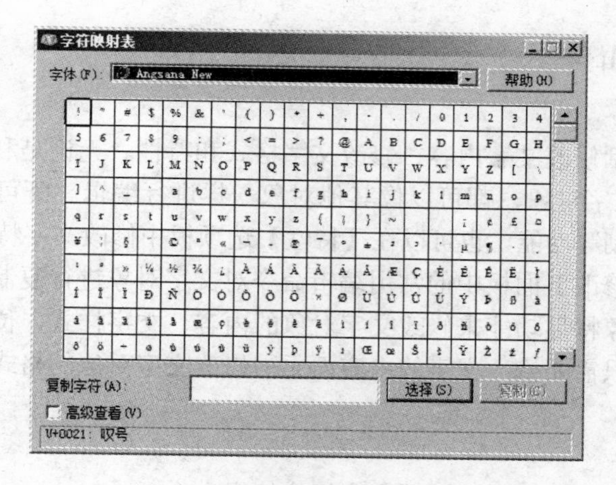

图 6-7　【字符映射表】对话框

6.2.4　堆叠文字

在 AutoCAD 2010 中，用户可以使用堆叠文字进行标注，它是指应用于多行文字对象和多重引线中的字符的分数和公差格式。

用户可以使用特殊字符用以指示如何堆叠选定的文字：斜杠“/”以垂直方式堆叠文字，由水平线分隔；井号“#”以对角形式堆叠文字，由对角线分隔；插入符“^”创建公差堆叠（垂直堆叠，且不用直线分隔）。自动堆叠功能仅应用于堆叠斜杠、井号和插入符前后紧邻的数字字符。对于公差堆叠，“+”、“-”和小数点字符也可以自动堆叠。

用户若要在【在位文字编辑器】中手动堆叠字符，先要选择要进行格式设置的文字（包括特殊的堆叠字符），然后单击【文字格式】工具栏上的【堆叠】按钮 堆叠 即可。例如，如果在多行文字对象中输入“5#8”并后接非数字字符或空格，默认情况下将会弹出如图 6-8 所示的【自动堆叠特性】对话框，并且可以在【自动堆叠】对话框中更改设置以指定首选格式，如可以选择自动堆叠数字（不包括非数字文字）并删除前导空格，也可以指定用斜杠字符创建斜分数还是水平分数。完成设置并单击【确定】按钮或〈Enter〉键即可创建堆叠文字，效果如图 6-9 所示。

对于已经创建的堆叠文字对象，用户还可以通过【堆叠特性】功能进行修改。首先在【在位文字编辑器】中选中堆叠文字并单击鼠标右键，在弹出的快捷菜单中选择【堆叠特性】选项或直接双击堆叠文字，即可弹出如图 6-10 所示的【堆叠特性】对话框。在该对话框中，用户可以编辑堆叠文字的内容，还可以修改堆叠样式、位置和大小等选项。

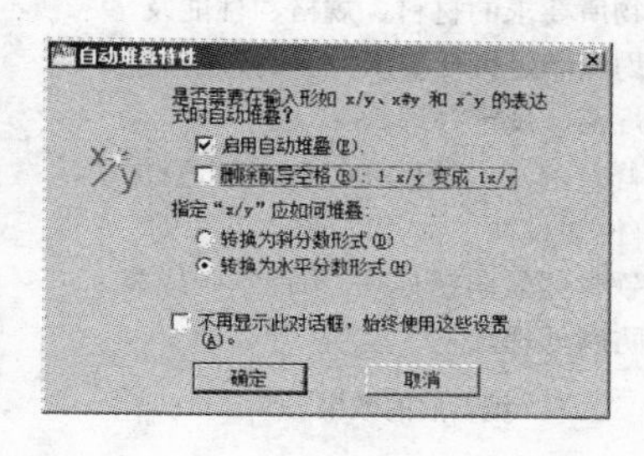

图 6-8　【自动堆叠特性】对话框

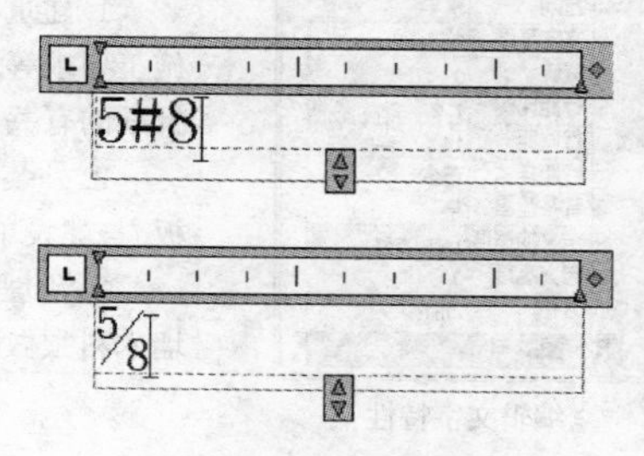

图 6-9　创建堆叠文字

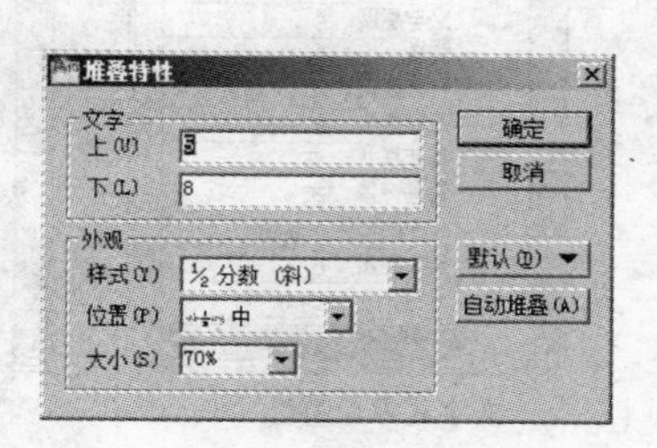

图 6-10　【堆叠特性】对话框

6.2.5 文字标注编辑

1．功能

文字标注编辑包括修改文字内容、修改文字格式和特性。无论是利用【单行文字】还是【多行文字】创建的文字对象，都可以像其他对象一样进行编辑。既可以对文字对象使用移动、旋转、删除和复制等功能，也可以在【特性】选项板中修改文字特性。

用户可以采用【修改】面板中的常用编辑命令对文字对象进行复制、删除、移动、缩放等修改，可以采用对象特性功能来修改文字对象的内容、文字样式、位置、方向、大小、对正和其他特性，如果只需要修改文字的内容而无需修改文字对象的格式或特性时，只需使用【Ddedit】命令即可。

2．命令调用

用户可采用以下操作方法之一调用文字标注编辑命令。

1）选择【修改】菜单中的【对象】→【文字】→【编辑】命令。

2）直接在文字对象上双击鼠标左键，调用该命令。

3）选择文字对象后，单击鼠标右键，在弹出的快捷菜单中选择【特性】选项进行修改。

4）选择文字对象，在弹出的【快捷特性】选项板中进行修改。

5）在命令行输入“Ddedit”，调用该命令。

3．命令操作

用户可以使用【特性】选项板、【在位文字编辑器】和夹点功能来修改多行文字对象的位置和内容。另外，还可以使用夹点功能移动多行文字或调整列高和列宽。

（1）使用【特性】选项板编辑文字

选择文字对象后，单击鼠标右键，在弹出的快捷菜单中选择【特性】，将会弹出【特性】选项板。用户可以在此对选定文字对象进行修改。当选中的文字对象是单行文字时，可供编辑的项目有内容、样式、注释性、对正、高度、旋转、宽度因子、倾斜和文字对齐坐标等，若选中的是多行文字，可供编辑的项目与单行文字不同的有方向、行距比例、行间距、行距样式、背景遮罩、定义的宽度、定义高度和分栏。如图 6-11 所示。

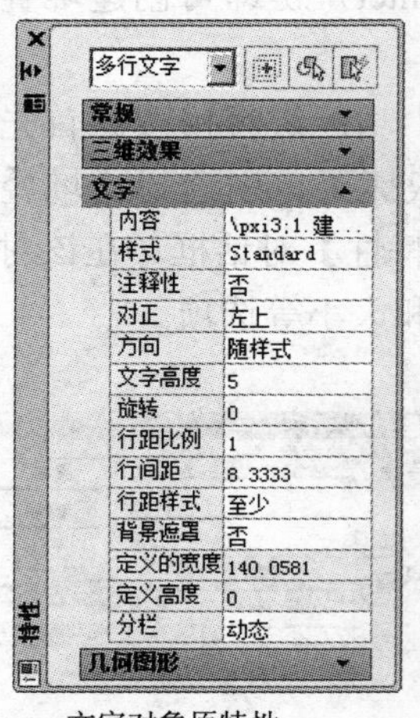

文字对象原特性

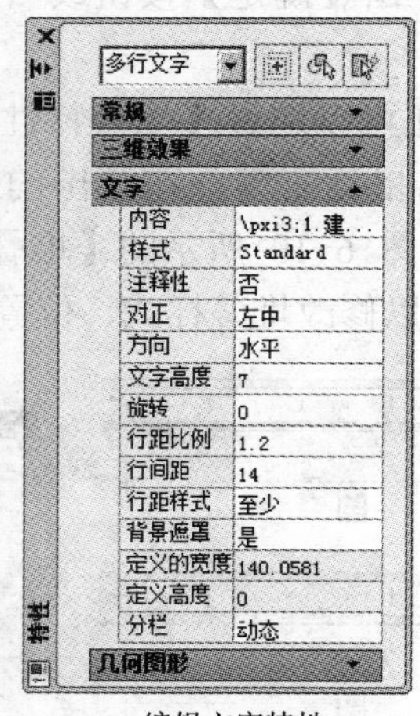

编辑文字特性

1. 建筑物所要求的材料、规格、性能及施工要求等均应满足设计要求，还须按照国家批准的有关规范、规定办理。

2. 外装修及油漆必须做400×400颜色样板，与建设单位和设计单位共同商定。

3. 预埋铁件须做防锈处理，预埋木砖或靠墙木料须做防腐处理。

编辑后的效果

图 6-11　编辑文字特性

（2）使用【在位文字编辑器】编辑文字

使用【在位文字编辑器】可以修改多行文字对象中的单个格式，例如粗体、颜色和下画线等，还可以更改多行文字对象的段落样式。

双击多行文字对象即可激活【在位文字编辑器】。要编辑段落文字，首先应选中要编辑的文字内容，在【格式】面板中选择【下划线】按钮U和【斜体】按钮I，并将字体设为"楷体"，结果如图 6-12 所示。

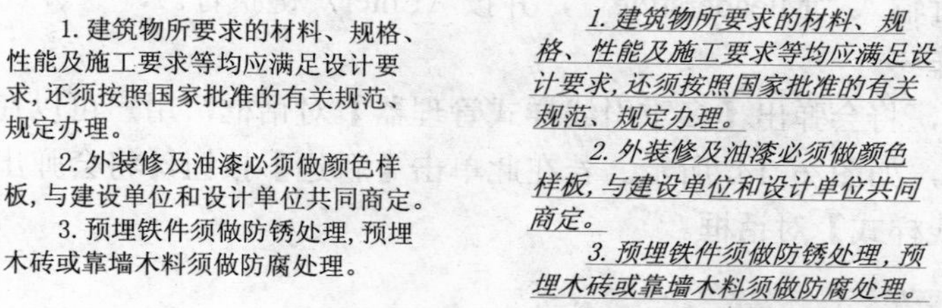

1. 建筑物所要求的材料、规格、性能及施工要求等均应满足设计要求，还须按照国家批准的有关规范、规定办理。
2. 外装修及油漆必须做颜色样板，与建设单位和设计单位共同商定。
3. 预埋铁件须做防锈处理，预埋木砖或靠墙木料须做防腐处理。

1. 建筑物所要求的材料、规格、性能及施工要求等均应满足设计要求，还须按照国家批准的有关规范、规定办理。
2. 外装修及油漆必须做颜色样板，与建设单位和设计单位共同商定。
3. 预埋铁件须做防锈处理，预埋木砖或靠墙木料须做防腐处理。

图 6-12　多行文字在位编辑

（3）使用夹点功能编辑文字

使用夹点功能编辑文字，用户先要选中进行编辑的文字对象，以激活夹点模式。对于单行文字只具有一个夹点，利用该夹点只能够移动单行文字对象。而多行文字具有三个夹点，分别是多行文字位置、列宽和列高，用户可对文字对象进行相应的编辑。如图 6-13 所示。

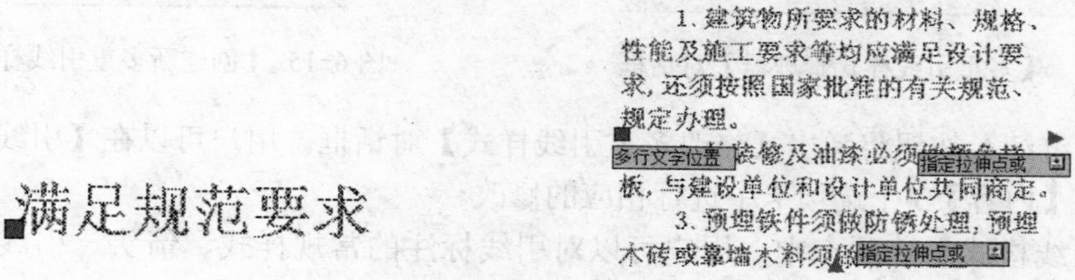

满足规范要求

a)

1、建筑物所要求的材料、规格、性能及施工要求等均应满足设计要求，还须按照国家批准的有关规范、规定办理。
多行文字位置 2、外装修及油漆必须做颜色样 指定拉伸点或
板，与建设单位和设计单位共同商定。
3、预埋铁件须做防锈处理，预埋木砖或靠墙木料须做 指定拉伸点或

b)

图 6-13　文字夹点编辑

a) 单行文字夹点　b) 多行文字夹点

6.3　引线标注

在绘制工程图时，如果需要标注倒角尺寸、添加文字注释、装配图的零件编号等，则需要用到引线标注。AutoCAD 2010 提供的【引线】功能，可以方便地创建或修改引线对象以及向引线对象添加内容，大大提高了绘图工作效率。用户可以为多重引线对象添加或删除引线，也可以对多个引线进行对齐和合并操作。

6.3.1　多重引线样式

1．功能

在 AutoCAD 中新建一个图形文件，系统将自动建立一个默认的多重引线样式

“Standard”，用户也可以根据需要创建新的多重引线样式。使用多重引线样式可以控制引线的外观，如指定基线、引线、箭头和内容的格式。

2．命令调用

用户可采用以下操作方法之一调用多重引线样式命令。

1）在功能区【常用】选项卡的【注释】面板上选择【多重引线样式】工具按钮。

2）在菜单中依次单击【格式】→【多重引线样式】。

3）在命令行输入“Mleaderstyle”，并按〈Enter〉键执行。

3．命令操作

执行该命令，将会弹出【多重引线样式管理器】对话框，用户可以在此选择不同的引线样式或新建样式，如图 6-14 所示。若在此单击【新建】按钮，将会弹出如图 6-15 所示的【创建新多重引线样式】对话框。

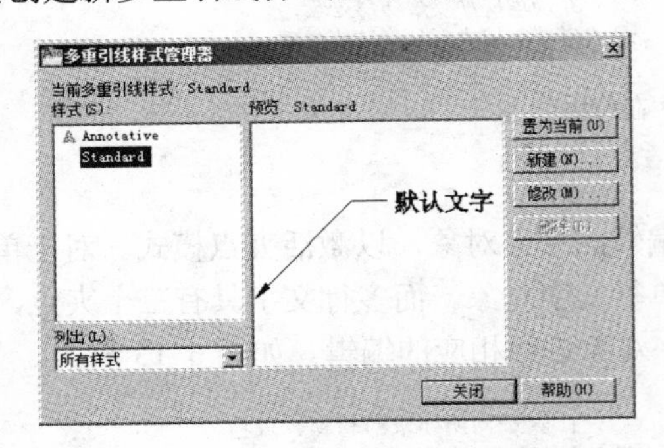

图 6-14　【多重引线样式管理器】对话框

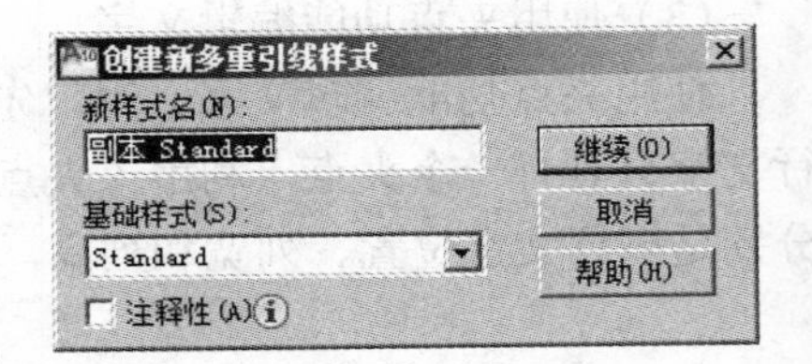

图 6-15　【创建新多重引线样式】对话框

单击【继续】按钮将弹出【修改多重引线样式】对话框。用户可以在【引线格式】、【引线结构】和【内容】3 个选项卡中进行相应的修改。

在【引线格式】选项卡中，用户可以对引线标注的常规样式、箭头、引线打断进行设置，如图 6-16 所示。在【引线结构】选项卡中，用户可以对引线标注的约束、基线设置和比例 3 个方面进行设置，如图 6-17 所示。在【内容】选项卡中，用户可以对引线标注的多重引线类型、文字选项和引线连接 3 个方面的内容进行设置，如图 6-18 所示。

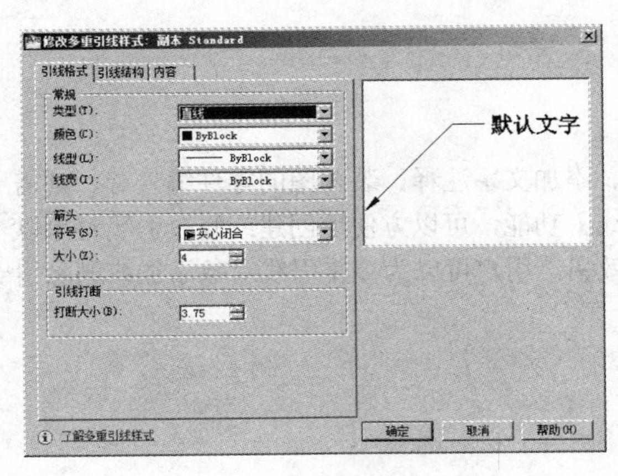

图 6-16　【引线格式】选项卡

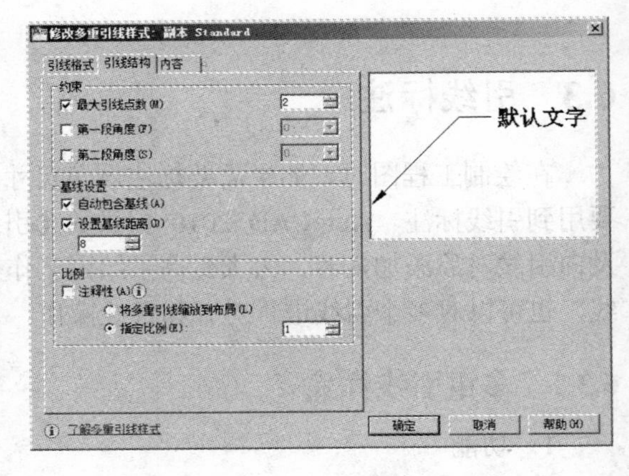

图 6-17　【引线结构】选项卡

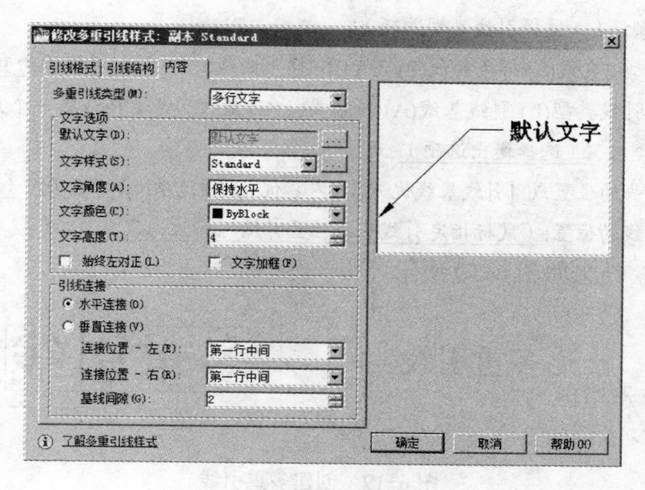

图 6-18 【内容】选项卡

6.3.2 创建多重引线

1．功能

引线对象通常包含箭头、可选的水平基线、引线或曲线和多行文字对象或块。用户可以从图形的任意点或部件创建引线并在绘制时控制其外观。引线可以是直线段或平滑的样条曲线。多重引线对象可以包含多条引线，每条引线可以包含一条或多条线段，因此，一条说明可以指向图形中的多个对象。

2．命令调用

用户可采用以下操作方法之一调用创建多重引线命令。

1）在功能区【常用】选项卡的【注释】面板上选择【多重引线】工具按钮。

2）在菜单中依次单击【标注】→【多重引线】。

3）在命令行输入“Mleader”，并按〈Enter〉键执行。

3．命令操作

引线对象是一条直线或样条曲线，其中一端带有箭头，另一端带有多行文字对象或块。在某些情况下，有一条短水平线（又称为基线）将文字或块和特征控制框连接到引线上。基线和引线与多行文字对象或块进行关联，因此当重新定位基线时，内容和引线将随其移动。用户可以选择先创建箭头或基线，也可以选择先创建引线标注内容。对于已经创建的引线标注，用户可以利用引线的夹点或【特性】选项板对其进行编辑。

执行该命令，命令行提示如下。

命令: _mleader（执行多重引线命令）

指定引线箭头的位置或 [引线基线优先(L)/内容优先(C)/选项(O)] <选项>: o（设置选项）

输入选项 [引线类型(L)/引线基线(A)/内容类型(C)/最大节点数(M)/第一个角度(F)/第二个角度(S)/退出选项(X)] <退出选项>: c（选择内容类型选项）

选择内容类型 [块(B)/多行文字(M)/无(N)] <块>: m（内容类型设为多行文字）

输入选项 [引线类型(L)/引线基线(A)/内容类型(C)/最大节点数(M)/第一个角度(F)/第二个角度(S)/

退出选项(X)] <内容类型>: L（选择引线类型选项）

选择引线类型 [直线(S)/样条曲线(P)/无(N)] <样条曲线>: s（引线类型设为直线）

输入选项 [引线类型(L)/引线基线(A)/内容类型(C)/最大节点数(M)/第一个角度(F)/第二个角度(S)/退出选项(X)] <引线类型>: X（选择退出选项）

指定引线箭头的位置或 [引线基线优先(L)/内容优先(C)/选项(O)] <选项>:（指定引线箭头位置）

指定引线基线的位置:（鼠标指定引线基线位置并输入标注内容）

完成命令操作，结果如图 6–19 所示。

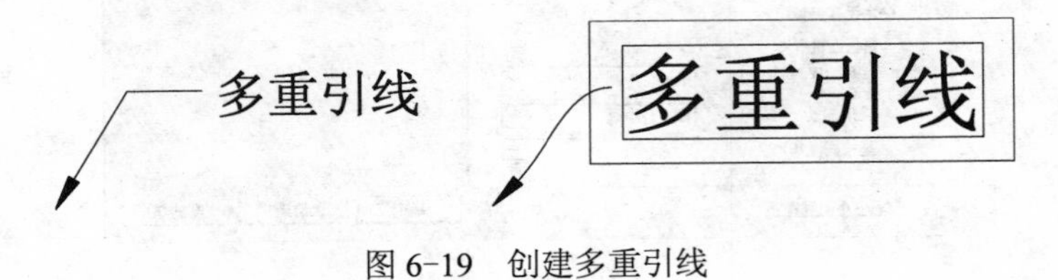

图 6–19　创建多重引线

6.3.3　添加或删除引线

1．功能

通常情况下，多重引线对象包含一条引线和一条说明。但并不能够完全满足使用要求，有时会遇到利用一条说明指向图形中的多个对象进行标注。使用 “添加引线” 和“删除引线”命令，用户可以向已建立的多重引线对象添加引线，或从已建立的多重引线对象中删除引线。

2．命令调用

用户可采用以下操作方法之一调用添加或删除引线命令。

1）在功能区【常用】选项卡的【注释】面板上选择【添加引线】工具或【删除引线】工具。

2）在菜单中依次单击【修改】→【对象】→【多重引线】→【添加引线】或【删除引线】。

3）先选择要编辑的引线对象，单击鼠标右键，在弹出的快捷菜单中选择【添加引线】或【删除引线】。

4）在命令行输入“Mleaderedit”，并按〈Enter〉键执行。

3．命令操作

执行【添加引线】命令，可以为当前的引线对象添加新的引线箭线，根据光标的位置，新引线将添加到被选定的多重引线的左侧或右侧。执行【删除引线】命令，可以从选定的多重引线对象中删除多余的引线，如图 6–20 所示。

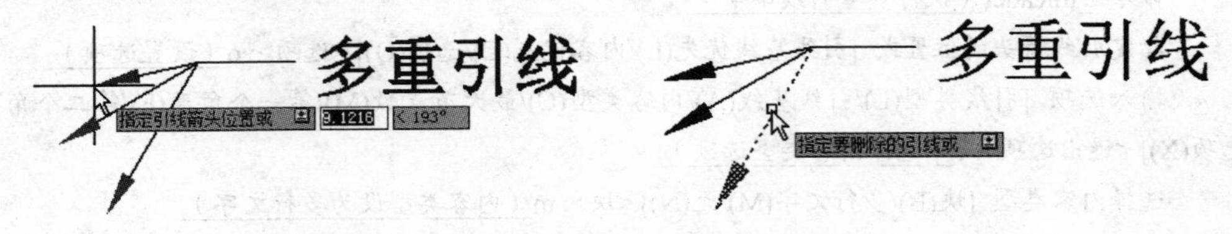

图 6–20　添加或删除引线

6.3.4 对齐或合并引线

1．功能

对于图形中标注的多个多重引线对象，用户可以利用【对齐】功能重新进行排列，使其构图更加合理。还可以将多个内容类型为块的多重引线对象合并附着到一条基线上。

2．命令调用

用户可采用以下操作方法之一调用对齐或合并引线命令。

1）在功能区【常用】选项卡的【注释】面板上选择【对齐】工具按钮[对齐]，或【合并】工具按钮[合并]。

2）在菜单中依次单击【修改】→【对象】→【多重引线】→【对齐】或【合并】。

3）在命令行输入“Mleaderalign”（对齐）或【Mleadercollect】（合并），并按〈Enter〉键执行。

3．命令操作

（1）对齐引线

执行【对齐引线】命令可以将选定的多重引线对象以引出线的尾部为基准对齐并间隔排列。命令行提示如下。

命令: _mleaderalign（执行对齐命令）

选择多重引线: 指定对角点: 找到 4 个

选择多重引线:（按〈Enter〉键，完成对象选择）

当前模式: 分布

指定第一点或 [选项(O)]:o（设置选项）

输入选项 [分布(D)/使引线线段平行(P)/指定间距(S)/使用当前间距(U)] <分布>: p（选择使引线线段平行选项）

选择要对齐到的多重引线或 [选项(O)]:（选择要对齐到的基准引线）

指定方向:（根据需要调整对齐方向）

按〈Enter〉键完成命令操作，结果如图 6-21 所示。

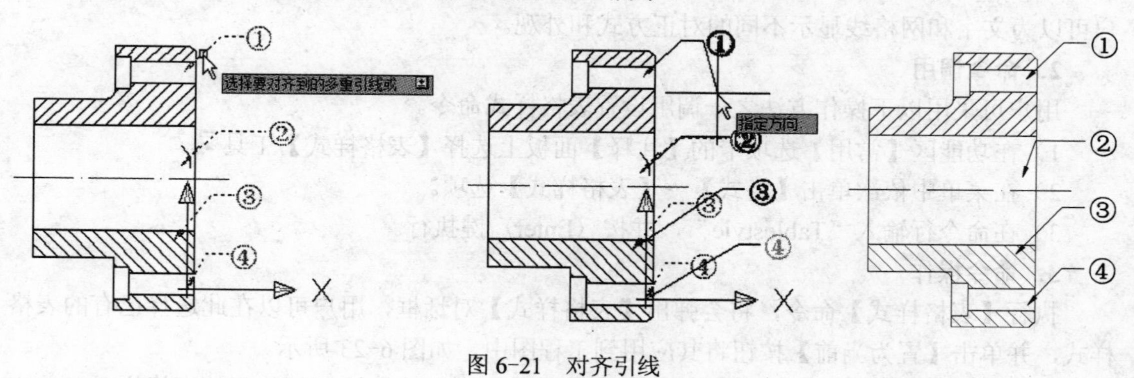

图 6-21　对齐引线

（2）合并引线

执行【合并引线】命令可以将选定的包含块的多重引线整理到行或列中，并通过单引线显示结果。命令行提示如下。

命令: _mleadercollect（执行合并命令）

选择多重引线：找到 2 个（选择要合并的引线）

选择多重引线：（按〈Enter〉键，完成对象选择）

指定收集的多重引线位置或 [垂直(V)/水平(H)/缠绕(W)] <水平>：（指定合并后的引线位置）

完成命令操作，结果如图 6-22 所示。

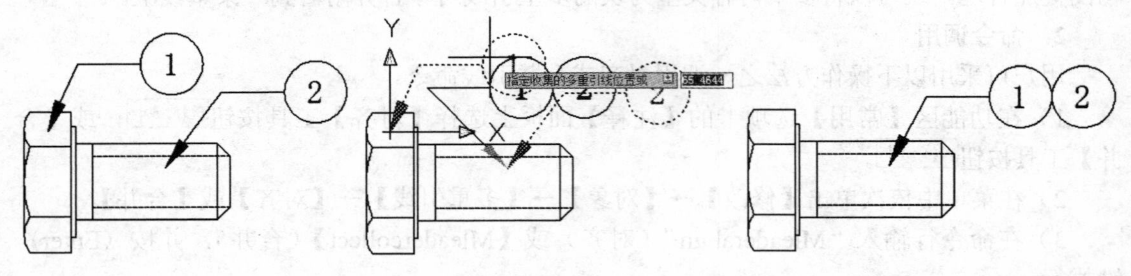

图 6-22 合并引线

6.4 创建表格

表格是在行和列中包含数据的对象。在工程图中，经常需要大量的使用表格，用来表示与图形相关的标准、数据信息、材料信息等。例如，在建筑工程图中经常需要绘制图纸目录、构造做法表、门窗表、构件统计表等。在 AutoCAD 2010 中提供了强大的表格功能，用户能够在工程图绘制过程中快速、方便地创建和编辑表格。

6.4.1 设置表格样式

1．功能

表格的外观是由表格样式控制，用户可以使用【表格样式】功能创建新的表格样式，并指定当前表格样式，以确定所有新创建表格的外观。表格样式包括背景颜色、页边距、边界、文字和其他表格特征的设置。表格样式可以在每个类型的行中指定不同的单元样式，用户可以为文字和网格线显示不同的对正方式和外观。

2．命令调用

用户可采用以下操作方法之一调用设置表格样式命令。

1）在功能区【常用】选项卡的【注释】面板上选择【表格样式】工具。

2）在菜单中依次单击【格式】→【表格样式】选项。

3）在命令行输入“Tablestyle”，并按〈Enter〉键执行。

3．命令操作

执行【表格样式】命令，将会弹出【表格样式】对话框，用户可以在此选择已有的表格样式，并单击【置为当前】按钮将其应用到工程图中。如图 6-23 所示。

用户还可以根据需要【修改】表格样式，或单击【新建】按钮创建新的表格样式。单击【新建】按钮将会弹出【创建新的表格样式】对话框。用户可以在此输入新样式名，还可以选择一个基础样式作为样板。如图 6-24 所示。

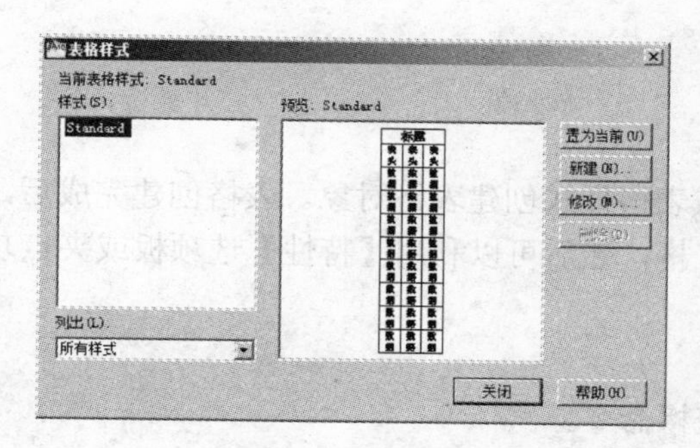

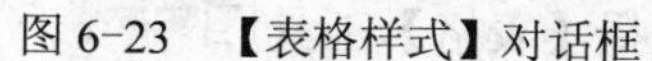

图 6-23 【表格样式】对话框

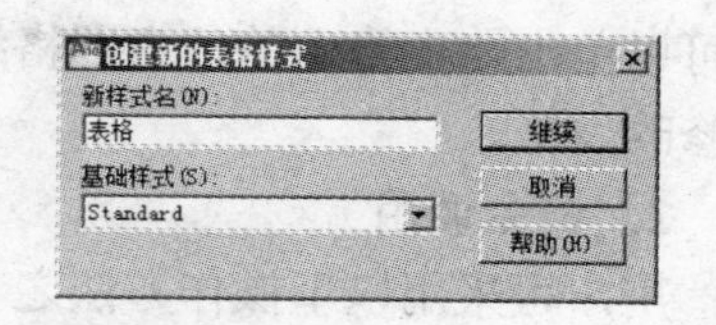

图 6-24 【创建新的表格样式】对话框

当用户确定新样式名后，单击【继续】按钮，将会弹出【新建表格样式】对话框。单击【选择起始表格】按钮，用户可在图形文件中选择一个已有的表格作为起始表格。起始表格是图形中用作设置新表格样式的样例的表格。当选定表格后，用户即可指定要从此表格复制到表格样式的结构和内容。单击【删除表格】按钮，可以将表格从当前指定的表格样式中删除。用户还可以根据需要创建由上而下或由下而上读取的表格，而且表格的列数和行数几乎是无限制的。如图 6-25 所示。

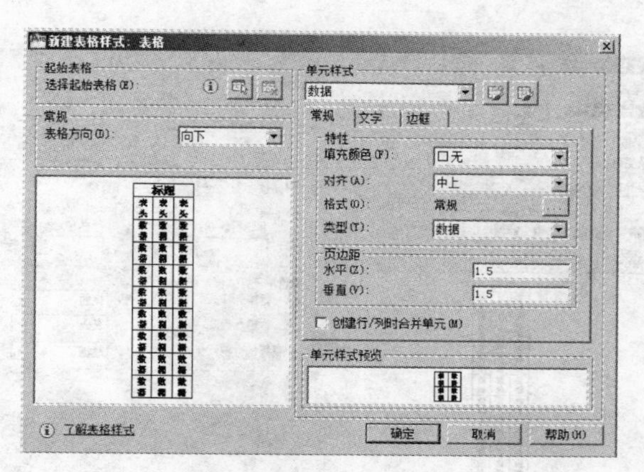

图 6-25 【新建表格样式】对话框

用户在【新建表格样式】对话框中可以定义表格样式中任意单元样式的数据和格式。也可以覆盖特殊单元的数据和格式。通过【单元样式】选项区域可以控制表格中的数据类型以及该数据类型的格式。【单元样式】选项区域由【常规】、【文字】和【边框】3 部分选项卡组成，如图 6-26 所示。用户可以在相应的选项卡中进行设置。

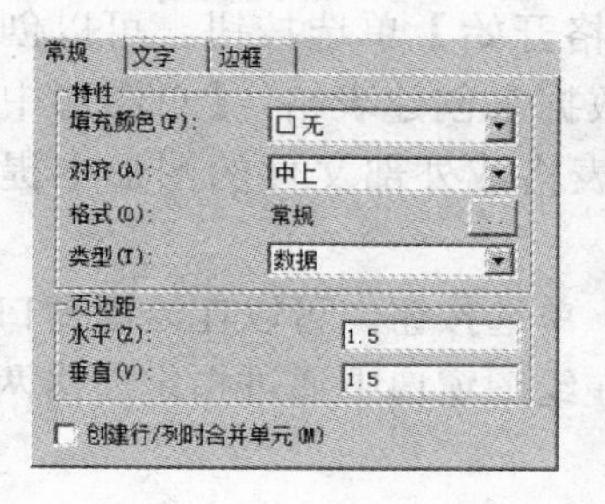

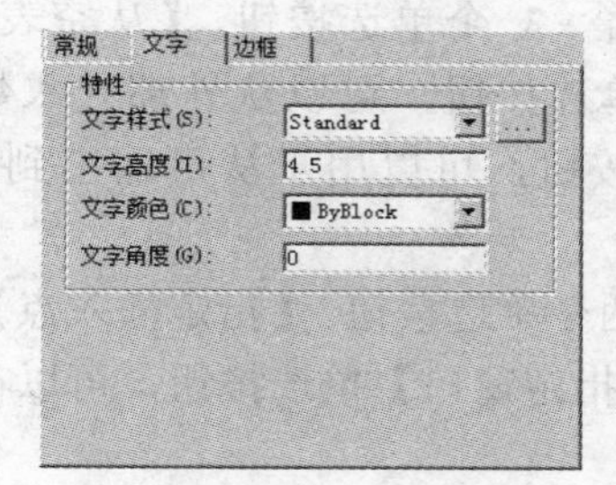

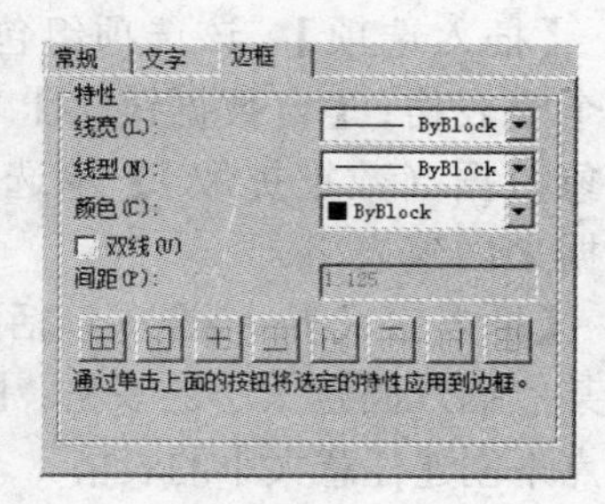

图 6-26 【常规】、【文字】、【边框】选项卡

6.4.2 插入表格

1．功能

设置表格样式后，用户就可以从空表格或表格样式创建表格对象。表格创建完成后，用户可以单击该表格上的任意网格线以选中该表格，然后可以利用【特性】选项板或夹点功能来修改表格。

2．命令调用

用户可采用以下操作方法之一调用插入表格命令。

1）在功能区【常用】选项卡的【注释】面板上选择【表格】工具 表格。

2）在菜单中依次单击【绘图】→【表格】选项。

3）在命令行输入“Table”，并按〈Enter〉键执行。

3．命令操作

利用表格功能创建一个“户型统计表”。具体的操作步骤如下。

1）在功能区【常用】选项卡的【注释】面板上选择【表格】工具 表格，在弹出的【插入表格】对话框中设置表格参数，如图6-27所示。该对话框中的各主要选项功能介绍如下。

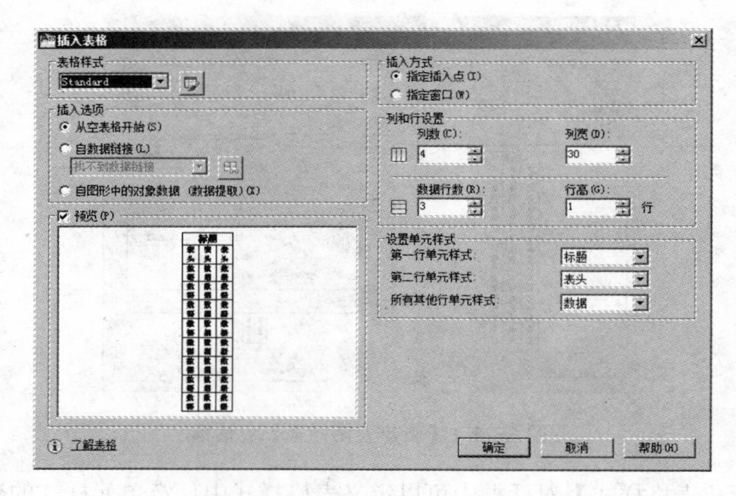

图6-27 【插入表格】对话框

【表格样式】：可以在【表格样式】的下拉列表中选择表格样式，也可以单击【启用“表格样式”对话框】按钮，重新创建一个新表格样式用于当前对话框。

【插入选项】：该选项组包含3个单选按钮。【从空表格开始】单选按钮，可以创建一个空表格；【自数据链接】单选按钮，可以从外部导入数据来创建表格；【自图形中的对象数据（数据提取）】单选按钮，可以用于从可输出到表格或外部文件的图形中提取数据来创建表格。

【插入方式】：该选项包括两个单选按钮。【指定插入点】单选按钮，可以在绘图窗口中的某点插入固定大小的表格；【指定窗口】单选按钮，可以在绘图窗口中通过指定表格两对角点来创建任意大小的表格。

【列和行设置】：该选项组中可以通过改变“列”、“列宽”、“数据行”和“行高”文本框中的数值来调整表格的外观大小。

【设置单元样式】：该选项组中设置单元样式，系统均以“从空表格开始”插入表格，分别设置好列数和列宽、行数和行宽后，单击【确定】按钮。然后在绘图区指定插入点后，即可在当前位置插入一个表格，并在该表格中添加内容即可完成表格的创建。

2）完成设置后，单击【确定】按钮，程序将返回绘图区域，单击鼠标左键为表格指定插入位置即可。

3）为表格指定插入位置后，在绘图区域将会显示该表格，并将表头单元格亮显，同时在功能区将会显示【文字编辑器】选项卡。用户可以在该单元格中输入表头文字【户型统计表】，如图 6-28 所示。

	A	B	C	D
1	户型统计表			
2				
3				
4				
5				

图 6-28　创建表格

4）如果表格的行高或列宽不合适，用户可以利用表格的夹点功能，根据表格内容调整单元格的大小，各夹点功能如图 6-29 所示。

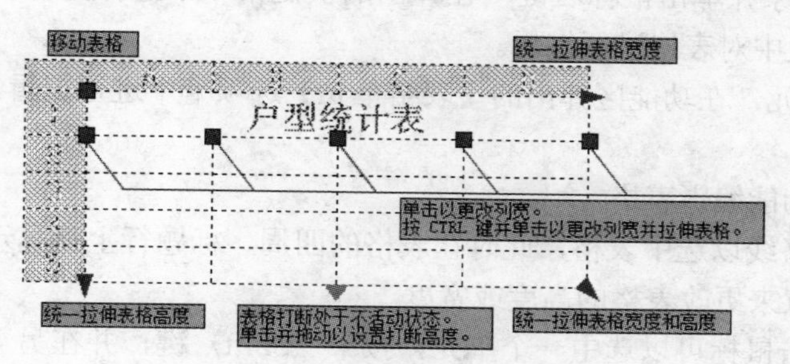

图 6-29　表格夹点功能

5）用鼠标单击表格单元，该单元格的边框将会显示夹点。拖动表格单元上的夹点可以对单元格的列宽或行高进行调整，如图 6-30 所示。

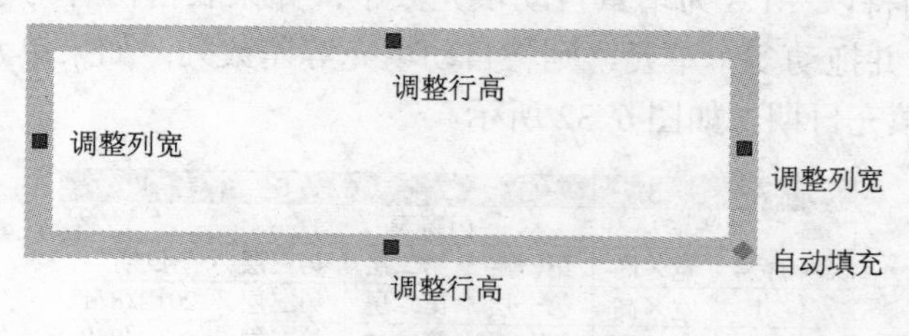

图 6-30　单元格夹点功能

6）依次单击表格中的其他单元格，完成所有单元格的内容输入。当用户选中某一单元格时，其行高会自动加大以适应输入文字的行数。用户可以使用〈Tab〉键将光标移动到下一个单元格中，或使用键盘上的方向键进行移动，结果如图 6-31 所示。

	A	B	C	D
1	户型统计表			
2	套型	套数	户型	建筑面积
3	A1型	6	三房两厅二卫	138
4	B2型	10	三房两厅一卫	126
5	C1型	14	两房两厅一卫	94

图 6-31　户型统计表

6.4.3　编辑表格

1．功能

用户可以在已创建的表格对象上单击鼠标左键，即可选中该表格。通过使用【特性】选项板或表格夹点功能可以对该表格进行编辑，也可利用功能区的【表格单元】选项卡中的功能面板来编辑表格。

2．命令调用

用户可采用以下操作方法之一调用编辑表格命令。

1）选中表格激活夹点模式，利用表格夹点功能进行编辑。

2）选中表格对象并单击鼠标右键，在弹出的快捷菜单中选择【特性】选项，即可在弹出的【特性】选项板中对表格进行编辑。

3）选中表格单元，在功能区弹出的【表格单元】选项卡中进行编辑。

3．命令操作

（1）利用夹点功能编辑表格

单击表格的网格线以选中表格，此时在表格的四周、标题行上将显示许多夹点，用户可以通过拖动这些夹点来更改表格的高度或宽度。

在单元格内单击鼠标可以选中一个单元，按下〈Shift〉键，并在另一个单元格内单击鼠标，则可以同时选中这两个单元格以及它们之间的所有单元格，在选定的单元格内单击鼠标并拖动到要选择的单元，然后释放鼠标则可以同时选中多个单元。

用户还可以使用“自动填充”夹点，在表格内的相邻单元中自动增加数据。如果选定并拖动一个单元格，则将以“1”为增量自动填充数字；如果表格内容为字符则将自动复制填充该内容；如果选定并拖动多个单元，则将自动填充等差数列；如果单元内容为日期，则将以“1”为增量自动填充日期。如图 6-32 所示。

	A	B	C	D	E	F
1	门窗表					
2	序号	宽×高	第一层	第二层	第三层	日期
3	1	宽×高	第一层	第二层	第三层	2012/8/1
4	2	宽×高	第一层	第二层	第三层	2012/8/2
5	3	宽×高	第一层	第二层	第三层	2012/8/3
6	4	宽×高	第一层	第二层	第三层	2012/8/4
7	5	宽×高	第一层	第二层	第三层	2012/8/5
8	6	宽×高	第一层	第二层	第三层	2012/8/6

图 6-32　夹点自动填充

（2）利用【表格单元】选项板编辑表格

选中表格单元后，在功能区将会显示【表格单元】选项卡，AutoCAD 2010 在此提供了强大的功能面板。用户可以在此执行以下操作：编辑行和列；合并和取消合并单元；改变单元边框的外观；编辑数据格式和对齐；单元锁定和解锁；插入块、字段和公式；创建和编辑单元样式；将表格链接至外部数据。如图 6-33 所示。

图 6-33 【表格单元】选项板

（3）利用【特性】选项板编辑表格

单击表格的网格线以选中表格，将会弹出【特性】选项板，在此列出了表格对象的【表格】特性和【表格打断】特性。若要编辑表格的单元特性，首先需选中表格单元，在弹出的【特性】选项板中将会列出其【单元】特性和【内容】特性，用户可以在此选定某项特性值进行修改。如图 6-34 所示。

另外，用户也可以在选择表格单元后单击鼠标右键，然后使用快捷菜单上的选项来插入或删除列和行、合并相邻单元或进行其他修改。

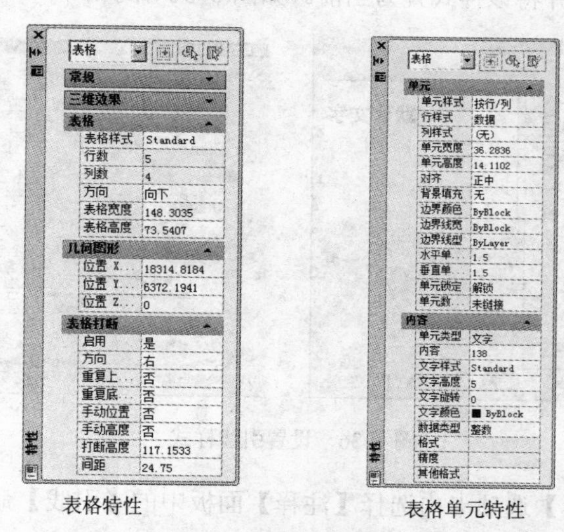

表格特性　　　　表格单元特性

图 6-34 表格对象的【特性】选项板

6.5 实训

6.5.1 引线标注应用

1．实训要求

运用本章所学的引线标注功能为图形添加引线标注。具体的操作步骤如下。

2．实训指导

1）打开 AutoCAD 2010 中文版，新建一个图形文件，将工作空间选定为“二维草图与注释”。

2）利用基本绘图命令绘制如图 6-35 所示的零件图。

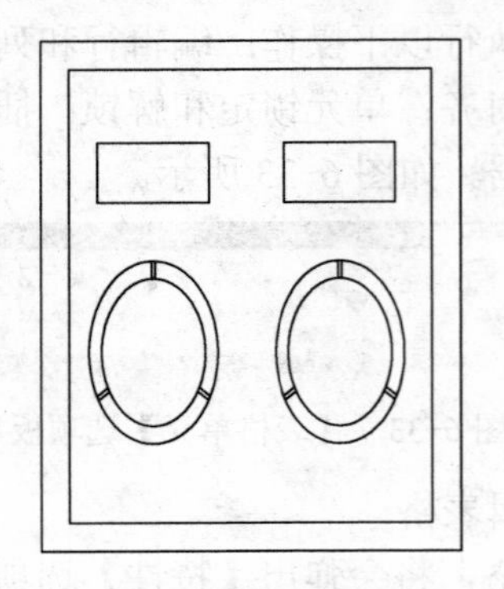

图 6-35　绘制零件图

3）在功能区【常用】选项卡内选择【注释】面板中的【多重引线样式】命令按钮，在弹出的【多重引线样式管理器】对话框中新建一个名为“引线标注”的标注样式，将【引线格式】选项卡中的【颜色】设为“红”、【箭头大小】设为“2”，将【引线结构】选项卡中的【比例】设为“80”，并将该样式置为当前。如图 6-36 所示。

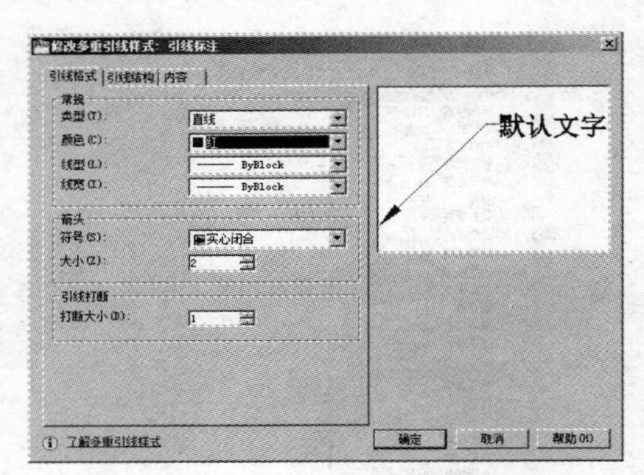

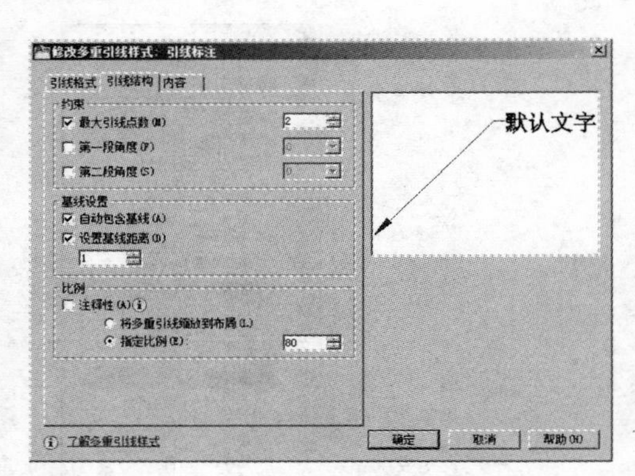

图 6-36　设置引线样式

4）在功能区【常用】选项卡内选择【注释】面板中的【引线】命令按钮，为图形添加引线标注。如图 6-37 所示。

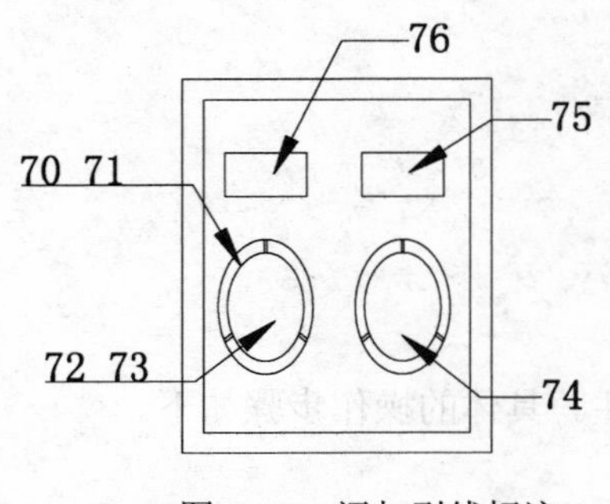

图 6-37　添加引线标注

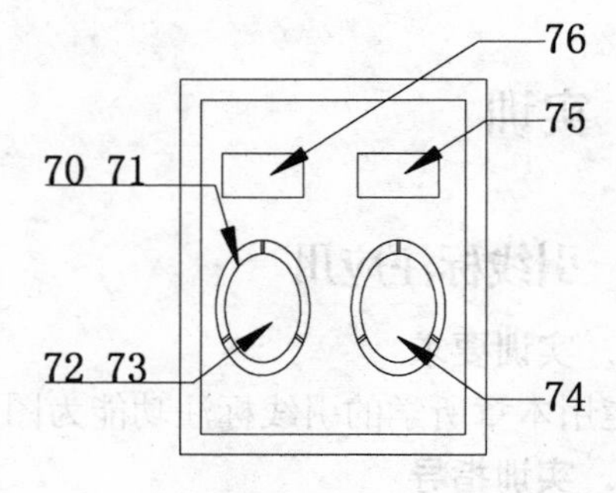

图 6-38　引线对齐

5）在功能区【常用】选项卡内选择【注释】面板中的【对齐】命令按钮，将添加的多重引线对象对齐即可。结果如图 6-38 所示。

6）完成图形绘制，将文件保存至“D:\第 6 章实训”文件夹中，文件名为“引线标注”。

6.5.2 表格应用

1．实训要求

运用本章所学的表格功能创建一个“齿轮规格表”。具体的操作步骤如下。

2．实训指导

1）打开 AutoCAD 2010 中文版，新建一个图形文件，将工作空间选定为“二维草图与注释”。

2）在功能区【常用】选项卡的【注释】面板上选择【表格样式】工具，新建一个名为“规格表”的表格样式，在【新建表格样式】对话框中的【常规】选项卡，将【对齐】选项设为“正中”，在【文字】选项卡中单击【文字样式】选项后的功能按钮，并在弹出的【文字样式】对话框中将【字体】设为“宋体”。单击【确定】按钮，完成表格样式的设置并将其置为当前。

3）在功能区【常用】选项卡内选择【注释】面板中的【表格】命令按钮，在弹出的【插入表格】对话框中进行相应设置，创建一个 6 列、5 行的表格。如图 6-39 所示。

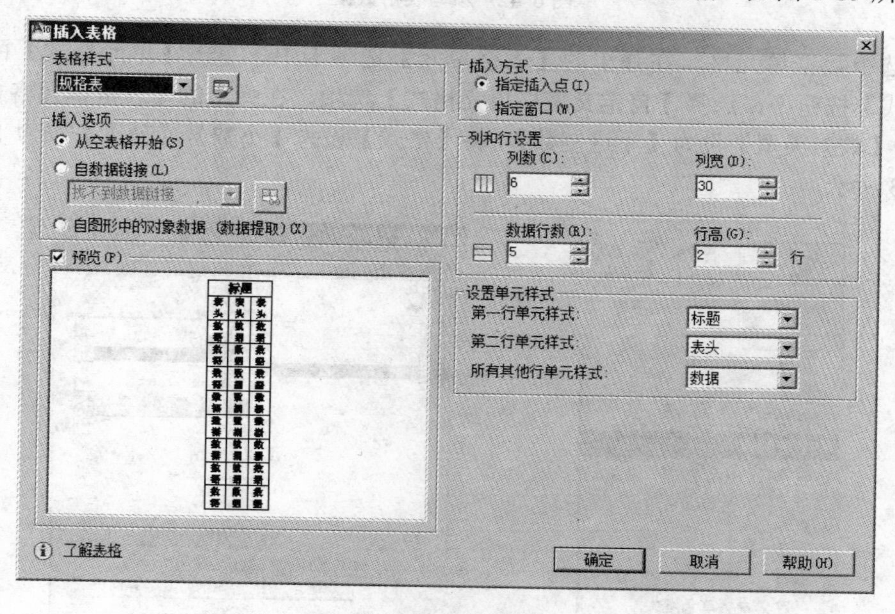

图 6-39　创建表格

4）完成表格参数设置后，单击【确定】按钮，在绘图区域的适当位置单击鼠标左键插入表格，如图 6-40 所示。

5）依次选中相应的表格单元，完成表头文字的输入。序号一列的数字可利用“自动填充”夹点，在表格内的相应单元中自动填充数据。结果如图 6-41 所示。

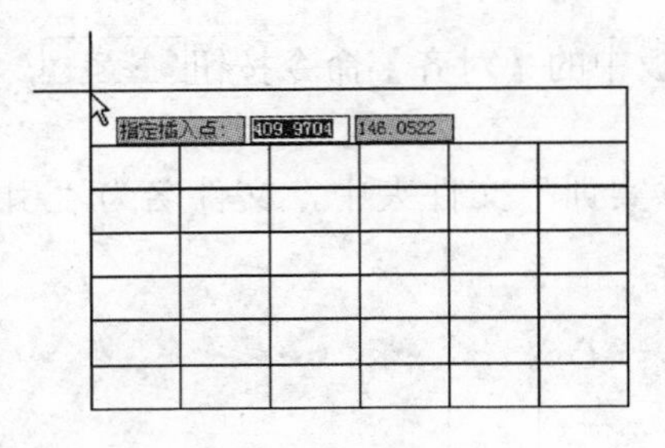

图 6-40　插入表格

	A	B	C	D	E	F
1	齿轮规格表					
2	序号	代码	模数	齿数	齿顶	内孔
3	1					
4	2					
5	3					
6	4					
7	5					

图 6-41　填写表头内容

6）依次选中其他表格单元，完成“齿轮规格表”的数据输入。如图 6-42 所示。

	A	B	C	D	E	F
1	齿轮规格表					
2	序号	代码	模数	齿数	齿顶	内孔
3	1	XYTC-001	0.30	16.00	5.40	1.50
4	2	XYTC-002	0.30	24.00	7.80	2.00
5	3	XYTC-003	0.35	12.00	5.04	1.50
6	4	XYTC-004	0.35	10.00	5.40	2.00
7	5	XYTC-005	0.40	12.00	5.60	2.00

图 6-42　填写表格数据

7）选中数据单元格，在弹出的【表格单元】选项卡中，单击【单元格式】面板中的【数据格式】按钮，选择【自定义表格单元格式】选项，在弹出的【表格单元格式】对话框中，将【数据类型】设为【十进制数】，将【格式】设为【小数】，【精度】设为【0.00】。如图 6-43 所示。

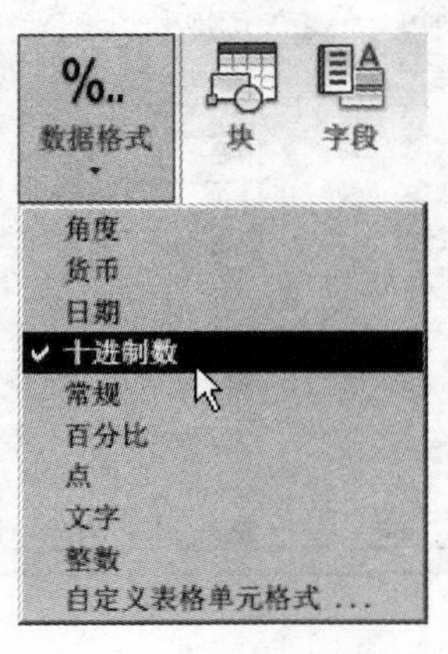

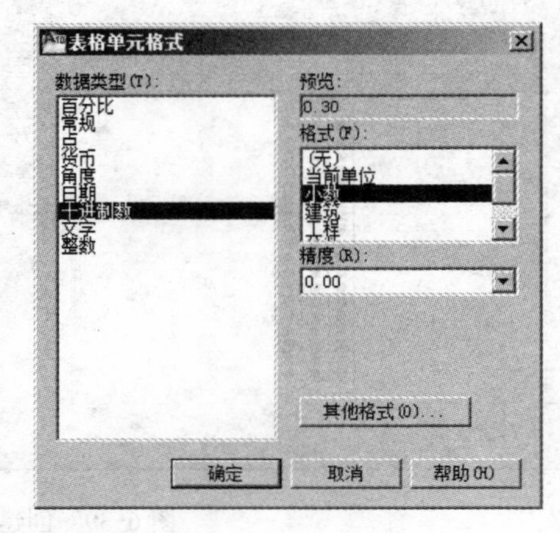

图 6-43　自定义表格单元格式

8）完成表格设置后，利用【特性】选项板和表格的夹点功能将各单元的高度和宽度进行适当的调整。完成“齿轮规格表”的绘制，结果如图 6-44 所示。

9）完成以上操作，将文件保存至“D:\第 6 章实训”文件夹中，文件名为“齿轮规格表”。

	A	B	C	D	E	F
1	齿轮规格表					
2	序号	代码	模数	齿数	齿顶	内孔
3	1	XYTC-001	0.30	16.00	5.40	1.50
4	2	XYTC-002	0.30	24.00	7.80	2.00
5	3	XYTC-003	0.35	12.00	5.04	1.50
6	4	XYTC-004	0.35	10.00	5.40	2.00
7	5	XYTC-005	0.40	12.00	5.60	2.00

图 6-44　齿轮规格表

6.6　练习题

1．单行文字和多行文字对象的夹点具有哪些功能？

2．在 AutoCAD 2010 中如何创建堆叠文字？

3．举例说明如何创建多重引线对象，AutoCAD 2010 提供的多重引线具备哪些功能？

4．在 AutoCAD 中如何创建表格？举例说明表格对象的夹点功能。

5．利用本章所学内容，绘制如图 6-45 所示的地面构造详图并利用多重引线工具进行标注，注意引线标注的对齐设置。

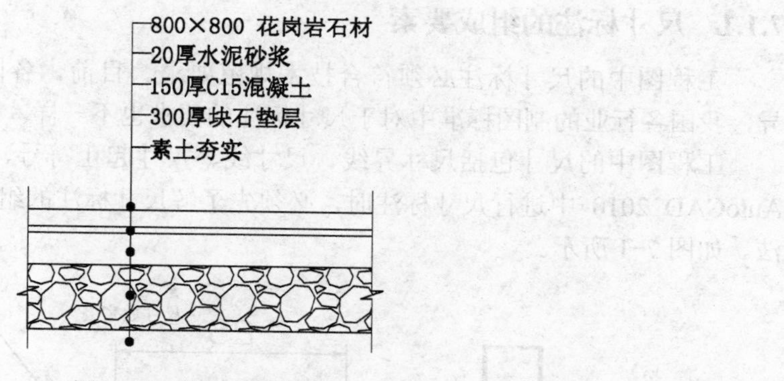

图 6-45　地面构造详图

6．利用本章所学内容，创建一个表格样式，并绘制如图 6-46 所示的“门窗表”。

	A	B	C	D	E
1	门窗表				
2		编号	宽×高	数量	备注
3	门	M-1	1500×2400	2	
4		M-2	900×2100	20	
5		M-3	800×2100	4	
6	窗	C-1	1500×1500	30	
7		C-2	1800×1500	10	
8		C-3	900×1500	4	

图 6-46　表格绘制练习

第7章　图形尺寸标注

在图形设计中，尺寸标注是绘图工作中必不可少的部分，因为绘制图形的根本目的是反映对象的形状，而图形中各个对象的真实大小和相互位置只有经过尺寸标注后才能确定，所以在绘图过程中必须准确、完整地标注尺寸。AutoCAD 2010 提供了一套完整的尺寸标注命令和实用程序，可以使用户方便地进行图形尺寸的标注。用户还可以根据需要对标注样式进行设置以满足不同行业的需求。

7.1　尺寸标注的基本知识

在 AutoCAD 中绘制的图形只能反映产品的形状和结构，其真实大小和位置关系必须通过尺寸标注来完成。设计图纸上的尺寸标注是施工的重要依据，标注中的细小错误也能造成很大的风险和损失。要熟练掌握尺寸标注首先要了解尺寸标注的组成要素、标注的类型等基本知识。

7.1.1　尺寸标注的组成要素

工程图中的尺寸标注必须符合技术规范要求。目前，各国的制图规范存在着较大的差异，我国各行业的制图标准中对于尺寸标注的要求也不一样。

工程图中的尺寸包括尺寸界线、尺寸线、尺寸起止符号、尺寸数字 4 个要素。用户在 AutoCAD 2010 中进行尺寸标注时，必须先了解尺寸标注的组成，标注样式的创建和设置方法。如图 7-1 所示。

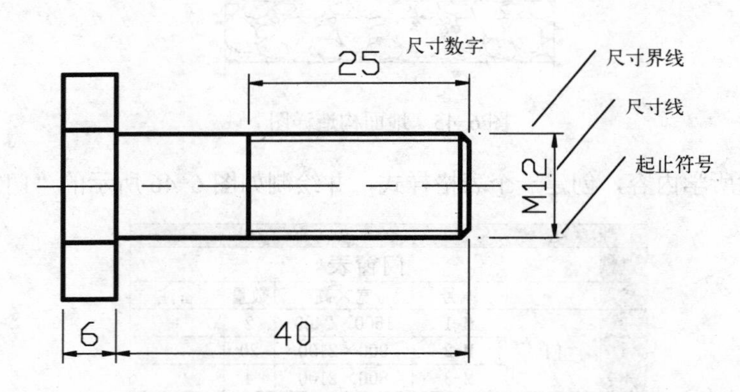

图 7-1　尺寸标注组成

1）尺寸界线应采用细实线绘制，也称为投影线，从部件延伸到尺寸线。一般应与被标注长度垂直，其一端应离开图形轮廓线不小于 2mm，另一端宜超出尺寸线 2～3mm，必要时，图形轮廓线也可作为尺寸界线。

2）尺寸线应采用细实线绘制，应与被标注长度平行，用于指示标注的方向和范围。对于角度标注，尺寸线是一段圆弧。需注意的是，图形本身的任何图线均不得用做尺寸线。

3）尺寸数字应写在尺寸线的中部，水平方向尺寸应从左向右标在尺寸线的上方，垂直方向的尺寸应从下向上标在尺寸线的左方，字头朝向应逆时针转 90°。

4）图形中的尺寸以尺寸数字为准，不得从图中直接量取。图样上的尺寸单位，除标高及总平面图以米为单位外，其他必须以毫米为单位，图上尺寸数字不再注写单位。

5）相互平行的尺寸线，较小的尺寸在内，较大的尺寸在外，两道平行排列的尺寸线之间的距离宜为 7～10mm，并应保持一致。

7.1.2 尺寸标注的方式

在 AutoCAD 2010 中，用户可以利用多种尺寸标注方式对图形对象进行标注，在功能区【常用】选项卡的【注释】面板中选择【线性】工具 的下拉按钮，在弹出的下拉列表中列出了多种常用的标注工具。另外，用户也可以在【标注】菜单或【标注】工具栏中选择相应的标注工具。如图 7-2 所示分别为【标注】菜单、【注释】面板以及【标注】工具栏中的标注工具。

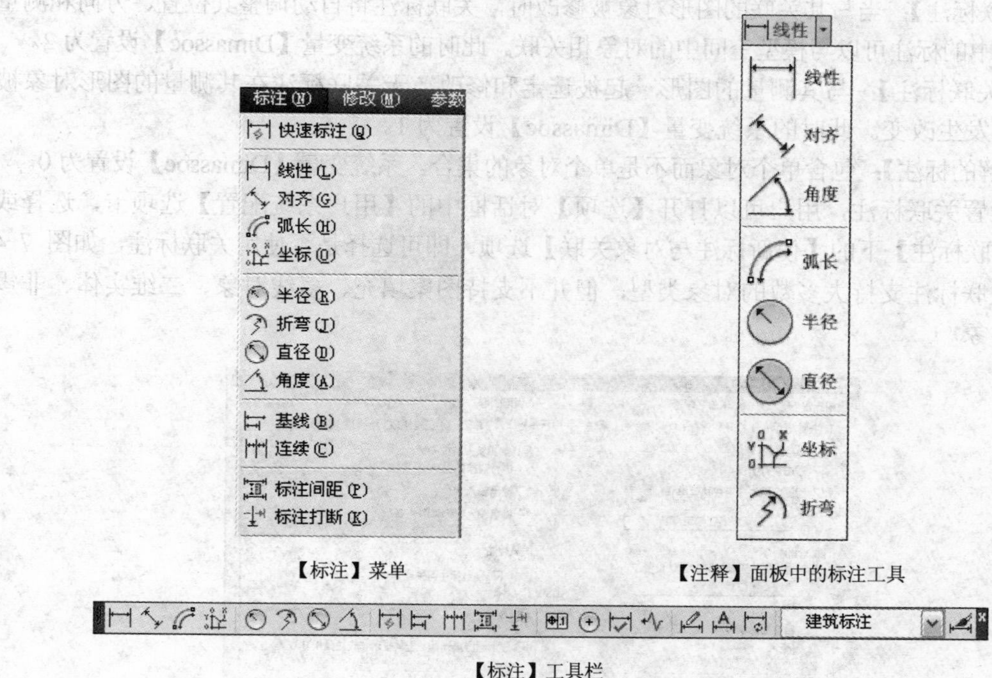

【标注】菜单

【注释】面板中的标注工具

【标注】工具栏

图 7-2 尺寸标注工具

在【标注】菜单、【注释】面板和【标注】工具栏中提供的标注工具主要有角度、直径、半径、线性、对齐、连续、圆心及基线标注等，利用这些标注工具用户可以为各种图形对象沿各个方向创建尺寸标注。如图 7-3 所示。

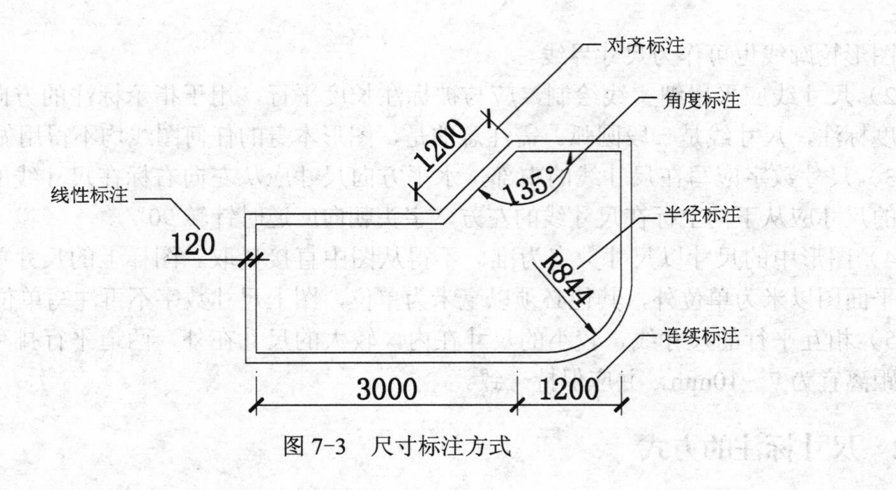

图 7-3　尺寸标注方式

7.1.3　关联标注

在 AutoCAD 中，标注可以是关联的、无关联的或分解的。关联标注根据所测量的图形对象的变化而进行调整。标注的关联性定义了图形对象与其标注间的关系。图形对象和标注之间有以下 3 种关联性。

【关联标注】：当与其关联的图形对象被修改时，关联标注将自动调整其位置、方向和测量值。布局中的标注可以与模型空间中的对象相关联。此时的系统变量【Dimassoc】设置为 2。

【非关联标注】：与其测量的图形一起被选定和修改。无关联标注在其测量的图形对象被修改时不发生改变。此时的系统变量【Dimassoc】设置为 1。

【分解的标注】：包含单个对象而不是单个对象的集合。系统变量【Dimassoc】设置为 0。

要设置关联标注，用户可以打开【选项】对话框中的【用户系统配置】选项卡，选择或清除【关联标注】下的【使新标注与对象关联】选项，即可选择是否使用关联标注，如图 7-4 所示。关联标注支持大多数的对象类型，但并不支持图案填充、多线对象、二维实体、非零厚度的对象。

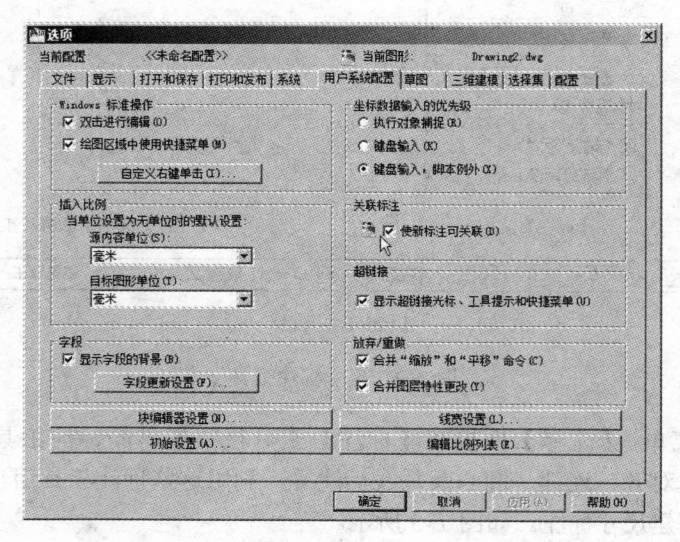

图 7-4　【关联标注】设置

7.2 标注样式的设置

使用标注样式可以控制尺寸标注的 4 个要素的形式与大小。如箭头样式、文字位置和尺寸公差等。标注样式是标注设置的命名集合，为了便于使用、维护标注标准，可以将这些设置存储在标注样式中。用户可以创建新的标注样式，也可以修改原有的标注样式，以使其符合行业或项目标准的要求。在 AutoCAD 中，用户可以使用【标注样式管理器】对话框来创建和设置标注样式。

7.2.1 创建标注样式

1．功能

在 AutoCAD 中，用户可以使用【标注样式管理器】对话框来创建标注样式。

2．命令调用

用户可采用以下操作方法之一调用创建标注样式命令。

1）在功能区【常用】选项卡的【注释】面板上选择【标注样式】工具，在弹出的【标注样式管理器】对话框中单击【新建】按钮。

2）在菜单中依次选择【标注】→【标注样式】或【格式】→【标注样式】，在弹出的【标注样式管理器】对话框中单击【新建】按钮。

3）在命令行输入“Dimstyle”，并按〈Enter〉键执行。

3．命令操作

执行该命令，将会弹出如图 7-5 所示的【标注样式管理器】对话框。用户可以在此单击【新建】按钮，并根据需要对标注样式进行设置，从而创建一个新的标注样式。具体的设置要求在后面详述。

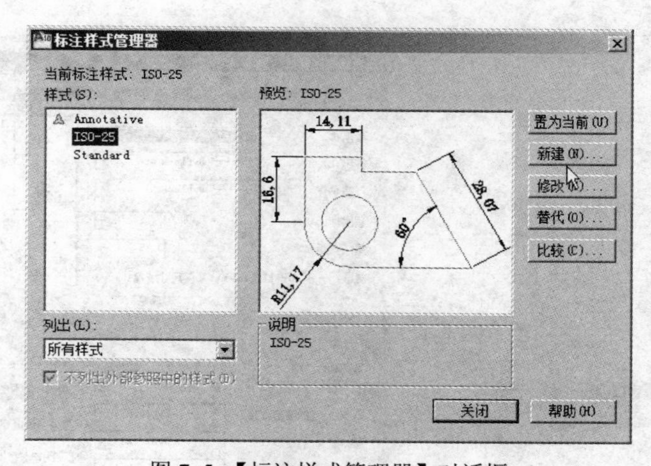

图 7-5 【标注样式管理器】对话框

7.2.2 设置标注样式

1．功能

在 AutoCAD 中，用户可以使用【标注样式管理器】对话框来设置标注样式。

2．命令调用

用户可采用以下操作方法之一调用设置标注样式命令。

1）在功能区【常用】选项卡的【注释】面板上选择【标注样式】工具。

2）在菜单中依次选择【标注】→【标注样式】或【格式】→【标注样式】。

3）在命令行输入“Dimstyle”，并按〈Enter〉键执行。

3．命令操作

执行该命令，将会打开【标注样式管理器】对话框，用户在此可以根据需要对尺寸标注的要素进行设置，以满足不同的需求。在该对话框中，各区域及按钮的功能介绍如下。

【当前标注样式】：显示当前标注样式的名称。

【样式】：列出图形中已创建的标注样式。当前样式将被亮显。

【列出】：在【样式】列表中控制样式显示。

【预览】和【说明】：显示用户选定的尺寸标注样式的预览图及说明内容。

【置为当前】：可将用户选定的标注样式设置为当前标注样式。

【新建】：将会弹出【创建新标注样式】对话框，用户可以在此定义新的标注样式。

【修改】：将会弹出【修改标注样式】对话框，可以对用户选定的标注样式进行修改。

【替代】：将会弹出【替代当前样式】对话框，用户可从中设置标注样式的临时替代。

【比较】：将会弹出【比较标注样式】对话框，用户可以比较两个标注样式或列出一个标注样式的所有特性。

在【标注样式管理器】对话框中单击【新建】按钮 新建(N)...，将会弹出如图 7-6 所示的【创建新标注样式】对话框，用户可以在此输入要创建的样式名，在【基础样式】中选择要参照的标注样式，在【用于】下拉列表中选择该样式的应用范围。设置完成后单击【继续】按钮，将会弹出如图 7-7 所示的【新建标注样式】对话框，用户可以在此根据所需样式进行详细的参数设置。

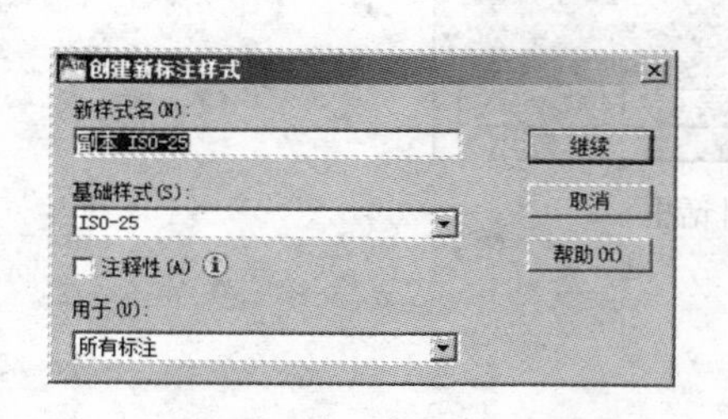

图 7-6 【创建新标注样式】对话框

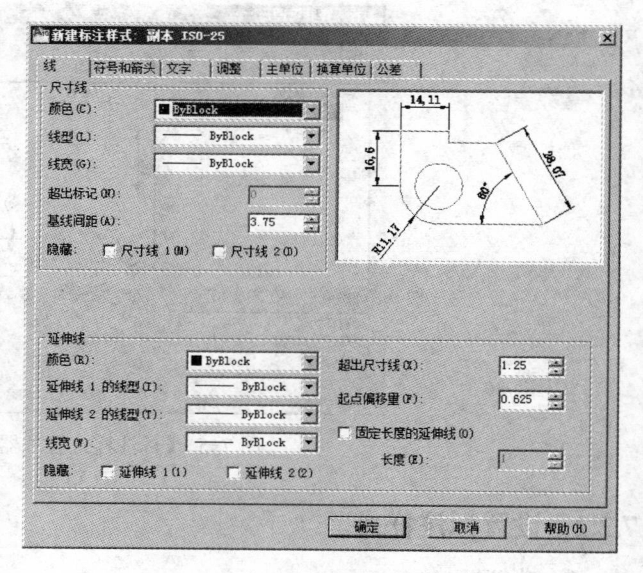

图 7-7 【新建标注样式】对话框

(1)【线】选项卡

用户可以在【线】选项卡中进行【尺寸线】和【尺寸界线】的设置，以控制其线型、线宽、颜色、间距和偏移等参数。

1）在【尺寸线】设置区域可以设置尺寸线的各项特性，诸如颜色、线型、线宽、超出标记、基线间距等。各选项的功能介绍如下。

【超出标记】：当用户已指定箭头样式使用倾斜、建筑标记、积分和无标记时，尺寸线的“超出标记”将会被激活，这时可以设置超出距离，如图 7-8 所示。

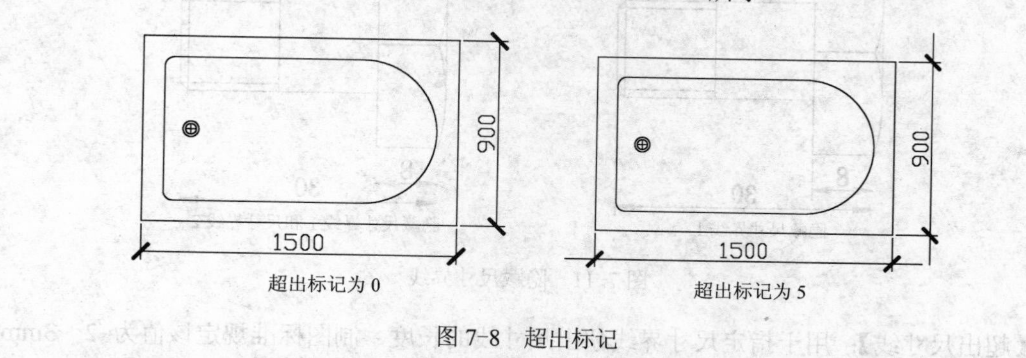

图 7-8 超出标记

【基线间距】：此功能用来控制在使用【基线标注】命令进行尺寸标注时，尺寸线之间的间距，如图 7-9 所示。

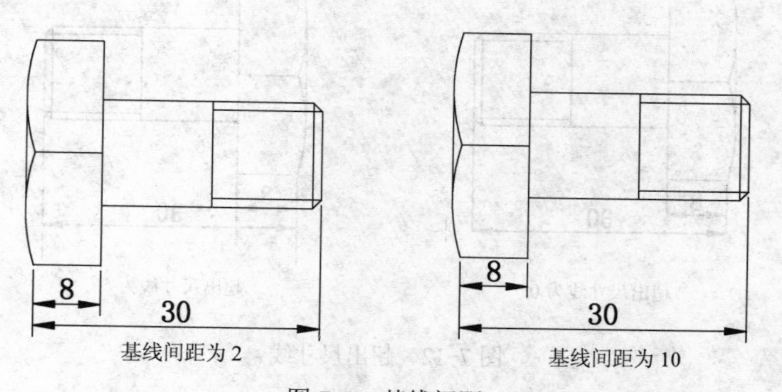

图 7-9 基线间距

【隐藏】：此功能将隐藏尺寸线，选择“尺寸线 1”隐藏第一条尺寸线，选择“尺寸线 2”隐藏第二条尺寸线。效果如图 7-10 所示。

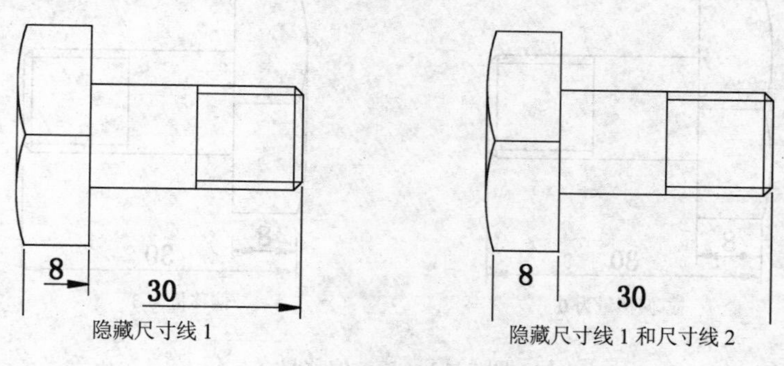

图 7-10 隐藏尺寸线

2）在【尺寸界线（延伸线）】设置区域可以控制尺寸界线的外观，包括颜色、线型、尺寸界线的线型、线宽、隐藏、超出尺寸线、起点偏移量等。各选项功能介绍如下。

【隐藏】：该选项包括“尺寸界线 1”和“尺寸界线 2”两个开关，其作用是分别消隐“尺寸界线 1”和“尺寸界线 2”。当在图形内部标注尺寸时，可选择隐藏尺寸界线，效果如图 7-11 所示。

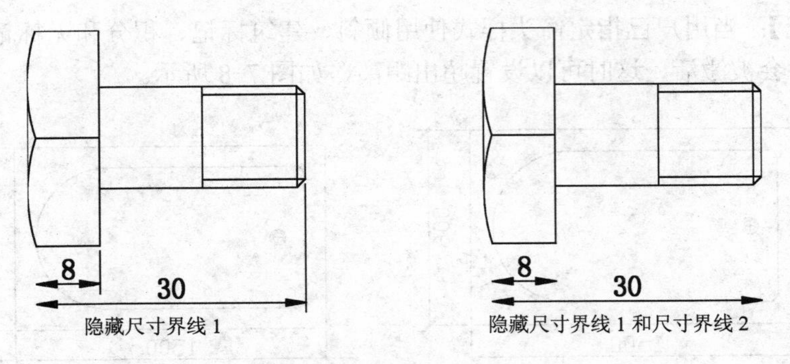

图 7-11　隐藏尺寸界线

【超出尺寸线】：用于指定尺寸界线超出尺寸线的长度，制图标准规定该值为 2～3mm，如图 7-12 所示。

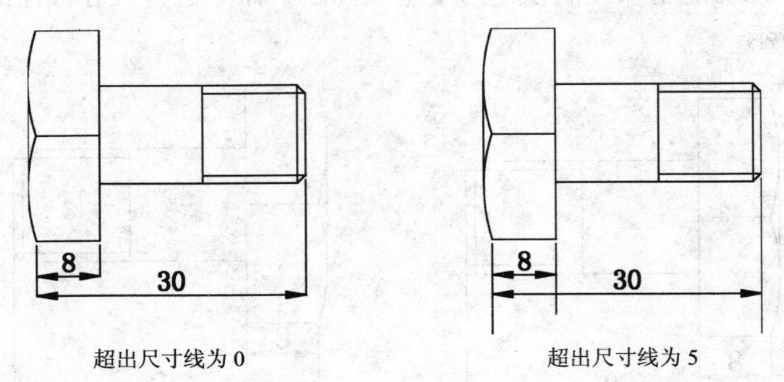

图 7-12　超出尺寸线

【起点偏移量】：用于控制尺寸界线原点的偏移长度，即尺寸界线原点和尺寸界线起点之间的距离，如图 7-13 所示。

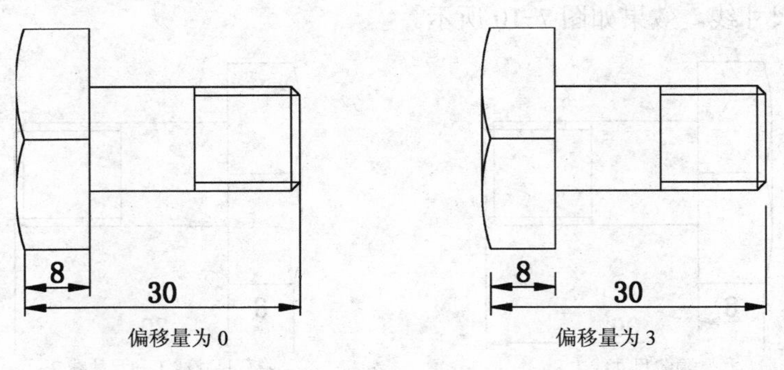

图 7-13　起点偏移量

（2）【符号和箭头】选项卡

在【符号和箭头】选项卡中，可设置箭头、圆心标记、弧长符号、半径折弯标注和线性折弯标注的格式与设置，如图 7-14 所示。

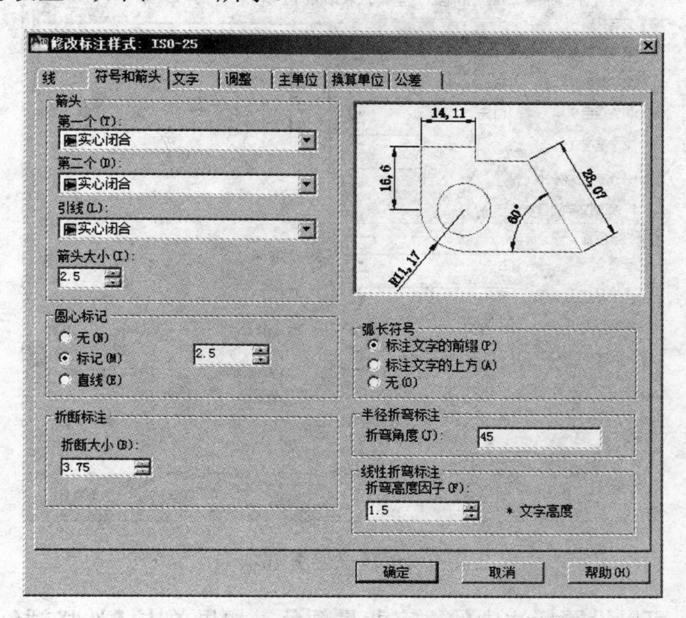

图 7-14　【符号和箭头】选项卡

【箭头】：此选项可控制标注箭头的样式。当改变第一个箭头的类型时，第二个箭头将自动更改为同第一个箭头匹配的类型。若要另外指定用户自定义的箭头图块，则可以选择【用户箭头】选项。【引线】下拉列表框列出了执行引线标注方式时，引线端点起止符号的样式，用户可以从中选取所需形式。【箭头大小】文字编辑框用于确定尺寸起止符号的大小。例如，箭头的长度、45° 斜线的长度、圆点的大小等，按照制图标准一般应设为 3～4mm。

【圆心标记】：用于控制直径、半径标注的圆心标记和中心线的样式。

【弧长符号】：用于控制弧长标注中圆弧符号的显示。

【半径标注折弯】：此选项用于控制半径折弯（Z 字形）标注的显示。半径折弯标注通常在中心点位于页面外部时创建。折弯角度即是用于连接半径标注的尺寸界线和尺寸线的横向直线的角度。

（3）【文字】选项卡

在【文字】选项卡中，可以控制标注文字的外观，标注文字、箭头和引线相对于尺寸线和尺寸界线的位置，文字对齐的方式，如图 7-15 所示。

1）在【文字外观】设置区域，用户可以进行文字样式、文字颜色、填充颜色、文字高度等项的设置。在建筑制图中，习惯上将标注文字高度设为 3～5mm。各选项功能介绍如下。

【文字样式】：可以从列表中选择当前标注文字的样式。若要创建或修改标注文字样式，请选择列表旁边的按钮，显示【文字样式】对话框，可定义或修改文字样式。

【文字颜色】：可以设置标注文字的颜色。如果单击【选择颜色】，将显示【选择颜色】

对话框。也可以输入颜色名或颜色号。

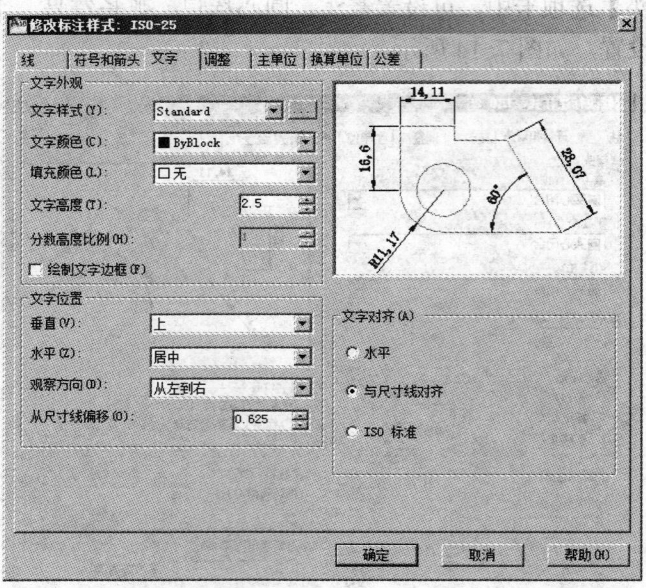

图 7-15 【文字】选项卡

【填充颜色】：可以设置标注中的文字背景颜色。如果单击【选择颜色】（在“颜色”列表的底部），将显示【选择颜色】对话框，用户可以选择索引颜色、真彩色、配色系统三种方式指定颜色。

【文字高度】：设置当前标注文字的高度。在文本框中输入数值，如果在【文字样式】中将文字高度设置为固定值（即文字样式高度大于 0），则该高度将替代此处设置的文字高度。如果要使用在【文字】选项卡上设置的高度，需确保【文字样式】中文字高度设置为 0。在建筑制图中，习惯上将标注文字高度设为 3～5mm。如图 7-16 所示。

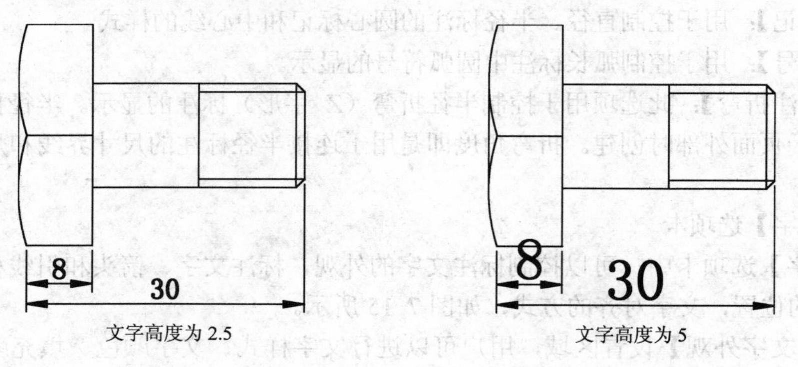

图 7-16 文字高度

2）在【文字位置】设置区域，用户可以进行垂直、水平、观察方向、从尺寸线偏移等项的设置。用以控制标注文字相对尺寸线的垂直和水平位置以及距离。各选项功能介绍如下。

【垂直】：控制标注文字相对尺寸线的垂直位置。选项有居中、上方、下方、外部、

JIS。效果如图 7-17 所示。

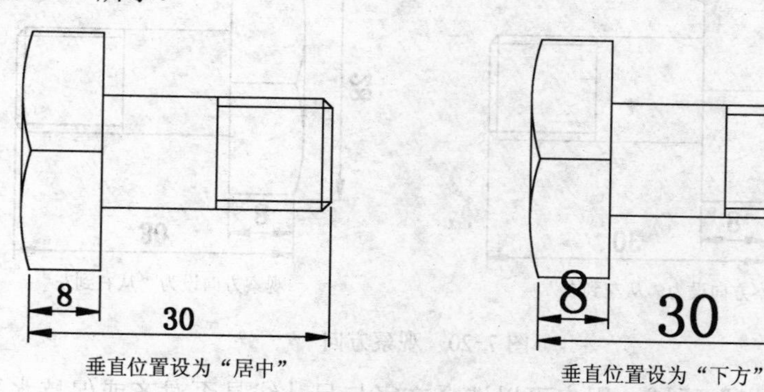

图 7-17　文字垂直位置

【水平】：控制标注文字在尺寸线上相对于尺寸界线的水平位置。选项有居中、第一条尺寸界线、第二条尺寸界线、第一条尺寸界线上方和第二条尺寸界线上方，各选项效果示例如图 7-18 所示。

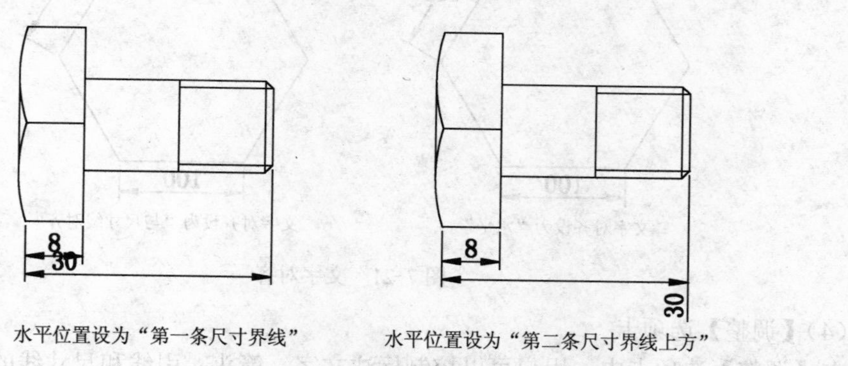

图 7-18　文字水平位置

【从尺寸线偏移】：用来确定尺寸数字放在尺寸线上方时，尺寸数字底部与尺寸线之间的间隙，如图 7-19 所示。

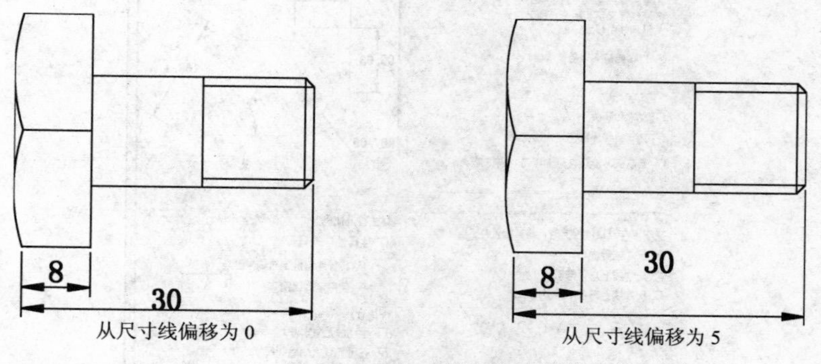

图 7-19　从尺寸线偏移

【观察方向】：用来控制尺寸数字的观察方向，可以选择从左到右或从右到左两种方式。一般情况下，选择使用从左到右的方式。如图 7-20 所示。

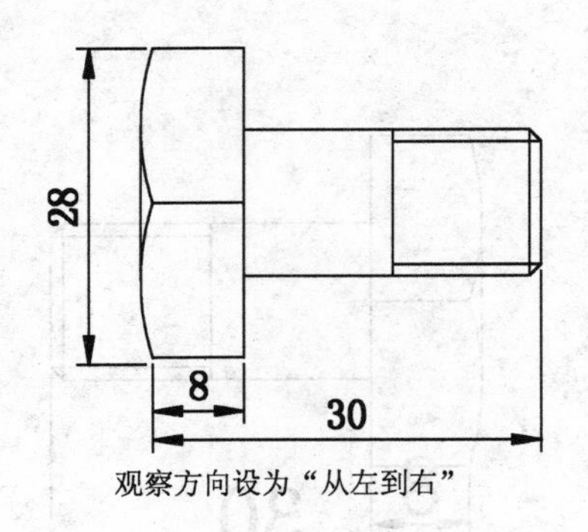

观察方向设为“从左到右”

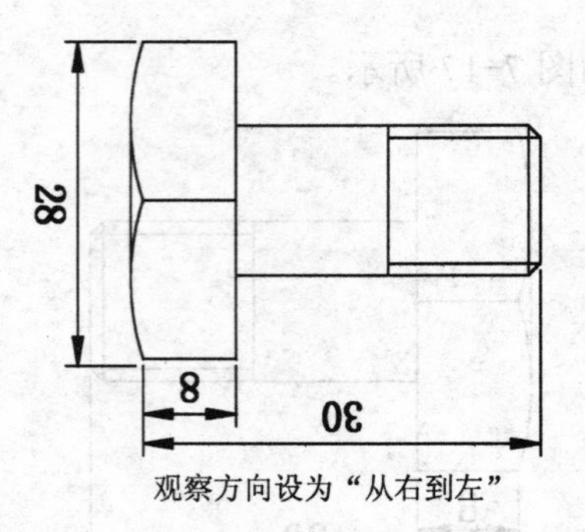

观察方向设为“从右到左”

图 7-20　观察方向

3）在【文字对齐】区域，用户可以选择文字与尺寸线是否对齐或保持水平状态。默认对齐方式是水平标注文字。另外还提供了 ISO 标准，当文字在尺寸界线内时，文字与尺寸线对齐；当文字在尺寸界线外时，文字水平排列。如图 7-21 所示。

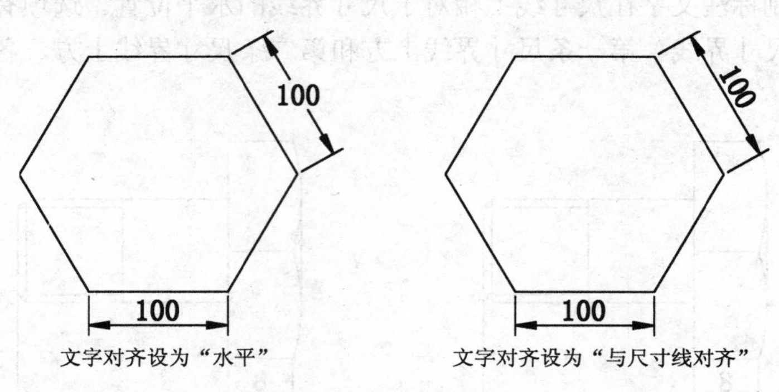

文字对齐设为“水平”　　文字对齐设为“与尺寸线对齐”

图 7-21　文字对齐

（4）【调整】选项卡

在【调整】选项卡中，用户可以控制标注文字、箭头、引线和尺寸线的位置关系，以及设置标注特征比例等，如图 7-22 所示。

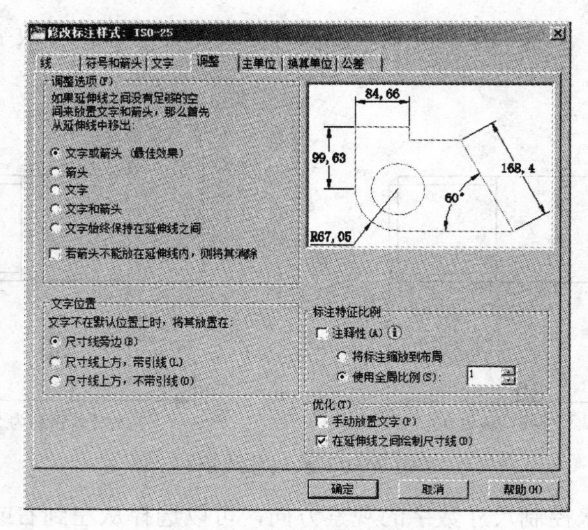

图 7-22 【调整】选项卡

【调整选项】：用来控制基于延伸线之间可用空间的文字和箭头的相对位置关系。如果有足够大的空间，文字和箭头都将放在延伸线内。否则，将按照【调整】选项放置文字和箭头。

【文字位置】：设置标注文字从默认位置（是指由标注样式定义的位置）移动时，标注文字的位置。若用户选定【尺寸线旁边】选项，则当移动标注文字时尺寸线就会随之移动；若选定【尺寸线上方，带引线】选项，则移动文字时尺寸线将不会移动，如果将文字从尺寸线上移开，将创建一条连接文字和尺寸线的引线，当文字非常靠近尺寸线时，将省略引线；若选定【尺寸线上方，不带引线】选项，移动文字时尺寸线不会移动，且远离尺寸线的文字不与带引线的尺寸线相连。

【标注特性比例】：用于设置全局标注比例值或图纸空间比例。用户可以根据当前模型空间视口和图纸空间之间的比例确定比例因子，也可以为所有标注样式设置一个比例，这些设置指定了标注样式的大小、距离或间距，包括文字和箭头大小，该缩放比例并不更改标注的测量值。如图 7-23 所示分别为将全局比例因子设为 15 和 5 的情况。

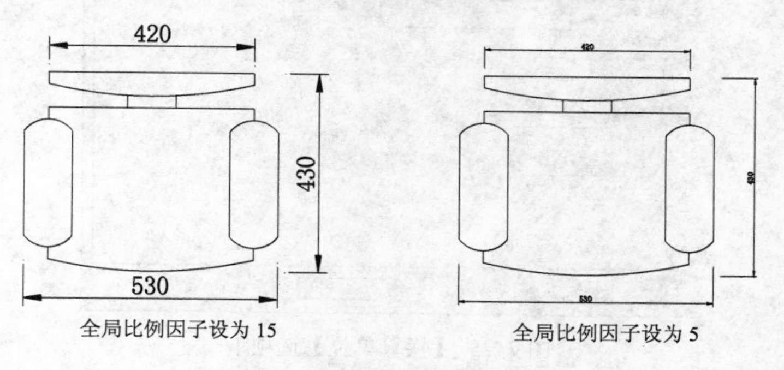

图 7-23　使用全局比例

（5）【主单位】选项卡

【主单位】选项卡可以用来设置主单位的格式与精度，以及给标注文字添加前缀和后缀。其选项设置如图 7-24 所示。

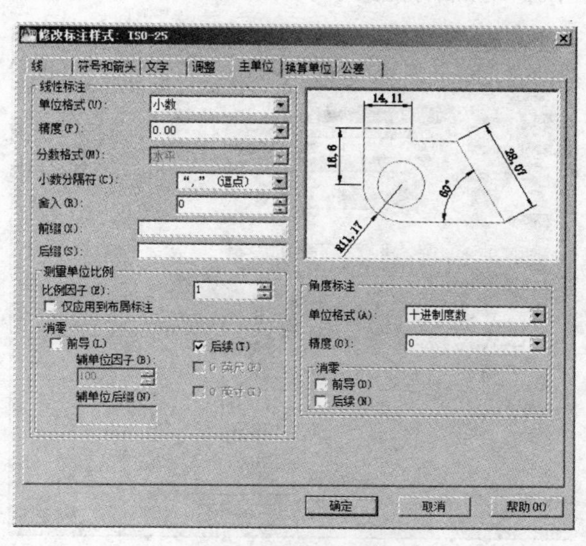

图 7-24　【主单位】选项卡

【线性标注】：该设置区域用来设置线性标注的格式与精度。使用该选项组可以进行单位格式、精度、分数格式、小数分隔符、舍入、前缀、后缀等方面的设置。

【角度标注】：该设置区域用来设置角度标注的单位、精度以及是否消零等。

（6）【换算单位】选项卡

使用【换算单位】选项卡可以指定标注测量值中换算单位的显示并设置其格式和精度，如图 7-25 所示。

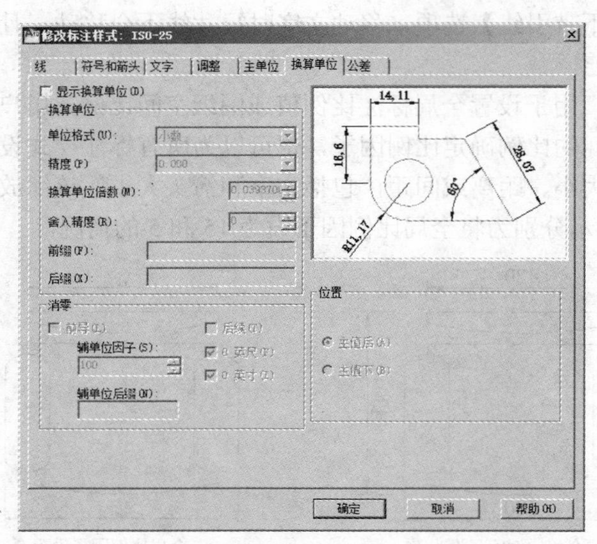

图 7-25 【换算单位】选项卡

【换算单位】：使用该设置区域可以控制显示和设置除角度之外的所有标注类型的当前换算单位格式以及标注文字中换算单位的位置。

（7）【公差】选项卡

使用【公差】选项卡可以控制标注文字中公差的格式及显示，如图 7-26 所示。

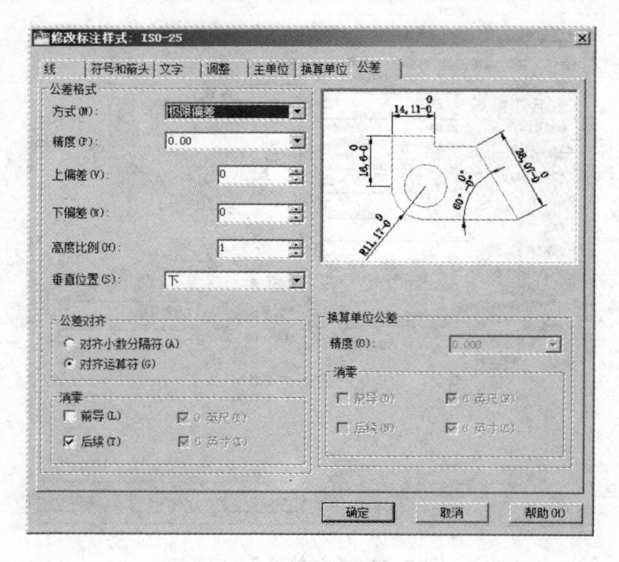

图 7-26 【公差】选项卡

【公差格式】：用户可以在该选项组中设置公差的格式。在【方式】下拉列表中提供了无、对称、极限偏差、极限尺寸、基本尺寸 5 个选项。另外，用户还可设置公差的对齐方式、消零和精度等。效果如图 7-27 所示。

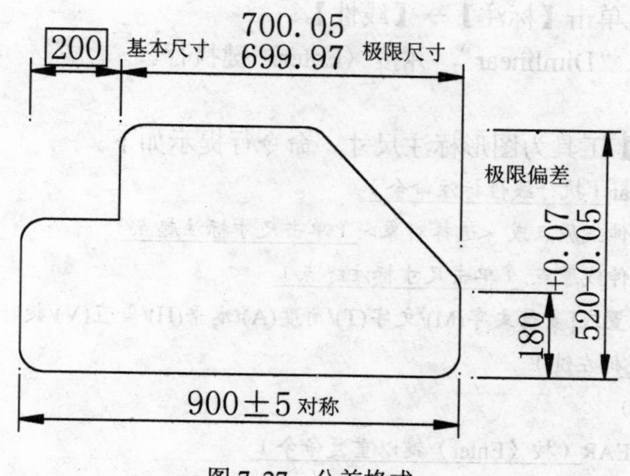

图 7-27　公差格式

选择【无】时将不添加公差。

选择【对称】选项时将会添加公差的正/负表达式，其中一个偏差量的值应用于标注测量值，标注后面将显示加号或减号，此时应在“上偏差”中输入公差值。

选择【极限偏差】时将会添加正/负公差表达式，不同的正公差和负公差值将应用于标注测量值，此时在“上偏差”中输入的公差值前面显示正号（+），在“下偏差”中输入的公差值前面显示负号（−）。

选择【极限尺寸】选项将会创建极限标注，在此类标注中，将显示一个最大值和一个最小值，一个在上，另一个在下，其中最大值等于标注值加上在“上偏差”中输入的值，最小值等于标注值减去在“下偏差”中输入的值。

选择【基本尺寸】选项将会创建基本标注，这将在整个标注范围周围显示一个框。

7.3　尺寸标注方式

AutoCAD 2010 提供了多种尺寸标注的方式，如线性标注、半径标注、角度标注、坐标标注、弧长标注、对齐标注、连续标注、基线标注和引线标注等，用户可以根据需要选择使用。进行尺寸标注时，一般应辅助应用对象捕捉、极轴追踪功能，以便快速、准确地标注尺寸。

7.3.1　线性标注

1．功能

线性标注用于测量并标记两点之间的连线在指定方向上的投影距离。线性标注可以水平、垂直或对齐放置。使用对齐标注时，尺寸线将平行于两尺寸界线原点之间的直线。基线标注和连续标注是一系列基于线性标注的连续标注方法。

2．命令调用

用户可采用以下操作方法之一调用线性标注命令。

1）在功能区【常用】选项卡的【注释】面板上选择【线性】工具 。

2）在菜单中依次单击【标注】→【线性】。

3）在命令行输入“Dimlinear”，并按〈Enter〉键执行。

3．命令操作

利用【线性标注】工具为图形标注尺寸。命令行提示如下。

命令: _dimlinear（执行线性标注命令）

指定第一条延伸线原点或 <选择对象>:（单击尺寸标注起点）

指定第二条延伸线原点:（单击尺寸标注终点）

指定尺寸线位置或[多行文字(M)/文字(T)/角度(A)/水平(H)/垂直(V)/旋转(R)]:（鼠标拖曳尺寸标注到合适的位置后，单击鼠标左键）

标注文字 ＝40

命令:DIMLINEAR（按〈Enter〉键以重复命令）

指定第一条延伸线原点或 <选择对象>:（单击尺寸标注起点）

指定第二条延伸线原点:（单击尺寸标注终点）

指定尺寸线位置或[多行文字(M)/文字(T)/角度(A)/水平(H)/垂直(V)/旋转(R)]:（鼠标拖曳尺寸标注到合适的位置后，单击鼠标左键）

标注文字 ＝40

命令:DIMLINEAR（按〈Enter〉键以重复命令）

指定第一条延伸线原点或 <选择对象>:（单击尺寸标注起点）

指定第二条延伸线原点:（单击尺寸标注终点）

指定尺寸线位置或[多行文字(M)/文字(T)/角度(A)/水平(H)/垂直(V)/旋转(R)]:（鼠标拖曳尺寸标注到合适的位置后，单击鼠标左键）

标注文字 ＝100

命令执行完毕，结果如图 7-28 所示。

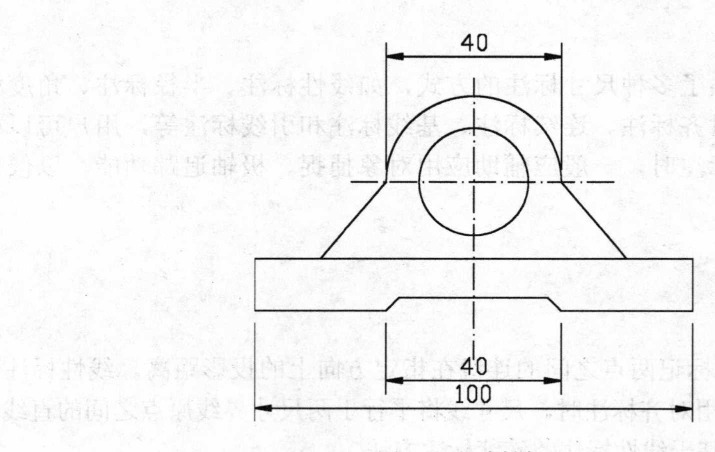

图 7-28　线性标注

7.3.2　半径和直径标注

1．功能

半径和直径标注可以测量圆弧和圆的半径以及直径。半径标注生成的尺寸标注文字以 R 引导，以表示半径尺寸。圆形或圆弧的圆心标记可自动绘出。创建直径标注的方法与半径标注基本相同，生成的标注文字以“ φ ”引导，以表示直径尺寸。

2．命令调用

用户可采用以下操作方法之一调用半径或直径命令。

1）在功能区【常用】选项卡的【注释】面板上选择【半径】工具按钮［半径］或【直径】工具按钮［直径］。

2）在菜单中依次单击【标注】→【半径】或【直径】。

3）在命令行输入“Dimradius”（半径）或“Dimdiameter”（直径），并按〈Enter〉键执行。

3．命令操作

利用【半径标注】和【直径标注】工具为图形标注尺寸。命令行提示如下。

命令: _dimradius（执行半径标注命令）

选择圆弧或圆:（点取所要标注半径的圆弧）

标注文字 ＝20

指定尺寸线位置或 [多行文字(M)/文字(T)/角度(A)]:（指定半径标注的位置）

命令: _dimdiameter（执行直径标注命令）

选择圆弧或圆:（点取所要标注直径的圆弧）

标注文字 ＝25

指定尺寸线位置或 [多行文字(M)/文字(T)/角度(A)]:（指定直径标注的位置）

命令执行完毕，结果如图 7-29 所示。

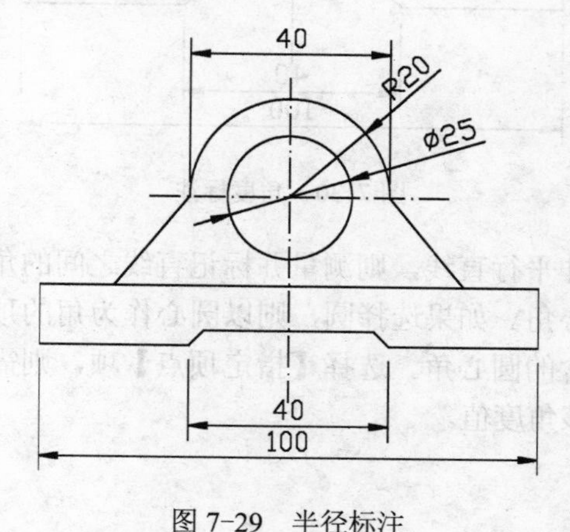

图 7-29　半径标注

7.3.3　角度标注

1．功能

该命令用于测量和标记角度值。角度标注测量两条直线或三个点之间的角度。要测量圆的两条半径之间的角度，可以选择此圆，然后指定角度端点。对于其他对象，需要选择对象然后指定标注位置。还可以通过指定角度顶点和端点标注角度。创建标注时，可以在指定尺寸线位置之前修改文字内容和对齐方式。

2．命令调用

用户可采用以下操作方法之一调用角度标注命令。

1）在功能区【常用】选项卡的【注释】面板上选择【角度】工具按钮 角度 。

2）在菜单中依次单击【标注】→【角度】。

3）在命令行输入“Dimangular”，并按〈Enter〉键执行。

3．命令操作

利用【角度标注】工具为图形标注角度。命令行提示如下。

命令: _dimangular（执行角度标注命令）

选择圆弧、圆、直线或 <指定顶点>:（选定组成角度的第一条直线）

选择第二条直线:（再选定组成角度的另一条直线）

指定标注弧线位置或 [多行文字(M)/文字(T)/角度(A)/象限点(Q)]:（拖曳鼠标，指定标注位置）

标注文字 =50

命令执行完毕，结果如图 7-30 所示。

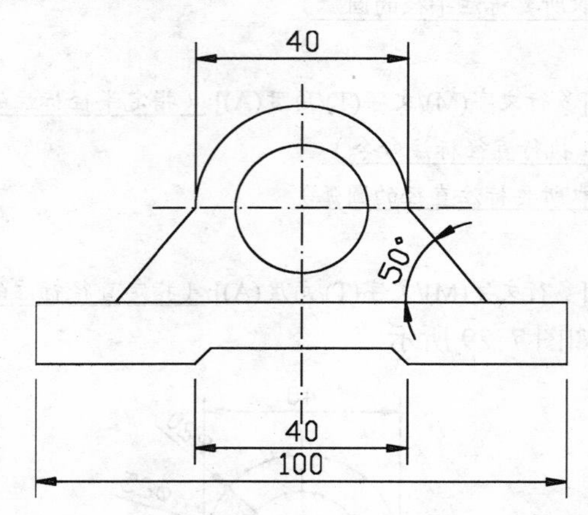

图 7-30　角度标注

说明：如果选择两条非平行直线，则测量并标记直线之间的角度。如果选择圆弧，则测量并标记圆弧所包含的圆心角。如果选择圆，则以圆心作为角的顶点，测量并标记所选的第一个点和第二个点之间包含的圆心角。选择【指定顶点】项，则需分别指定角点、第一端点和第二端点来测量并标记该角度值。

7.3.4　弧长标注

1．功能

弧长标注用于测量圆弧或多段线弧线段上的距离。为区别它们是线性标注还是角度标注，默认情况下，弧长标注将显示一个圆弧符号，显示在标注文字的上方或前方。用户可以使用【标注样式管理器】指定位置样式。

2. 命令调用

用户可采用以下操作方法之一调用弧长标注命令。

1）在功能区【常用】选项卡的【注释】面板上选择【弧长】工具按钮 弧长。

2）在菜单栏中选择【标注】→【弧长】。

3）在命令行输入“Dimarc”，并按〈Enter〉键执行。

3. 命令操作

利用【弧长标注】工具为图形标注尺寸。命令行提示如下。

命令: _dimarc（执行弧长标注命令）

选择弧线段或多段线圆弧段:（用鼠标选中要标注的弧线）

指定弧长标注位置或 [多行文字(M)/文字(T)/角度(A)/部分(P)/引线(L)]:（拖曳鼠标，并按〈Enter〉键完成）

标注文字 = 62.83

命令执行完毕，结果如图 7-31 所示。

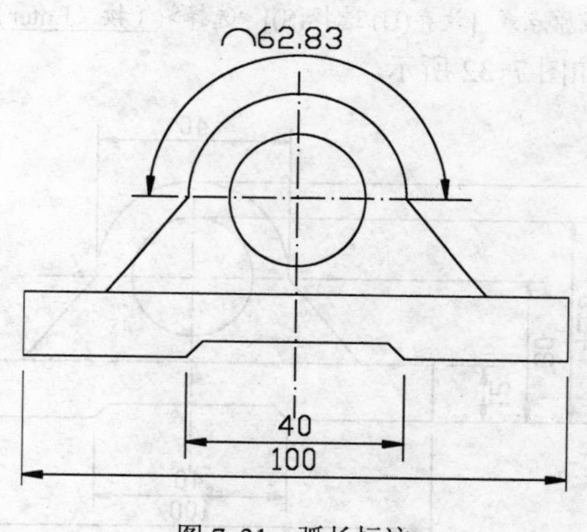

图 7-31　弧长标注

7.3.5　基线标注

1. 功能

基线标注用于以前一个标注的第一条尺寸界线为基准，自同一基线处测量的多个线性标注。每个新尺寸线会自动偏移一个距离以避免重叠。在创建基线标注之前，必须创建线性、对齐或角度标注。该功能可自当前任务最近创建的标注中以增量方式创建基线标注。另外，需要注意的是只有线性、坐标或角度关联尺寸标注才可进行基线标注。

2. 命令调用

用户可采用以下操作方法之一调用基线标注命令。

1）在菜单中依次单击【标注】→【基线】 基线(B)。

2）从【标注】工具栏选择【基线】。

3）在命令行输入“Dimbaseline”，并按〈Enter〉键执行。

3. 命令操作

利用【基线标注】工具为零件图标注细部尺寸。命令行提示如下。

命令: _dimlinear（先用线性标注标出第一道尺寸）

指定第一条尺寸界线原点或 <选择对象>:（指定第一个标注点）

指定第二条尺寸界线原点:（指定第二个标注点）

指定尺寸线位置或[多行文字(M)/文字(T)/角度(A)/水平(H)/垂直(V)/旋转(R)]:（拖曳鼠标，指定标注位置）

标注文字 =12

命令: _dimbaseline（使用基线标注命令，依次完成其他标注内容）

指定第二条尺寸界线原点或 [放弃(U)/选择(S)] <选择>:（指定下一个标注点）

标注文字 =30

指定第二条尺寸界线原点或 [放弃(U)/选择(S)] <选择>:（指定下一个标注点）

标注文字 =42.5

指定第二条尺寸界线原点或 [放弃(U)/选择(S)] <选择>:（指定下一个标注点）

标注文字 =50

指定第二条尺寸界线原点或 [放弃(U)/选择(S)] <选择>:（按〈Enter〉键完成基线标注）

命令执行完毕，结果如图 7-32 所示。

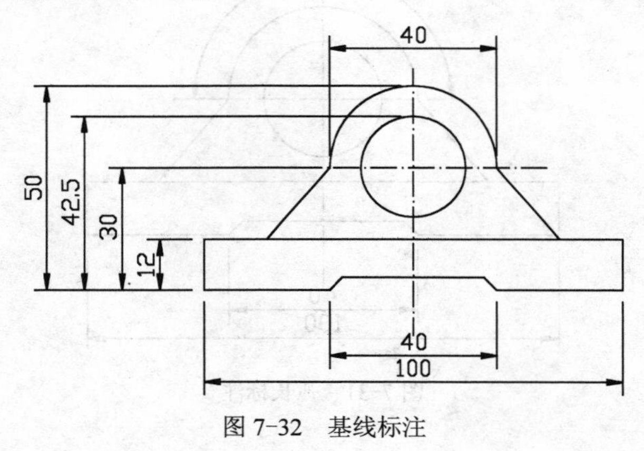

图 7-32 基线标注

7.3.6 连续标注

1. 功能

连续标注用于以前面一个标注的第二条尺寸界线为基准，连续标注多个线性尺寸。多用于需要在同一方向连续标注多个尺寸的复杂对象标注。

2. 命令调用

用户可采用以下操作方法之一调用连续标注命令。

1）在菜单中依次单击【标注】→【连续】连续(C)。

2）在【标注】工具栏选择【连续】。

3）在命令行输入“Dimcontinue”，并按〈Enter〉键执行。

3. 命令操作

利用【连续标注】工具为零件图标注尺寸。命令行提示如下。

命令: _dimcontinue（执行连续标注命令）

选择连续标注:（选择要连续标注的起始标注对象）

指定第二条尺寸界线原点或 [放弃(U)/选择(S)] <选择>:（指定下一个标注点）

标注文字 =30

指定第二条尺寸界线原点或 [放弃(U)/选择(S)] <选择>:（指定下一个标注点）

标注文字 =3

指定第二条尺寸界线原点或 [放弃(U)/选择(S)] <选择>:（指定下一个标注点）

标注文字 =34

指定第二条尺寸界线原点或 [放弃(U)/选择(S)] <选择>:（指定下一个标注点）

标注文字 =3

指定第二条尺寸界线原点或 [放弃(U)/选择(S)] <选择>:（指定下一个标注点）

标注文字 =30

指定第二条尺寸界线原点或 [放弃(U)/选择(S)] <选择>:（按〈Enter〉键完成连续标注）

命令执行完毕，结果如图 7-33 所示。

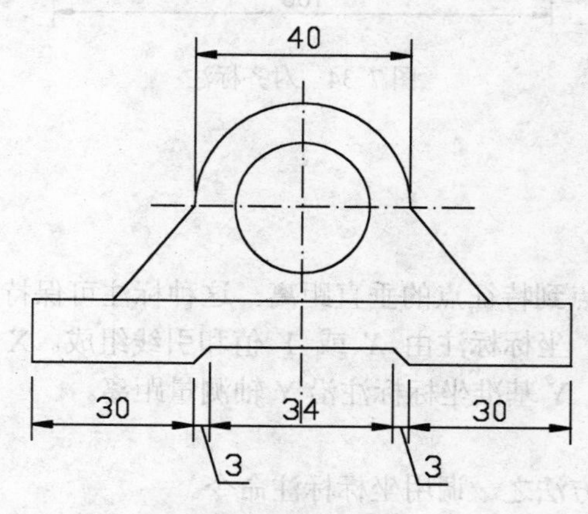

图 7-33 连续标注

7.3.7 对齐标注

1．功能

使用对齐标注可以创建与指定位置或对象平行的标注。在对齐标注中，尺寸线平行于尺寸延伸线原点连成的直线。

2．命令调用

用户可采用以下操作方法之一调用对齐标注命令。

1）在功能区【常用】选项卡的【注释】面板上选择【对齐】工具按钮![对齐]。

2）在菜单栏中选择【标注】→【对齐】。

3）在命令行输入"Dimaligned"，并按〈Enter〉键执行。

3．命令操作

利用【对齐标注】工具为图形标注尺寸。命令行提示如下。

命令: _dimaligned（执行对齐标注命令）

指定第一条延伸线原点或 <选择对象>:（单击尺寸标注起点）

指定第二条延伸线原点：（单击尺寸标注终点）

指定尺寸线位置或[多行文字(M)/文字(T)/角度(A)]：（用鼠标拖曳尺寸标注到合适的位置）

标注文字 =24

命令执行完毕，结果如图 7-34 所示。

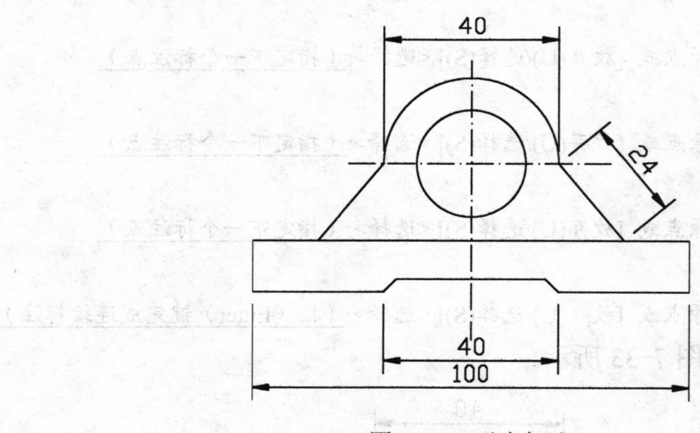

图 7-34　对齐标注

7.3.8　坐标标注

1．功能

坐标标注是从测量原点到特征点的垂直距离。这种标注可保持特征点与基准点的精确偏移量，从而避免增大误差。坐标标注由 *X* 或 *Y* 值和引线组成。X 基准坐标标注沿 X 轴测量特征点与基准点的距离。Y 基准坐标标注沿 Y 轴测量距离。

2．命令调用

用户可采用以下操作方法之一调用坐标标注命令。

1）在功能区【常用】选项卡的【注释】面板上选择【坐标】工具。

2）在菜单栏中选择【标注】→【坐标】。

3）在命令行输入“Dimordinate”，并按〈Enter〉键执行。

3．命令操作

利用【坐标标注】工具为图形标注定位点坐标。命令行提示如下。

命令: _dimordinate（执行坐标标注命令）

指定点坐标:（单击要标注的图形左下角点）

指定引线端点或 [X 基准(X)/Y 基准(Y)/多行文字(M)/文字(T)/角度(A)]:（指定标注位置）

标注文字 =260000（左下角点的 X 坐标）

命令:DIMORDINATE（重复坐标标注命令）

指定点坐标:（单击要标注的图形左下角点）

指定引线端点或 [X 基准(X)/Y 基准(Y)/多行文字(M)/文字(T)/角度(A)]:（指定标注位置）

标注文字 = 30000（左下角点的 Y 坐标）

命令:DIMORDINATE（重复坐标标注命令）

指定点坐标:（单击要标注的图形右下角点）

指定引线端点或 [X 基准(X)/Y 基准(Y)/多行文字(M)/文字(T)/角度(A)]:（指定标注位置）

标注文字 =302000（右下角点的 X 坐标）

命令:DIMORDINATE（重复坐标标注命令）

指定点坐标:（单击要标注的图形右下角点）

指定引线端点或 [X 基准(X)/Y 基准(Y)/多行文字(M)/文字(T)/角度(A)]:（指定标注位置）

标注文字 =30000（右下角点的 Y 坐标）

命令:DIMORDINATE（重复坐标标注命令）

指定点坐标:（单击要标注的图形右上角点）

指定引线端点或 [X 基准(X)/Y 基准(Y)/多行文字(M)/文字(T)/角度(A)]:（指定标注位置）

标注文字 =302000（右上角点的 X 坐标）

命令:DIMORDINATE（重复坐标标注命令）

指定点坐标:（单击要标注的图形右上角点）

指定引线端点或 [X 基准(X)/Y 基准(Y)/多行文字(M)/文字(T)/角度(A)]:（指定标注位置）

标注文字 =45000（右上角点的 Y 坐标）

命令:DIMORDINATE（重复坐标标注命令）

指定点坐标:（单击要标注的图形中上角点）

指定引线端点或 [X 基准(X)/Y 基准(Y)/多行文字(M)/文字(T)/角度(A)]:（指定标注位置）

标注文字 =290000（中上角点的 X 坐标）

命令:DIMORDINATE（重复坐标标注命令）

指定点坐标:（单击要标注的图形中上角点）

指定引线端点或 [X 基准(X)/Y 基准(Y)/多行文字(M)/文字(T)/角度(A)]:（指定标注位置）

标注文字 =50000（中上角点的 Y 坐标）

命令:DIMORDINATE（重复坐标标注命令）

指定点坐标:（单击要标注的图形左上角点）

指定引线端点或 [X 基准(X)/Y 基准(Y)/多行文字(M)/文字(T)/角度(A)]:（指定标注位置）

标注文字 =260000（左上角点的 X 坐标）

命令:DIMORDINATE（重复坐标标注命令）

指定点坐标:（单击要标注的图形左上角点）

指定引线端点或 [X 基准(X)/Y 基准(Y)/多行文字(M)/文字(T)/角度(A)]:（指定标注位置）

标注文字 =45000（左上角点的 Y 坐标）

命令执行完毕，结果如图 7-35 所示。

注意：系统将根据当前 UCS 的位置和方向确定坐标值。在创建坐标标注之前，通常要设置 UCS 原点以与基准相符。在用户指定特征位置后，程序将提示指定引线端点。默认情况下，指定的引线端点将自动确定是创建 X 基准坐标标注还是 Y 基准坐标标注。创建坐标标注后，用户还可以使用夹点编辑轻松地重新定位标注引线和文字。标注文字始终与坐标引线对齐。

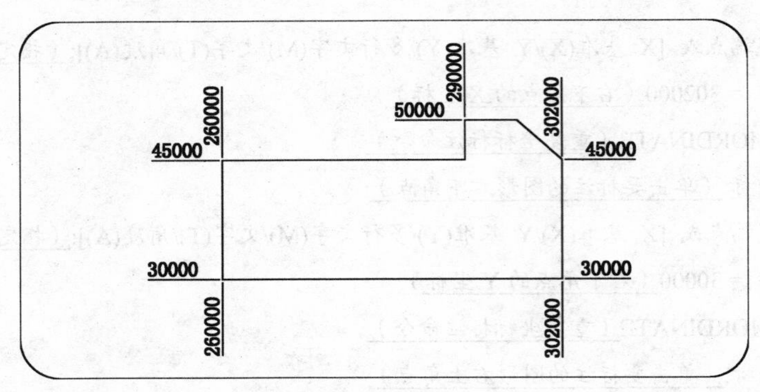

图 7-35　坐标标注

7.4　尺寸标注的编辑

在 AutoCAD 2010 中提供了多种编辑尺寸标注的方式，用户可以使用【标注样式管理器】，还可以利用【特性】选项板以及其他编辑命令来编辑尺寸标注。

用户可以根据需要修改现有标注文字的位置和方向，还可以用新的文字内容替换标注文字。利用夹点功能可以将标注文字沿尺寸线移动到左、右、中心或尺寸延伸线之内及之外的任意位置。

在创建标注时，当前标注样式将与之相关联，用户可以对现有标注对象指定其他的标注样式来修改现有的标注。修改标注样式后，还可以选择是否更新与此标注样式相关联的标注。

7.4.1　调整标注间距

1．功能

使用该命令可以自动调整图形中现有的平行线性标注和角度标注，以使其间距相等或在尺寸线处相互对齐。

2．命令调用

用户可采用以下操作方法之一调用调整标注间距命令。

1）在功能区【注释】选项卡的【标注】面板上选择【调整间距】工具按钮。

2）在菜单栏中选择【标注】→【标注间距】标注间距(P)；

3）在命令行输入“Dimspace”，并按〈Enter〉键执行。

3．操作示例

执行该命令。命令行提示如下。

命令: _dimspace（执行标注间距命令）

选择基准标注:（选取合适的尺寸线作为间距调整的基准）

选择要产生间距的标注:指定对角点: 找到 1 个（选取需调整间距的尺寸线）

选择要产生间距的标注:（按〈Enter〉键完成选择）

输入值或 [自动(A)] <自动>: A（选择自动调整间距）

完成命令操作，结果如图 7-36 所示。

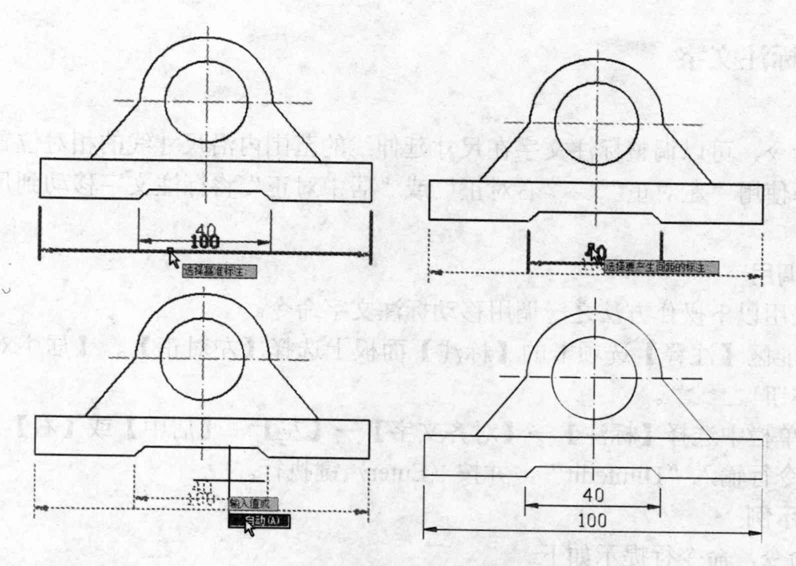

图 7-36　调整标注间距

7.4.2　旋转标注文字

1．功能

使用【文字角度】命令，用户可以旋转标注文字并重新定位尺寸线。

2．命令调用

用户可采用以下操作方法之一调用旋转标注文字命令。

1）在功能区【注释】选项卡的【标注】面板上选择【文字角度】工具。

2）在菜单栏中选择【标注】→【对齐文字】→【角度】工具。

3）在命令行输入“Dimtedit”，按〈Enter〉键执行。

3．操作示例

执行该命令，命令行提示如下。

命令: _dimtedit（执行文字角度命令）

选择标注:（选择要进行旋转的标注对象）

为标注文字指定新位置或 [左对齐(L)/右对齐(R)/居中(C)/默认(H)/角度(A)]: a（使用角度选项）

指定标注文字的角度: 45（输入要旋转的角度数值）

按〈Enter〉键完成命令操作，结果如图 7-37 所示。

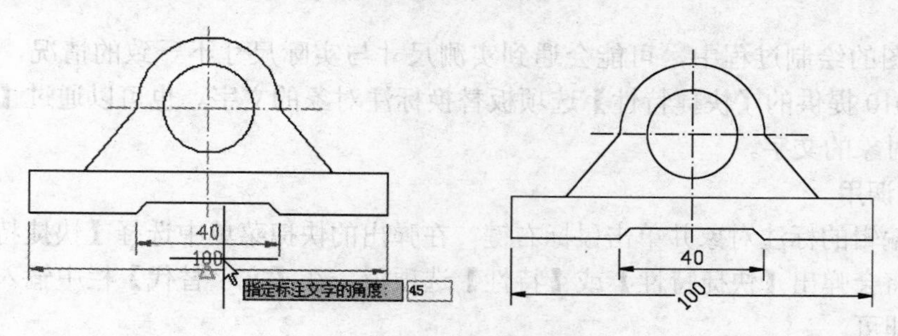

图 7-37　旋转标注文字

7.4.3 移动标注文字

1．功能

使用该命令，可以调整标注文字在尺寸延伸线的范围内沿尺寸线的相对位置。用户可以根据需要选择使用“左对正”、“右对正”或“居中对正”将标注文字移动到尺寸线的相应位置。

2．命令调用

用户可采用以下操作方法之一调用移动标注文字命令。

1）在功能区【注释】选项卡的【标注】面板上选择【左对正】、【居中对正】或【右对正】工具按钮。

2）在菜单栏中选择【标注】→【对齐文字】→【左】、【居中】或【右】选项。

3）在命令行输入“Dimtedit”，并按〈Enter〉键执行。

3．操作示例

执行该命令，命令行提示如下。

命令: _dimtedit（执行编辑标注文字命令）

选择标注:（选择要进行移动的尺寸对象）

为标注文字指定新位置或 [左对齐(L)/右对齐(R)/居中(C)/默认(H)/角度(A)]: L（使用左对齐）

为标注文字指定新位置或 [左对齐(L)/右对齐(R)/居中(C)/默认(H)/角度(A)]: R（使用右对齐）

按〈Enter〉键完成命令操作，结果如图 7-38 所示。

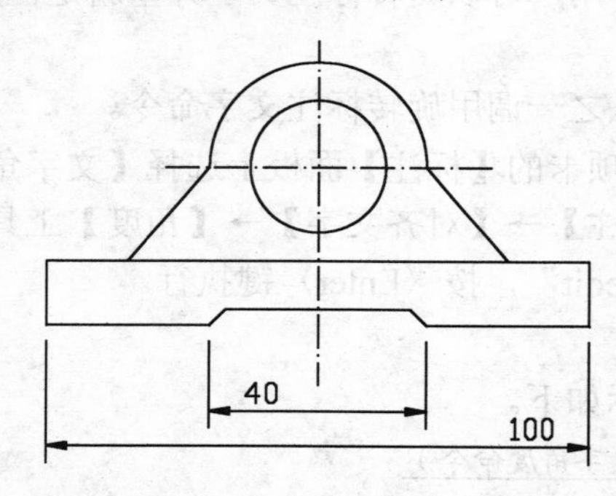

图 7-38 移动标注文字

7.4.4 替换标注文字

1．功能

在工程图的绘制过程中，可能会遇到实测尺寸与实际尺寸不一致的情况，用户可利用 AutoCAD 2010 提供的【快捷特性】选项板替换标注对象的文字。也可以通过【特性】选项板替换标注对象的文字。

2．命令调用

选中要编辑的标注对象并单击鼠标右键，在弹出的快捷菜单中选择【快捷特性】或【特性】选项，将会弹出【快捷特性】或【特性】选项板，在【文字替代】栏中输入要替换的标注文字内容即可。

3．操作示例

执行该命令，首先要选中现有的标注对象，通过鼠标右键快捷菜单或状态栏的切换按钮调出【快捷特性】选项板，在【文字替代】栏中输入新的标注文字即可。结果如图 7-39 所示。

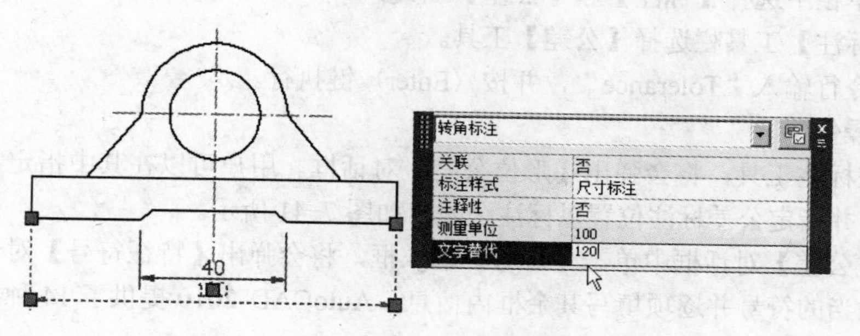

图 7-39　替换标注文字

7.5　创建形位公差

在绘制机械图时，经常需要标注形位公差。在 AutoCAD 2010 中可以使用公差工具为图形对象添加形位公差以表示特征的形状、轮廓、方向、位置和跳动的允许偏差。用户可以通过特征控制框来添加形位公差，这些框中包含单个标注的所有公差信息。

7.5.1　基本概念

形位公差包括形状公差和位置公差。形位公差标注由几何特性符号、公差值的直径前导符号、公差值、包容条件符号、基准符号和引线组成，如图 7-40 所示。

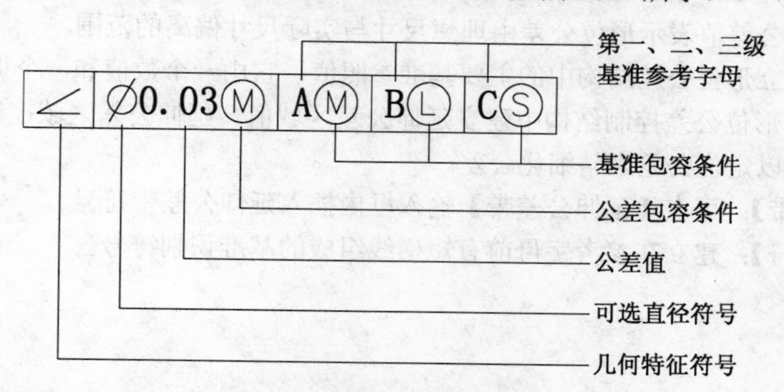

图 7-40　形位公差组成

7.5.2　标注形位公差

1．功能

形位公差是机械图中表明尺寸在理想尺寸中几何关系的偏差。AutoCAD 2010 提供了专门的形位公差标注工具，可以方便地为图形添加形位公差标注。

2. 命令调用

用户可采用以下操作方法之一调用标注形位公差命令。

1）在功能区【注释】选项卡的【标注】面板上选择【公差】工具。

2）在菜单栏中选择【标注】→【公差】工具。

3）从【标注】工具栏选择【公差】工具。

4）在命令行输入“Tolerance”，并按〈Enter〉键执行。

3. 命令操作

运行公差标注工具，将会弹出【形位公差】对话框。用户可以在其中指定特征控制框的符号和数值，并指定公差标注位置以标注公差。如图 7-41 所示。

在【形位公差】对话框中单击【符号】输入框，将会弹出【特征符号】对话框，用户可以在此选择适当的符号并逐项填写其余框内信息。AutoCAD 2010 提供了 14 种特征符号，如图 7-42 所示。

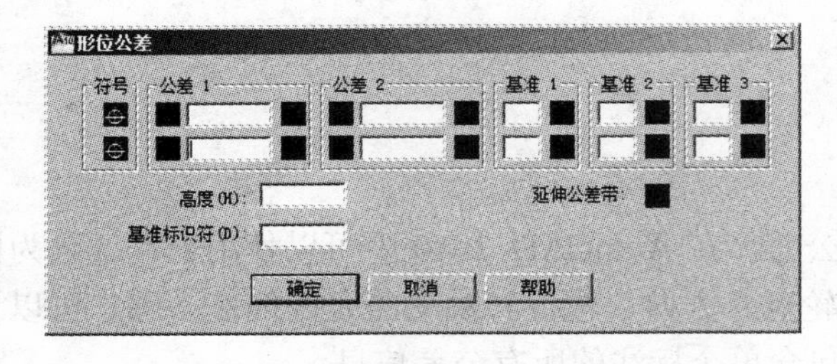

图 7-41 【形位公差】对话框

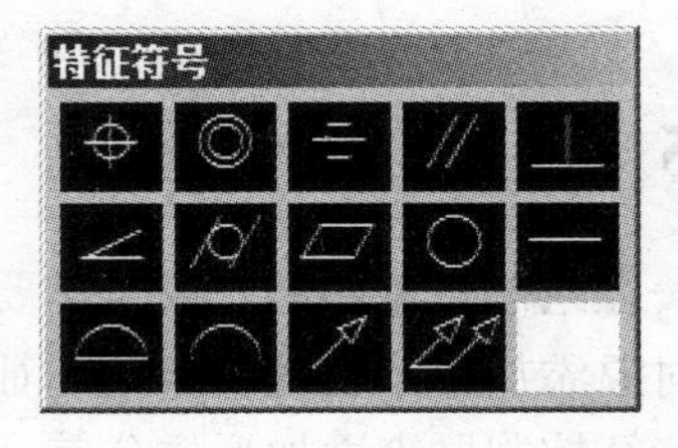

图 7-42 形位公差特征符号

【符号】：在该区域单击鼠标并在弹出的【特征符号】对话框内选择需要的符号，即可将符号插入【符号】输入框。

【公差值】：建立形位公差控制结构中的第一个公差值，它包括两个调整符号，分别是直径和包容条件。公差值表示形位公差由理想尺寸与实际尺寸偏离的范围。

【基准】：建立形位公差结构中的主要基准参照值，它由一个数值和一个调整符号组成。

【高度】：在形位公差控制结构中建立延伸公差区域值。延伸公差区域控制一个固定垂直的凸出部分，并以定位公差来精细化公差。

【延伸公差带】：可在【延伸公差带】输入框内插入延伸公差带符号。

【基准标识符】：建立在参考字母前有短横线组成的基准识别符号。

7.6 实训

7.6.1 轴杆尺寸标注

1. 实训要求

运用本章所学内容，创建一个名为“轴杆标注”的标注样式。为“轴杆”零件图进行尺寸标注。在标注过程中，应灵活运用多种标注方式以及尺寸标注对象的夹点功能来提高标注效率。用户还应打开对象捕捉和极轴追踪功能辅助绘图工作。具体的操作步骤如下。

2．实训指导

1）打开 AutoCAD 2010 中文版，新建一个图形文件，将工作空间设为“二维草图与注释”。

2）在功能区【常用】选项卡的【注释】面板上选择【标注样式】工具，在弹出的【标注样式管理器】中单击【新建】按钮，将会弹出【创建新标注样式】对话框，创建名为“轴杆标注”的标注样式，单击【继续】按钮进行下一步设置。

3）选择【线】选项卡，将【超出尺寸线】选项设为 2，【起点偏移量】设为 3，【基线间距】设为 8。

4）选择【符号和箭头】选项卡。将【箭头】设置为实心闭合，【箭头大小】设为 3，其余采用默认值即可。

5）选择【文字】选项卡。将【文字高度】设为 5，【文字位置】设为“上方”和“居中”，“从尺寸线偏移”设为 1。其余为默认值即可。

6）利用基本绘图命令和编辑命令，绘制“轴杆”零件图。如图 7-43 所示。

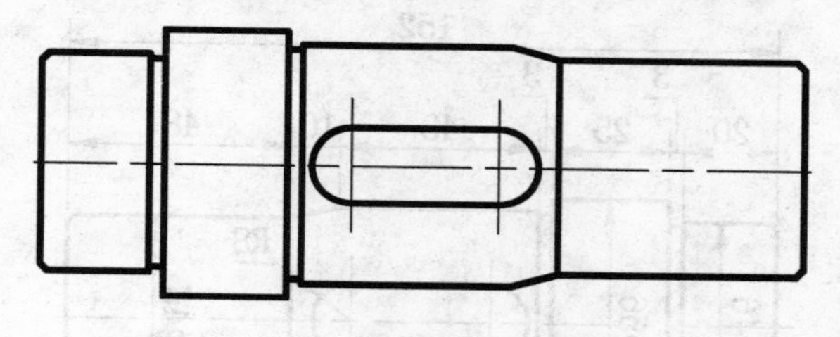

图 7-43 “轴杆”零件图

7）在功能区【常用】选项卡的【图层】面板上选择【图层特性】工具，新建一个名为“尺寸标注”的图层，将图层颜色设为“蓝色”。将该图层置为当前。

8）将前面新建的名为“轴杆标注”标注样式设为当前的标注样式。在功能区【常用】选项卡的【注释】面板上选择【线性】标注工具，标注图形的线性尺寸。如图 7-44 所示。

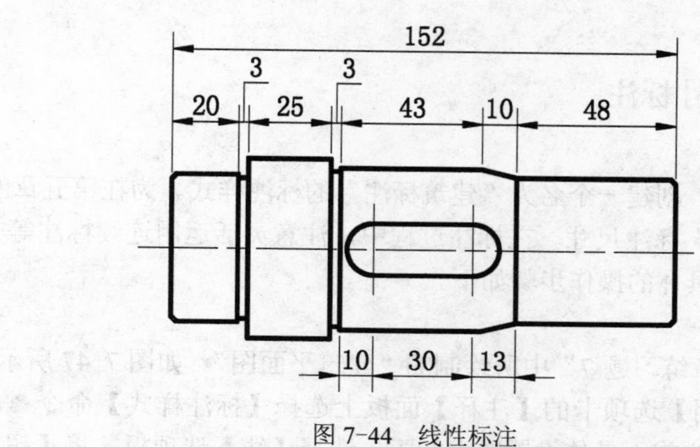

图 7-44 线性标注

9）在功能区【常用】选项卡的【注释】面板上选择【线性】标注工具，标注轴杆的直径尺寸，并利用【快捷特性】面板为数据添加直径符号。如图 7-45 所示。

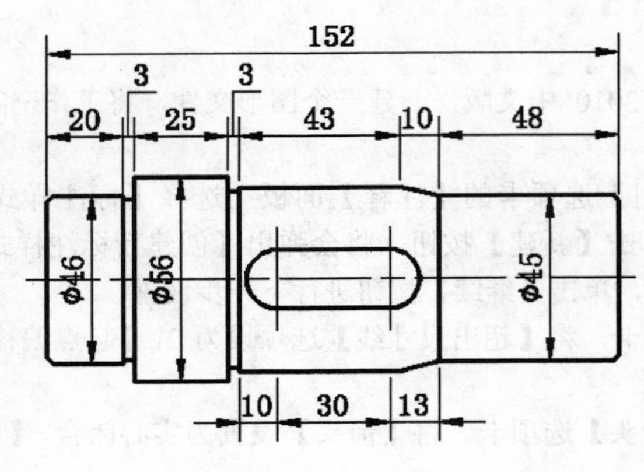

图 7-45　替换标注文字

10）在功能区【常用】选项卡的【注释】面板上选择【半径】标注工具，为图形标注半径。如图 7-46 所示。

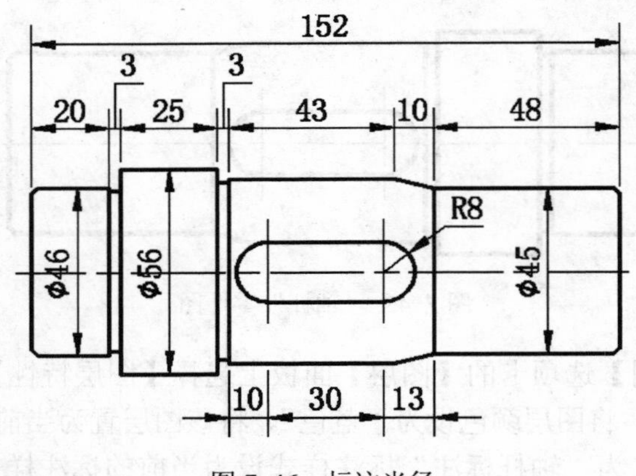

图 7-46　标注半径

11）完成上述操作，将文件保存至“D:\第 7 章实训”文件夹中，文件名为“轴杆尺寸标注”。

7.6.2　建筑平面图尺寸标注

1．实训要求

运用本章所学内容，创建一个名为“建筑标注”的标注样式。为在第五章的练习题 7 中所绘制的“建筑平面图”标注尺寸。在标注过程中，注意灵活运用连续标注等方式以及尺寸标注对象的夹点功能。具体的操作步骤如下。

2．实训指导

1） 打开在“第 5 章练习题 7”中所绘制的“建筑平面图”。如图 7-47 所示。

2）在功能区【常用】选项卡的【注释】面板上选择【标注样式】命令，创建一个名为“建筑标注”的标注样式。具体设置要求如下：选择【线】选项板，将【超出标记】选项设为“4”，【超出尺寸线】选项设为“2”，【起点偏移量】设为“2”；选择【符号和箭头】选项板，将【箭头】选择为“建筑标记”，其余采用默认值即可；选择【文字】选项板，将

【文字高度】设为“3.5”，其余采用默认值即可；选择【调整】选项板，在【标注特征比例】区域选择“使用全局比例”，并将比例值设为“100”。其余为默认值即可。

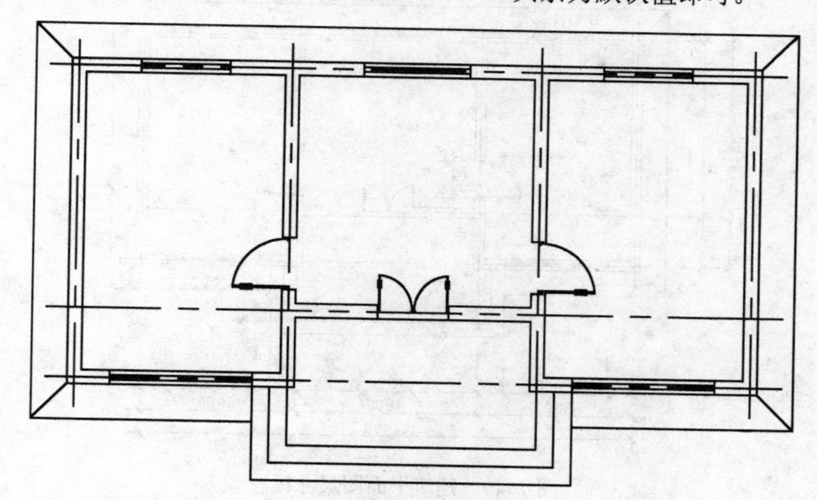

图 7-47　打开“建筑平面图”

3）在功能区【常用】选项卡的【绘图】面板上选择【直线】命令，为要进行快速标注的门窗洞口绘制辅助线，以便在进行【快速标注】时能够快速选择标注对象。

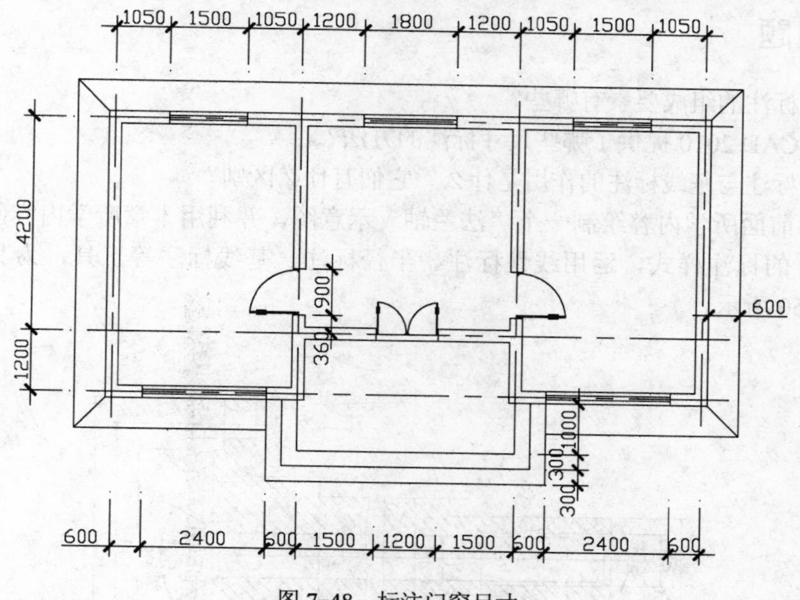

图 7-48　标注门窗尺寸

4）在功能区【常用】选项卡的【注释】面板上选择【快速标注】命令，为图形标注外墙门窗尺寸，使用【快速标注】时，用户只需要根据命令提示，一次选择要标注的几何图形即上一步中绘制的辅助线，即可完成一道外墙上全部的门窗尺寸标注。如图 7-48 所示。

5）在功能区【常用】选项卡的【注释】面板上分别选择【线性】标注命令 线性 和【连续】标注命令，为图形标注细部尺寸、轴线尺寸及总尺寸。如图 7-49 所示。

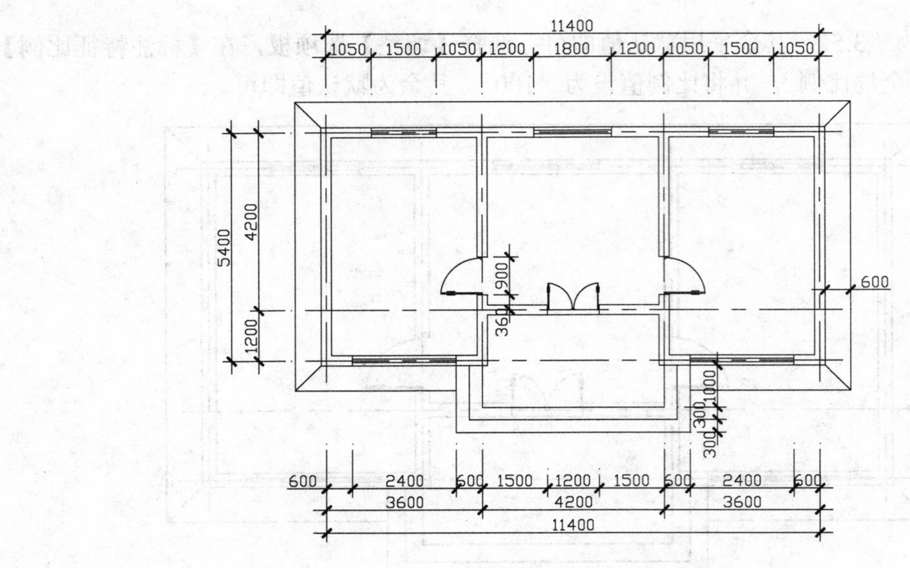

图 7-49　建筑平面图尺寸标注

6）完成图形的尺寸标注，将文件保存至“D：\第 7 章实训”文件夹中，文件名为“房间平面图尺寸标注”。

7.7　练习题

1．尺寸标注的组成要素有哪些？

2．AutoCAD 2010 提供了哪些尺寸标注的方法？

3．连续标注与基线标注的作用是什么？它们有什么区别？

4．利用前面所学内容绘制一个“法兰轴”示意图，并利用本章所学内容创建一个名为“尺寸标注”的标注样式，运用线性标注、半径标注、基线标注等工具，为其添加尺寸标注。如图 7-50 所示。

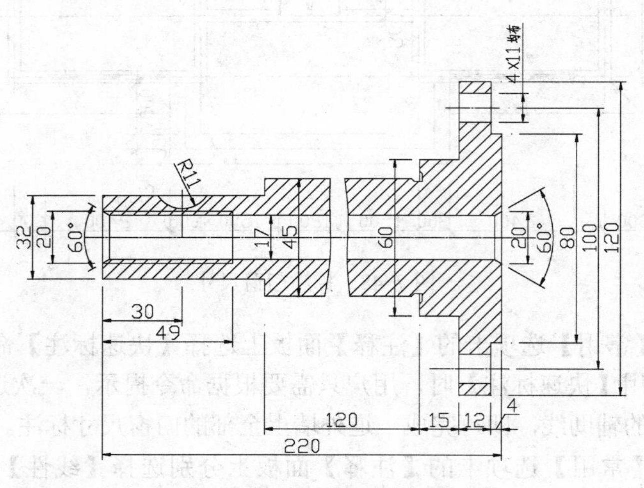

图 7-50　法兰轴尺寸标注

5．利用本章所学内容创建一个名为“建筑剖面标注”的标注样式，并运用线性标注、连续标注等工具，为如图 7-51 所示的建筑剖面图标注尺寸。

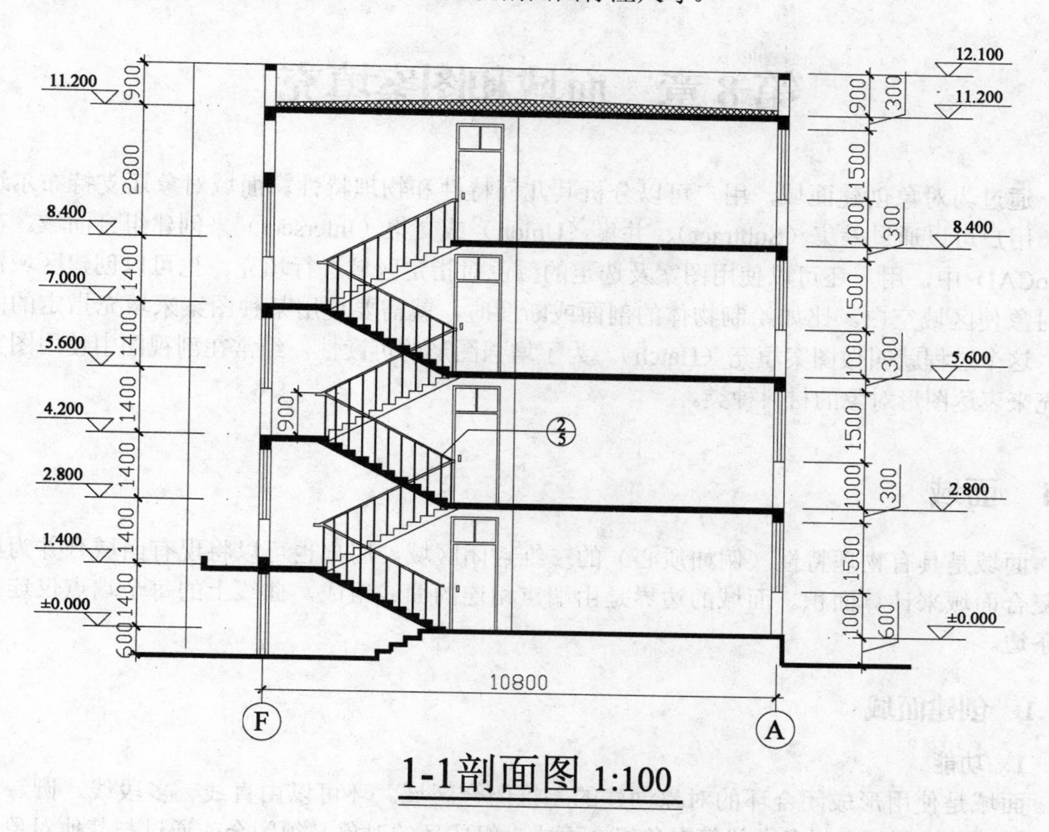

图 7-51　建筑剖面图尺寸标注

第8章　面域和图案填充

通过为对象创建面域，用户可以分析其几何特性和物理特性。面域对象还支持布尔运算，用户可以通过差集（Subtract）、并集（Union）或交集（Intersect）来创建组合面域。在AutoCAD 中，用户还可以使用图案及选定的颜色对指定区域进行填充。也可以创建区域覆盖对象使区域空白。比如绘制物体的剖面或断面时，就需要使用某种图案来填充指定的区域，这个过程就叫做图案填充（Hatch）。为了增强图形的可读性，经常在剖视图中使用图案填充来表达图形对象的材料种类。

8.1　面域

面域是具有物理特性（例如质心）的二维封闭区域。用户也可以将现有面域合并为单个复合面域来计算面积。面域的边界是由端点相连的曲线组成，曲线上的每个端点仅连接两条边。

8.1.1　创建面域

1．功能

面域是使用形成闭合环的对象创建的二维闭合区域。环可以由直线、多段线、圆、圆弧、椭圆、椭圆弧和样条曲线等对象组合而成。组成环的对象必须闭合或通过与其他对象共享端点而形成闭合的区域。

2．命令调用

用户可采用以下操作方法之一调用创建面域命令。

1）在功能区【常用】选项卡的【绘图】面板中选择【面域】命令。

2）在菜单中选择【绘图】→【面域】命令。

3）在执行【边界】命令时，将【对象类型】选为【面域】，也可创建面域。

4）在命令行中输入“Region”，按〈Enter〉键执行。

3．命令操作

执行【面域】命令，AutoCAD 将选择集中的闭合多段线、直线、曲线等对象进行转换，形成闭合的平面环，也可以将已有的若干个面域合并到单个复杂的面域中。如果有两个以上的曲线共用一个端点，得到的面域可能是不确定的。

面域的边界由端点相连的曲线组成，曲线上的每个端点仅连接两条边。AutoCAD 不接受所有相交或自交的曲线。

（1）利用【面域】工具创建面域

执行该命令，命令行提示如下。

命令: _region（执行面域命令）

选择对象：指定对角点：找到 17 个（选择要转换面域的对象）

选择对象：（按〈Enter〉键，完成选择）

已提取 4 个环。已创建 4 个面域。

完成命令操作，结果如图 8-1 所示。

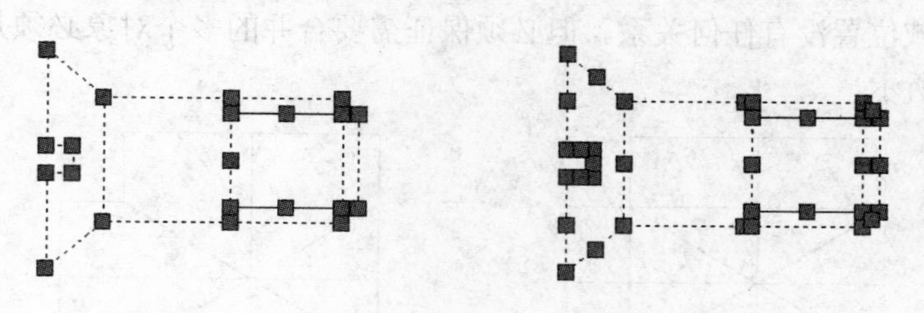

图 8-1 利用【面域】工具创建面域

（2）利用【边界】工具创建面域

如果是对象内部相交而构成的封闭区域，利用【面域】工具是无法将其转换为面域的。此时就需要利用【边界】工具创建面域。

执行该命令，将会弹出如图 8-2 所示的【边界创建】对话框，用户可以在此将【对象类型】选项设为“面域”，按下【拾取点】按钮，在绘图区域单击构成封闭区域的内部任意一点，按〈Enter〉键完成操作。如图 8-3 所示。

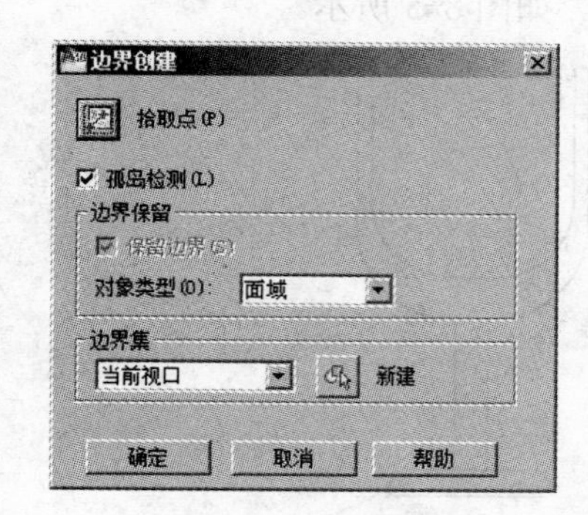

图 8-2 【边界创建】对话框

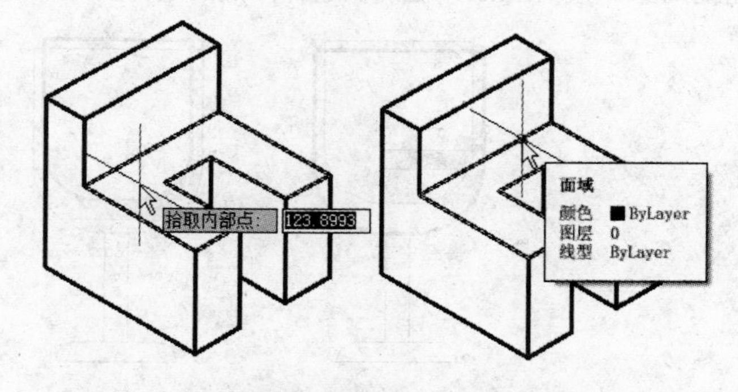

图 8-3 利用【边界】工具创建面域

8.1.2 面域的布尔运算

1．功能

【布尔运算】是数学中的一种逻辑运算。使用该命令可以对实体和共面的面域进行添加、剪切或查找面域的交点来创建组合面域。从而创建较为复杂的面域。

2．命令调用

用户可采用以下操作方法之一调用面域的布尔运算命令。

1）将工作空间切换到【三维建模】，在功能区【常用】选项卡的【实体编辑】面板中选择【并集】、【差集】或【交集】工具按钮。

2）在菜单中执行【修改】→【实体编辑】中的【并集】、【差集】或【交集】命令。

3）在命令行中输入“Union”（并集）、“Subtract”（差集）或“Intersect”（交集），按

〈Enter〉键执行。

3．命令操作

（1）并集

利用【并集】并集(U)工具可以合并两个面域，即创建两个面域的和集。运算后的面域与合并前的面域位置没有任何关系。但必须保证需要合并的多个对象必须是创建好的独立面域。如图 8-4 所示。

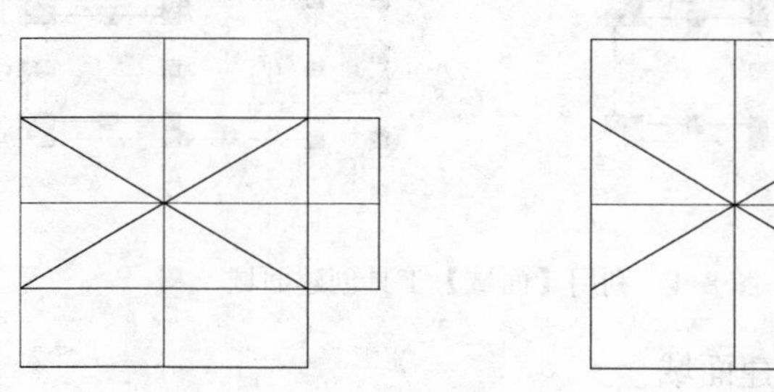

图 8-4　面域【并集】

（2）差集

利用【差集】差集(S)创建复杂面域，使用该命令可以通过从一个选定的二维面域中减去一个现有的二维面域来创建复杂面域。需要注意的是，在提示选择对象时，应先选择要保留的对象，按〈Enter〉键确认选择，然后选择要减去的对象。如图 8-5 所示。

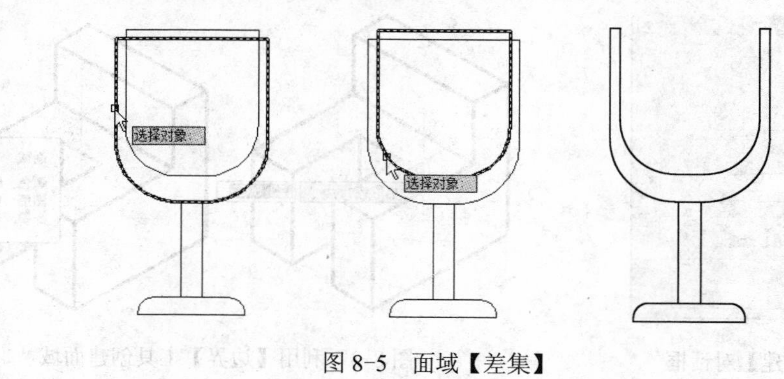

图 8-5　面域【差集】

（3）交集

利用【交集】交集(I)创建复杂面域，使用该命令可以从两个或两个以上现有面域的公共部分创建复杂面域。如图 8-6 所示。

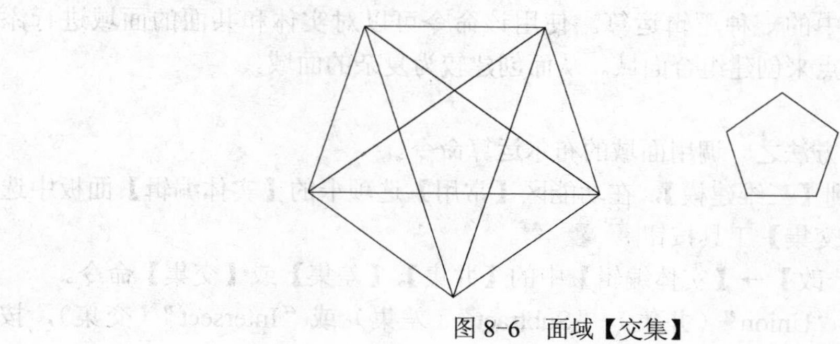

图 8-6　面域【交集】

8.1.3 面域的数据提取

1．功能

用户可以使用【查询】工具，以获取由选定对象定义的距离、半径、角度、面积、体积、周长和质量特性（包括体积、面积、惯性矩、重心）等数据。可查询的对象主要有圆、椭圆、多段线、多边形、面域和 AutoCAD 三维实体等的相应特性数据，显示的信息取决于选定对象的类型。

2．命令调用

用户可采用以下操作方法之一调用面域的数据提取命令。

1）在功能区【常用】选项卡的【实用工具】面板选择【测量】工具按钮 测量 。

2）单击【查询】工具栏上的【距离】、【面域/质量特性】、【列表】工具按钮 。

3）在菜单中执行【工具】→【查询】中的相应查询内容命令。

4）在命令行中输入“Measuregeom”并选择相应的查询内容，按〈Enter〉键执行。

5）在命令行中输入“Massprop”并指定面域，按〈Enter〉键执行。

3．命令操作

1）执行【查询】命令，查询对象的几何信息。

使用该命令可以获取指定对象的距离、半径、角度、面积、体积等数据信息。执行该命令，命令行提示如下。

命令: _measuregeom（执行查询命令）

输入选项 [距离(D)/半径(R)/角度(A)/面积(AR)/体积(V)] <距离>: _distance（选择查询内容为距离）

指定第一点:（通过鼠标单击，指定查询距离的起点）

指定第二个点或 [多个点(M)]:（通过鼠标单击，指定查询距离的端点）

距离 ＝60.0000，XY 平面中的倾角 ＝0， 与 XY 平面的夹角 ＝0

X 增量 ＝60.0000， Y 增量 ＝0.0000， Z 增量 ＝0.0000

输入选项 [距离(D)/半径(R)/角度(A)/面积(AR)/体积(V)/退出(X)] <距离>:（可继续查询距离，或输入其他选项查询相应内容，也可以输入“x”选择退出命令）

2）执行【Massprop】命令，查询面域的质量特性。

使用该命令可以获取指定面域的质量特性，还可选择将质量特性数据写入文本文件。列出的特性主要有面积、周长、边界框、质心、惯性矩、惯性积、旋转半径、形心的主力矩与 X、Y、Z 方向等。执行该命令，程序将会弹出如图 8-7 所示的文本窗口。

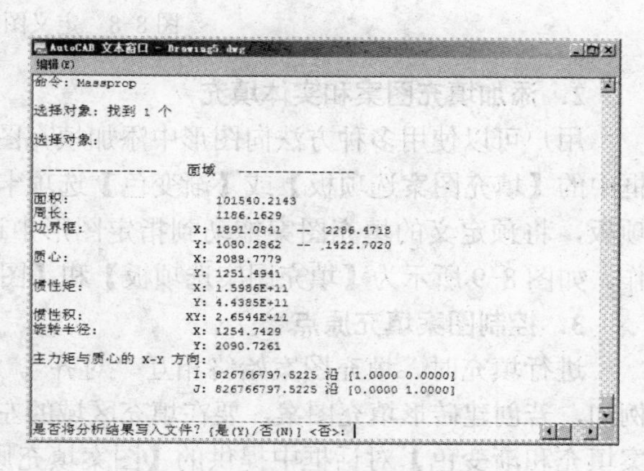

图 8-7 【面域/质量特性】文本窗口

此时如果在文本窗口输入“y”，程序将提示用户输入文件名。文件的默认扩展名为“.mpr”，该文件是可以用任何文本编辑器打开的文本文件。另外，在文本窗口中所显示的特性内容取决于选定的对象是面域还是实体。

8.2 图案填充

图案填充是通过制定的线条图案、颜色和比例来填充指定区域，它常用于表达剖切面效果和不同类型物体的外观纹理和材质等特性，因此广泛应用于机械加工、建筑工程以及地质构造等各类工程图中。

8.2.1 基本概念

用户可以使用预定义的填充图案填充指定区域、使用当前线型定义简单的线条图案，也可以创建更为复杂的填充图案。用户还可以使用颜色填充指定区域或创建渐变填充。渐变填充是在一种颜色的不同灰度之间或在两种颜色之间平滑过渡的双色渐变填充。渐变填充提供光源反射到对象上的外观，可用于增强图形的演示效果。

1．定义图案填充边界

在 AutoCAD 2010 中，用户可以用多种方法指定图案填充的边界，如指定封闭对象内部区域中的一点，选择封闭对象，将填充图案从工具选项板或设计中心拖动到封闭区域。

在填充图形时，将忽略不在对象边界内的整个对象或局部对象。如果填充线与某个对象相交，并且该对象被选定为边界集的一部分，则程序将围绕该对象进行填充。如图 8-8 所示。

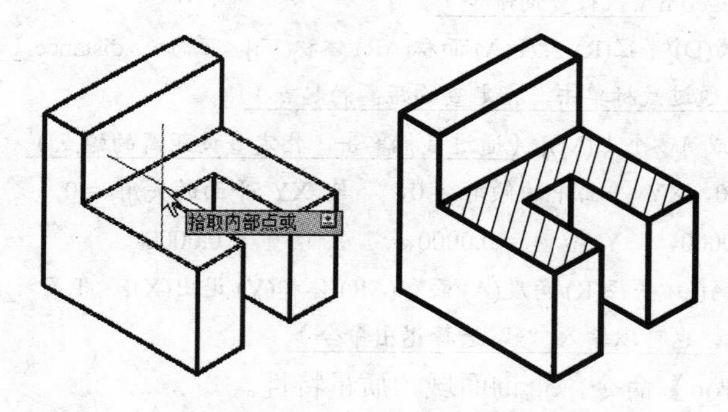

图 8-8 定义图案填充边界

2．添加填充图案和实体填充

用户可以使用多种方法向图形中添加填充图案。如可以通过【图案填充和渐变色】对话框中的【填充图案选项板】或【渐变色】选项卡进行填充，还可以通过【图案填充】工具选项板，将预定义的填充图案拖动到指定图形中进行填充，这样可以更快、更方便地完成工作。如图 8-9 所示为【填充图案选项板】和【图案填充】选项板。

3．控制图案填充原点

进行填充时，填充图案始终相互“对齐”。但有时用户可能需要移动填充图案的原点。例如，若创建砖形填充图案，要在填充区域的左下角以完整的砖块开始填充，可以使用【图案填充和渐变色】对话框中提供的【图案填充原点】选项，可以重新指定原点。如图 8-10 所示。

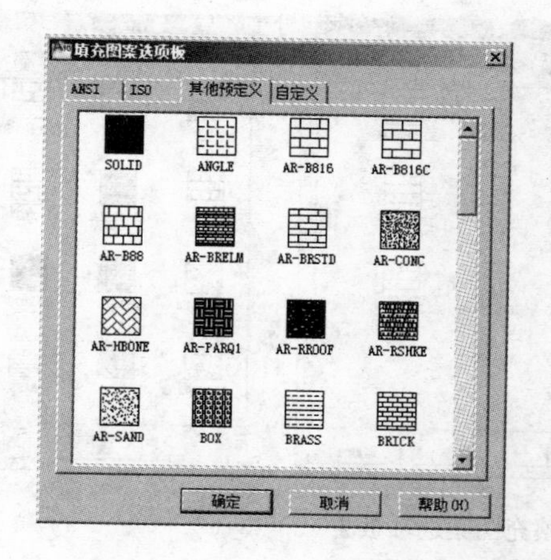

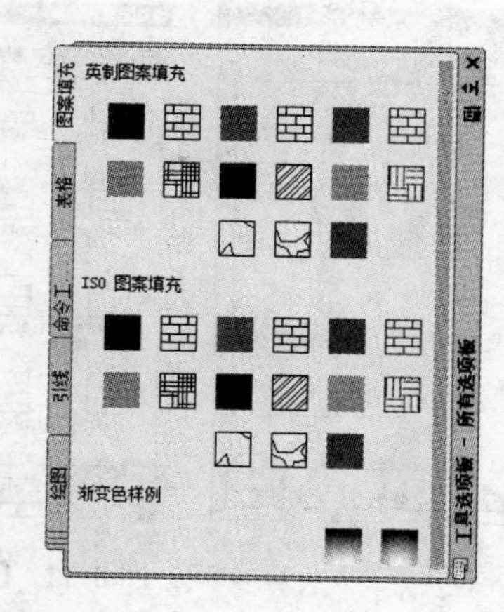

图 8-9 添加填充图案工具

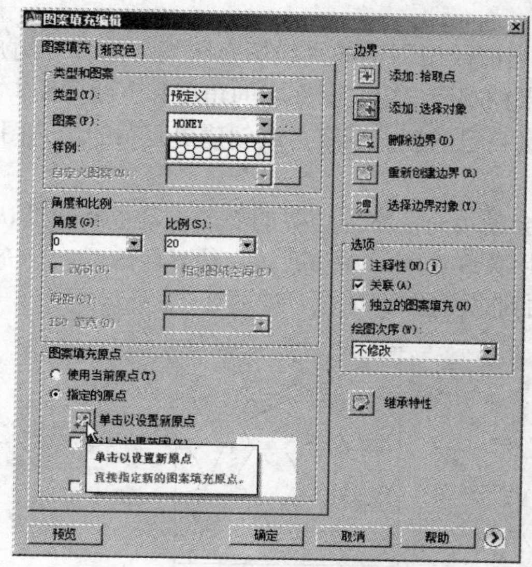

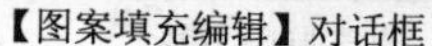
【图案填充编辑】对话框

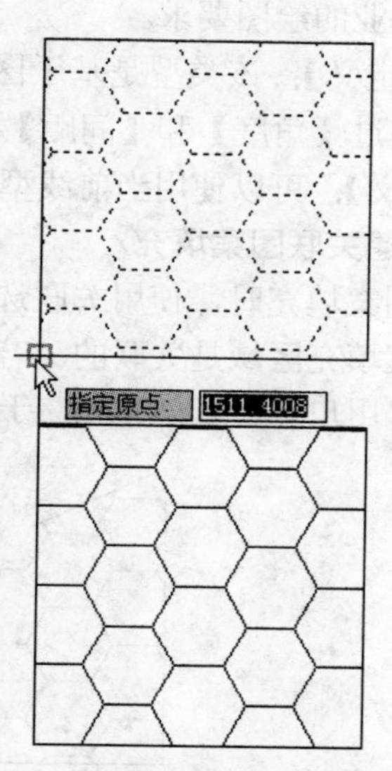

调整图案填充原点

图 8-10 控制图案填充原点

在【图案填充原点】设置区域中提供了使用当前原点和指定原点两种方式，用户选择指定原点时，可以使用单击设置新原点、默认为边界范围（左下、右下、左上、右上、中心）、存储为默认原点 3 种方式。

4．选择填充图案

在 AutoCAD 2010 中提供了实体填充及 50 多种行业标准填充图案，可用于区分对象的部件或表示对象的材质。在【预定义】图案填充类型中，提供了 83 种填充图案，其中【ANSI】图案 8 种、【ISO】图案 14 种、【其他预定义】图案 61 种。

选择【预定义】选项，系统将在【图案】和【样例】下拉列表框中分别给出预定义填充图案的名称和相应的图案。用户也可单击【图案】列表框右侧的按钮[...]，程序将会弹出【填充图案选项板】，查看所有预定义的预览图像，如图 8-11 所示。

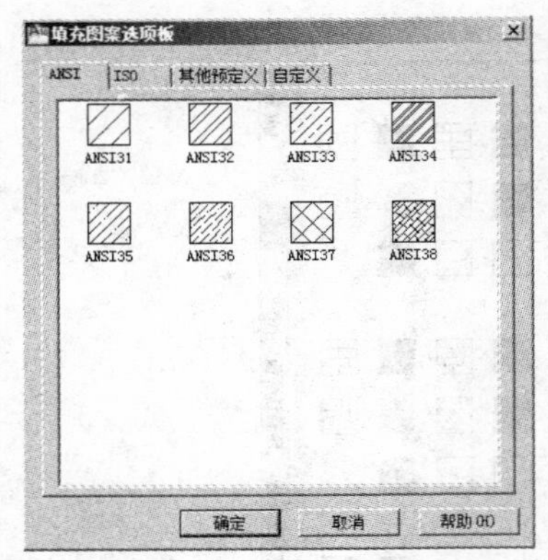

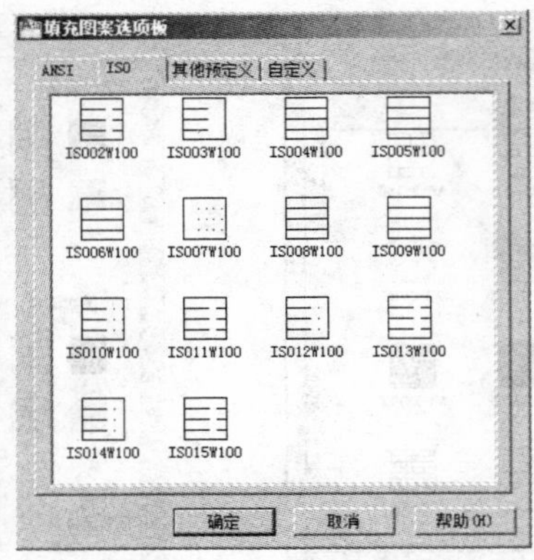

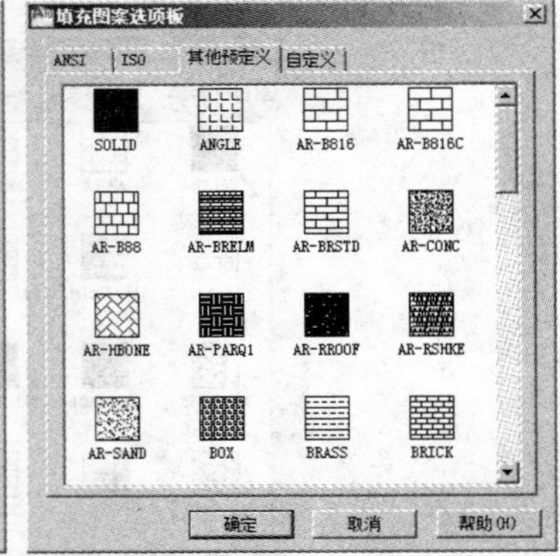

图 8-11 【填充图案选项板】

用户还可以根据需要选择【用户定义】和【自定义】两种类型的填充图案，以便更好地满足不同行业的绘图要求。

【用户定义】：该类型是基于图形的当前线型创建的直线填充图案。选择“用户定义”，用户可以通过【角度】和【间距】选项来控制用户定义图案中的角度和直线间距。

【自定义】：可以使用当前线型来定义自己的填充图案，或创建更复杂的填充图案。

5. 创建关联图案填充

进行图案填充时，使用关联选项将会使填充图案随边界的更改自动更新。默认情况下，创建的图案填充区域是关联的。若未使用关联选项，在修改填充边界轮廓时，填充图案将会维持不变。用户也可以创建独立于边界的非关联图案填充。如图 8-12 所示。

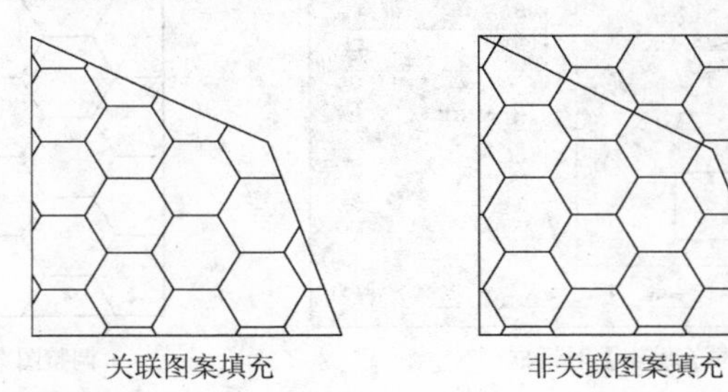

图 8-12 关联图案填充

6. 控制填充图案的比例

用户可根据需要为填充图案设置适当的比例，比例值默认为 1，用户可以在【图案填充编辑器】中的【特性】选项卡或【图案填充和渐变色】对话框中进行设置。

7. 指定图案填充的绘制顺序

在进行图案填充时，用户可以指定其绘制顺序，以便将其绘制在图案填充边界的后面或前面，或者其他所有对象的后面或前面。默认情况下，在创建图案填充时，将其绘制在图案填充边界的后面，这样比较容易查看和选择图案填充边界。也可以根据需要更改图案填充的绘制顺序，将其绘制在填充边界的前面，或者其他对象的后面或前面。在【图案填充和渐变色】对话框【图案填充】选项卡中的【绘图次序】中提供了不修改、后置、前置、置于边界之后、置于边界之前等 5 种选项。如图 8-13 所示。

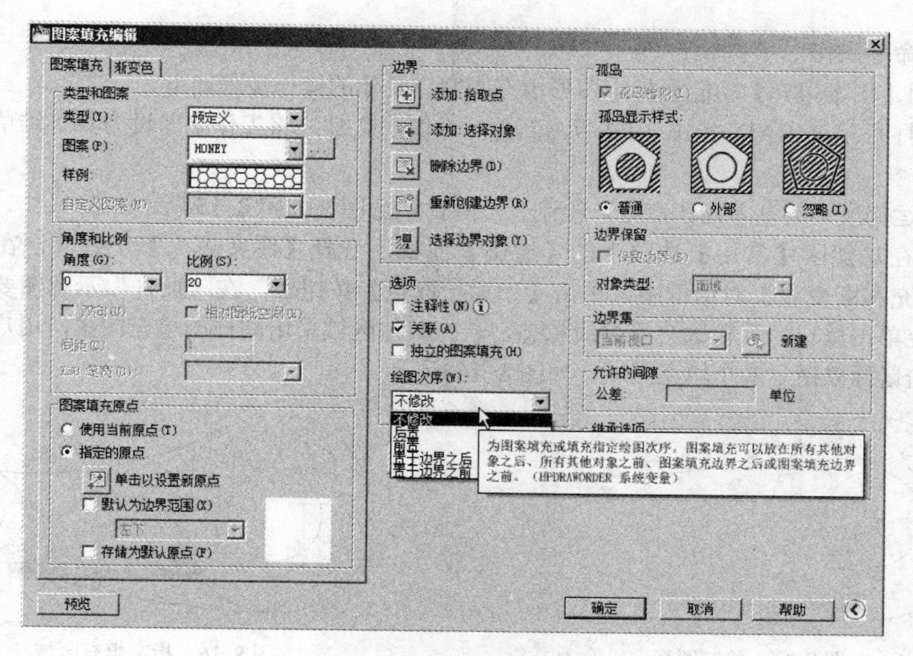

图 8-13　调整绘图次序

例如，绘制 3 个矩形，并为大矩形填充砖墙图案，为两个小矩形分别填充棕色和蓝色。然后分别将两个小矩形的填充颜色设置为前置和后置，效果如图 8-14 所示。

图 8-14　图案填充顺序

8.2.2　图案填充

1．功能

使用该命令，可以按照用户设置的样式、颜色、比例、角度进行图案填充。进行图案填充时，首先应创建一个填充区域边界，这个边界必须是封闭的，否则无法进行图案填充。

2．命令调用

用户可采用以下操作方法之一调用图案填充命令。

1）在功能区【常用】选项卡的【绘图】面板上选择【图案填充】工具。

2）选择【绘图】菜单栏→【图案填充】选项。

3）在命令行输入“Bhatch”，按〈Enter〉键执行。

3．命令操作

利用【图案填充】功能为指定图形填充图案。具体的操作步骤如下。

1）打开 AutoCAD 2010 中文版，新建一个图形文件，将工作空间设为“二维草图与注释”。

2）运用所学的基本绘图命令，绘制一个零件示意图，如图 8-15 所示。

3）在功能区【常用】选项卡的【绘图】面板上选择【图案填充】工具，在弹出的【图案填充和渐变色】对话框中，单击【添加拾取点】按钮，在“曲杆”示意图要填充图案的部位单击鼠标，其轮廓会呈虚线状态，若有其他区域采用同样的填充图案，用户则可以连续单击鼠标以指定多个填充区域。如图 8-16 所示。

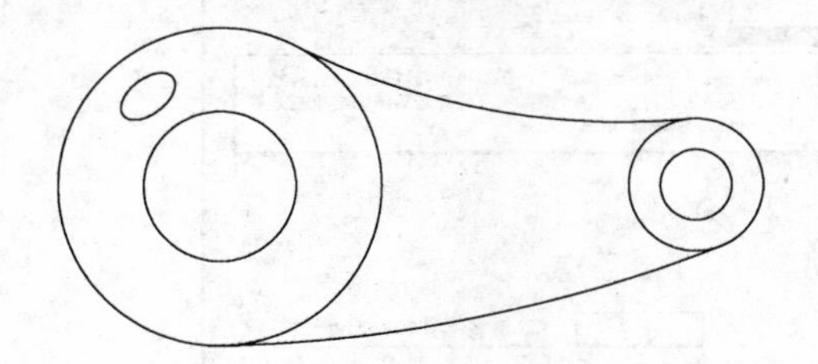

图 8-15　绘制图形

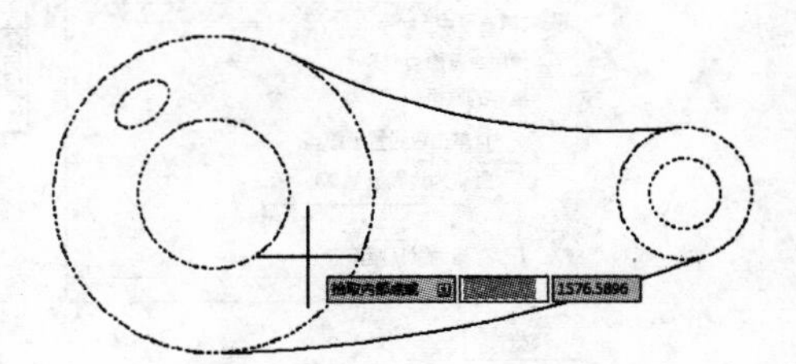

图 8-16　指定填充区域

4）指定图案填充区域后，按〈Enter〉键返回【图案填充和渐变色】对话框，单击【图案】列表框右侧的按钮，弹出【填充图案选项板】，选择【ANSI】选项卡中的“ANSI31”图案样例作为填充图案。单击鼠标右键回到【图案填充和渐变色】对话框中，可查看填充效果。为了正常显示填充图案，用户可以调整【比例】选项。完成图案填充。结果如图 8-17 所示。

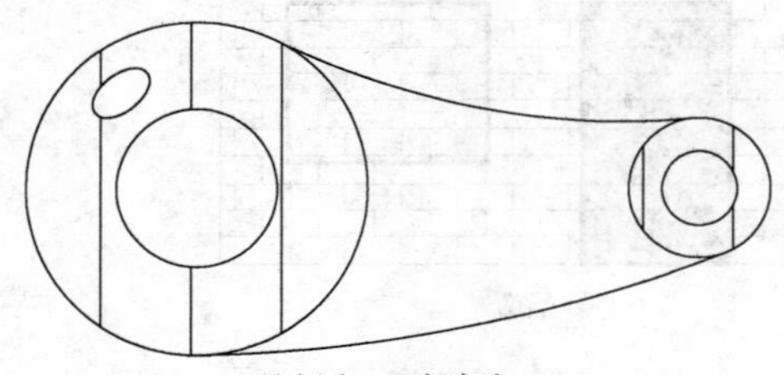

比例为 3，角度为 45°

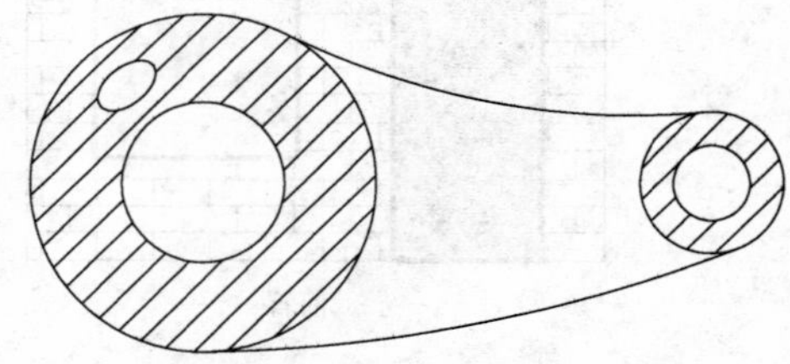

比例为 0.75，角度为 0°

图 8-17　图案填充

8.2.3　渐变色填充

1．功能

在绘制工程图样时，经常需要对图形对象进行颜色填充，以便更好地表达设计效果。AutoCAD 2010 提供的【渐变色填充】功能可以对封闭区域进行渐变色填充，从而形成更好的视觉效果。根据填充的效果不同，分为单色填充和双色填充。使用渐变色填充中的颜色可以从浅色到深色再到浅色，或者从深色到浅色再到深色平滑过渡，也可选择预定义的图案并为图案指定旋转角度。

2．命令调用

用户可采用以下操作方法之一调用渐变色填充命令。

1）在功能区【常用】选项卡的【绘图】面板上选择【渐变色】工具。

2）在功能区【常用】选项卡的【绘图】面板上选择【图案填充】工具，在弹出的对话框中选择【渐变色】选项板。

3）从菜单中选择【绘图】→【渐变色】选项。

4）在命令行输入“Gradient”，按〈Enter〉键执行。

3．命令操作

利用基本绘图命令和编辑命令，绘制一个“树”示意图，并进行渐变色填充。具体的操作步骤如下。

1）打开 AutoCAD 2010 中文版，新建一个图形文件，将工作空间设为“二维草图与注释”。

2）利用基本绘图命令和编辑命令，绘制“树”示意图。如图 8-18 所示。

3）在功能区【常用】选项卡的【绘图】面板上选择【渐变色】工具，打开【渐变色】选项卡。如图 8-19 所示。

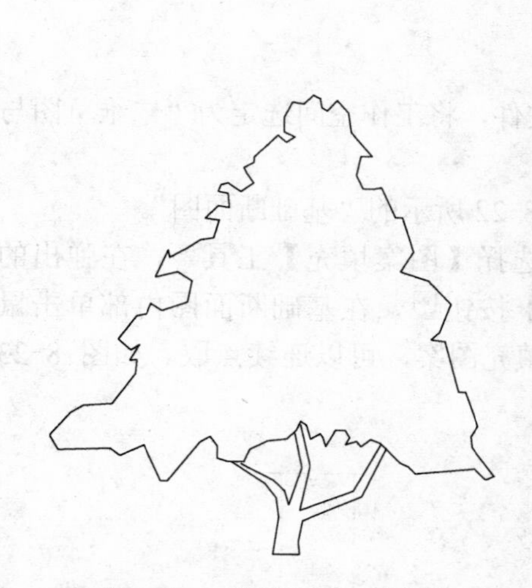

图 8-18 绘制“树”示意图

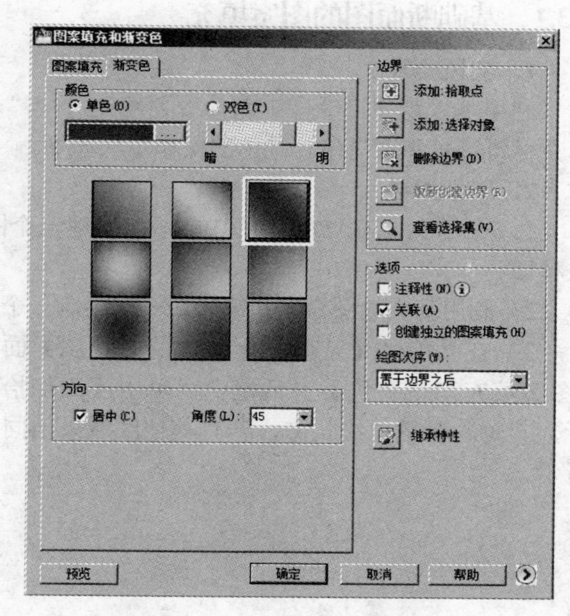

图 8-19 【渐变色】选项卡

4）选择【单色】选项，并单击颜色浏览按钮，将会弹出【选择颜色】对话框，用户可以在【索引颜色】选项卡中选择合适的颜色进行填充，或在【真彩色】选项卡中设置所需的颜色。如图 8-20 所示。

5）选定颜色后，单击【确定】按钮返回【渐变色】对话框，单击【添加拾取点】按钮，在需要填充的树轮廓内部单击鼠标，以选择所需填充的区域。用户还可以根据需要，设置渐变色的明暗程度，并能够选择填充方向是否居中，以及设置填充角度等。结果如图 8-21 所示。

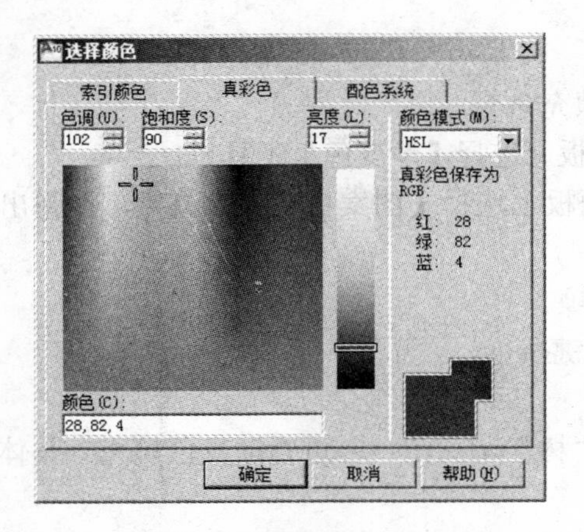

图 8-20【选择颜色】对话框

图 8-21“树”渐变色填充

8.3 实训

8.3.1 基础断面图的图案填充

1．实训要求

利用基本绘图命令和编辑命令，绘制一个“基础断面图”，使用【图案填充】工具为其填充材料符号和渐变色。具体的操作步骤如下。

2．实训指导

1）打开 AutoCAD 2010 中文版，新建一个图形文件，将工作空间选定为“二维草图与注释”。

2）利用基本绘图命令和编辑命令，绘制一个如图 8-22 所示的“基础断面图”。

3）在功能区【常用】标签内的【绘图】面板上选择【图案填充】工具，在弹出的【图案填充和渐变色】对话框中，单击【添加拾取点】按钮，在基础断面图内部单击鼠标，其轮廓会呈虚线状态，若有其他区域采用同样的填充图案，可以连续点取。如图 8-23 所示。

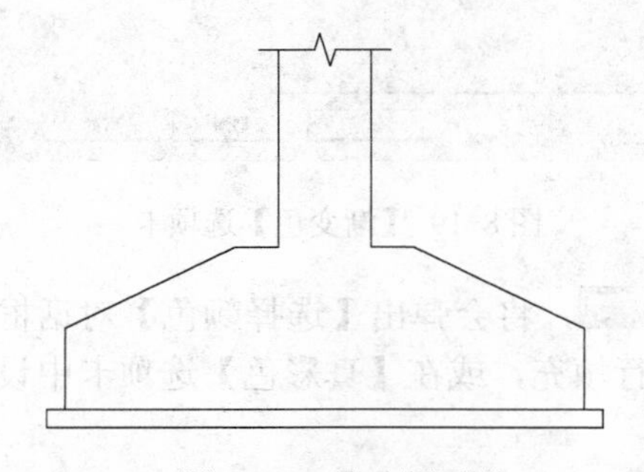

图 8-22 基础断面图

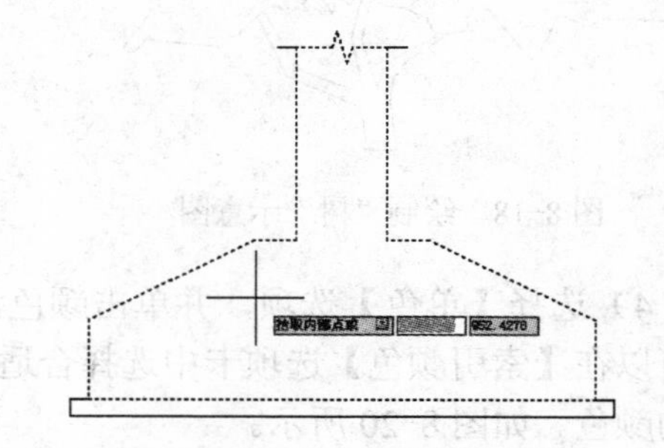

图 8-23 添加拾取点

4）确定填充区域后，按〈Enter〉键返回“图案填充和渐变色”对话框，单击“图案”列表框右侧的按钮，弹出【填充图案选项板】对话框，选择【其他预定义】选项卡中的“AR-CONC”和“JIS_WOOD”样例作为填充图案。

5）完成区域选择后，单击鼠标右键回到【图案填充和渐变色】对话框中，单击【预览】按钮，可查看填充效果，若填充比例未设置好，则看到的填充图案可能为“全黑”或看不到填充内容，如图 8-24a 所示。为了显示正常，需调整【比例】选项。调整合适后，单击【确定】按钮，完成图案填充。结果如图 8-24b 所示。

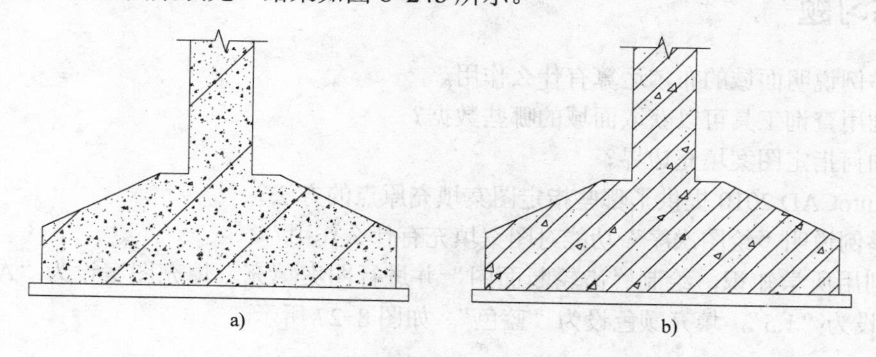

图 8-24　基础断面图案填充

6）完成图案填充，将文件保存至“D:\第 8 章实训”文件夹中，文件名为“基础断面图的图案填充”。

8.3.2　房屋立面图的图案填充

1．实训要求

利用基本绘图命令和编辑命令，绘制一个“房屋立面图”，使用【图案填充】工具为其填充图案和渐变色。具体的操作步骤如下。

2．实训指导

1）打开 AutoCAD 2010 中文版，新建一个图形文件，将工作空间选定为“二维草图与注释”。

2）利用基本绘图命令和编辑命令，绘制一个如图 8-25 所示的“房屋立面图”。

3）在功能区【常用】选项卡的【绘图】面板上选择【图案填充】工具，为“房屋立面图”设置填充效果。为台阶和屋顶指定渐变色填充，颜色为 31 号色；为墙面指定渐变色填充，颜色为 15 号色；为门窗框指定渐变色填充，颜色为 8 号色；为门窗玻璃指定渐变色填充，颜色为真彩色“146,247,235”号色；为墙面指定名为“AR-B816”的填充图案，比例设为 0.8。完成图案填充后，结果如图 8-26 所示。

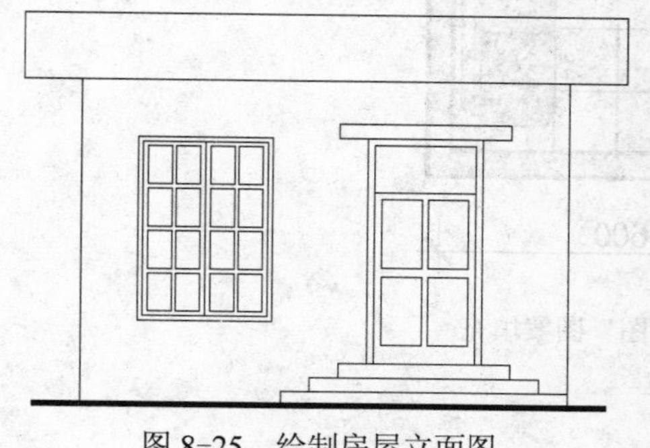

图 8-25　绘制房屋立面图

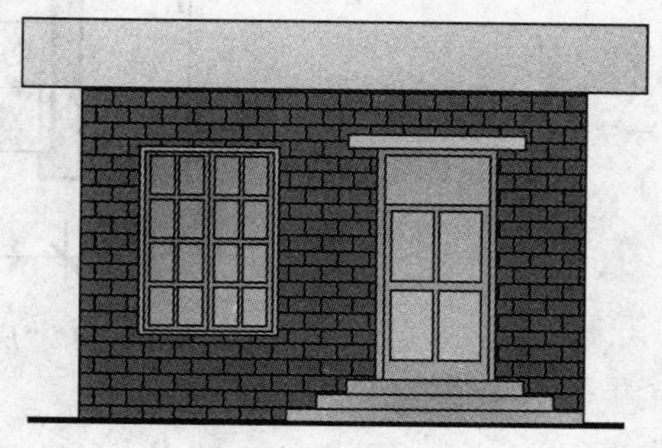

图 8-26　图案填充

4）完成图案填充，将文件保存至“D:\第 8 章实训”文件夹中，文件名为“房屋立面图的图案填充”。

8.4 练习题

1．举例说明面域的布尔运算有什么作用。

2．利用查询工具可以获取面域的哪些数据？

3．如何指定图案填充边界？

4．AutoCAD 2010 提供了哪些指定图案填充原点的方法？

5．举例说明“绘图次序”功能对图案填充有什么作用？

6．利用所学知识，绘制“齿轮断面图”并进行图案填充。填充图案设为“ANSI31”，填充比例设为“1.5”，填充颜色设为“蓝色”。如图 8-27 所示。

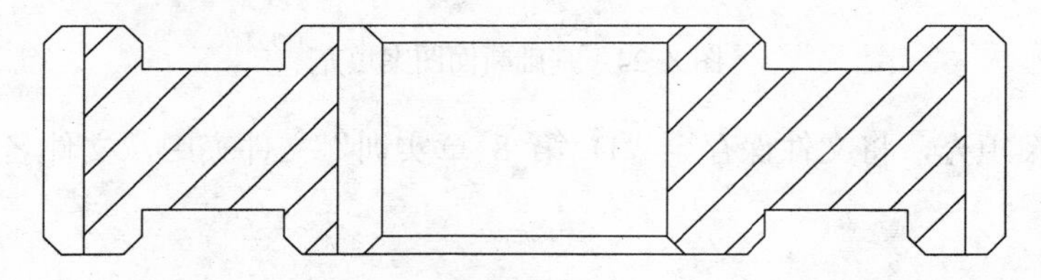

图 8-27 “齿轮断面图”图案填充

7．利用前面所学知识绘制“房间平面图”，并进行图案填充。为墙体指定渐变色填充，颜色为 9 号色；为房间地面指定名为“net”的填充图案，并进行渐变色填充，颜色为真彩色“255,237,184”号色；为办公桌指定渐变色填充，颜色为真彩色“153,76,0”号色；为椅子指定渐变色填充，颜色为真彩色“153,114,76”号色；为文件柜指定渐变色填充，颜色为真彩色“180,182,154”号色；为沙发指定渐变色填充，颜色为真彩色“204,178,102”号色。结果如图 8-28 所示。

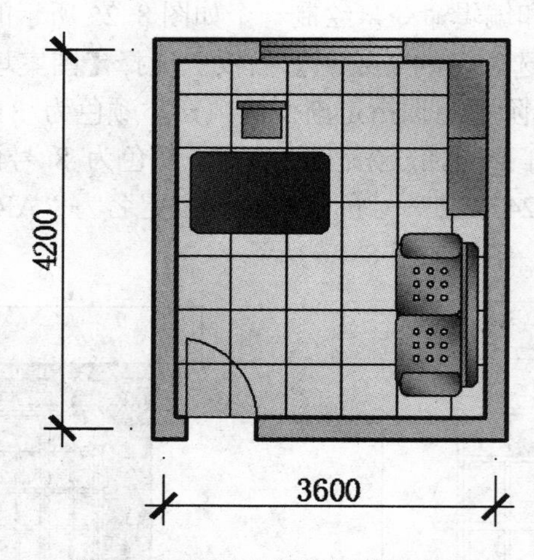

图 8-28 “房间平面图”图案填充

第9章 图块应用

在绘制工程图时，经常会有各种各样的标准图形需要绘制。有些图形的重复使用率非常高，例如建筑工程图样中的门窗、家具、卫生器具、标注符号等，机械工程图样中的螺杆、螺母等。为了避免重复工作，提高绘图效率，可以使用 AutoCAD 提供的图块功能。而且，使用图块的数据量要比直接绘图小得多，从而节省了计算机的存储空间，也提高了工作效率。

图块是一个或多个对象的组合，用于创建单个的对象。利用图块可以帮助用户在同一图形或不同的图形中重复使用对象。图块可以是绘制在几个图层上的不同特性对象的组合，用户可以使用多种方法来创建图块。通过本章的学习，应熟练掌握图块的创建和使用，图块属性的建立与编辑，动态图块的应用等内容。

9.1 图块的基本应用

图块是由一个或多个图形对象组合而成的。组成图块的图形对象可以创建在不同的图层当中，虽然图块总是在当前图层上，但块参照保存了有关包含在该图块中的对象的原图层、颜色和线型特性的信息。插入块时即插入了块参照，不仅仅是将信息从块定义复制到绘图区域，而是在块参照与块定义之间建立了链接。因此，如果用户修改块定义，则图形文件中所有的块参照也将自动更新。

9.1.1 创建图块

1．功能

要定义一个图块，首先要绘制好组成图块的图形对象，然后再对其进行定义。每个块定义都包括块名、一个或多个图形对象、用于插入块的基点坐标值和所有相关的属性数据。建议将基点指定在位于图块中对象的左下角位置。

2．命令调用

用户可采用以下操作方法之一调用创建图块命令。

1）在功能区【常用】选项卡内的【块】面板上选择【创建图块】工具按钮[创建]。

2）在菜单中依次单击【绘图】→【块】→【创建】。

3）在命令行输入“Block”命令，按〈Enter〉键执行。

3．命令操作

下面通过一个简单的实例来介绍【创建图块】的应用。具体的操作步骤如下。

1）新建一个图形文件，利用矩形、多段线、弧线等绘图工具，绘制“盥洗池”示意图。如图 9-1 所示。

2）在功能区【常用】选项卡的【块】面板上选择【创建图块】工具按钮[创建]，将会弹出【块定义】对话框，在【名称】栏内输入“吊钩”；单击【拾取点】按钮指定图块的插入基点；单击【选择对象】按钮，选择拟定义图块的图形对象。另外，用户还可以选择创建图块后，对原图形对象采取保留、转换为块、删除等选项。如图 9-2 所示。

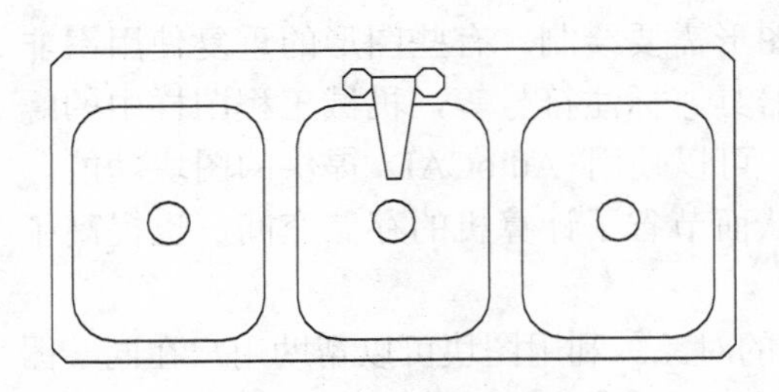

图 9-1　盥洗池示意图

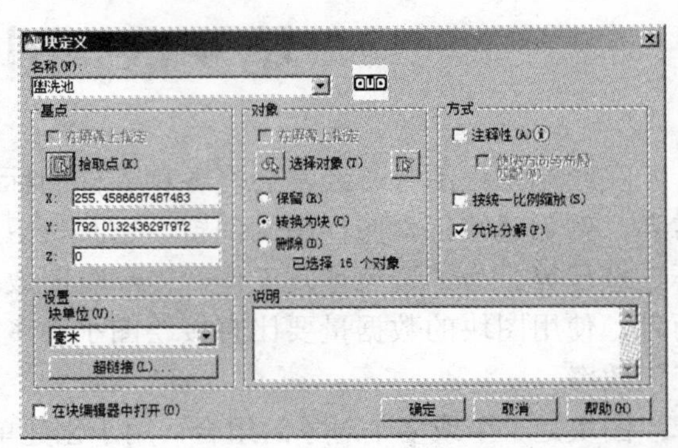

图 9-2 【块定义】对话框

9.1.2　创建用做块的图形文件

1．功能

使用该命令，用户可以创建图形文件，将其作为图块插入到其他图形中。作为块定义源，单个图形文件比较容易创建和管理，使用时也更加方便。尤其对于那些在设计中需多次用到的行业标准图形，创建为块形式的图形文件，在调用图块时仅需改变其比例和旋转一定的角度即可。

2．命令调用

用户可采用以下操作方法调用创建用做块的图形文件命令。

在命令行中输入“Wblock”，并按〈Enter〉键执行。

3．命令操作

下面通过一个简单的实例来介绍【创建用作块的图形文件】。具体的操作步骤如下。

1）新建一个图形文件，利用基本绘图工具，绘制如图 9-3 所示的零件图。

2）在命令行中输入“Wblock”，执行【写块】命令，将会弹出【写块】对话框，在【源】设置区域中选择【对象】选项。

3）单击【选择对象】按钮，将会返回到绘图区域中，用户可选择要创建为块的图形对象，按〈Enter〉键结束。

4）在【基点】区域，用户可使用坐标输入或拾取点两种方法定义基点位置，即对象插入点的位置。

5）在【目标】区域，用户可输入新图形的文件名称和路径，或单击按钮 ，显示标准的文件选择对话框，保存图形。如图 9-4 所示。

【写块】对话框与【块定义】对话框有两处不同：一个是【源】设置区域，它是指作为写块对象的图形来源可以是现有块，从列表中选取，可以是当前的整个图形，也可以是整个图形中的某一部分；另一个是【目标】区域，用来指定文件的新名称和新位置以及插入块时所用的测量单位。

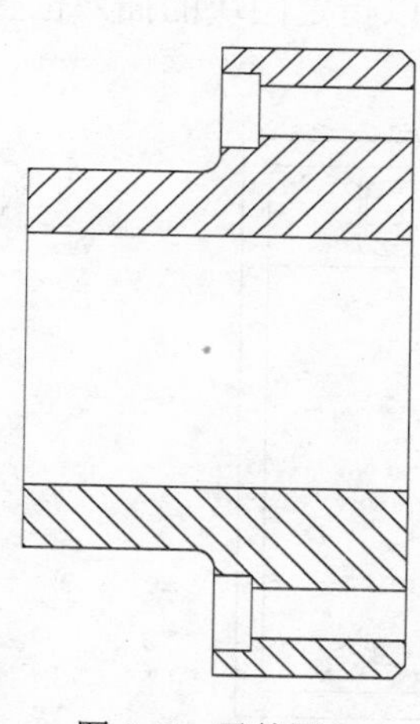

图 9-3　零件图

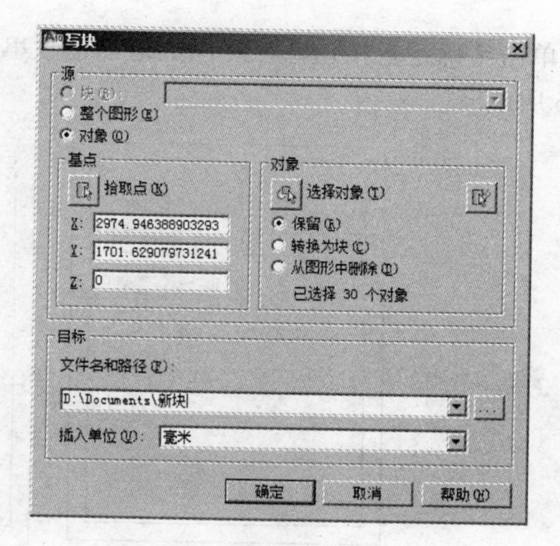

图 9-4 【写块】对话框

9.1.3　插入图块

1．功能

根据上述方法完成图块的定义后，用户便可以在绘制工程图时根据需要多次插入已经创建的图块。用户在插入图块时，可以指定位置、缩放比例和旋转角度。

2．命令调用

用户可采用以下操作方法之一调用插入图块命令。

1）在功能区【常用】或【插入】选项卡内的【块】面板上选择【插入块】工具。

2）在命令行输入“Insert”，按〈Enter〉键执行。

3．命令操作

下面通过一个简单的实例来介绍【插入图块】的应用。具体的操作步骤如下。

1）在功能区【常用】选项卡的【块】面板上选择【创建图块】工具按钮，将所绘制的如图 9-1 所示的“盥洗池”示意图创建为图块。

2）在功能区【常用】选项卡的【绘图】面板上选择【矩形】工具按钮，绘制一个尺寸为 1800×2400 的矩形，并向外偏移 120，作为房间平面图的墙线。

3）在功能区【常用】选项卡内的【块】面板上选择【插入块】工具，在弹出的【插入】对话框中选择名为“盥洗池”的图块。如图 9-5 所示。

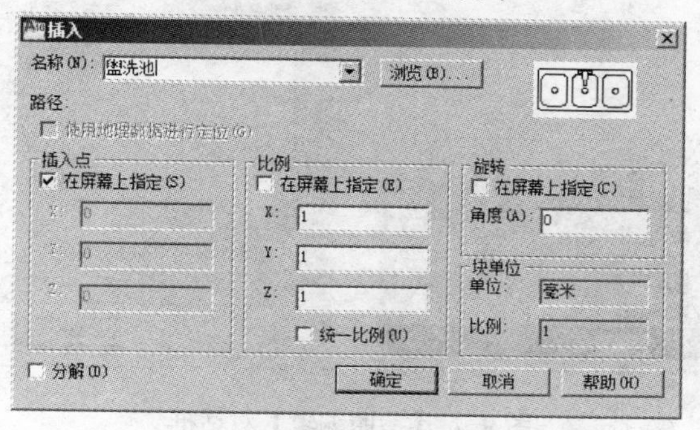

图 9-5 【插入】对话框

4）单击【确定】按钮，在房间的适当位置单击鼠标左键以指定图块的插入位置，结果如图 9-6 所示。

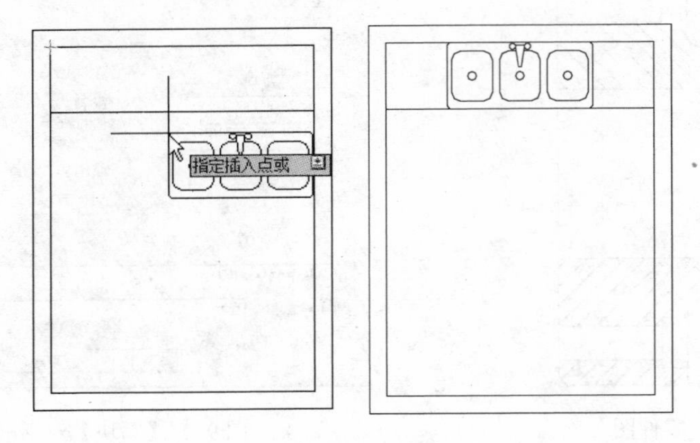

图 9-6　插入图块

9.1.4　图块的在位编辑

1．功能

如果用户对已经创建的图块不满意，或要对原有图块中的图形对象进行编辑，可以使用 AutoCAD 2010 提供的【在位编辑】工具来实现。所谓在位编辑，就是在原图形的位置上进行编辑，用户不必将图块分解就可以对包含在图块内的对象进行编辑。

2．命令调用

用户可采用以下操作方法之一调用图块的在位编辑命令。

1）选择要编辑的图块，单击鼠标右键，在弹出的快捷菜单中选择【在位编辑块】命令。

2）在命令行输入“Refedit”，按〈Enter〉键执行。

3．命令操作

要进行图块的在位编辑，首先应选择相应图块，并单击鼠标右键，在弹出的快捷菜单中选择【在位编辑块】命令 在位编辑块(I)，将会弹出【参照编辑】对话框，如图 9-7 所示。

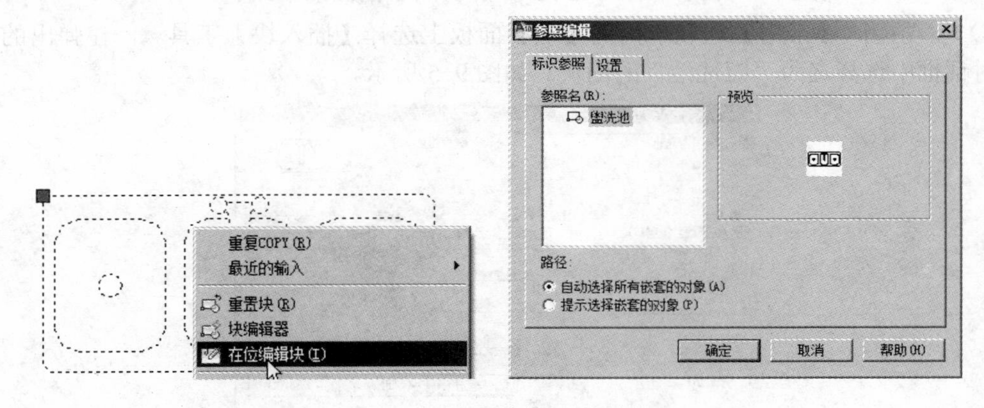

图 9-7　【参照编辑】对话框

在【参照编辑】对话框中选择要编辑的图块，单击【确定】按钮，将会返回到绘图窗口，并且只显示当前所选择的图块。用户可以利用图形编辑命令，对该图形进行编辑，如旋转、移动、镜像等。也可以在当前图块中添加新的图形对象，以完善图形效果。

在【功能区】的【编辑参照】面板中单击【保存修改】按钮，完成图块的在位编辑，此时，在当前图形中与该图块名称一样的图块将自动更新为修改后的图形样式。

9.2 图块的属性

图块的属性是将数据附着到块上的标签或标记，它可以包含用户所需要的各种信息。属性中可能包含的数据包括零件编号、价格、注释等。图块的属性为单行文字属性。用户也可以创建多行文字属性以存储数据，从图形中提取的属性信息可用于电子表格或数据库。附带有属性的图块常用于形式相同，而文字内容需要变化的情况，如建筑工程图中的轴线符号、门窗编号、标高符号，机械工程图中的粗糙度符号等，用户可以将它们创建为带有属性的图块，使用时可根据需要指定文字内容。

9.2.1 定义图块属性

1．功能

属性是非图形信息，也是图块的组成部分，当插入图块时，系统将显示或提示输入属性数据。要定义图块属性，首先要创建包含属性特征的属性定义。属性特征包括标记（标识属性的名称）、插入块时显示的提示、值的信息、文字格式、块中的位置和所有可选模式（不可见、常数、验证、预置、锁定位置和多线）。

创建一个或多个属性定义后，可以为图块附着这些属性。要为一个图块同时添加多个属性，用户可以先定义这些属性，然后在定义图块时将它们都添加到图块对象的选择集中即可。附着多个属性的图块，其属性提示顺序与创建块时选择属性的顺序相同。但是，如果使用窗交选择或窗口选择的方式来选择属性，则提示顺序与创建属性的顺序相反。用户可以使用块属性管理器来修改插入块参照时提示输入属性信息的次序。

2．命令调用

用户可采用以下操作方法之一调用定义图块属性命令。

1）在功能区【常用】选项卡内的【块】面板上选择【定义属性】工具。

2）在功能区【插入】选项卡内的【属性】面板上选择【定义属性】工具。

3）在命令行输入“Attdef”，并按〈Enter〉键执行。

3．命令操作

下面通过一个简单的实例来介绍【定义属性】命令的应用。具体的操作步骤如下。

1）新建一个图形文件，利用矩形、直线等命令绘制一个尺寸为 1000mm×240mm 的“平面窗”示意图，如图 9-8 所示。

图 9-8 “平面窗”示意图

2）在功能区【常用】选项卡的【块】面板上选择【定义属性】工具，打开【属性定义】对话框。在【标记】文本框中输入“窗编号”，在【提示】文本框中输入“请输入窗编号”，在

【默认】文本框中输入“C1”，将【对正方式】选为“居中”，【文字高度】设为“150”。如图 9-9 所示。完成后单击【确定】按钮退出，单击鼠标左键指定窗编号属性的放置位置，结果如图 9-10 所示。

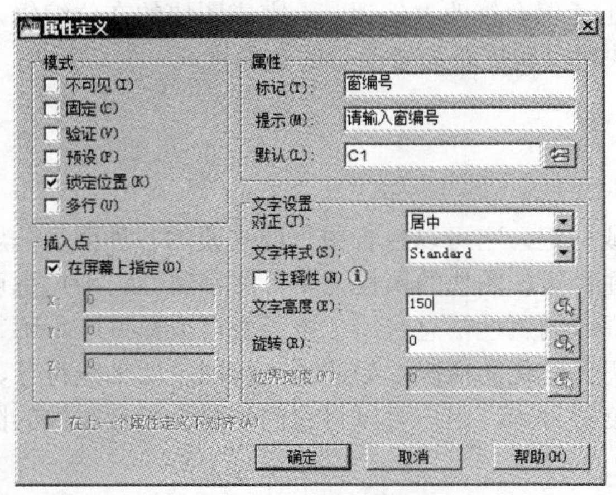

图 9-9 【属性定义】对话框

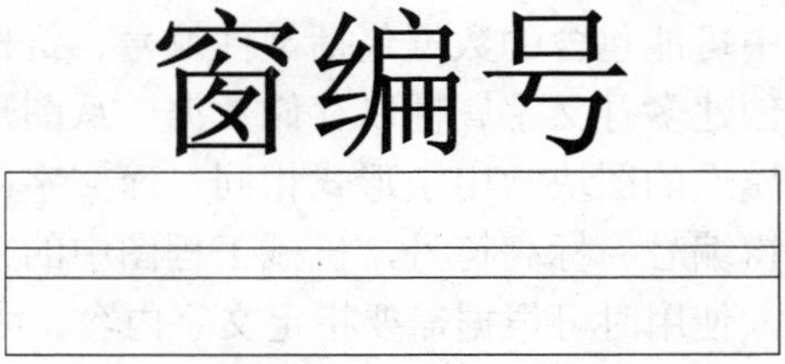

窗编号

图 9-10 定义图块属性

3）在功能区【常用】选项卡内的【块】面板上选择【创建块】工具，在弹出的【块定义】对话框中进行设置。在【名称】文本框中输入“平面窗”，单击【拾取点】按钮，将“平面窗”示意图的左下角点指定为基点，单击【选择对象】按钮，将“平面窗”示意图与其属性全部选中，如图 9-11 所示。

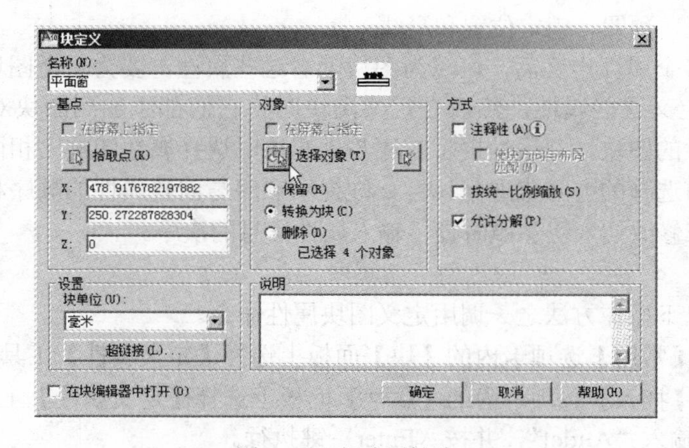

图 9-11 创建属性块

4）完成块定义的设置，单击【确定】按钮，将会弹出【编辑属性】对话框，并列出用户所添加的属性内容，如图 9-12 所示，单击【确定】按钮完成图块属性的定义。

5）在功能区【常用】选项卡内的【块】面板上选择【插入块】工具，将会弹出【插入】对话框，选择名为“平面窗”的图块，并单击【确定】按钮，在图形的适当位置单击鼠标左键以确定“平面窗”的插入位置，此时，程序将会提示“请输入窗编号”，用户在此输入需要标注的平面窗编号即可将附着属性的图块插入到图形当中。结果如图 9-13 所示。

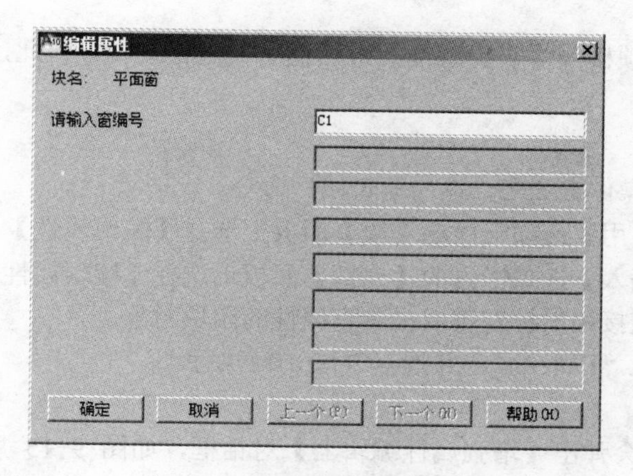

图 9-12 【编辑属性】对话框

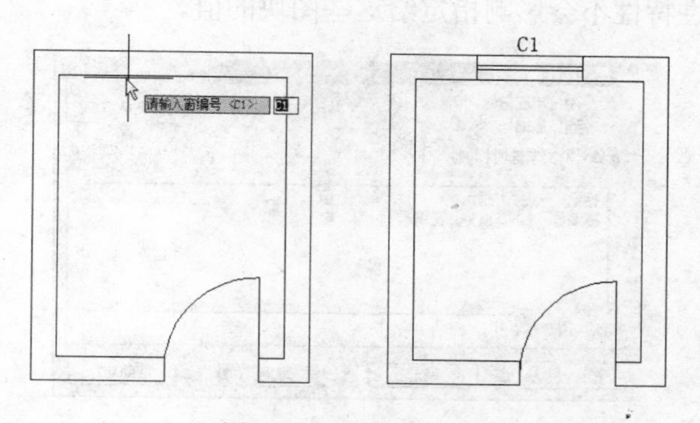

图 9-13　插入属性块

6）重复上一步骤，在弹出的【插入】对话框中，选择“平面窗”图块，并将旋转角度设置为“90”，单击【确定】按钮，即可在另一侧墙上插入一个平面窗。如图 9-14 所示。

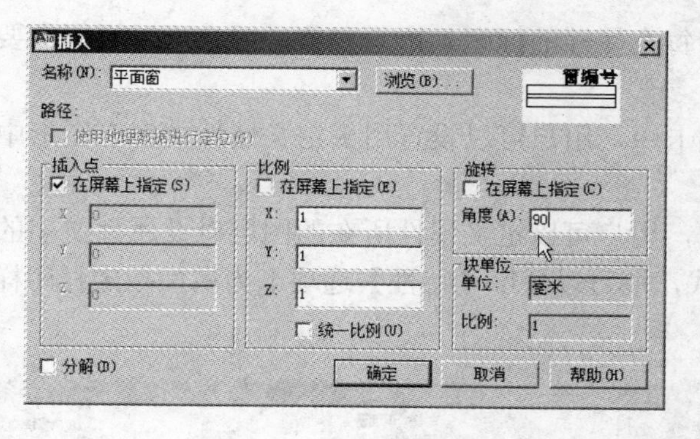

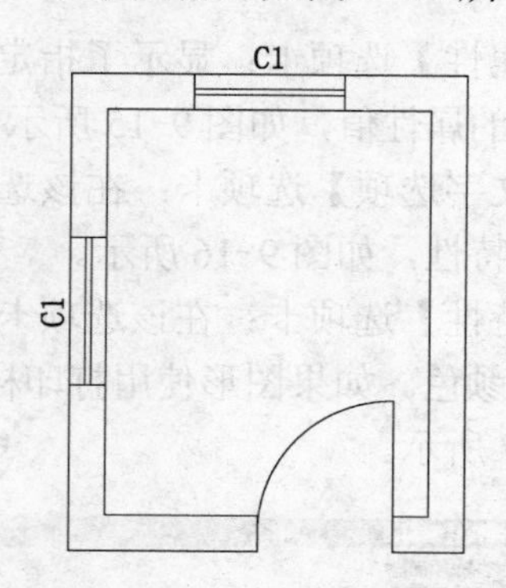

图 9-14　改变图块旋转角度

9.2.2 编辑属性

1．功能

当块定义中包含属性定义时，属性将会作为一种特殊的文本对象也一起插入到图形中。用户可以利用 AutoCAD 2010 提供的【增强属性编辑器】对附着到图块的属性进行编辑。还可以通过【特性】选项板或【快捷特性】对话框对其进行编辑。在此，只介绍【增强属性编辑器】的使用。

2．命令调用

用户可采用以下操作方法之一调用编辑属性命令。

1）在功能区【常用】选项卡内的【块】面板上选择【编辑属性】工具。

2）在功能区【插入】选项卡内的【属性】面板上选择【编辑属性】工具。

3）在绘图区域直接用鼠标左键双击带有属性的图块对象。

4）在命令行输入“Eattedit”，并按〈Enter〉键执行。

3．命令操作

执行该命令，将会弹出【增强属性编辑器】对话框，如图 9-15 所示。其中列出了所选定图块中的属性并显示每个属性的特性，用户可以方便地对其属性特性和属性值进行编辑。更改现有块参照的属性特性不会影响指定给这些图块的值。

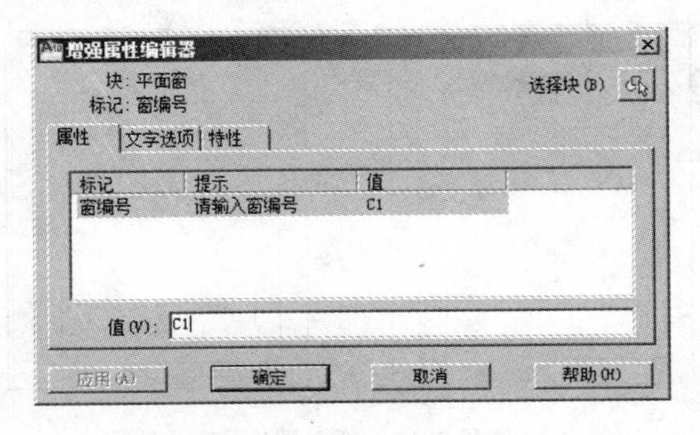

图 9-15 【增强属性编辑器】对话框

在【增强属性编辑器】中有【属性】、【文字选项】和【特性】3 个选项卡。其作用介绍如下。

【属性】选项卡：显示了指定给每个属性的标记、提示和值，用户可以根据需要更改选定图块的属性值，如图 9-15 所示。

【文字选项】选项卡：在该选项卡中，用户可以设置用于定义属性文字在图形中的显示方式的特性，如图 9-16 所示。

【特性】选项卡：在该选项卡中，用户可以定义属性所在的图层以及属性文字的线宽、线型和颜色。如果图形使用打印样式，还可以使用【特性】选项卡为属性指定打印样式。如图 9-17 所示。

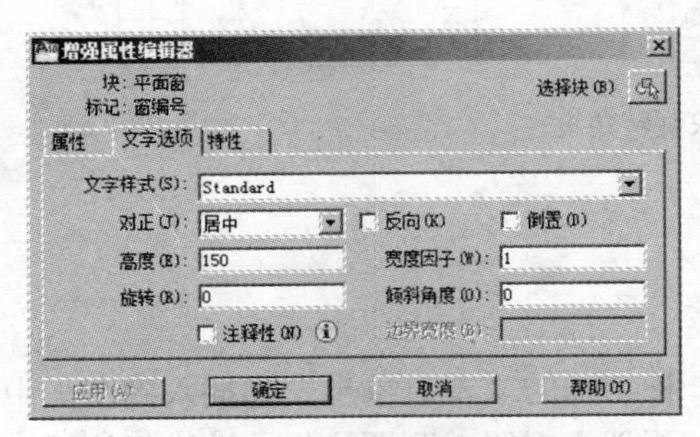

图 9-16 【文字选项】选项卡

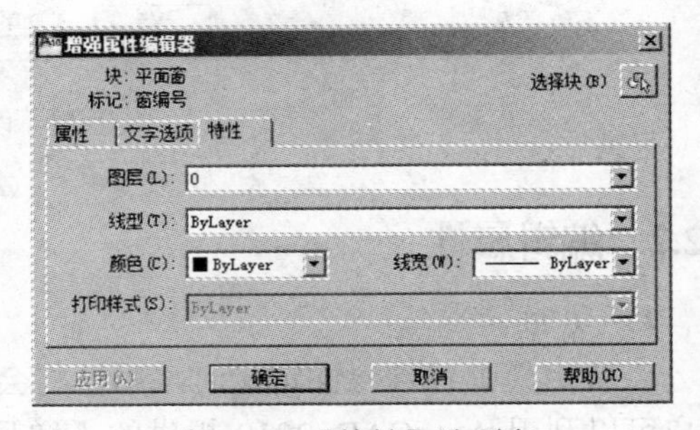

图 9-17 【特性】选项卡

9.2.3 管理图块属性

1．功能

使用该功能，用户可以编辑已经附着到块和插入图形的全部属性的值及其他特性。在定义带有多个属性的图块时，选择属性的顺序决定了在插入图块时提示属性信息的顺序。用户可以使用属性管理器更改属性值的提示顺序，还可以从块定义和当前图形中现有的块参照中删除属性，需要注意的是，不能从块中删除所有属性，必须至少保留一个属性，否则需要重新定义块。使用对块定义所做的更改，可以在当前图形的所有块参照中更新属性。

2．命令调用

用户可采用以下操作方法之一调用管理图块属性命令。

1）在功能区【常用】选项卡内的【块】面板上选择【管理属性】工具。

2）在功能区【插入】选项卡内的【属性】面板上选择【管理属性】工具。

3）在命令行输入“Battman”，并按〈Enter〉键执行。

3．命令操作

执行该命令，将会弹出【块属性管理器】对话框，如图 9-18 所示。用户可以在【块】列表中选择一个块，或者单击【选择块】按钮，并在绘图区域中选择一个属性块进行编辑。在属性列表中双击要编辑的属性，或者选择该属性并单击【编辑】按钮，将会弹出【编辑属性】对话框，其中有【属性】、【文字选项】和【特性】3 个选项卡，如图 9-19 所示。用户可以在此对属性进行修改。如果用户在【块属性管理器】对话框中选定的图块带有多个属性，在其属性列表中将会依次列出。用户可以在属性列表中选中某个属性，更改该属性值的提示顺序。

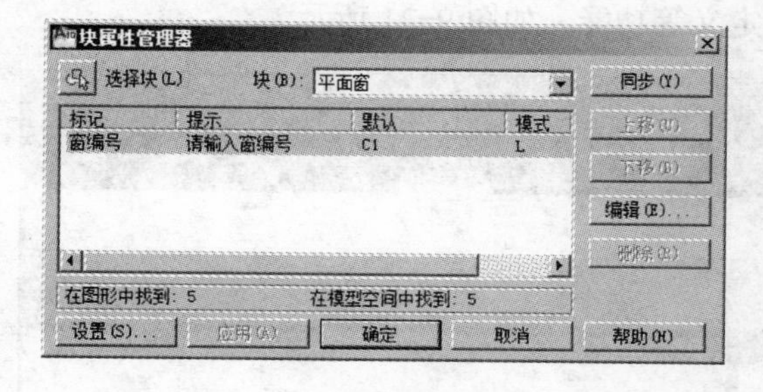

图 9-18 【块属性管理器】对话框

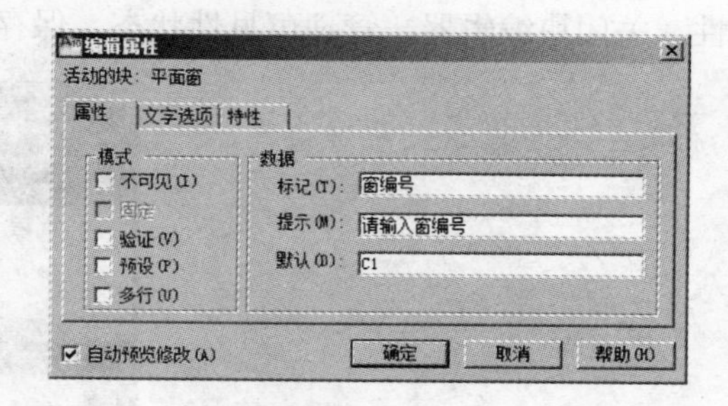

图 9-19 【编辑属性】对话框

9.3 动态块应用

动态块就是通过块编辑器将一系列内容相同或相近的图形创建为块，并为图块设置具有参数化的动态特性，用户可以通过自定义夹点或自定义特性来编辑动态块。动态块参照并不是图形的固定部分，它具有灵活性和智能性。用户在操作时可以轻松地更改图形中的动态块参照，这使得用户可以根据需要在位调整块参照，而不用搜索另一个块以插入或重定义现有的块。

要创建动态块必须至少包含一个参数以及一个与该参数关联的动作，用户可以通过给已创建的图块添加动态参数和动作来创建动态块。例如，在绘制建筑平面图时，需要插入大量尺寸不同的单开门或双开门，此时，用户可以利用【动态块】功能创建一个单开门或双开门块参照并插入到图形当中。在编辑图形时即可根据需要更改单开门或双开门的大小，用户只需拖动动态块的自定义夹点或在【特性】选项卡中指定不同的尺寸就可以方便地修改动态块的大小。

9.3.1 块编辑器

1．功能

【块编辑器】是专门用于创建块定义并添加动态行为的编写区域。用户可以通过【块编辑器】快速访问块编写工具，【块编辑器】包含一个独立的绘图区域。在该区域中，用户可以利用常规命令来绘制和编辑几何图形。

2．命令调用

用户可采用以下操作方法之一调用块编辑器命令。

1）在菜单栏依次单击【工具】→【块编辑器】工具 块编辑器(B)。

2）在功能区【常用】选项卡内的【块】面板上选择【编辑】工具 编辑。

3）在功能区【插入】选项卡内的【块】面板上选择【块编辑器】工具。

4）在命令行输入“Bedit”，并按〈Enter〉键执行。

3．命令操作

执行该命令后，将会弹出【编辑块定义】对话框，如图 9-20 所示。

用户可以在【编辑块定义】对话框中选定要创建或编辑的图块，然后单击【确定】按钮，将会切换为【块编辑器】工作界面，在该界面中提供了添加约束、参数、动作、定义属性、关闭块编辑器、管理可见性状态、保存块定义等功能。如图 9-21 所示。

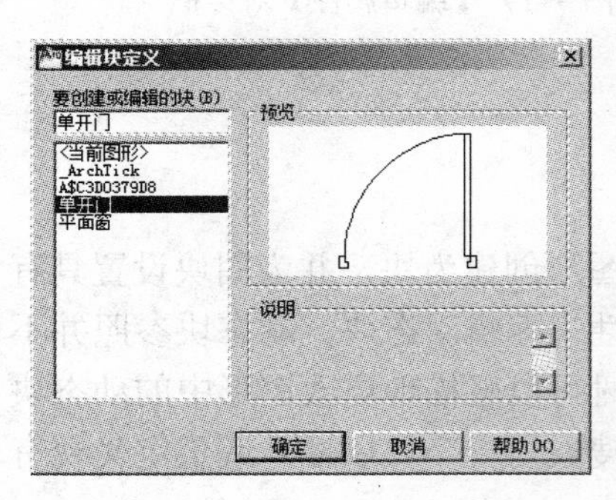

图 9-20 【编辑块定义】对话框

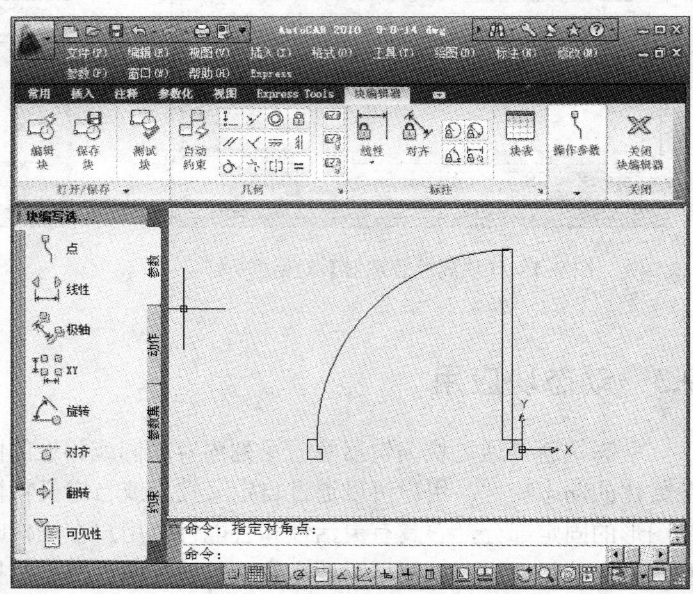

图 9-21 【块编辑器】工作界面

在【块编辑器】工作界面中，用户可以使用软件提供的【上下文选项卡】或【块编辑器】功能来编辑图块的动态行为，用户也可以将动态行为添加到当前图形现有的块定义中，还可以使用【块编辑器】创建新的块定义。AutoCAD 2010 在功能区的上下文选项卡和工具栏中，提供了以下操作工具。

【添加约束】：可以为对象添加几何约束和标注约束。几何约束确定二维几何对象之间或对象上的每个点之间的关系。标注约束会使几何对象之间或对象上的点之间保持指定的距离和角度。

【添加参数】：约束参数包含参数信息，用户可以为块参照显示或编辑参数值，但只能在块编辑器中创建约束参数。

【添加动作】：动作定义了在图形中操作动态块参照时，该块参照中的几何图形将如何移动或更改。通常情况下，向动态块定义中添加动作后，必须将该动作与参数、参数上的关键点以及几何图形关联。

【定义属性】：通过属性定义可以将数据附着到块上的标签或标记。动态块的属性定义与前面所讲的图块属性的使用是一样的。

【关闭块编辑器】：使用该工具可以关闭块编辑器并返回到绘图界面。

【管理可见性状态】：可以创建、设置或删除动态块中的可见性状态。

【保存块定义】：用以保存对当前块定义所做的更改。

9.3.2 参数与动作

1．功能

在【块编辑器】工作界面中，用户可以通过功能区或【块编写】选项板提供的工具，为图块添加参数和动作，来创建图块的动态行为。

2．命令调用

用户可采用以下操作方法之一调用参数与动作命令。

1）在功能区【常用】选项卡的【块】面板上选择【编辑】工具 编辑，在弹出的【编辑块定义】对话框中选择要创建或编辑的图块，将会切换至【块编辑器】界面，在功能区【块编辑器】选项卡的【操作参数】面板中选择【参数】和【动作】下拉列表内列出的相应工具，即可为块定义添加动作和参数。如图 9-22 所示。

2）在功能区【常用】选项卡的【块】面板上选择【编辑】工具 编辑，在弹出的【编辑块定义】对话框中选择要创建或编辑的图块，将会切换至【块编辑器】界面，在【块编写】选项板中选择【参数】和【动作】选项卡内列出的相应工具，即可为块定义添加动作和参数。如图 9-23 所示。

在【块编写】选项板中的动态块的【参数】选项卡，提供用于向块编辑器中的动态块定义对象添加参数的工具。参数用于指定几何图形在块参照中的位置、距离和角度等。在块编辑器中参数的外观类似于标注，动态块的相关动作完全是依据参数进行的。用户可以为同一个图块添加多个参数。将参数添加到动态块定义中时，该参数将定义块的一个或多个自定义特性。软件提供的动态块参数类型有点、线性、极轴、旋转、对齐、翻转等。详细介绍如下。

【点参数】：该参数用于向动态块定义中添加点参数，并定义块参照的自定义 X 和 Y 特性。点参数定义图形中的 X 和 Y 位置。在块编辑器中，点参数类似于一个坐标标注。

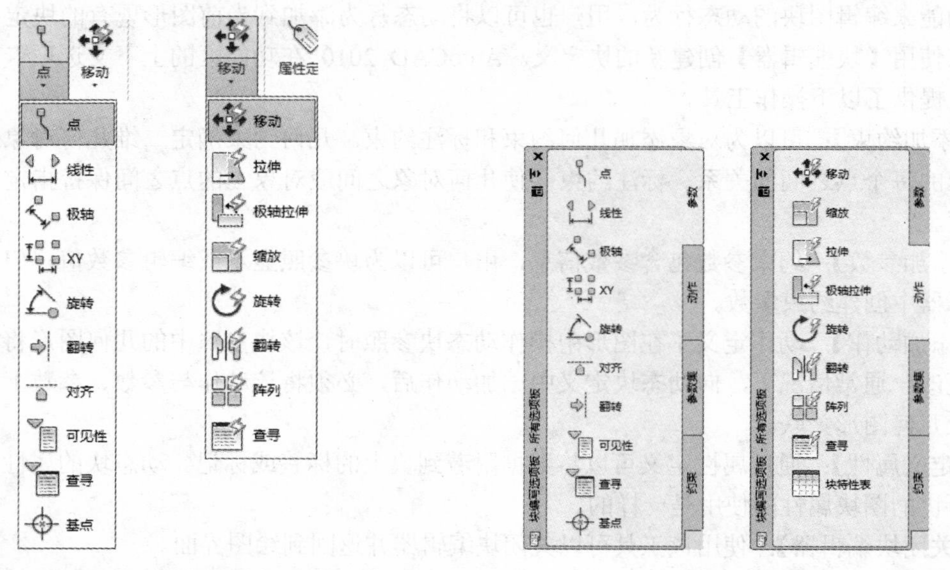

图 9-22 【参数】和【动作】下拉列表　　　　图 9-23 【块编写】选项板

【线性参数】：该参数用于向动态块定义中添加线性参数，并定义块参照的自定义距离特性。线性参数显示两个目标点之间的距离。线性参数限制沿预设角度进行的夹点移动。在块编辑器中，线性参数类似于对齐标注。

【极轴参数】：该参数用于向动态块定义中添加极轴参数，并定义块参照的自定义距离和角度特性。极轴参数显示两个目标点之间的距离和角度值。可以使用夹点和【特性】选项板来共同更改距离值和角度值。在块编辑器中，极轴参数类似于对齐标注。

【XY 参数】：该参数用于向动态块定义中添加 XY 参数，并定义块参照的自定义水平距离和垂直距离特性。XY 参数显示距参数基点的 X 距离和 Y 距离。在块编辑器中，XY 参数显示为一对标注（水平标注和垂直标注）。这一对标注共享一个公共基点。

【旋转参数】：该参数用于向动态块定义中添加旋转参数，并定义块参照的自定义角度特性。旋转参数用于定义角度。在块编辑器中，旋转参数显示为一个圆。

【对齐参数】：该参数用于向动态块定义中添加对齐参数，对齐参数定义 X、Y 位置和角度。对齐参数总是应用于整个块，并且无需与任何动作关联。对齐参数允许块参照自动围绕一个点旋转，以便与图形中的其他对象对齐。对齐参数影响块参照的角度特性。在块编辑器中，对齐参数类似于对齐标注。

【翻转参数】：该参数用于向动态块定义中添加翻转参数，并定义块参照的自定义翻转特性。翻转参数用于翻转对象。在块编辑器中，翻转参数显示为投影线。可以围绕这条投影线翻转对象。翻转参数将显示一个值，该值显示块参照是否已被翻转。

在【块编写】选项板中提供的动态块的【动作】选项卡提供用于向块编辑器中的动态块定义添加动作的工具。动作定义了在图形中操作块参照的自定义特性时，动态块参照的几何图形如何移动或变化。向动态块添加动作前，必须先添加与该动作相对应的参数，该动作与参数上的关键点和图形对象相关联。软件提供的动态块动作类型主要有移动、缩放、拉伸、极轴拉伸、旋转、翻转、阵列等。详细介绍如下。

【移动】：该动作类似于【Move】命令。在动态块参照中，移动动作将使对象按照指定的距离和角度进行移动。在用户将移动动作与点参数、线性参数、极轴参数或 XY 参数相关联时，将该动作添加到动态块定义中。

【缩放】：该动作类似于【Scale】命令。在用户将比例缩放动作与线性参数、极轴参数或 XY 参数相关联时，将该动作添加到动态块定义中。在动态块参照中，当通过移动夹点或使用【特性】选项板编辑关联的参数时，比例缩放动作将对选择集进行缩放。

【拉伸】：用户将拉伸动作与点参数、线性参数、极轴参数或 XY 参数相关联时，将该动作添加到动态块定义中。拉伸动作将使对象按照指定的距离进行拉伸。

【极轴拉伸】：用户将极轴拉伸动作与极轴参数相关联时，将该动作添加到动态块定义中。当通过夹点或【特性】选项板更改关联的极轴参数上的关键点时，极轴拉伸动作将使对象旋转、移动和拉伸指定的角度和距离。

【旋转】：该动作类似于【Rotate】命令。用户将旋转动作与旋转参数相关联时，将该动作添加到动态块定义中。在动态块参照中，当通过夹点或【特性】选项板编辑相关联的参数时，旋转动作将使其相关联的对象进行旋转。

【翻转】：用户将翻转动作与翻转参数相关联时，将该动作添加到动态块定义中。使用翻转动作可以围绕指定的轴翻转动态块参照。

【阵列】：用户将阵列动作与线性参数、极轴参数或 XY 参数相关联时，将该动作添加到动态块定义中。通过夹点或【特性】选项板编辑关联的参数时，阵列动作将复制关联的对象并按矩形的方式进行阵列。

3．操作示例

在绘制建筑平面图时，需要绘制大量的门、窗以及家具配景，为了方便在添加门、窗和家具配景时能够根据需要更改这些块的大小、方向等效果。用户可以利用块编辑器为其添加动作和参数。具体的操作步骤如下。

1）新建一个图形文件，利用直线、多段线等工具，绘制一个尺寸为 1000 的“平开门”示意图。如图 9-24 所示。

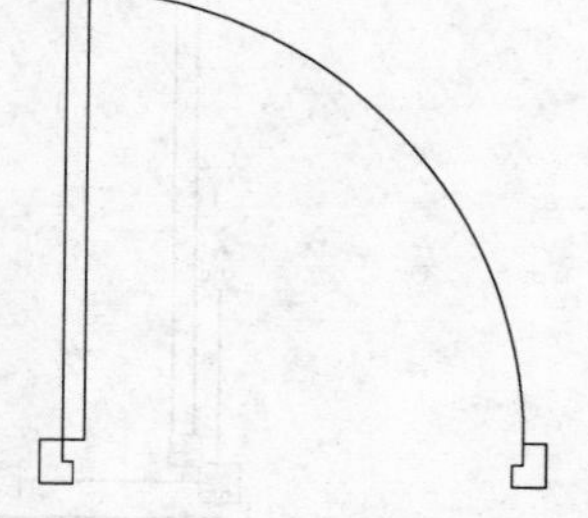

图 9-24 绘制“平开门”示意图

2）在功能区【常用】选项卡的【块】面板上选择【创建图块】工具按钮，在弹出的【块定义】对话框中，将所绘制的“平开门”示意图创建为图块，并命名为“平开门”。

3）在功能区【常用】选项卡的【块】面板上选择【编辑】工具，在弹出的【编辑块定义】对话框中选择“平开门”图块，单击【确定】按钮，进入【块编辑器】工作界面。

4）在【块编写】选项板中选择【参数】选项卡内的“线性参数”，然后根据提示依次选取“平开门”图块的左下角点和右下角点，定义线性参数的起点和端点，为图块添加线型参数“距离 1”，并单击鼠标右键，在弹出的快捷菜单中将该参数的夹点设为 1 个，如图 9-25 所示。

5）点取已添加的“距离 1”参数，单击鼠标右键，在弹出的快捷菜单中选择【特性】选项，在弹出的【特性】选项板中，将【距离类型】设置为“增量”，将【距离增量】设置为 100，将【最小距离】设置为 700，将【最大距离】设置为 1200，完成设置，在“平开门”示意图上将会出现增量提示，如图 9-26 所示。

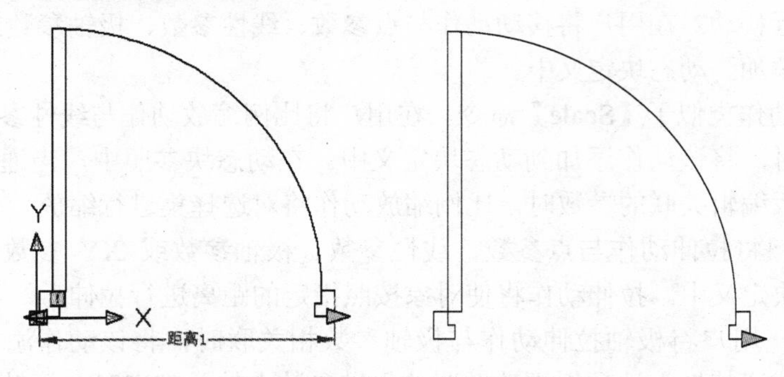

图 9-25　添加“线性”参数

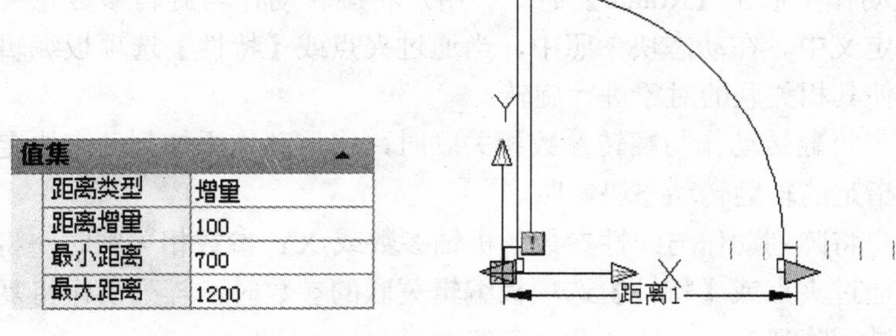

图 9-26　设置“距离 1”特性

6）在【块编写】选项板中选择【动作】选项卡内的“缩放”，再单击“距离 1”参数作为与动作关联的参数。根据命令提示选择要缩放的对象。操作过程如图 9-27 所示。

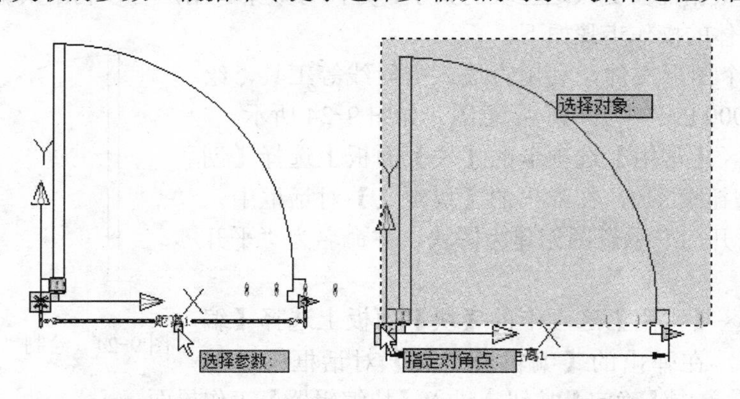

图 9-27　添加“缩放”动作

7）在功能区的【打开/保存】面板中选择【保存块】按钮，将前面所进行的设置保存，单击【关闭块编辑器】按钮，完成参数设置并退出到绘图界面。

8）在功能区【常用】选项卡内的【块】面板上选择【插入块】工具，在图形中插入名为“平开门”的图块，鼠标单击该图形对象以激活夹点状态，并选择右侧的夹点箭头，即可进行缩放动作。结果如图 9-28 所示。

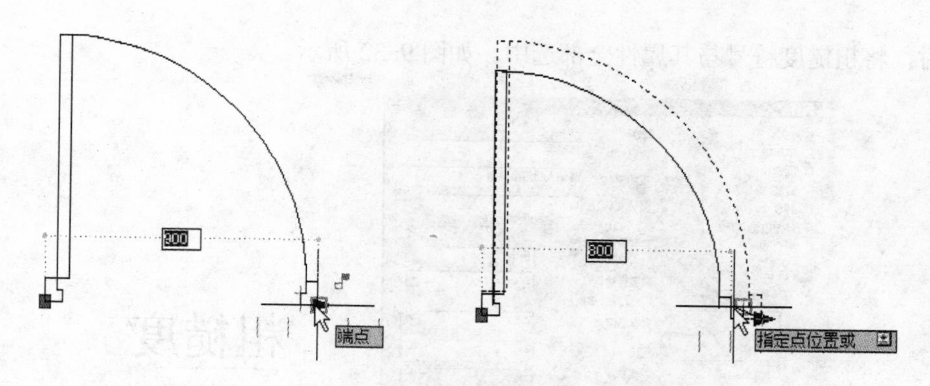

图 9-28　插入动态块

9）若用户要在水平方向墙段插入“平开门”动态块时，即可按照上述步骤进行操作，但在绘制建筑平面图时，不但有大量的水平墙段，还会有大量的竖直墙段及与水平墙段成一定夹角的斜墙段。用户可以在【块编辑器】工作界面中，为“平开门”图块添加“旋转”参数旋转和“旋转”动作旋转。另外用户还可添加“翻转”参数和相应的“翻转”动作以更改“平开门”图块的开启方向。

9.4　实训

9.4.1　图块属性应用

运用本章所学内容，创建“粗糙度”符号图块，并添加图块属性，为零件图添加粗糙度标注。具体的操作步骤如下。

1）打开 AutoCAD 2010 中文版，新建一个图形文件，将工作空间设为【二维草图与注释】。

2）运用直线、多段线、矩形、圆形、圆弧等绘图命令，绘制如图 9-29 所示的零件图。

3）利用前面所学的多段线命令，绘制“粗糙度”符号，如图 9-30 所示。

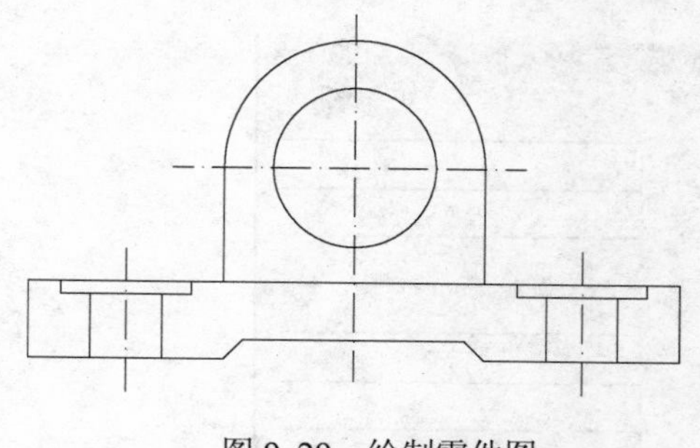

图 9-29　绘制零件图

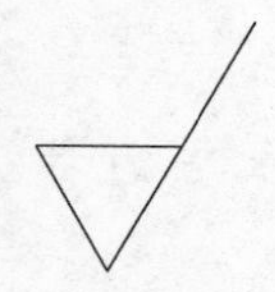

图 9-30　绘制“粗糙度”符号

4）在功能区【常用】选项卡中，选择【块】面板中的【定义属性】工具，为所绘制的“粗糙度”符号添加属性，属性设置如图 9-31 所示。并将属性标记定位在图示位置。

5）在功能区【常用】选项卡的【块】面板上选择【创建】工具创建，在弹出的【块定义】对话框中，输入“粗糙度”作为图块名称，拾取图形底部端点作为图块的基点，并在选择对象时，将粗糙度符号与其属性全部选中。如图 9-32 所示。

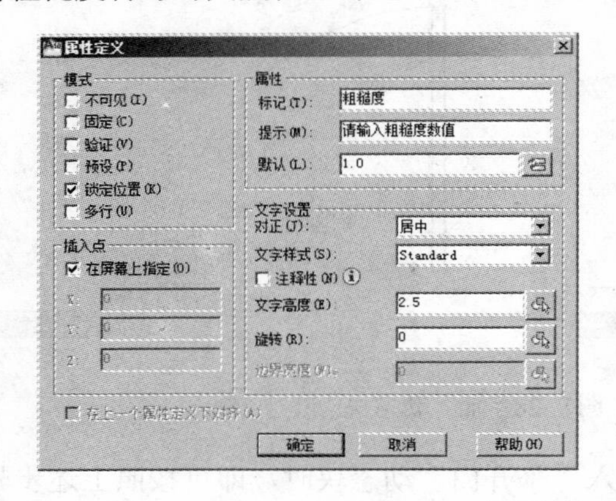

图 9-31 定义属性

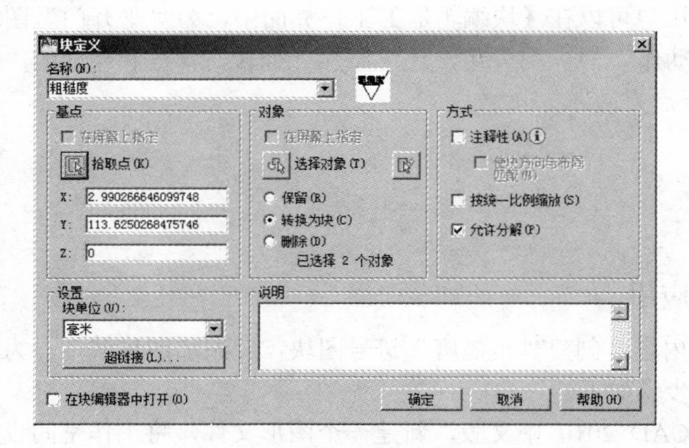

图 9-32 创建图块

6）块定义设置完成后，单击【确定】按钮，将会弹出【编辑属性】对话框，并显示前面所添加的属性内容，单击【确定】按钮完成图块属性的编辑。如图 9-33 所示。

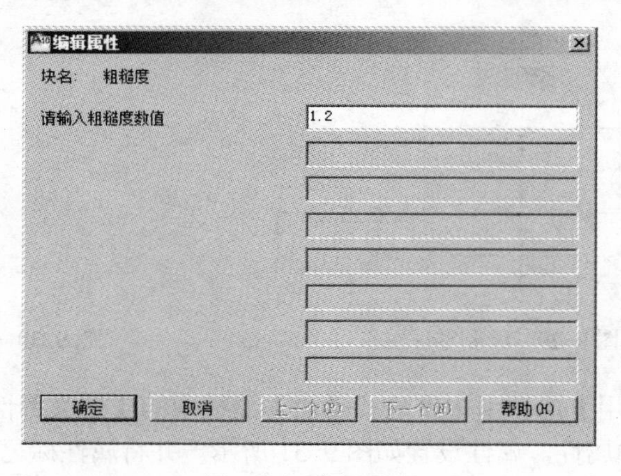

图 9-33 编辑属性

7）在功能区【常用】选项卡的【块】面板上选择【插入】工具，在弹出的【插入】对话框中，选择已创建的“粗糙度”图块，并单击【确定】按钮，在图形中插入该图块。在插入图块时，首先应确定其插入点，当用户在适当位置点取鼠标指定插入点后，将会出现动态提示“请输入粗糙度数值”，用户可以在动态提示窗口中输入相应的数值，以完成粗糙度符号图块的插入。如图 9-34 所示。

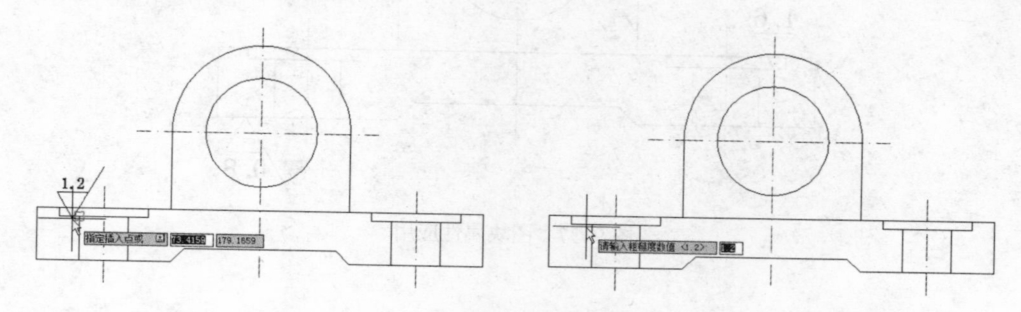

图 9-34　插入图块

8）重复上一步操作，为图形标注底部粗糙度符号，并将粗糙度符号旋转 180°。结果如图 9-35 所示。

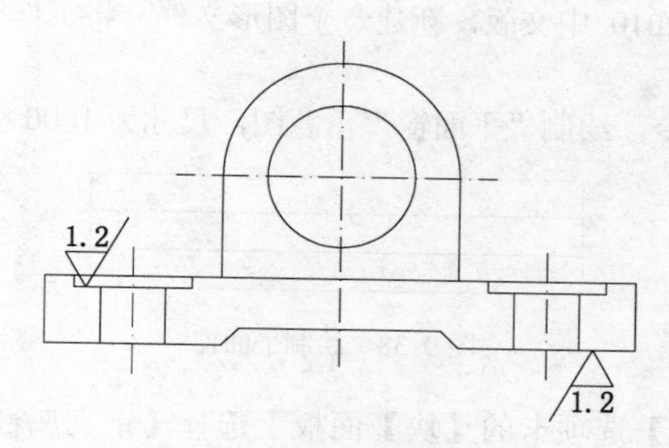

图 9-35　旋转符号

9）双击底部粗糙度符号，将会弹出【增强属性编辑器】对话框，对粗糙度标注符号的数值和文字选项进行编辑，如图 9-36 所示。

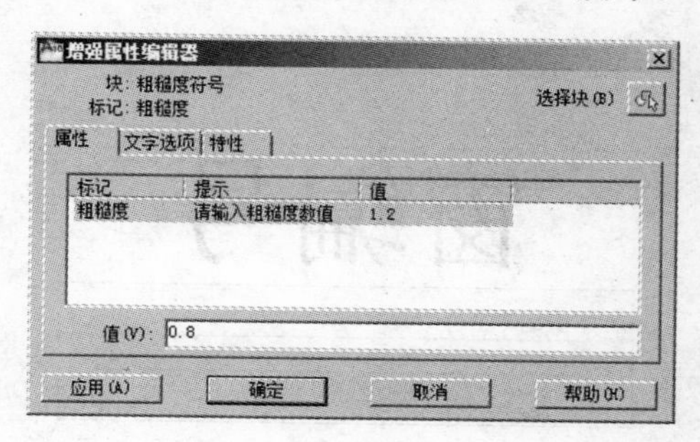

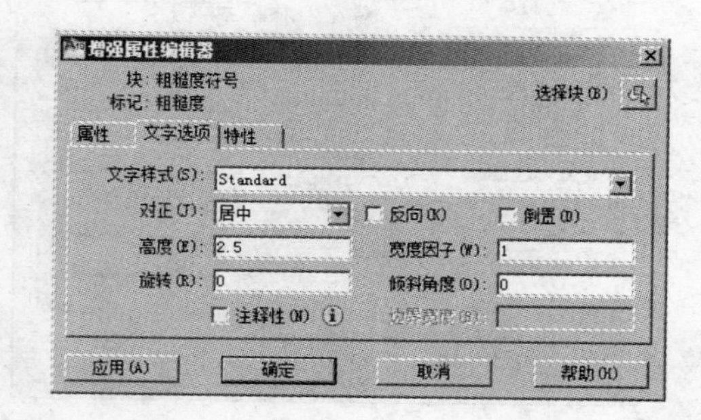

图 9-36　编辑图块属性

10）完成图块属性编辑，结果如图 9-37 所示，将文件保存至“D:\第 9 章实训”文件夹中，文件名为“图块属性应用”。

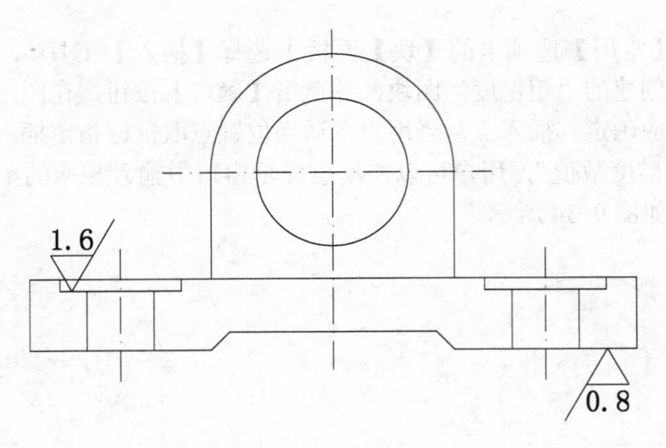

图 9-37　图块属性应用

9.4.2　动态图块应用

运用本章所学内容，创建“平面窗”平面图块，并为其添加动作，以提高在平面图中绘制门窗的工作效率。具体的操作步骤如下。

1）打开 AutoCAD 2010 中文版，新建一个图形文件，将工作空间设为【二维草图与注释】。

2）运用基本绘图命令，绘制“平面窗”示意图，尺寸为 1000×240。如图 9-38 所示。

图 9-38　绘制平面窗

3）在功能区【常用】选项卡的【块】面板上选择【定义属性】工具，为所绘制的“平面窗”添加属性，属性设置如图 9-39 所示。并将属性标记定位在图示位置。

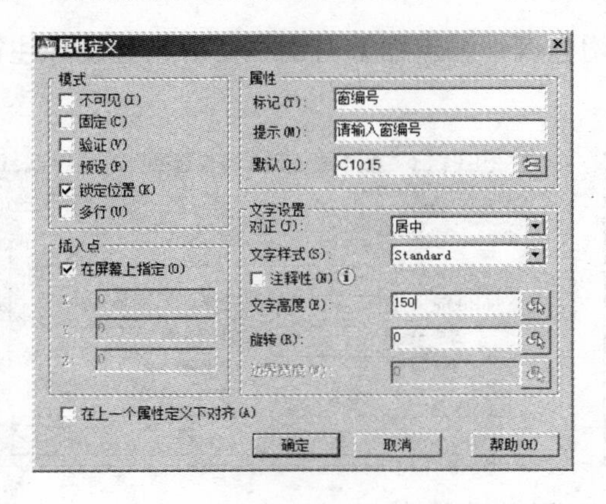

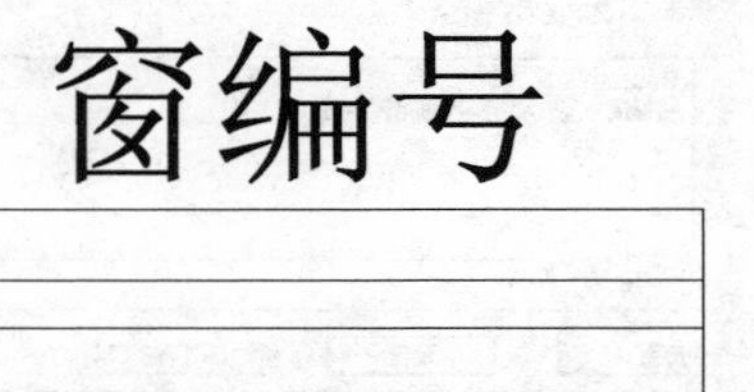

图 9-39　定义属性

4）在功能区【常用】选项卡的【块】面板上选择【创建】工具，在弹出的【块定义】对话框中，输入“平面窗”作为图块名称，拾取图形左下角作为图块的基点，并在选择对象时，将平面窗与其属性全部选中。如图 9-40 所示。

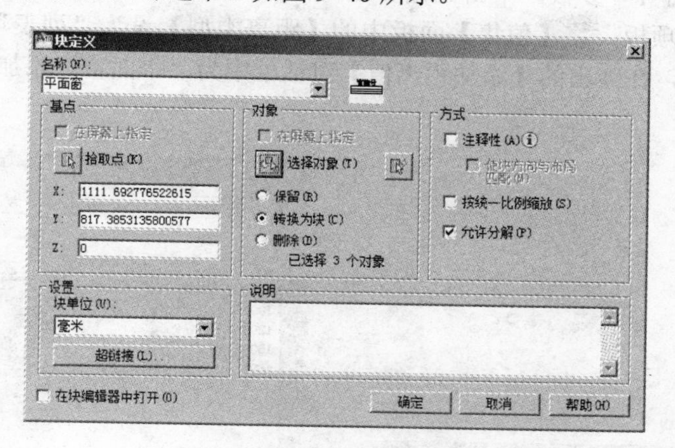

图 9-40　创建图块

5）在功能区【常用】选项卡中，选择【块】面板上的【编辑】工具 编辑，在弹出的【编辑块定义】对话框中选择“平面窗”图块，并单击【确定】按钮，将会进入动态图块编辑界面。如图 9-41 所示。

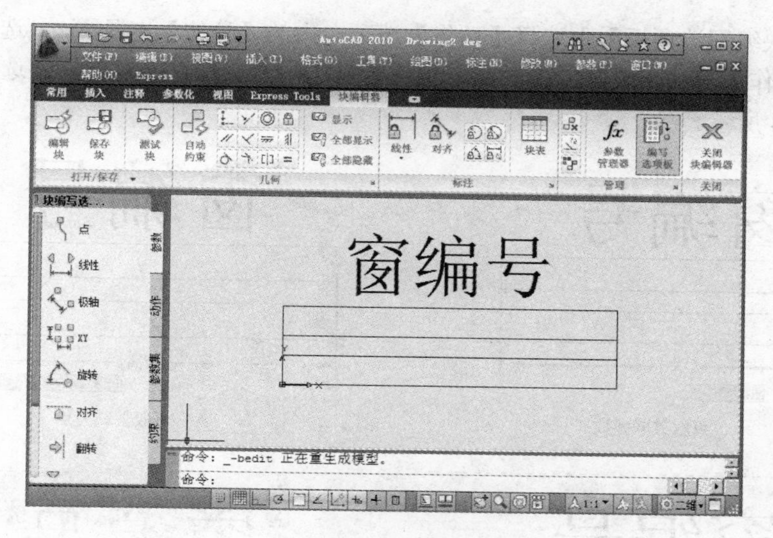

图 9-41　块编辑器

6）在【块编写选项板】中选择【参数】选项卡内的【线性参数】工具 线性，然后选择“平面窗”的左右端点，为图块添加线型参数“距离 1”。并选择“距离 1”参数，单击鼠标右键，在弹出的快捷菜单中将该参数的夹点设为 1 个。如图 9-42 所示。

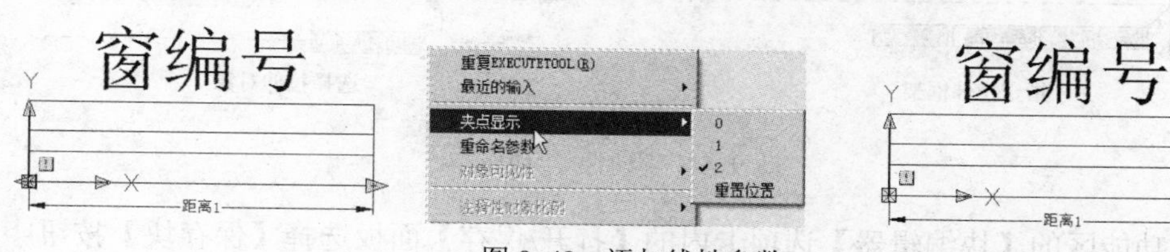

图 9-42　添加线性参数

7）选择“距离 1”参数，单击鼠标右键，在弹出的快捷菜单中选择【特性】选项，将会弹出【特性】选项板，将【值集】面板中的【距离类型】设为“列表”，并单击【距离值列表】右侧的按钮，在弹出的【添加距离值】对话框中为“平面窗”添加尺寸列表。结果如图 9-43 所示。

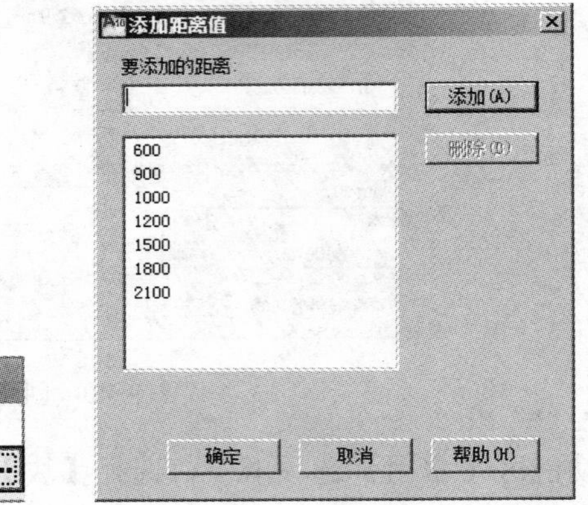

图 9-43　修改参数特性

8）在【块编写选项板】中选择【动作】选项卡内的【拉伸】工具，选择“距离 1”参数和其夹点作为与动作关联的参数点。根据命令提示，选择拉伸框架，并选择要拉伸的对象。如图 9-44 所示。

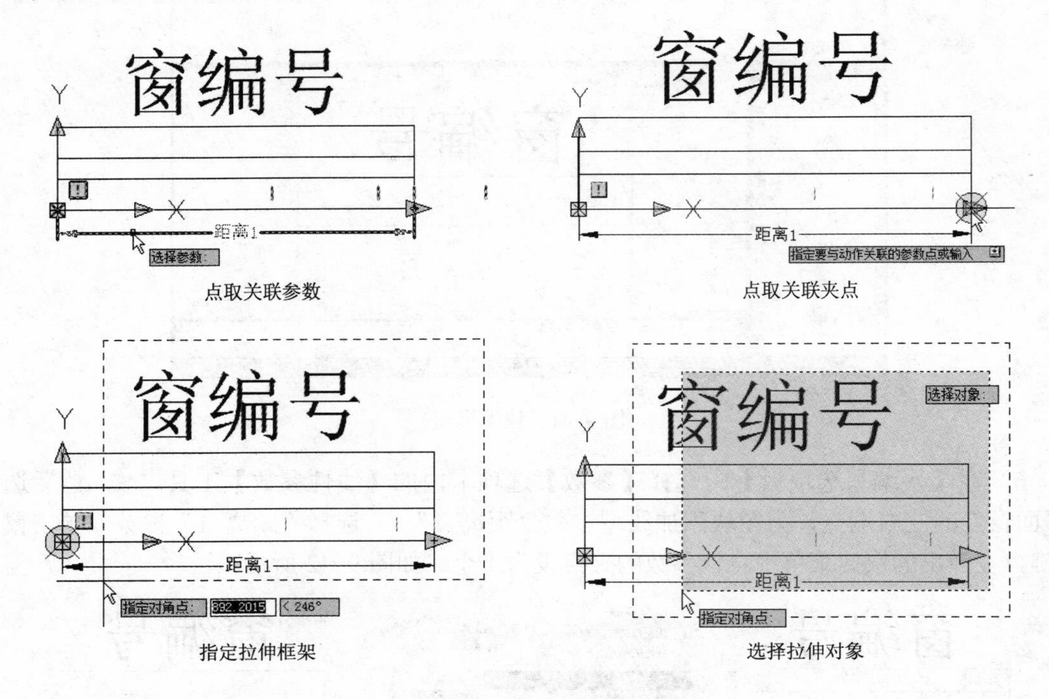

图 9-44　添加拉伸动作

9）在功能区的【块编辑器】选项卡内的【打开/保存】面板选择【保存块】按钮，将前面的参数设置进行保存，单击【关闭块编辑器】按钮，完成参数设置并退出到绘图界面。

10）在功能区【常用】选项卡内的【块】面板上选择【插入块】工具，在图形中插入名为“平面窗”的图块，根据提示输入“窗编号”，并选择该图形以激活夹点状态，点取图形右侧的夹点箭头，即可进行拉伸动作。结果如图 9-45 所示。

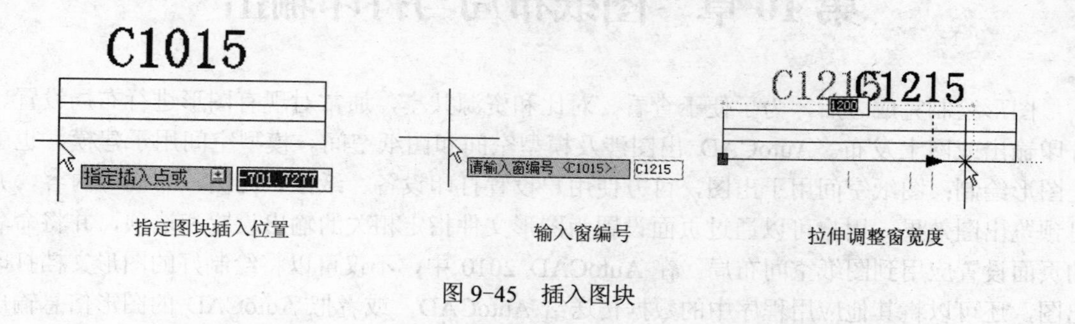

图 9-45　插入图块

11）完成上述操作，将图形文件保存至“D:\第 9 章实训”文件夹中，文件名为“动态图块应用”。

9.5　练习题

1．使用图块对工程图绘制有什么作用？

2．如何定义图块的属性？举例说明为图块附加属性的作用。

3．如何创建动态图块？举例说明动态图块的作用。

4．AutoCAD 2010 中提供了哪些动态参数和动作？如何为图块添加动作和参数？

5．根据本章所学内容，完成如图 9-46 所示的零件图绘制。要求为图中的“粗糙度”标注符号添加属性并创建为动态图块。

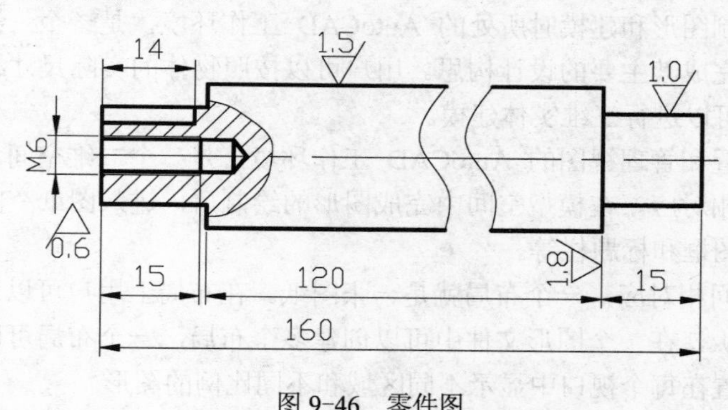

图 9-46　零件图

第10章 图纸布局与打印输出

图形绘制完成之后，为了便于查看、对比和资源共享，通常对现有图形进行布局设置、打印输出或网上发布。AutoCAD 出图涉及模型空间和图纸空间。模型空间用于建模，也就是图形绘制；图纸空间用于出图，可方便用户设置打印设备、纸张、比例、布局等内容，并可预览出图效果。用户可以通过页面设置为图形文件指定相关的输出设置和选项，并将命名的页面设置应用到图纸空间布局。在 AutoCAD 2010 中，不仅可以将绘制好的图形文档打印出图，还可以将其他应用程序中的数据传送给 AutoCAD，或者把 AutoCAD 的图形信息输出给其他应用程序。

10.1 模型空间和图纸空间

图形的每个布局都代表一张单独的打印输出图纸，用户可以根据设计需要创建多个布局来显示不同的视图，而且可以在布局中创建多个浮动视口，可以对每个浮动视口中的视图设置不同的打印比例，也可以控制图层的可见性。

在 AutoCAD 中提供了两种工作空间，分别为模型空间和图纸空间。通常情况下，用户可以在模型空间中以 1:1 的比例进行图形绘制，并可以在模型空间中打印出图。

10.1.1 模型空间与图纸空间的概念

模型空间是绘制图形和建模时所处的 AutoCAD 工作环境，是一个三维空间，设计者一般可以在模型空间完成其主要的设计构思。用户可以按照物体的实际尺寸绘制、编辑二维图形或三维图形，也可以进行三维实体建模。

图纸空间是设置和管理视图的 AutoCAD 工作环境，是一个二维空间。图纸空间的“图纸”与真实的图纸相对应。在模型空间中完成图形的绘制后，进入图纸空间即可规划视图的位置、大小、生成图框和标题栏等。

布局与图纸空间相对应，一个布局就是一张图纸。在布局上用户可以创建和定位视口、对图形文档进行排版，在一个图形文件中可以创建多个布局，一个布局可以包含一个或多个视口，用户可以设置在每个视口中显示不同区域和不同比例的图形。

10.1.2 模型空间与图纸空间的切换

1．功能

通过 AutoCAD 2010 提供的模型选项卡以及一个或多个布局选项卡，用户可以进行模型空间和布局的切换，也可以用状态栏上的【模型和图纸空间】按钮进行切换。

2．命令操作

在绘图区域底部的【布局和模型】选项卡中，单击【模型】或【布局】按钮，即可切换不同的空间，如图 10-1 所示。

在【布局和模型】选项卡上单击鼠标右键，并在弹出的快捷菜单中选择【隐藏布局和模型选项卡】选项，将会隐藏【布局和模型】选项卡。同时，在状态栏中出现【模型】和【布局】按钮，单击该按钮也可实现空间的切换。如果在该按钮上悬停鼠标并单击右键，在弹出的快捷菜单中选择【显示布局和模型选项卡】选项，即可调出【布局和模型】选项卡，如图 10-2 所示。

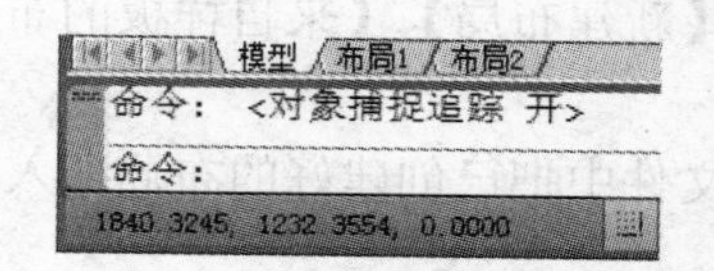

图 10-1 【布局和模型】选项卡

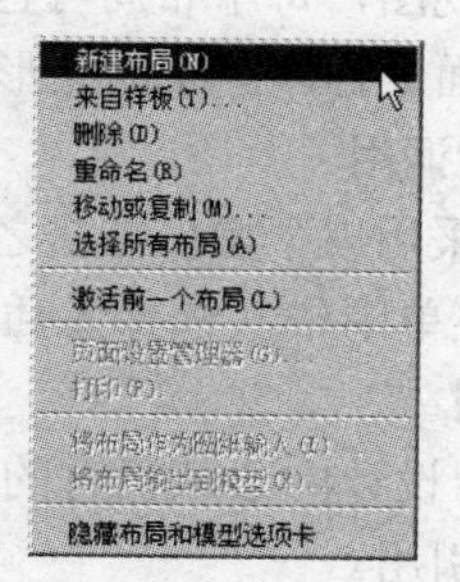

图 10-2 【布局和模型】选项卡快捷菜单

在 AutoCAD 2010 中还提供了【快速查看布局】和【快速查看图形】功能按钮，用户可以在程序界面下部的状态栏中单击鼠标右键，在弹出的快捷菜单中选择使用。

在状态栏单击【快速查看布局】按钮，将会弹出如图 10-3 所示的【快速查看布局】窗口，在该窗口中可以快速查看当前打开的图形文档的模型空间和多个布局，并可通过单击鼠标左键进行图形空间的切换。

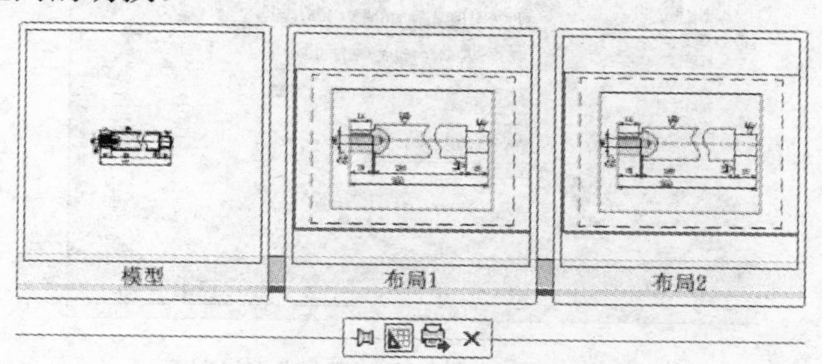

图 10-3 快速查看布局

在状态栏单击【快速查看图形】按钮，将会弹出【快速查看窗口】，该窗口中将会显示程序当前打开的全部图形文档，用户可以快速查看打开文档的图纸空间，并可通过鼠标点取实现文档的切换。如图 10-4 所示。

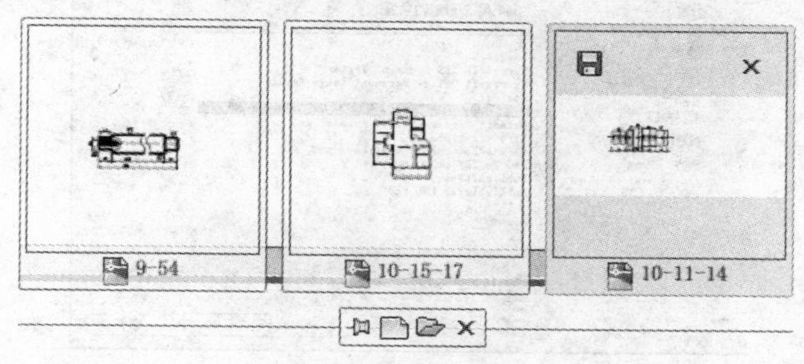

图 10-4 快速查看图形

10.2 创建布局

1．功能

布局空间可以模拟图纸页面，提供直观的打印设置。用户可以在图形中创建多个布局以显示不同的视图，每个布局可包含不同的打印比例和图纸尺寸等设置。在布局窗口显示的图形与图纸页面上打印出来的图形完全一致。

2．命令调用

用户可采用以下操作方法之一调用创建布局命令。

1）在菜单中依次选择【插入】→【布局】→【新建布局】、【来自样板的布局】或【创建布局向导】。

2）利用设计中心从已有的图形文件中或样板文件中把已创建好的布局拖入当前的图形文件中即可引用。

3．命令操作

用户可以使用【创建布局向导】命令创建新的布局，具体的操作步骤如下。

1）从菜单依次选择【插入】→【布局】→【创建布局向导】命令，将弹出【创建布局—开始】对话框，可以为新布局命名。如图 10-5 所示。

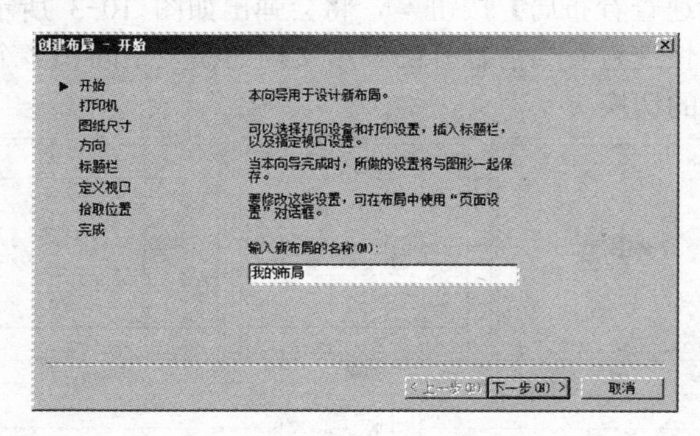

图 10-5 【创建布局—开始】对话框

2）单击【下一步】按钮，继续出现【创建布局—打印机】对话框。该对话框用于选择打印机，用户可以从列表中选择一种打印输出设备。如图 10-6 所示。

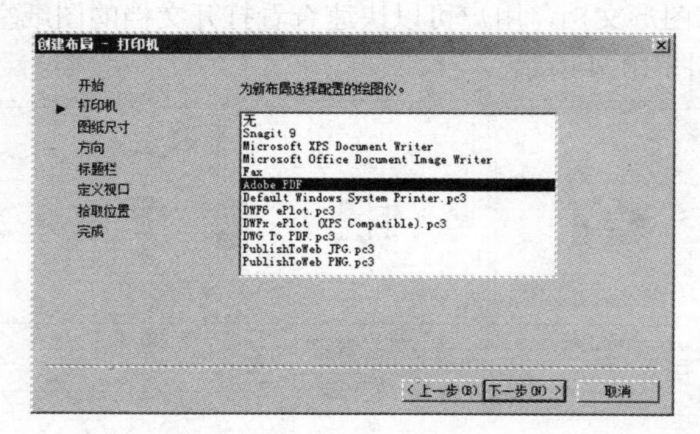

图 10-6 【创建布局—打印机】对话框

3）单击【下一步】按钮，将会出现【创建布局—图纸尺寸】对话框，用户可以在此选择打印图纸的大小并选择所用的单位。在下拉列表栏中列出了可用的各种格式的图纸，它是由选择的打印设备决定的。【图形单位】设置区域用于控制图形单位，可以选择使用毫米、英寸或像素。如图 10-7 所示。

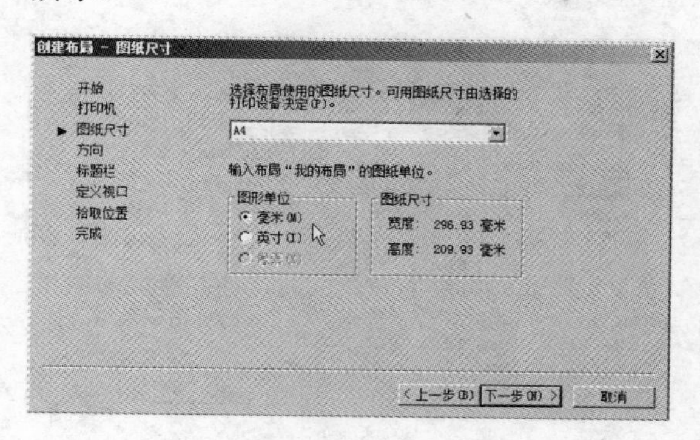

图 10-7 【创建布局—图纸尺寸】对话框

4）单击【下一步】按钮，出现【创建布局—方向】对话框，用户可以在此设置图形对象在图纸上的方向。如图 10-8 所示。

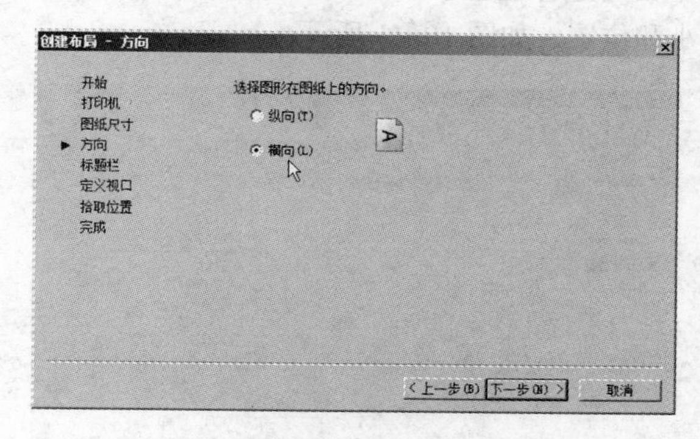

图 10-8 【创建布局—方向】对话框

5）单击【下一步】按钮，将会出现【创建布局—标题栏】对话框，用户可以在此选择图纸的边框和标题栏的样式，并可以显示所选样式的预览图像。用户还可以指定所选择的标题栏图形文件是作为块还是作为外部参照插入到当前图形中。如图 10-9 所示。

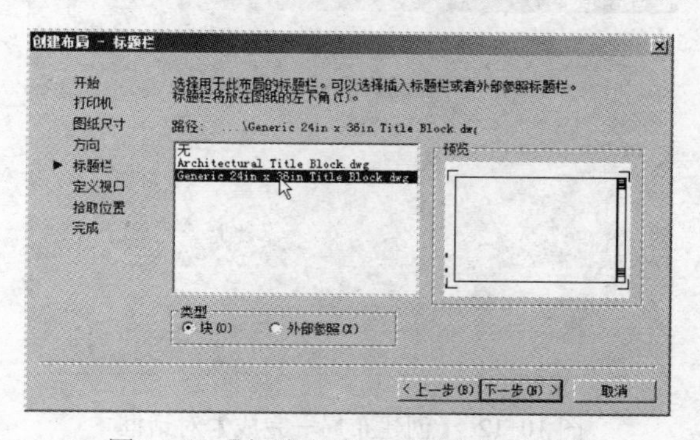

图 10-9 【创建布局—标题栏】对话框

6）单击【下一步】按钮，出现【创建布局—定义视口】对话框，用户可以在此指定新创建的布局默认视口设置和比例等。当用户选择【阵列】单选按钮时，则下面的 4 个文本框将会被激活，左边两个文本框分别用于输入视口的行数和列数，而右边两个文本框分别用于输入视口的行距和列距。如图 10-10 所示。

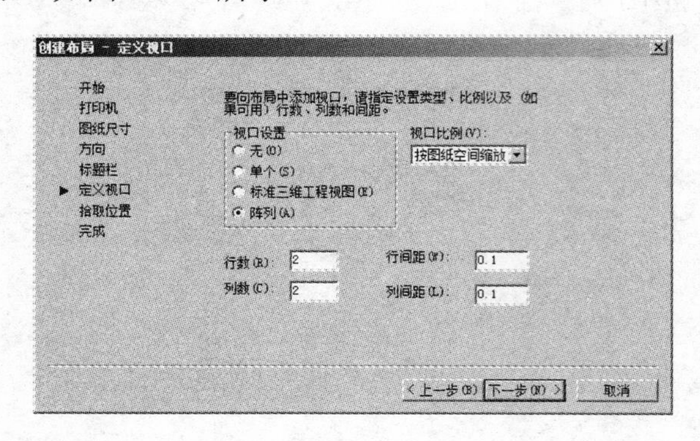

图 10-10 【创建布局—定义视口】对话框

7）单击【下一步】按钮，将会出现【创建布局—拾取位置】对话框，用户可以在此指定视口的大小和位置。单击【选择位置】按钮，系统将会暂时关闭该对话框，返回到图形窗口，从中指定视口的大小和位置。如图 10-11 所示。

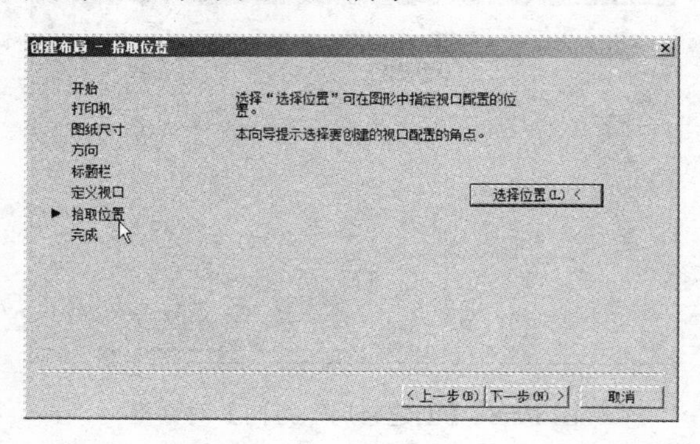

图 10-11 【创建布局—拾取位置】对话框

8）单击【下一步】按钮，将会弹出【创建布局—完成】对话框，如图 10-12 所示。

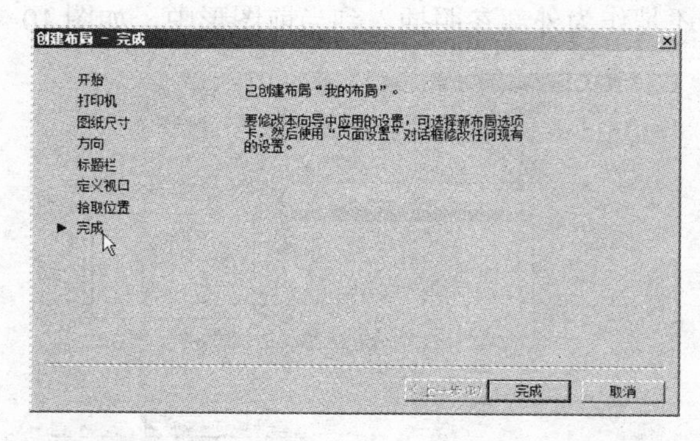

图 10-12 【创建布局—完成】对话框

10.3 页面设置

1．功能

在打印输出图纸时，必须对打印输出页面的打印样式、打印设备、图纸尺寸、图纸打印方向、打印比例等进行设置。AutoCAD 2010 提供的页面设置功能可以指定最终输出的格式和外观，用户可以修改这些设置并将其应用到其他布局中。

在模型空间中完成图形绘制之后，用户可以通过单击【布局】选项卡创建要进行打印的布局。设置布局后就可以为布局进行页面设置，其中包括打印设备设置和其他影响输出的外观和格式的设置。在布局空间中通过虚线来表示可打印区域。如果修改图纸尺寸或打印设备，将会改变图形页面的可打印区域。用户可以从标准列表中选择图纸尺寸，也可以添加自定义图纸尺寸。

2．命令调用

用户可采用以下操作方法之一调用页面设置命令。

1）在功能区【输出】选项卡的【打印】面板中选择【页面设置管理器】 页面设置管理器 工具，打开【页面设置管理器】，即可新建一个页面设置。

2）在【模型】选项卡上单击鼠标右键，在弹出的快捷菜单上选择【页面设置管理器】选项，打开【页面设置管理器】，即可新建一个页面设置。

3）选择【应用程序按钮】→【打印】→【页面设置管理器】选项，打开【页面设置管理器】，即可新建一个页面设置。

4）在命令行输入“Pagesetup”，按〈Enter〉键执行命令。

3．命令操作

执行该命令，将会弹出如图 10-13 所示的【页面设置管理器】对话框，用户可以单击【新建】按钮，打开【新建页面设置】对话框新建一个页面设置，也可为所作的设置进行命名，如图 10-14 所示。

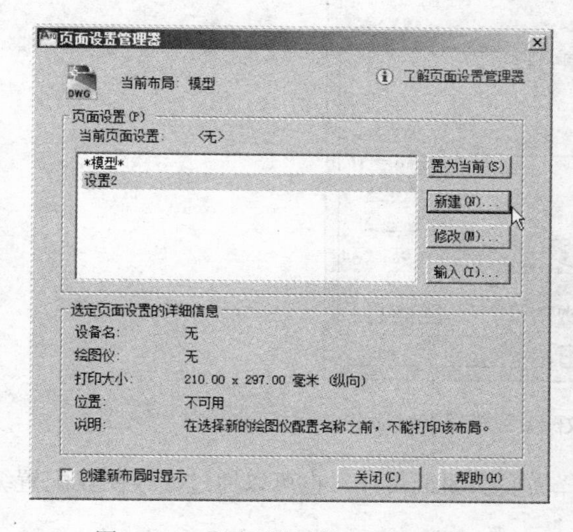

图 10-13 【页面设置管理器】对话框

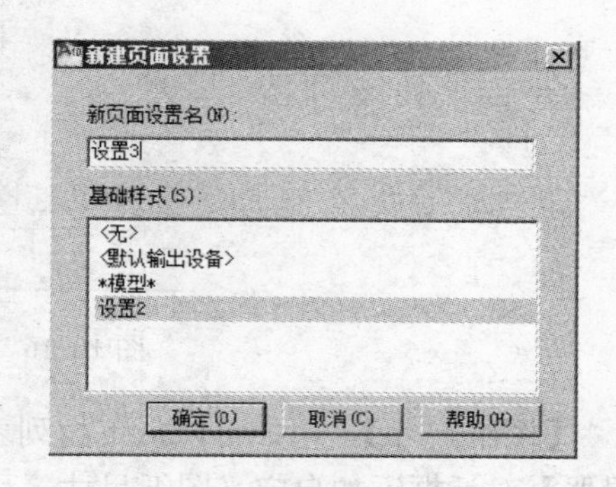

图 10-14 【新建页面设置】对话框

单击【确定】按钮，将会弹出【页面设置】对话框，用户可以在此指定布局设置和打印设备设置并可预览布局效果。如图 10-15 所示。

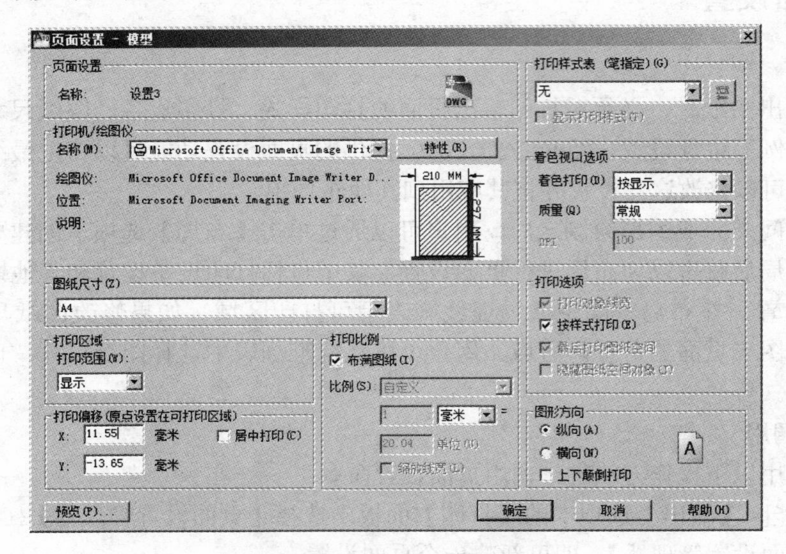

图 10-15 【页面设置】对话框

在【页面设置】对话框中的各选项功能和作用介绍如下。

【打印机】：用户可以在此指定打印机。选择的打印机或绘图仪决定了布局的可打印区域，可打印区域通过布局窗口中的虚线表示。单击【特性】按钮，用户可在弹出的【绘图仪配置编辑器】对话框中查看或修改绘图仪的配置信息。如图 10-16 所示。

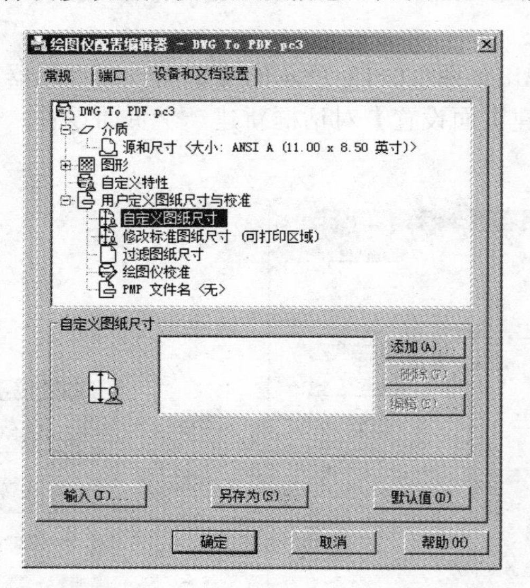

图 10-16 【绘图仪配置编辑器】对话框

【图纸尺寸】：用户可以从下拉列表中选择需要的图纸尺寸，也可以通过【绘图仪配置编辑器】对话框添加自定义图纸尺寸。

【打印区域】：用户可以对布局的打印区域进行设置。在【打印范围】列表中有 4 个选项，【显示】选项将打印图形中显示的所有对象；【范围】选项将打印图形中的所有可见对象；【视图】选项将打印用户保存的视图；【窗口】选项用于定义要打印的区域。

【打印偏移】：用户可以指定打印区域相对于可打印区域的左下角（原点）或图纸边界的偏移距离。

【打印比例】：用户可以指定布局的打印比例，也可以选择【布满图纸】选项，根据图纸尺寸调整图像。

【图形方向】：用户可以使用【横向】和【纵向】2 个选项，设置图形在图纸上的打印方向。使用【横向】选项设置时，图纸的长边是水平的，使用【纵向】选项设置时，图纸的短边是水平的。另外，用户还可以选择【上下颠倒打印】选项，用以控制首先打印图形顶部还是图形底部。

在【页面设置】对话框中完成设置，单击【预览】按钮或切换到布局窗口中，均可以预览页面设置的效果，如图 10-17 所示。

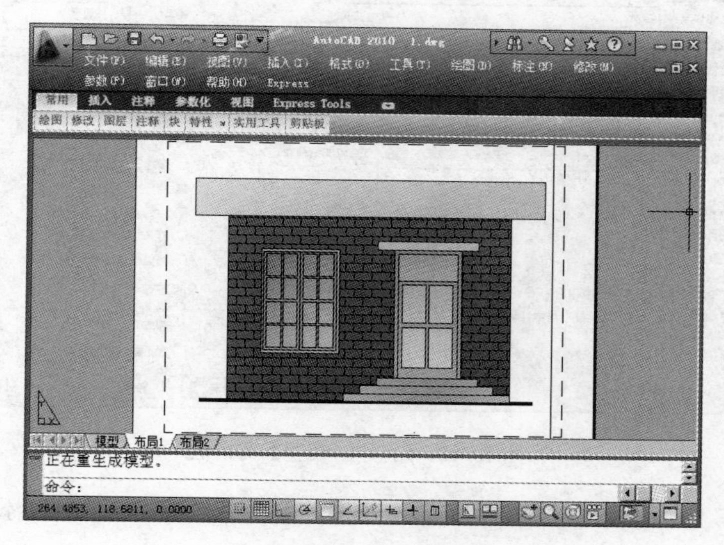

图 10-17　布局窗口预览

10.4　打印输出图形

创建的图形对象最后都需要以图纸的形式输出。但在打印输出图形之前，还需要进行针对具体图形的打印设置和绘图仪配置。另外，用户还可以使用多种格式（包括 DWF、DWFx、DXF、PDF 和 Windows 图元文件）输出或打印图形。

10.4.1　打印图形

1．功能

在 AutoCAD 中，用户可以选择从【模型空间】或【图纸空间】输出图形。

2．命令调用

用户可采用以下操作方法之一调用打印图形命令。

1）在功能区【输出】选项卡的【打印】面板上选择【打印】工具。

2）选择【应用程序按钮】中的【打印】命令。

3）在绘图区域下方的【模型】选项卡或【布局】选项卡上单击鼠标右键并选择【打印】选项。

4）在命令行输入“Plot”，并按〈Enter〉键执行。

3．命令操作

执行该命令，将会弹出【打印—模型】对话框。【打印—模型】对话框中的设置选项与【页面设置】对话框的基本相同。如图 10-18 所示。

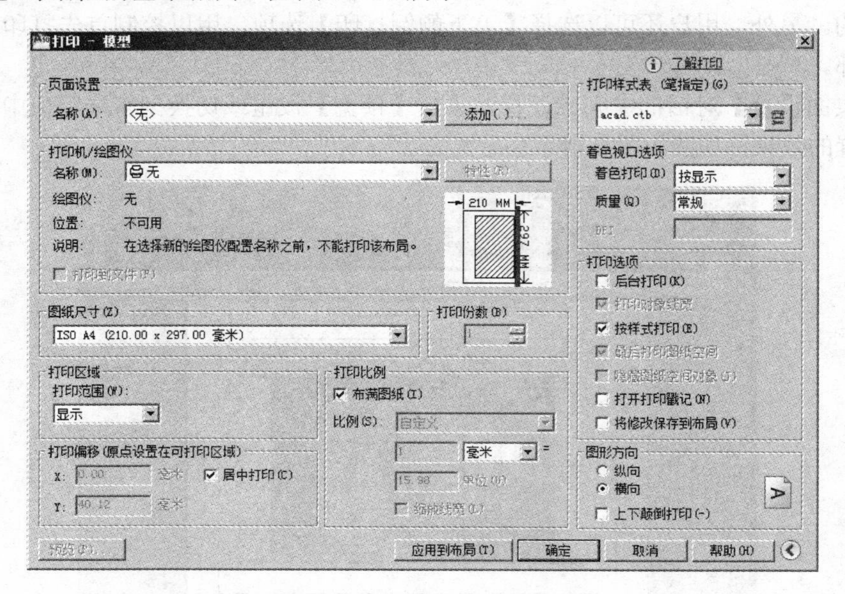

图 10-18 【打印—模型】对话框

用户可以在【名称】列表框中为打印作业指定预定义的设置，也可以添加新的设置。无论是应用了预定义的页面设置，还是重新进行设置，【打印—模型】对话框中指定的任何设置都可以保存到布局中，以供下次打印时使用。

完成前面所述的打印设置后，用户可以在【打印—模型】对话框左下角单击【预览】按钮，对图形进行打印预览。完成设置，在预览窗口中单击鼠标右键，选择【打印】选项即可打印图形，用户也可以按〈Esc〉键退出预览窗口，在【打印—模型】对话框下部单击【确定】按钮打印图形。如图 10-19 所示。

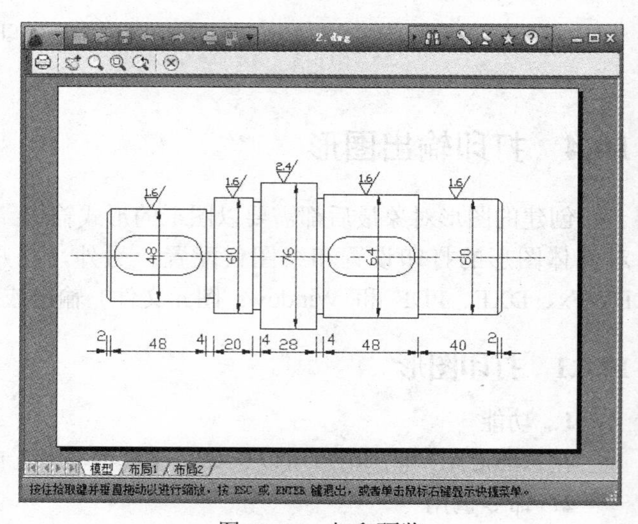

图 10-19 打印预览

10.4.2　输出图形

在 AutoCAD 2010 中，用户可以将绘制的图形文件输出为其他格式的文件，无论是以哪种格式输出图形，用户均需要在【打印】对话框的【打印机/绘图仪】区域的“名称”列表中选择相应的配置，如可以选择“DWG to PDF.pc3”、“Publish To Web JPG.pc3”等。

1．打印 DWF 文件

可以创建 DWF 文件，以便在 Web 上或通过 Internet 发布图形。任何人都可以使用“Autodesk® Design Review”打开、查看和打印 DWF 文件。通过 DWF 文件查看器，也可以在“Microsoft® Internet Explorer”中查看 DWF 文件。DWF 文件支持实时平移和缩放，还可以控制图层和命名视图的显示。

2．打印 DWFx 文件

可以创建 DWFx 文件（DWF 和 XPS）以在 Web 上或通过 Internet 发布图形。

3．以 DXB 文件格式打印

使用 DXB 非系统文件驱动程序可以支持 DXB（二进制图形交换）文件格式。这通常用于将三维图形“展平”为二维图形。

4．以光栅文件格式打印

程序可支持若干光栅文件格式，包括 Windows BMP、CALS、TIFF、PNG、TGA、PCX 和 JPEG。光栅驱动程序最常用于打印到文件以便进行桌面发布。

5．打印 Adobe PDF 文件

使用“DWG to PDF”驱动程序，用户可以从图形创建 Adobe®便携文档格式（PDF）文件。与 DWFX 文件类似，PDF 文件将以基于矢量的格式生成，以保持精确性。Adobe®便携文档格式（PDF）是进行电子信息交换的标准。用户可以轻松分发 PDF 文件，以在“Adobe Reader”中查看和打印。还可以通过指定分辨率、矢量、渐变色、颜色等自定义 PDF 输出。

6．打印 Adobe PostScript 文件

使用“Adobe PostScript”驱动程序，可以将 DWG 与许多页面布局程序和存档工具一起使用。用户可以使用非系统“PostScript”驱动程序将图形打印到“PostScript”打印机和 PostScript 文件。PS 文件格式用于打印到打印机，而 EPS 文件格式用于打印到文件。

7．创建打印文件

当用户选择“打印到文件”选项，可以使用任意绘图仪配置创建打印文件，并且该打印文件可以使用后台打印软件进行打印，也可以送到打印服务公司进行打印。使用此功能，用户必须为输出设备使用正确的绘图仪配置，才能生成有效的 PLT 文件。

10.5　实训

10.5.1　图形页面设置

1．实训要求

利用前面章节所学知识绘制一个“建筑平面图”图形文档，根据本章所学内容对其进行页面设置。具体的操作步骤如下。

2．操作指导

1）打开 AutoCAD 软件，利用前面章节所学知识绘制一个“建筑平面图”图形文档。

2）选择【应用程序按钮】→【打印】→【页面设置】选项，将会弹出【页面设置管理器】对话框，单击【新建】按钮，将会弹出【新建页面设置】对话框，在此将【新页面设置名】设为“房屋平面图页面设置”，单击【确定】按钮，程序将会返回【页面设置—模型】对话框，用户在此需要指定打印机，并将【图纸尺寸】选择为“A4”，【打印范围】设为“显示”，【打印比例】设为“布满图纸”，【图形方向】设为“横向”，【打印偏移】设为“居中打印”，即可完成图形文档的页面设置。如图 10-20 所示。

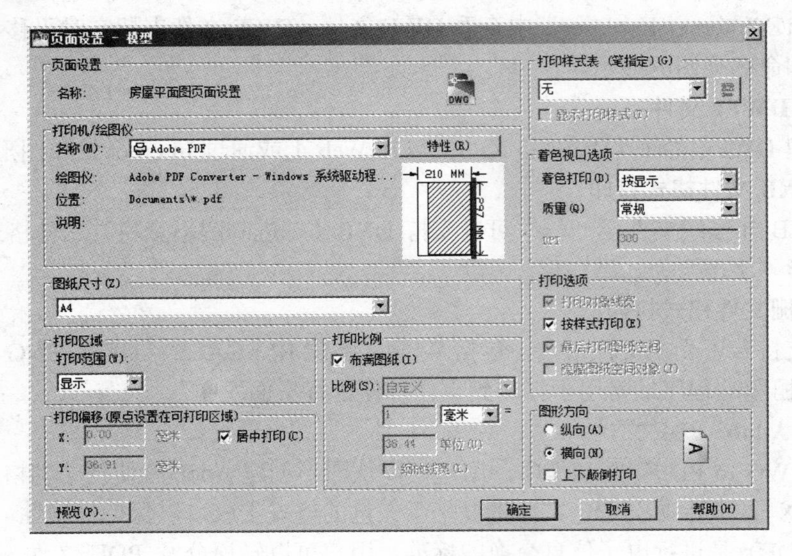

图 10-20　房屋平面图页面设置

3）单击【页面设置—模型】对话框左下角的【预览】按钮，可在弹出的【预览】窗口中查看其设置效果。如图 10-21 所示。

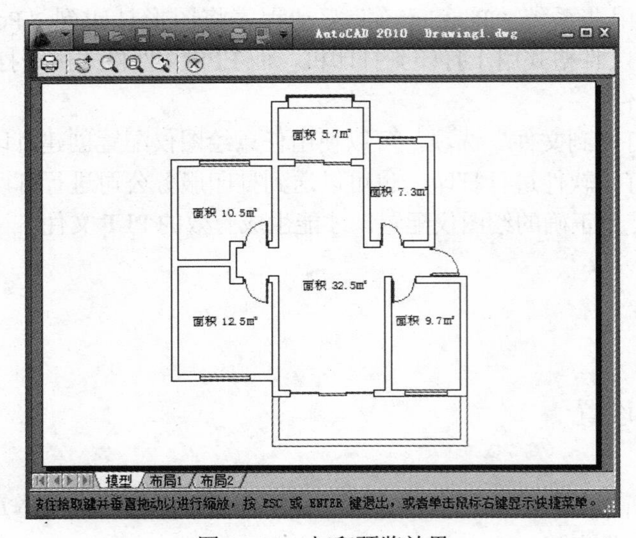

图 10-21　打印预览效果

4）完成设置后，单击【页面设置—模型】对话框下方的【确定】按钮，程序界面返回到【页面设置管理器】对话框，单击【置为当前】按钮，即可将所创建的页面设置应用到当前图形文档中。

5）完成以上操作，将文件保存至“D:\第 10 章实训”文件夹中，文件名为“建筑平面图页面设置”。

10.5.2 图形输出

1．实训要求

打开在第 7 章练习题中所绘制的“法兰轴”图形文档，根据本章所学内容将其输出为 Adobe PDF 文件。具体的操作步骤如下。

2．操作指导

1）打开 AutoCAD 2010 中文版，并打开在第 7 章练习题中所绘制的“法兰轴”图形文档。

2）在功能区【输出】选项卡的【打印】面板上选择【页面设置管理器】工具 页面设置管理器，新建一个页面设置，并命名为“图形输出”。

3）在【打印机/绘图仪】区域中选择【Adobe PDF】选项，并在【页面设置】对话框中进行相应的设置。

4）在功能区【输出】选项卡的【打印】面板上选择【打印】工具，在【页面设置】区域选择在前面所创建的名为“图形输出”的设置选项，并单击【预览】按钮，即可在预览窗口查看输出效果。如图 10-22 所示。

5）完成以上设置，在【打印】对话框中单击【确定】按钮，将会弹出【另存 PDF 文件】对话框，用户可以在此指定输出的 PDF 文件的存放位置和文件名称，如将文件保存至“D:\第 10 章实训”文件夹中，文件名为“图形输出”。即可将“法兰轴”图形文档输出为 PDF 格式的文件。用户可以方便地通过“Adobe Reader”程序对文件进行查阅和打印，如图 10-23 所示。

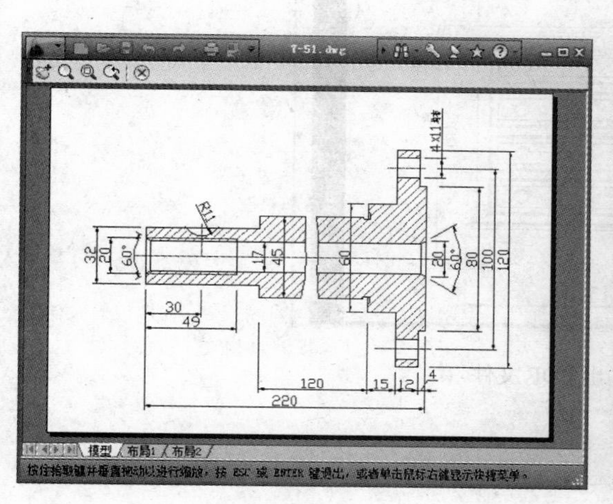

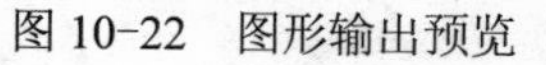
图 10-22　图形输出预览

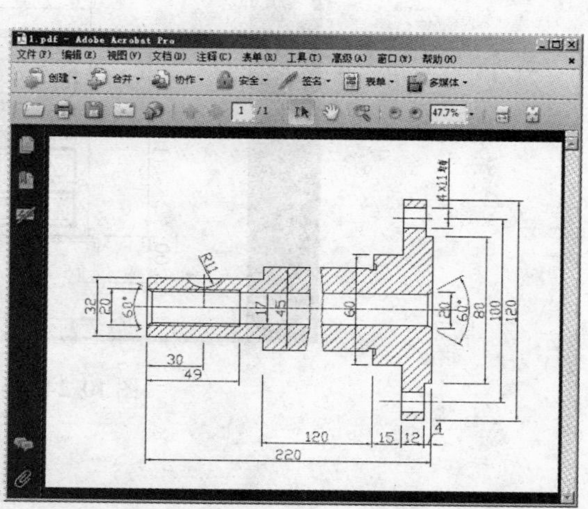

图 10-23　图形输出

10.6 练习题

1．AutoCAD 2010 提供的【模型空间】和【布局空间】有什么作用？

2．在 AutoCAD 2010 中，如何为图形文档创建布局？

3．在 AutoCAD 2010 中，用户可以将图形文件输出为哪些格式？

4．打开在第 5 章练习题 6 中所绘制的“四斗柜立面示意图”，根据本章所学内容，对图形文件进行页面设置，将其输出为 Adobe PDF 文件并保存至指定位置。如图 10-24 所示。

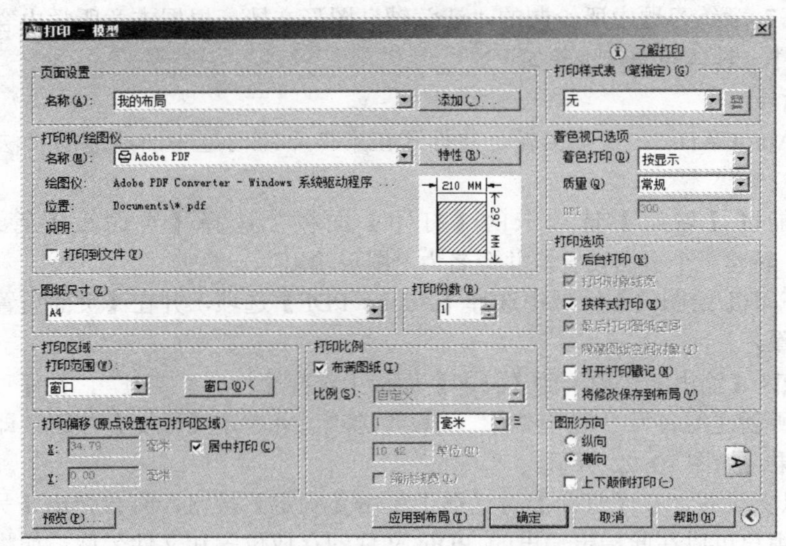

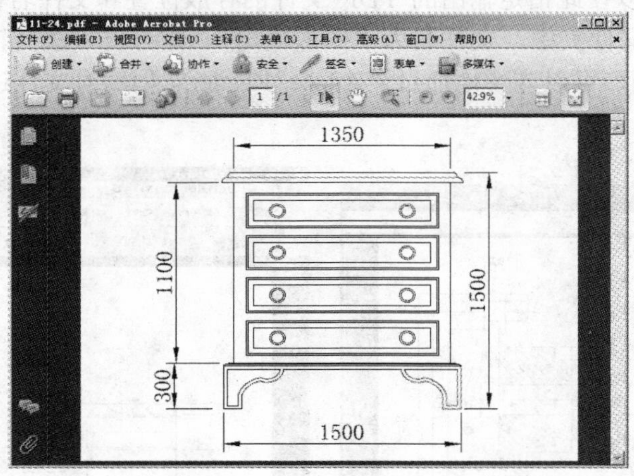

图 10-24 输出 PDF 文件

第 11 章　三维图形建模

AutoCAD 2010 提供了强大的三维绘图功能，用户可以利用这些功能创建出和现实生活中相同的三维模型，并从不同的角度观察模型，能够直观地表达产品的设计效果，还可以创建三维图形对象的截面和相应的二维图形，以及对模型进行动态观察等。

为了更准确、更有效地创建复杂的三维对象，用户不仅要使用基本的三维建模工具，还需要使用三维编辑工具对实体进行移动、复制、缩放、拉伸和阵列等操作。利用三维编辑工具还可以对三维对象进行布尔运算、剖切、抽壳等高级编辑操作，从而创建出符合设计要求的三维实体。

11.1　三维绘图基础

11.1.1　三维模型的分类

在 AutoCAD 中，根据三维模型的创建方法及存储方式不同，三维模型可以分为线框模型、曲面模型和实体模型 3 种类型。

1．线框模型

线框模型是三维对象的轮廓描述，由对象的点、直线和曲线组成。在 AutoCAD 中可以通过在三维空间绘制点、线、曲线的方式得到线框模型。线框模型只具有边的特征，没有面和体的特征，无法对其进行面积、体积、重心等的计算，也不能进行消隐和渲染等操作。

2．曲面模型

曲面模型是用来描述三维对象的，它不仅定义了三维对象的边界，还具有面的特征。曲面模型适合用于创建较为复杂的曲面。它一般使用多边形网格定义镶嵌面。对于由网格构成的曲面，多边形网格越密，曲面的光滑程度越高。由于曲面模型具有面的特征，可以对其进行面积的计算、消隐、着色和渲染等操作。

3．实体模型

实体模型是三维模型的最高级方式。实体模型是包含信息最多，具有质量、体积、重心和惯性矩等特性。与传统的线框模型相比，复杂的实体形状更易于构造和编辑，用户还可以将实体分解为面域、体、曲面和线框对象。

11.1.2　三维建模使用的坐标系

三维模型是建立在三维坐标系中的，与 XY 平面二维坐标系统相比，三维坐标系增加了一个 Z 轴，与二维坐标系中的 X 和 Y 轴一起构成了三维坐标系统。三维坐标系统包括三维笛卡儿坐标系、柱坐标系和球坐标系。

1．三维笛卡儿坐标系

三维笛卡儿坐标通过使用三个坐标值来指定精确的位置（X、Y、Z）。三维笛卡儿坐标系是在二维笛卡儿坐标系的基础上增加了新的坐标轴（Z 轴）形成的。用户可以使用基于当前坐标系原点的绝对坐标值或基于上一个输入点的相对坐标值来确定点位置。如图 11-1 所示。

2．柱坐标系

柱坐标系与二维极坐标类似。它在垂直于 XY 平面的轴上指定另一个坐标。柱坐标系通过定义某点在 XY 平面中与 UCS 原点的距离，在 XY 平面中与 X 轴所成的角度以及 Z 值来定位该点。柱坐标的输入格式可采用“XY 平面距离<XY 平面角度，Z 坐标（绝对坐标）”、“@XY 平面距离<XY 平面角度，Z 坐标（相对坐标）”两种方式。例如，输入坐标 5<30,6 表示距当前 UCS 的原点 5 个单位、在 XY 平面中与 X 轴成 30° 角、沿 Z 轴 6 个单位的点。如图 11-2 所示。

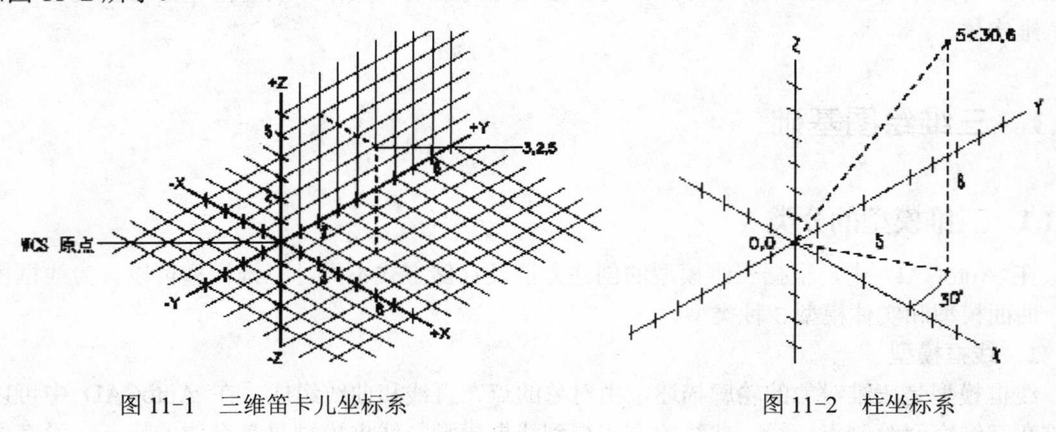

图 11-1　三维笛卡儿坐标系　　　　图 11-2　柱坐标系

3．球坐标系

三维球坐标系通过指定某个位置距当前 UCS 原点的距离、在 XY 平面中与 X 轴所成的角度以及与 XY 平面所成的角度来指定该位置。三维视图中的球坐标输入与二维视图中的极坐标输入类似，通过指定某点距当前 UCS 原点的距离、与 X 轴所成的角度（在 XY 平面）以及与 XY 平面所成的角度来确定点的位置。球坐标的输入格式可采用“XYZ 距离<XY 平面角度<和 XY 平面的夹角（绝对坐标）”、“@XYZ 距离<XY 平面角度<和 XY 平面的夹角（相对坐标）”等不同的方式。例如，输入坐标 8<60<30 表示在 XY 平面中距当前 UCS 的原点 8 个单位、在 XY 平面中与 X 轴成 60° 夹角以及在 Z 轴正方向上与 XY 平面成 30° 夹角的点。坐标 5<45<15 表示距原点 5 个单位、在 XY 平面中与 X 轴成 45° 角、在 Z 轴正向上与 XY 平面成 15° 角的点。如图 11-3 所示。

4．坐标轴设置工具

在创建三维模型时，需要使用三维坐标，包括 X、Y、Z 三个坐标轴。在用户坐标系（UCS）中允许修改坐标原点的位置及 X、Y、Z 轴的方向，以便绘制和观察三维对象。UCS 命令用于定义新的用户坐标系的坐标原点及 X、Y 轴的正方向，然后根据右手定则确定 Z 轴的正方向。用户可以在菜单栏中的【工具】→【工具栏】菜单选项中调出【UCS】和【UCS Ⅱ】两个工具栏，用于编辑对象的坐标轴。如图 11-4 所示。

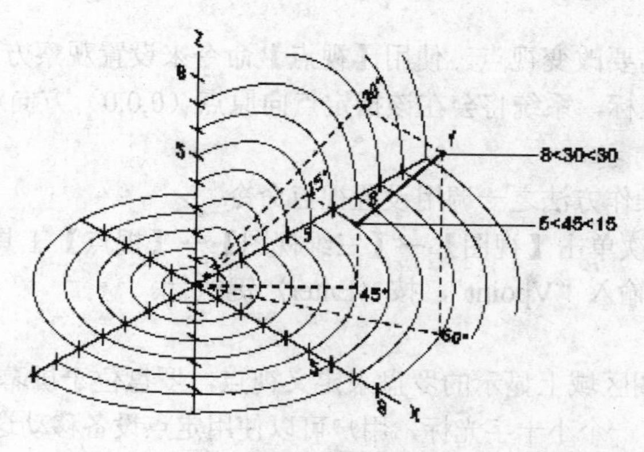

图 11-3　球坐标系

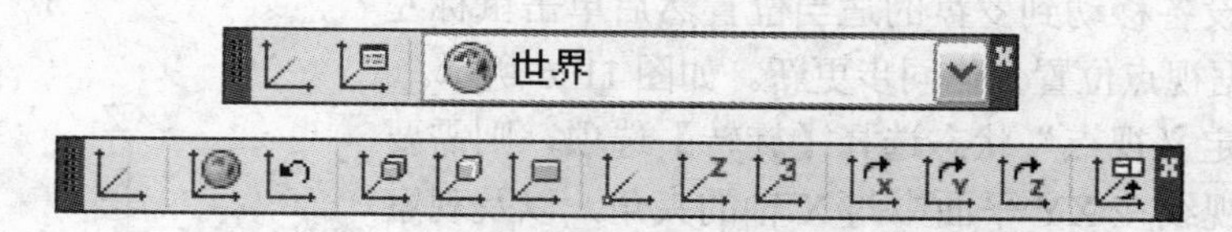

图 11-4　【UCS】工具栏

用户可以在【UCS】工具栏中选择【命名 UCS】按钮，或者在功能区【视图】选项卡的【坐标】面板中选择【命名 UCS】命令按钮，即可打开【UCS】对话框。在【UCS】对话框中有【命名 UCS】、【正交 UCS】和【设置】3 个选项卡，用户可以在此进行相应的设置。如图 11-5 所示。

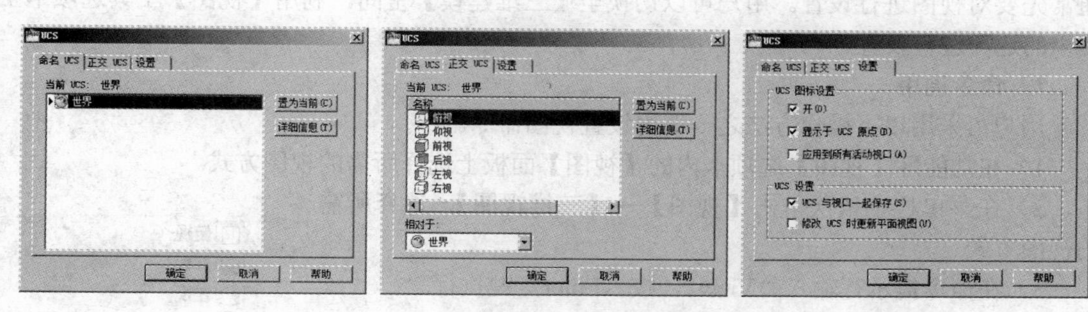

图 11-5　【UCS】对话框

11.2　三维视图观察

在三维空间创建三维模型时，经常需要变换不同的视觉角度来观察三维模型，这就需要用到三维视图观察工具。利用三维视图观察工具可以将目标定位在模型的指定方位，使用户从不同的角度、高度和距离查看图形中的对象。

11.2.1　设置视点

1．功能

在绘制二维图形时，所绘制的图形都是与 XY 平面相平行的。而在三维环境中为了观察模型的局部结构，则需要改变视点。使用【视点】命令来设置观察方向的方式更为直观，用户可以直接指定视点坐标，系统将会在该指定点向原点（0,0,0）方向观察图形。

2．命令调用

用户可采用以下操作方法之一调用设置视点命令。

1）在菜单栏中依次单击【视图】→【三维视图】→【视点】工具按钮 视点(V)。

2）在命令提示行输入“Vpoint”，按〈Enter〉键执行。

3．命令操作

用户可通过在绘图区域上显示的罗盘来定义视点，罗盘位于屏幕的右上角，是一个平面显示的球体。罗盘上有一个小十字光标，用户可以使用定点设备移动这个十字光标到球体的任意位置，当移动光标时，三轴架将会根据罗盘指示的观察方向旋转。如果要选择一个观察方向，可将定点设备移动到罗盘的适当位置然后单击鼠标左键，图形将根据视点位置变化同步更新。如图 11-6 所示。

如果在“定义视点”状态选择【旋转】选项，则需要分别指定观察视线在 XY 平面中与 X 轴的夹角，以及观察视线与 XY 平面的夹角。

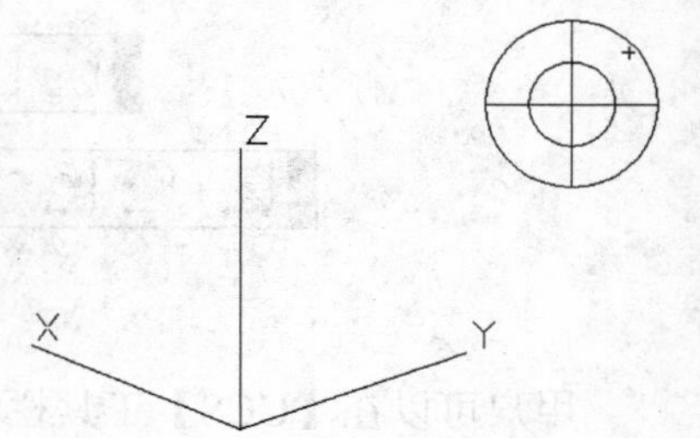

图 11-6　动态坐标和方位罗盘

11.2.2　设置视图

1．功能

在编辑三维模型时，仅仅使用一个视图很难准确地观察对象，所以在创建三维模型前，通常先要对视图进行设置。用户可以切换至【三维建模】空间，利用【视图】工具选项卡上提供的选项进行设置。

2．命令调用

用户可采用以下操作方法之一调用设置视图命令。

1）在功能区【视图】选项卡内的【视图】面板上选择所需的视图方式。

2）在菜单栏中依次单击【视图】→【三维视图】，选择所需的视图方式。

3）在命令提示行输入“View”，按〈Enter〉键执行。

3．命令操作

用户可在【视图】工具面板左侧的【视图】下拉列表中选择任意视图类型，也可以单击列表下侧的下拉按钮，以显示系统提供的全部视图类型。如图 11-7 所示。

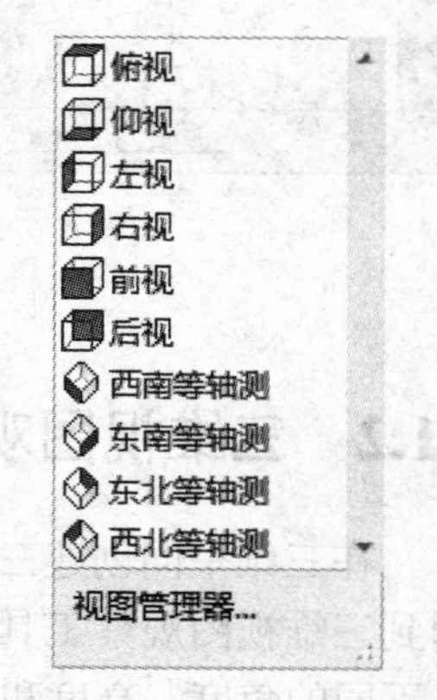

图 11-7　【视图】下拉列表

11.2.3　视点预置

1．功能

视点预置是指通过指定在 XY 平面中视点与 X 轴的夹角和视点与 XY 平面的夹角来设置三维观察方向。

2．命令调用

用户可采用以下操作方法之一调用视点预置命令。

1）在菜单中依次单击【视图】→【三维视图】→【视点预置】工具按钮 视点预设(I)...。

2）在命令行输入“Ddvpoint”，按〈Enter〉键执行。

3．命令操作

执行【视点预置】命令，将会弹出【视点预置】对话框，在该对话框中，用户可以用定点设备控制图像或直接在文本框中输入视点的角度值，相对于当前用户坐标系或相对于世界坐标系指定角度后，视角将自动更新。单击【设置为平面视图】按钮，将观察角度设置为相对于选中的坐标系显示平面视图。在该对话框中，用户可以在【X 轴】文本框中设置观察角度，在 XY 平面中与 X 轴的夹角；在【XY 平面】文本框中设置观察角度与 XY 平面的夹角，通过这两个夹角就可以得到一个相对于当前坐标系的特定三维视图。如图 11-8 所示。

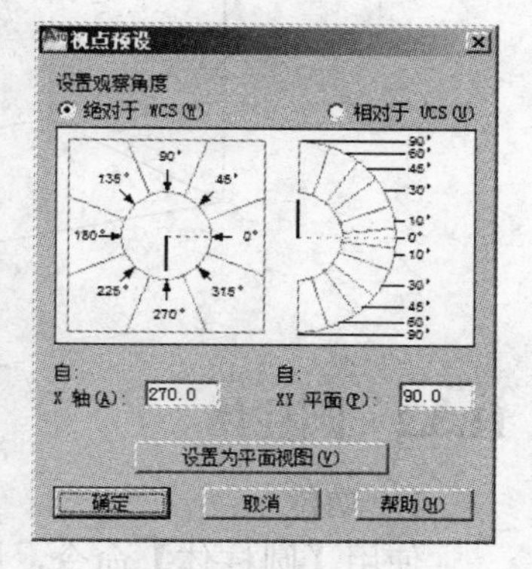

图 11-8 【视点预置】对话框

11.3 创建实体

由于实体能够更完整、更准确地表达模型的特征，所包含的模型信息也更多，所以实体模型是当前三维造型领域最为先进的造型方式。在 AutoCAD 2010 中，用户可以创建的基本三维实体有：长方体、圆锥体、圆柱体、球体、楔体、棱锥体和圆环体等。

11.3.1 长方体

1．功能

使用【长方体】命令，用户可以创建实心长方体或实心立方体。在绘制长方体时，始终将其底面绘制为与当前 UCS 的 XY 平面平行的状态。

2．命令调用

用户可采用以下操作方法之一调用长方体命令。

1）在功能区【常用】选项卡内的【建模】面板上选择【长方体】工具 长方体。

2）在菜单中依次单击【绘图】→【建模】→【长方体】 长方体(B)。

3）在命令行输入“Box”，并按〈Enter〉键执行。

3．命令操作

执行该命令，命令行提示如下。

命令: _box（执行长方体命令）

指定第一个角点或 [中心(C)]:（指定角点 1）

指定其他角点或 [立方体(C)/长度(L)]: @500,500,500（输入定角点 2 的坐标）

完成命令操作，结果如图 11-9 所示。

在要求指定立方体第一个角点时，用户可以用鼠标直接指定，也可以选择使用“中心”方式创建对象。在要求指定其他角点时，用户可以在动态窗口输入坐标值以确定角点，也可以选择使用“立方体”方式，此时只需要输入立方体的边长即可创建一个长、宽、高相等的立方体。若使用“长度”方式，则会按照指定的长宽高创建长方体（长度与 X 轴对应，宽度与 Y 轴对应，高度与 Z 轴对应）。对于尺寸不合适的长方体，用户还可以利用长方体的夹点调整其长度、宽度和高度。

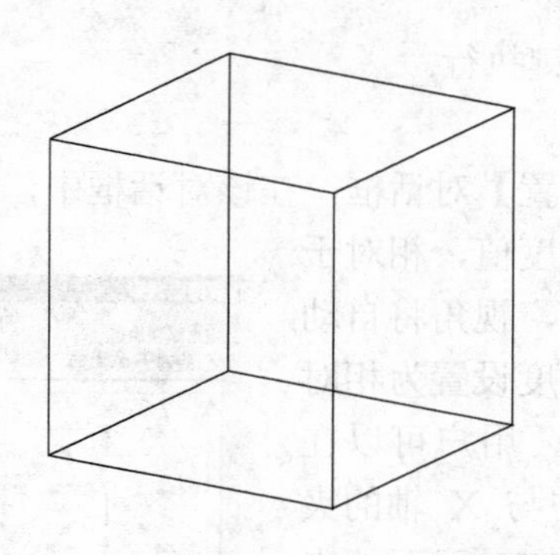
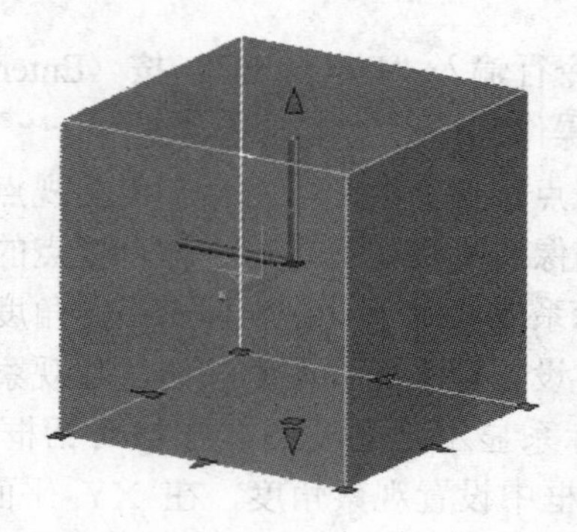

图 11-9　长方体

11.3.2　圆柱体

1．功能

使用【圆柱体】命令，用户可以创建以圆或椭圆为底面的圆柱体。默认情况下，圆柱体的底面位于当前用户坐标系的 XY 平面上。圆柱体的高度与 Z 轴平行。

2．命令调用

用户可采用以下操作方法之一调用圆柱体命令。

1）在功能区【常用】选项卡内的【建模】面板上选择【圆柱体】工具。

2）在菜单中依次单击【绘图】→【建模】→【圆柱体】圆柱体(C)。

3）在命令行输入“Cylinder”，并按〈Enter〉键执行。

3．命令操作

执行该命令，命令行提示如下。

命令: _cylinder（执行圆柱体命令）

指定底面的中心点或 [三点(3P)/两点(2P)/相切、相切、半径(T)/椭圆(E)]:（指定底面中心点）

指定底面半径或 [直径(D)] <0>: 50 （指定圆柱体底面半径）

指定高度或 [两点(2P)/轴端点(A)] <100>: 100 （指定圆柱体高度）

完成命令操作，结果如图 11-10 所示。用户还可以利用圆柱体的夹点，调整其底面半径和高度。

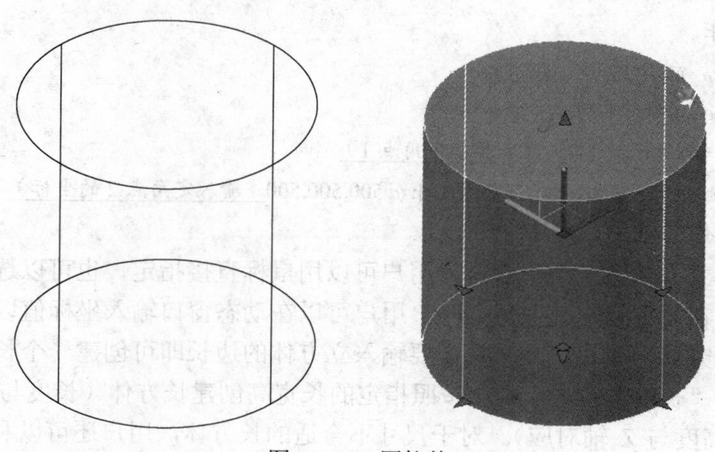

图 11-10　圆柱体

11.3.3　圆锥体

1．功能

使用【圆锥体】命令，用户可以创建底面为圆形或椭圆形的尖头圆锥体或圆台。默认情况下，圆锥体的底面位于当前 UCS 的 XY 平面上，圆锥体的高度与 Z 轴平行。

2．命令调用

用户可采用以下操作方法之一调用圆锥体命令。

1）在功能区【常用】选项卡内的【建模】面板上选择【圆锥体】工具 圆锥体。

2）在菜单中依次单击【绘图】→【建模】→【圆锥体】 圆锥体(O)。

3）在命令行输入"Cone"，并按〈Enter〉键执行。

3．命令操作

执行该命令，命令行提示如下。

命令: _cone（执行圆锥体命令）

指定底面的中心点或 [三点(3P)/两点(2P)/相切、相切、半径(T)/椭圆(E)]:（指定底面中心点）

指定底面半径或 [直径(D)] <0>: 50（指定圆锥体底面半径）

指定高度或 [两点(2P)/轴端点(A)/顶面半径(T)] <50>: 100（输入圆锥体高度值）

完成命令操作，结果如图 11-11 所示。用户可以利用圆锥体的夹点调整其底面半径、顶面半径和高度。

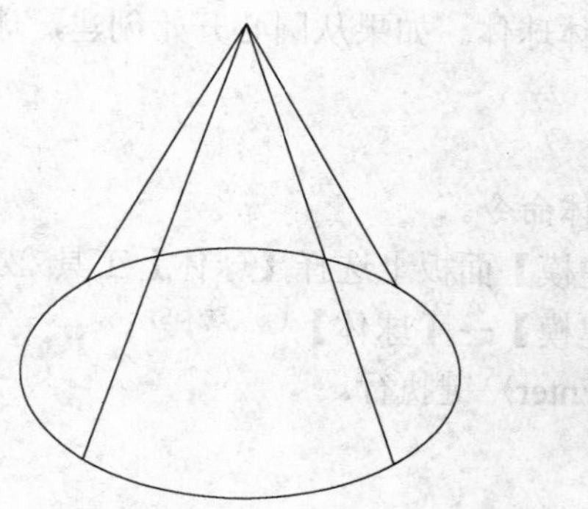

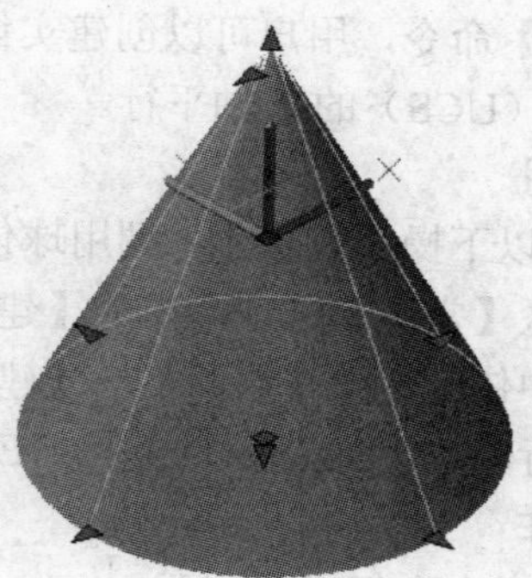

图 11-11　圆锥体

在执行【圆锥体】命令过程中，用户还可以通过指定圆锥体顶面半径来创建圆锥台。执行该命令，命令行提示如下。

命令: _cone（执行圆锥体命令）

指定底面的中心点或 [三点(3P)/两点(2P)/相切、相切、半径(T)/椭圆(E)]:（指定底面中心点）

指定底面半径或 [直径(D)] <100>: 50 （指定底面半径）

指定高度或 [两点(2P)/轴端点(A)/顶面半径(T)] <50>: t （更改顶面半径来绘制圆台）

指定顶面半径 <50>: 20 （指定顶面半径）

指定高度或 [两点(2P)/轴端点(A)] <20>: 100（输入高度值）

完成命令操作，结果如图 11-12 所示。

在绘制圆锥体时，用户可以选择使用"三点"、"两点"、"相切、相切、半径"、"椭圆"等多种方式绘制圆锥体的底面圆形，可通过指定底面圆形的半径或直径来绘制底面圆形。在要求指定圆锥体高度时，可以通过输入高度值或选择“两点”方式指定高度，圆锥体的高度为两个指定点之间的距离，也可选择“轴端点”方式指定高度，此时，可将轴端点指定为圆锥体的顶点或圆台顶面的中心点，轴端点可以位于三维空间的任意位置。

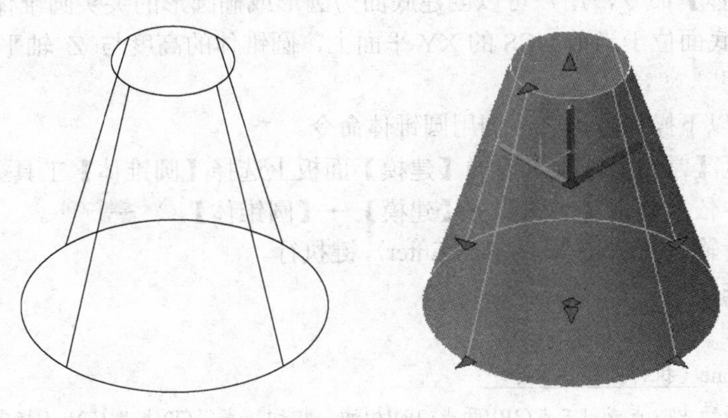

图 11-12　圆锥台

11.3.4　球体

1．功能

使用【球体】命令，用户可以创建实体球体。如果从圆心开始创建，球体的中心轴将与当前用户坐标系（UCS）的 Z 轴平行。

2．命令调用

用户可采用以下操作方法之一调用球体命令。

1）在功能区【常用】选项卡内的【建模】面板上选择【球体】工具（球体）。

2）在菜单中依次单击【绘图】→【建模】→【球体】（球体(S)）。

3）在命令行输入“Sphere”，并按〈Enter〉键执行。

3．命令操作

执行该命令，命令行提示如下。

命令: _sphere（执行球体命令）

指定中心点或 [三点(3P)/两点(2P)/相切、相切、半径(T)]:（鼠标单击一点指定中心点）

指定半径或 [直径(D)] <100>: 50 （指定球体半径）

完成命令操作，结果如图 11-13 所示。另外，用户可以选择使用“三点”、“两点”、“相

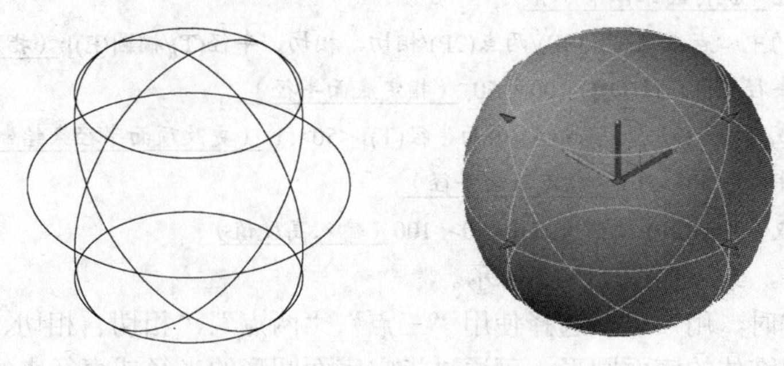

图 11-13　球体

切、相切、半径”等多种方式绘制球体。用户还可以利用球体的夹点调整其半径。

11.3.5 棱锥体

1．功能

使用【棱锥体】命令，用户可以创建最多具有 32 个侧面的实体棱锥体。使用该命令，不仅可以创建倾斜至一个点的棱锥体，还可以创建从底面倾斜至平面的棱台。

2．命令调用

用户可采用以下操作方法之一调用棱锥体命令。

1）在功能区【常用】选项卡内的【建模】面板上选择【棱锥体】工具 棱锥体 。

2）在菜单中依次单击【绘图】→【建模】→【棱锥体】 棱锥体(Y) 。

3）在命令行输入“Pyramid”，并按〈Enter〉键执行。

3．命令操作

执行该命令，命令行提示如下。

命令: _pyramid（执行棱锥体命令）

6 个侧面　外切

指定底面的中心点或 [边(E)/侧面(S)]: s（输入 s，更改棱锥体侧面）

输入侧面数 <6>:5（设定棱锥体侧面为 5）

指定底面的中心点或 [边(E)/侧面(S)]:（鼠标单击一点指定底面中心点）

指定底面半径或 [内接(I)] <0>:50（指定底面半径）

指定高度或 [两点(2P)/轴端点(A)/顶面半径(T)] <50>: 100（指定高度）

完成命令操作，结果如图 11-14 所示。用户还可以利用棱锥体的夹点调整其底面外切圆的半径和高度。

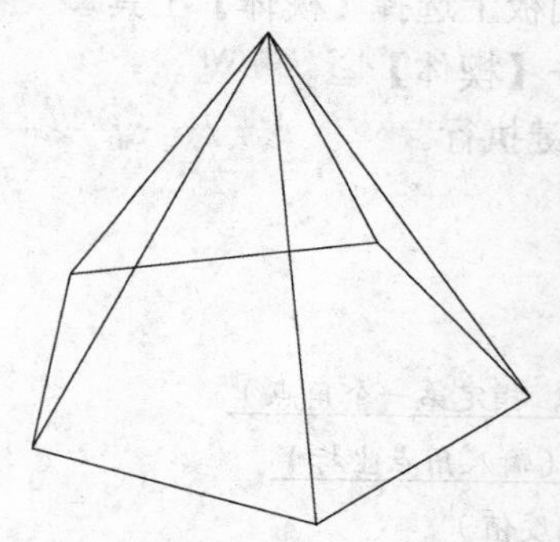

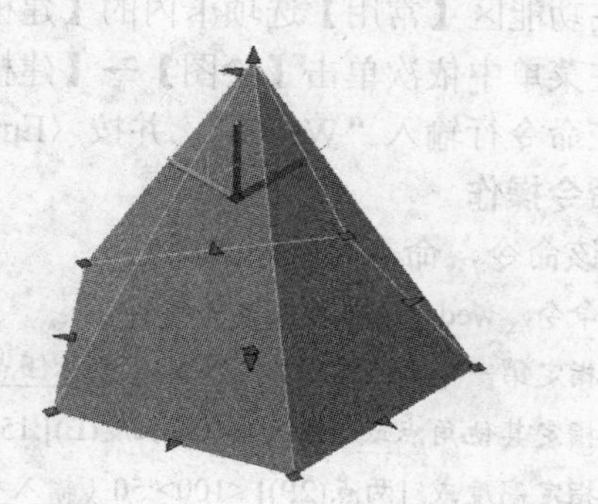

图 11-14　棱锥体

在执行【棱锥体】命令过程中，用户还可以通过指定棱锥体顶面半径来创建棱台。执行该命令，命令行提示如下。

命令: _pyramid（执行棱锥体命令）

5 个侧面　外切

指定底面的中心点或 [边(E)/侧面(S)]: s（输入 s，更改棱锥体侧面）

输入侧面数 <5>: 6（设定棱锥台侧面为 6）

指定底面的中心点或 [边(E)/侧面(S)]:（鼠标单击一点指定底面中心点）

指定底面半径或 [内接(I)] <100>:100（指定底面半径）

指定高度或 [两点(2P)/轴端点(A)/顶面半径(T)] <100>: t（选择更改顶面半径选项）

指定顶面半径 <0>: 50（指定顶面半径）

指定高度或 [两点(2P)/轴端点(A)] <50>:200（指定高度）

完成命令操作，结果如图 11-15 所示。

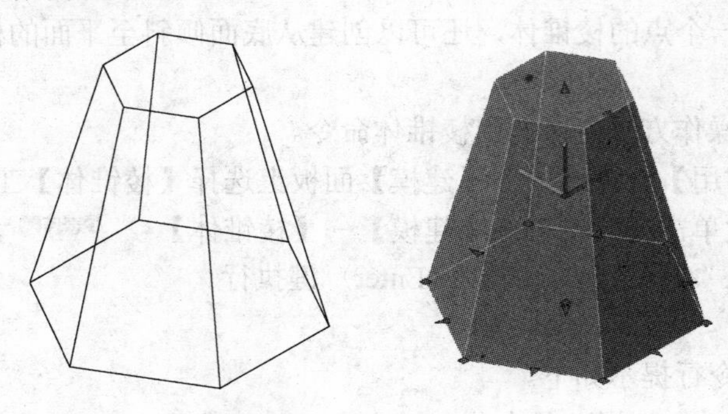

图 11-15 棱锥台

11.3.6 楔体

1．功能

使用【楔体】命令，用户可以创建楔形实体。绘制的楔体底面与当前 UCS 的 XY 平面平行，斜面正对第一个角点，楔体的高度与 Z 轴平行。

2．命令调用

用户可采用以下操作方法之一调用楔体命令。

1）在功能区【常用】选项卡内的【建模】面板上选择【楔体】工具。

2）在菜单中依次单击【绘图】→【建模】→【楔体】。

3）在命令行输入“Wedge”，并按〈Enter〉键执行。

3．命令操作

执行该命令，命令行提示如下。

命令: _wedge（执行楔体命令）

指定第一个角点或 [中心(C)]:（鼠标任点一点，指定第一个角点）

指定其他角点或 [立方体(C)/长度(L)]:150,100（输入角点坐标）

指定高度或 [两点(2P)] <100>:50（输入楔体高度值）

完成命令操作，结果如图 11-16 所示。执行该命令时，各选项的作用与绘制长方体时相同。用户还可以利用图示楔体的夹点调整其底面尺寸和高度。

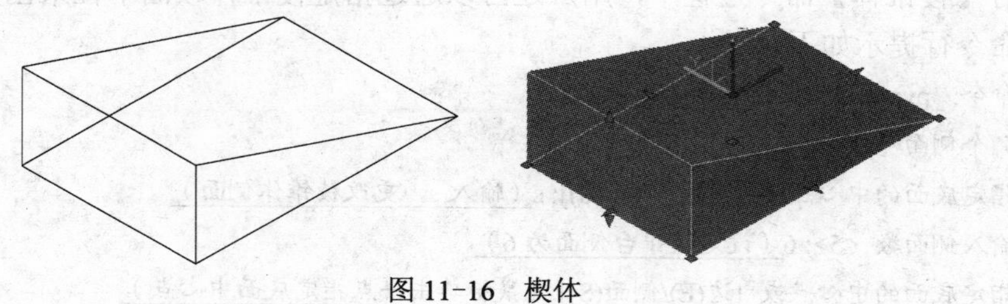

图 11-16 楔体

11.3.7　圆环体

1．功能

使用【圆环体】命令，用户可以创建圆环体。圆环体具有两个半径值，一个值定义圆管，另一个值定义从圆环体的圆心到圆管的圆心之间的距离。如果输入的圆管半径大于圆环体半径，则圆环体可以自交，自交的圆环体没有中心孔。

2．命令调用

用户可采用以下操作方法之一调用圆环体命令。

1）在功能区【常用】选项卡内的【建模】面板上选择【圆环体】工具。

2）在菜单中依次单击【绘图】→【建模】→【圆环体】。

3）在命令行输入“Torus”，并按〈Enter〉键执行。

3．命令操作

执行该命令，命令行提示如下。

命令: _torus（执行圆环体命令）

指定中心点或 [三点(3P)/两点(2P)/切点、切点、半径(T)]:（鼠标指定圆环中心点）

指定半径或 [直径(D)] <0>: 200（指定圆环体半径）

指定圆管半径或 [两点(2P)/直径(D)]: 50（将圆管半径设为 50）

完成命令操作，结果如图 11-17 所示。用户还可以利用圆环体的夹点调整圆环半径及圆管半径。

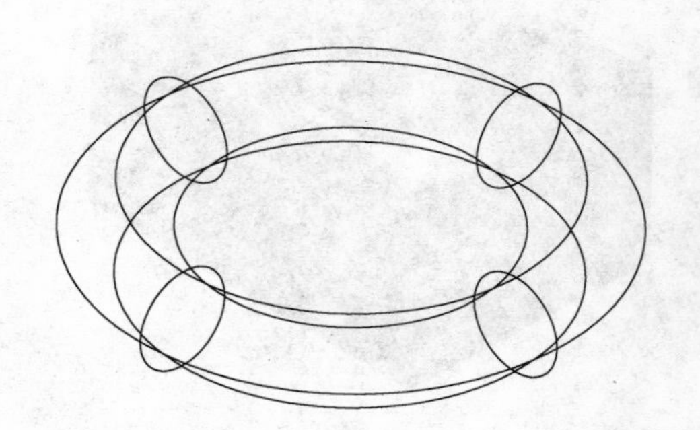

图 11-17　圆环体

11.3.8　多段体

1．功能

使用【多段体】命令，可以指定路径创建矩形截面实体，进而用来创建三维墙体。默认情况下，多段体始终带有一个矩形轮廓，用户可以指定轮廓的高度和宽度。

2．命令调用

用户可采用以下操作方法之一调用多段体命令。

1）在功能区【常用】选项卡内的【建模】面板上选择【多段体】工具。

2）在菜单中依次单击【绘图】→【建模】→【多段体】。

3）在命令行输入“Polysolid”，并按〈Enter〉键执行。

3. 命令操作

执行该命令，命令行提示如下。

命令: _Polysolid 高度 = 4.0000, 宽度 = 0.2500, 对正 = 居中（执行多段体命令）
指定起点或 [对象(O)/高度(H)/宽度(W)/对正(J)] <对象>: h（选择高度设置选项）
指定高度 <4.0000>: 2000（在动态输入窗口设置墙体高度）
高度 = 2000.0000, 宽度 = 0.2500, 对正 = 居中
指定起点或 [对象(O)/高度(H)/宽度(W)/对正(J)] <对象>: w（选择宽度设置选项）
指定宽度 <0.2500>: 240（在动态输入窗口设置墙体宽度）
高度 = 2000.0000, 宽度 = 240.0000, 对正 = 居中
指定起点或 [对象(O)/高度(H)/宽度(W)/对正(J)] <对象>:（鼠标单击一点作为墙体起点）
指定下一个点或 [圆弧(A)/放弃(U)]: 3600（输入墙体长度）
指定下一个点或 [圆弧(A)/放弃(U)]: 2400（输入墙体长度）
指定下一个点或 [圆弧(A)/放弃(U)]: 3600（输入墙体长度）
指定下一个点或 [圆弧(A)/闭合(C)/放弃(U)]: c（自动闭合，按〈Enter〉键完成绘制）

完成命令操作，结果如图 11-18 所示。用户可以利用多段体的夹点调整其墙体厚度、高度和墙体位置，可以方便地修改房间平面形状和尺寸。

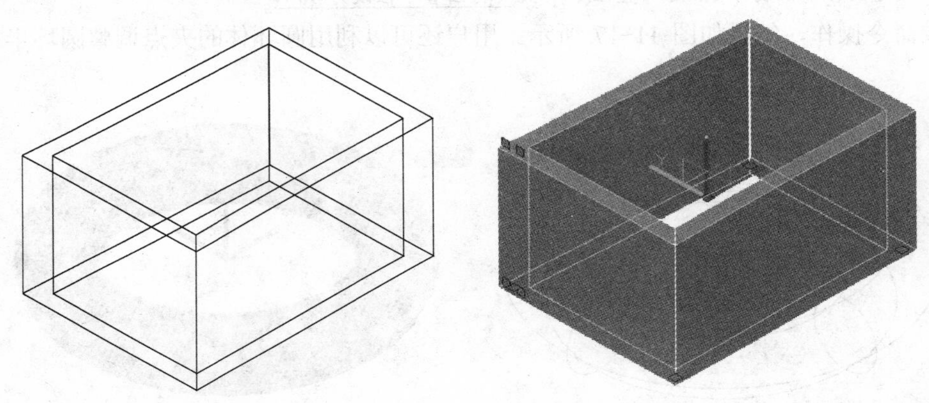

图 11-18　绘制多段体

用户还可以利用【多段体】功能，将绘制好的二维线条转换为多段体对象。要使用该命令，首先需要用多段线命令绘制表示墙线的平面轮廓，然后利用【多段体】功能进行转换。命令行提示如下。

命令: _Polysolid 高度 = 4.0000, 宽度 = 0.2500, 对正 = 居中（执行多段体命令）
指定起点或 [对象(O)/高度(H)/宽度(W)/对正(J)] <对象>: h（选择高度设置选项）
指定高度 <4.0000>: 1800（在动态输入窗口输入设置墙体高度）
高度 = 1800.0000, 宽度 = 0.2500, 对正 = 居中
指定起点或 [对象(O)/高度(H)/宽度(W)/对正(J)] <对象>: w（选择宽度设置选项）
指定宽度 <0.2500>: 240（在动态输入窗口输入墙体宽度为 240）
高度 = 1800.0000, 宽度 = 240.0000, 对正 = 居中
指定起点或 [对象(O)/高度(H)/宽度(W)/对正(J)] <对象>: o（选择对象选项）

选择对象:（光标拾取已绘制的多段线对象，即可将该多段线对象转换为多段体）

完成命令操作，结果如图 11-19 所示。

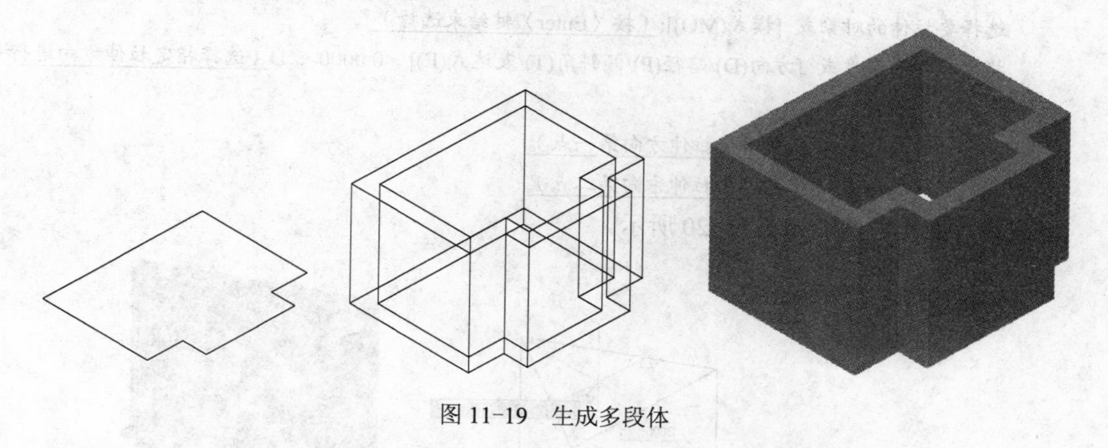

图 11-19　生成多段体

11.4　生成实体

除了利用上述各种基本实体工具进行简单实体模型的创建外，还可以利用二维图形对象来创建三维实体。用户可以通过使用拉伸、旋转、放样、扫掠等方法来生成复杂的三维实体造型。

11.4.1　拉伸实体

1．功能

利用【拉伸】命令，用户可以将已选定的二维对象创建为实体和曲面。如果拉伸闭合对象，则生成的对象为实体。如果拉伸开放对象，则生成的对象为曲面。如果拉伸具有一定宽度的多段线，则将忽略宽度并从多段线路径的中心拉伸多段线。如果拉伸具有一定厚度的对象，则将忽略厚度。

2．命令调用

用户可采用以下操作方法之一调用拉伸实体命令。

1）在功能区【常用】选项卡内的【建模】面板上选择【拉伸】工具 拉伸。

2）在菜单中依次单击【绘图】→【建模】→【拉伸】 拉伸(X)。

3）在命令行输入“Extrude”，并按〈Enter〉键执行。

3．命令操作

使用【拉伸】命令生成实体时，用户可以通过指定路径、倾斜角或方向来创建三维对象。

（1）指定“拉伸方向”生成实体

在命令执行过程中，选择使用“方向”选项，用户可以指定两个点以设定拉伸的长度和方向。例如，根据绘制的二维轮廓线，通过拉伸生成三维实体。执行该命令，命令行提示如下。

命令: _extrude（执行拉伸命令）

当前线框密度: ISOLINES=8，闭合轮廓创建模式 = 实体

选择要拉伸的对象或 [模式(MO)]: _MO 闭合轮廓创建模式 [实体(SO)/曲面(SU)] <实体>: _SO

选择要拉伸的对象或 [模式(MO)]: 找到 1 个（选择拉伸对象）

选择要拉伸的对象或 [模式(MO)]:（按〈Enter〉键结束选择）

指定拉伸的高度或 [方向(D)/路径(P)/倾斜角(T)/表达式(E)] <0.0000>: D（选择指定拉伸方向进行拉伸）

指定方向的起点:（鼠标单击拉伸方向第一点）

指定方向的端点:（鼠标单击拉伸方向第二点）

完成命令操作，结果如图 11-20 所示。

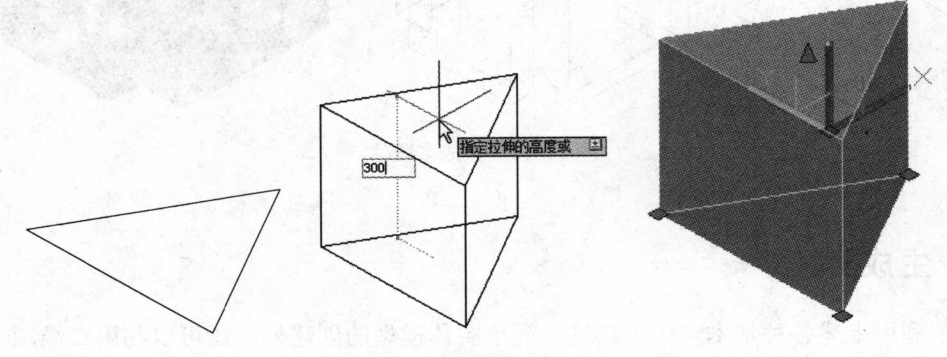

图 11-20　指定拉伸方向

（2）指定“拉伸路径”生成实体

在命令执行过程中，选择使用“路径”选项，可以通过指定路径曲线，将轮廓曲线沿该路径曲线创建三维实体。其中路径曲线不能与轮廓线共面。执行该命令，命令行提示如下。

命令: _extrude（执行拉伸命令）

当前线框密度: ISOLINES=8，闭合轮廓创建模式 = 实体

选择要拉伸的对象或 [模式(MO)]: _MO 闭合轮廓创建模式 [实体(SO)/曲面(SU)] <实体>: _SO

选择要拉伸的对象: 找到 1 个（选择对象轮廓线）

选择要拉伸的对象:（按〈Enter〉键结束选择）

指定拉伸的高度或 [方向(D)/路径(P)/倾斜角(T)] <0.0000>: p（选择路径方式进行拉伸）

选择拉伸路径或 [倾斜角]:（拾取拉伸路径）

完成命令操作，结果如图 11-21 所示。

（3）指定“拉伸倾斜角”生成实体

在命令执行过程中，选择使用“倾斜角”选项，可以生成具有一定倾斜角度的实体或曲面。根据绘制的零件轮廓线，通过拉伸生成三维实体。命令行提示如下。

命令: _extrude（执行拉伸命令）

当前线框密度: ISOLINES=8，闭合轮廓创建模式 = 实体

选择要拉伸的对象或 [模式(MO)]: _MO 闭合轮廓创建模式 [实体(SO)/曲面(SU)] <实体>: _SO

选择要拉伸的对象: 找到 1 个（选择拉伸对象）

选择要拉伸的对象:（按〈Enter〉键结束选择）

指定拉伸的高度或 [方向(D)/路径(P)/倾斜角(T)] <100.0000>: T（选择指定倾斜角方式进行拉伸）

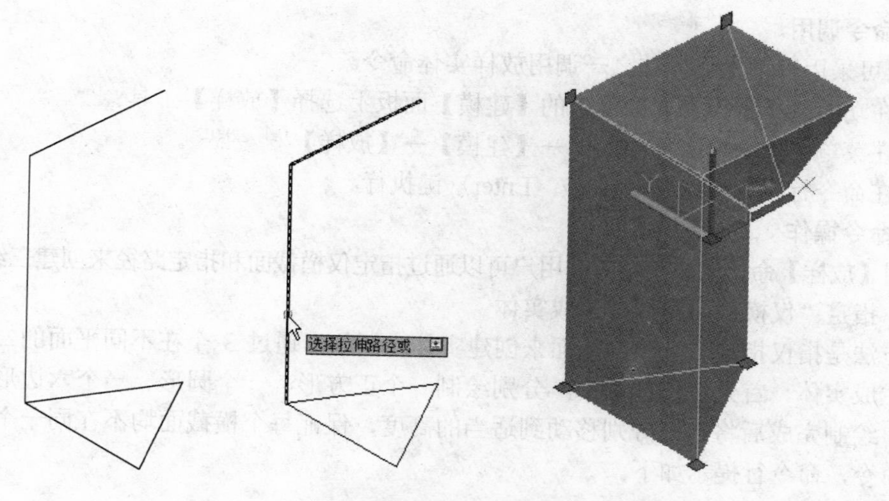

图 11-21　指定路径拉伸

指定拉伸的倾斜角度或 [表达式(E)] <0.0000>:15（指定倾斜角度）

指定拉伸的高度或 [方向(D)/路径(P)/倾斜角(T)/表达式(E)] <15.0000>: 300（指定拉伸高度）

完成命令操作，结果如图 11-22 所示。

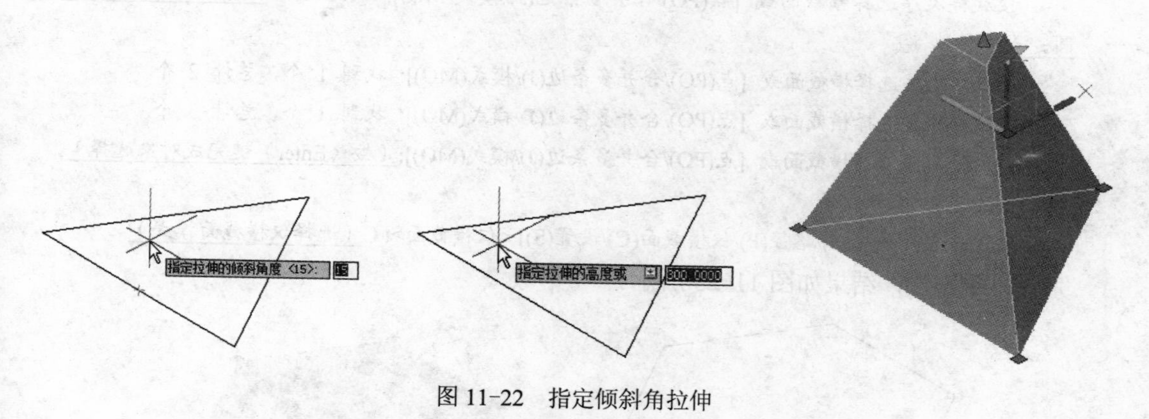

图 11-22　指定倾斜角拉伸

11.4.2　放样实体

1．功能

使用【放样】命令生成实体，可以将图形横截面沿指定的路径或导向运动扫描获得三维实体或曲面。横截面轮廓可以是开放曲线或闭合曲线，开放曲线可创建曲面，而闭合曲线可创建实体或曲面。在进行放样时，使用的横截面必须全部开放或全部闭合，不能使用既包含开放曲线又包含闭合曲线的选择集。指过指定放样路径进行放样操作，可以更好地控制放样对象的形状。为获得最佳结果，路径曲线应始于第一个横截面所在的平面，止于最后一个横截面所在的平面。在创建放样横截面轮廓时，必须将多个横截面绘制在不同的平面内。使用该命令放样生成实体时，用户还可以通过放样设置功能指定多个参数来限制实体的形状，如设置直纹、平滑拟合、法线指向和拔模斜度等参数。

2．命令调用

用户可采用以下操作方法之一调用放样实体命令。

1）在功能区【常用】选项卡内的【建模】面板上选择【放样】工具。

2）在菜单中依次单击【绘图】→【建模】→【放样】放样(L)。

3）在命令行输入“Loft”，并按〈Enter〉键执行。

3．命令操作

使用【放样】命令生成实体时，用户可以通过指定仅横截面和指定路径来创建三维对象。

（1）指定“仅横截面”放样生成实体

该方法是指仅指定一系列横截面来创建实体。例如，通过 3 个在不同平面的二维图形轮廓放样生成实体。首先在俯视图中，分别绘制一个正方形、一个圆形、一个六边形作为放样横截面，绘制完成后将它们分别移动到适当的高度，保证每个横截面均不在同一个平面内。执行该命令，命令行提示如下。

命令: _loft（执行放样命令）

当前线框密度: ISOLINES=8，闭合轮廓创建模式 = 实体

按放样次序选择横截面或 [点(PO)/合并多条边(J)/模式(MO)]: _MO 闭合轮廓创建模式 [实体(SO)/曲面(SU)] <实体>: _SO

按放样次序选择横截面或 [点(PO)/合并多条边(J)/模式(MO)]: 找到 1 个（依次单击横截面矩形圆、六边形）

按放样次序选择横截面或 [点(PO)/合并多条边(J)/模式(MO)]: 找到 1 个，总计 2 个

按放样次序选择横截面或 [点(PO)/合并多条边(J)/模式(MO)]: 找到 1 个，总计 3 个

按放样次序选择横截面或 [点(PO)/合并多条边(J)/模式(MO)]:（按〈Enter〉键完成对象选择）

选中了 3 个横截面

输入选项 [导向(G)/路径(P)/仅横截面(C)/设置(S)] <仅横截面>: C（选择仅横截面模式）

完成命令操作，结果如图 11-23 所示。

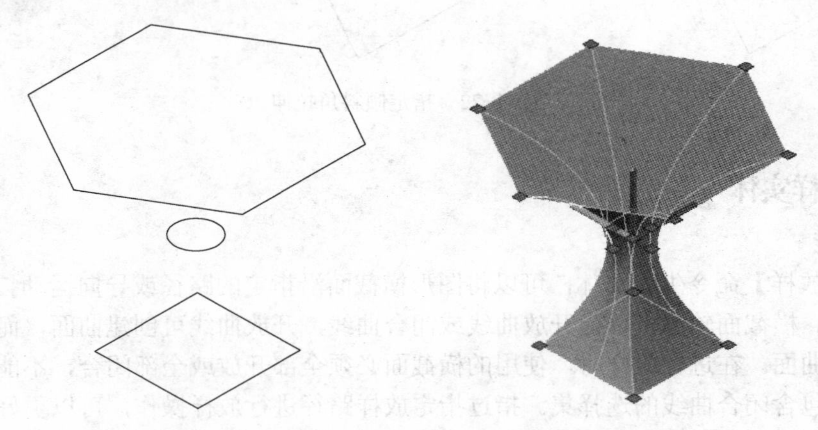

图 11-23 使用“仅横截面”方式放样

（2）指定“路径”放样生成实体

该方法通过指定放样操作的路径来控制放样实体的形状。要求路径曲线应始于第一个横截面所在平面，止于最后一个横截面所在平面，并且路径曲线必须与横截面的所有平面相

交。例如，在不同的平面任意绘制三个图形作为横截面，并绘制一条直线作为放样路径。执行该命令，命令行提示如下。

命令: _loft（执行放样命令）

当前线框密度: ISOLINES=8，闭合轮廓创建模式 = 实体

按放样次序选择横截面或 [点(PO)/合并多条边(J)/模式(MO)]: _MO 闭合轮廓创建模式 [实体(SO)/曲面(SU)] <实体>: _SO

按放样次序选择横截面或 [点(PO)/合并多条边(J)/模式(MO)]: 找到 1 个（依次单击横截面）

按放样次序选择横截面或 [点(PO)/合并多条边(J)/模式(MO)]: 找到 1 个，总计 2 个

按放样次序选择横截面或 [点(PO)/合并多条边(J)/模式(MO)]: 找到 1 个，总计 3 个

按放样次序选择横截面或 [点(PO)/合并多条边(J)/模式(MO)]:（按〈Enter〉键完成对象选择）

选中了 3 个横截面

输入选项 [导向(G)/路径(P)/仅横截面(C)/设置(S)] <仅横截面>: P（选择路径方式生成三维对象）

选择路径轮廓:（单击绘制的路径对象）

完成命令操作，结果如图 11-24 所示。

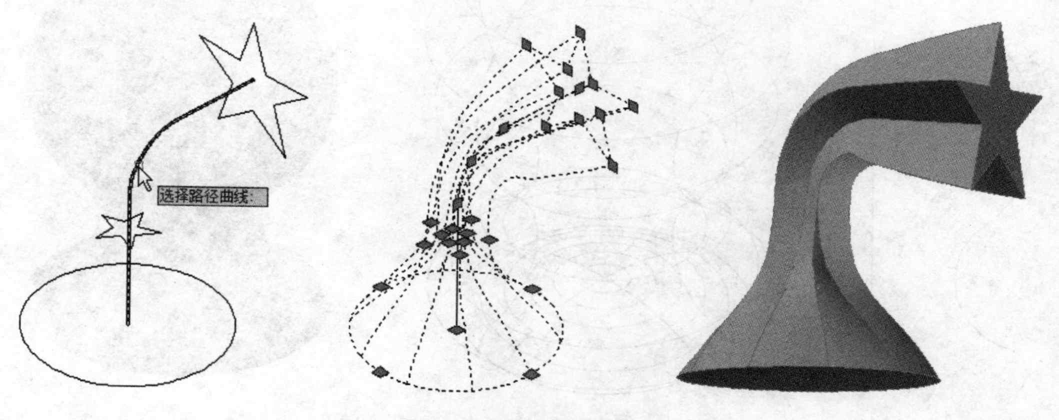

图 11-24 指定路径放样

11.4.3 旋转实体

1．功能

利用【旋转】命令生成实体，用户可以通过绕指定中心轴旋转开放或闭合的平面曲线来创建新的实体或曲面。如果旋转闭合对象，则生成实体，如果旋转开放对象，则生成曲面。

2．命令调用

用户可采用以下操作方法之一调用旋转实体命令。

1）在功能区【常用】选项卡内的【建模】面板上选择【旋转】工具。

2）在菜单中依次单击【绘图】→【建模】→【旋转】 旋转(R)。

3）在命令行输入“Revolve”，并按〈Enter〉键执行。

3．命令操作

例如，利用【旋转】命令创建一个三维水瓶。首先用多段线命令在当前视图中绘制水瓶的轮廓线和旋转轴，然后利用该功能将其创建为三维水瓶。命令行提示如下。

命令: _revolve（执行旋转命令）

当前线框密度: ISOLINES=4，闭合轮廓创建模式 = 实体

选择要旋转的对象或 [模式(MO)]: _MO 闭合轮廓创建模式 [实体(SO)/曲面(SU)] <实体>: _SO

选择要旋转的对象或 [模式(MO)]: 找到 1 个（选择绘制的轮廓线对象）

选择要旋转的对象或 [模式(MO)]:（按〈Enter〉键结束选择）

指定轴起点或根据以下选项之一定义轴 [对象(O)/X/Y/Z] <对象>: o（选择对象选项）

选择对象:（单击旋转轴对象）

指定旋转角度或 [起点角度(ST)/反转(R)/表达式(EX)] <360>: 360（默认旋转一周）

完成命令操作，结果如图 11-25 所示。

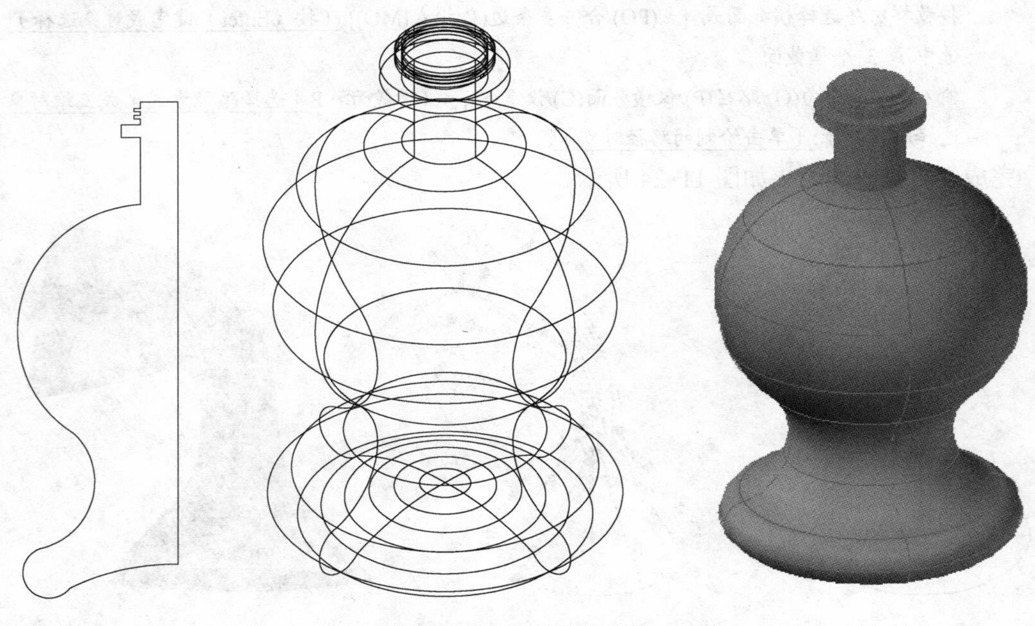

图 11-25 旋转创建实体

11.4.4 扫掠实体

1．功能

利用【扫掠】命令生成实体，用户可以通过沿路径扫掠平面曲线或轮廓来创建实体或曲面。沿路径扫掠轮廓时，轮廓将被移动并与路径法向对齐。

2．命令调用

用户可采用以下操作方法之一调用扫掠实体命令。

1）在功能区【常用】选项卡内的【建模】面板上选择【扫掠】工具。

2）在菜单中依次单击【绘图】→【建模】→【扫掠】。

3）在命令行输入“Sweep”，并按〈Enter〉键执行。

3．命令操作

例如，利用【扫掠】命令绘制一个“画框”三维模型。首先用多段线命令在俯视图中绘制一个表示“画框”截面的轮廓，然后在前视图中利用矩形命令绘制扫掠路径。执行该命

令，命令行提示如下。

命令: _sweep（执行扫掠命令）

当前线框密度: ISOLINES=4，闭合轮廓创建模式 = 实体

选择要扫掠的对象或 [模式(MO)]: _MO 闭合轮廓创建模式 [实体(SO)/曲面(SU)] <实体>: _SO

选择要扫掠的对象或 [模式(MO)]: 找到 1 个（选取绘制的多段线轮廓）

选择要扫掠的对象或 [模式(MO)]:（按〈Enter〉键完成对象选择）

选择扫掠路径或 [对齐(A)/基点(B)/比例(S)/扭曲(T)]:（选择矩形作为扫掠路径）

完成命令操作，结果如图 11-26 所示。

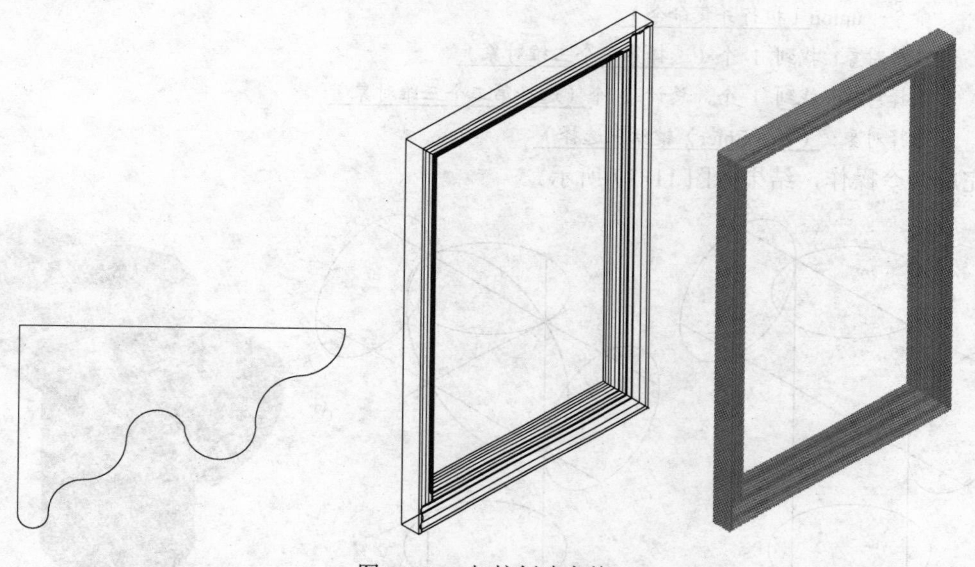

图 11-26 扫掠创建实体

在提示选择扫掠路径时，用户可以选择“对齐”选项，如果轮廓与扫掠路径不在同一平面上，需要指定轮廓与扫掠路径对齐的方式。选择“基点”选项，可以在轮廓上指定基点，以便沿轮廓进行扫掠。选择“比例”选项，可以指定从开始扫掠到结束扫掠将更改对象大小的值。选择“扭曲”选项，可以通过输入扭曲角度，使对象沿轮廓长度进行旋转。

11.5 布尔运算

三维对象的布尔操作用于确定建模过程中多个对象之间的组合关系。通过布尔运算可以将多个三维对象组合为一个新的三维对象，以实现一些特殊的造型效果。布尔运算包括并集、差集和交集 3 个基本运算方式。在进行布尔运算时，三维对象间必须具有相交的公共部分。

11.5.1 并集

1. 功能

使用【并集】命令，用户可以将两个或多个三维实体、曲面或二维面域合并为一个组合

三维实体、曲面或面域。在使用该命令时，必须选择类型相同的对象进行操作。

2．命令调用

用户可采用以下操作方法之一调用并集命令。

1）在功能区【常用】选项卡内的【实体编辑】面板上选择【并集】工具按钮。

2）在菜单中依次单击【修改】→【实体编辑】→【并集】。

3）在命令行输入“Union”，并按〈Enter〉键执行。

3．命令操作

执行该命令，命令行提示如下。

命令: _union（执行并集命令）

选择对象: 找到 1 个（选择第一个三维对象）

选择对象: 找到 1 个，总计 2 个（选择第二个三维对象）

选择对象: （按〈Enter〉键结束选择）

完成命令操作，结果如图 11-27 所示。

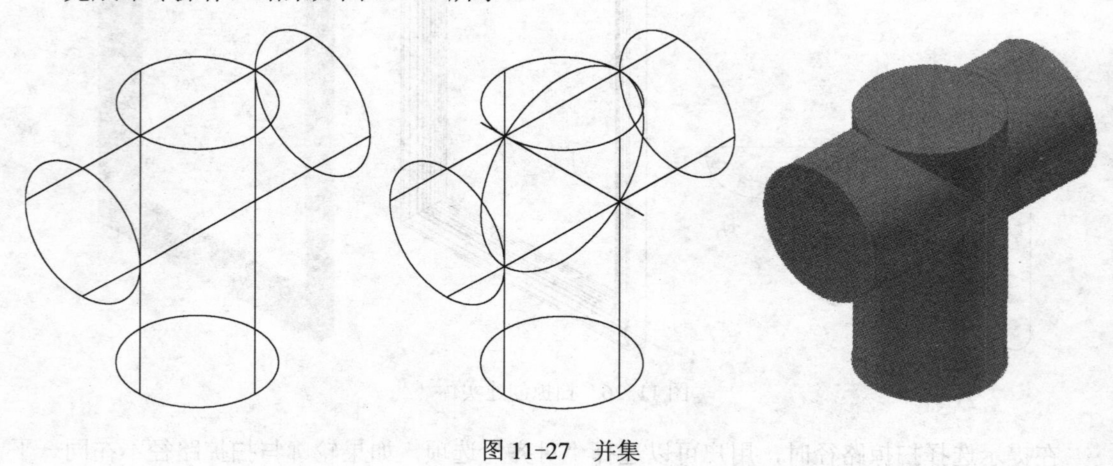

图 11-27　并集

11.5.2 差集

1．功能

使用【差集】命令，用户可以从第一个选择集中的对象减去第二个选择集中的对象。即创建了一个新的三维实体、曲面或面域。

2．命令调用

用户可采用以下操作方法之一调用差集命令。

1）在功能区【常用】选项卡内的【实体编辑】面板上选择【差集】工具按钮。

2）在菜单中依次单击【修改】→【实体编辑】→【差集】。

3）在命令行输入“Subtract”，并按〈Enter〉键执行。

3．命令操作

执行该命令，命令行提示如下。

命令: _subtract 选择要从中减去的实体或面域...（执行差集命令）

选择对象: 找到 1 个（选择第一个三维对象）

选择对象：（按〈Enter〉键结束选择）

选择要减去的实体或面域 ..

选择对象：找到 1 个（选择第二个三维对象）

选择对象：（按〈Enter〉键结束选择）

完成命令操作，结果如图 11-28 所示。

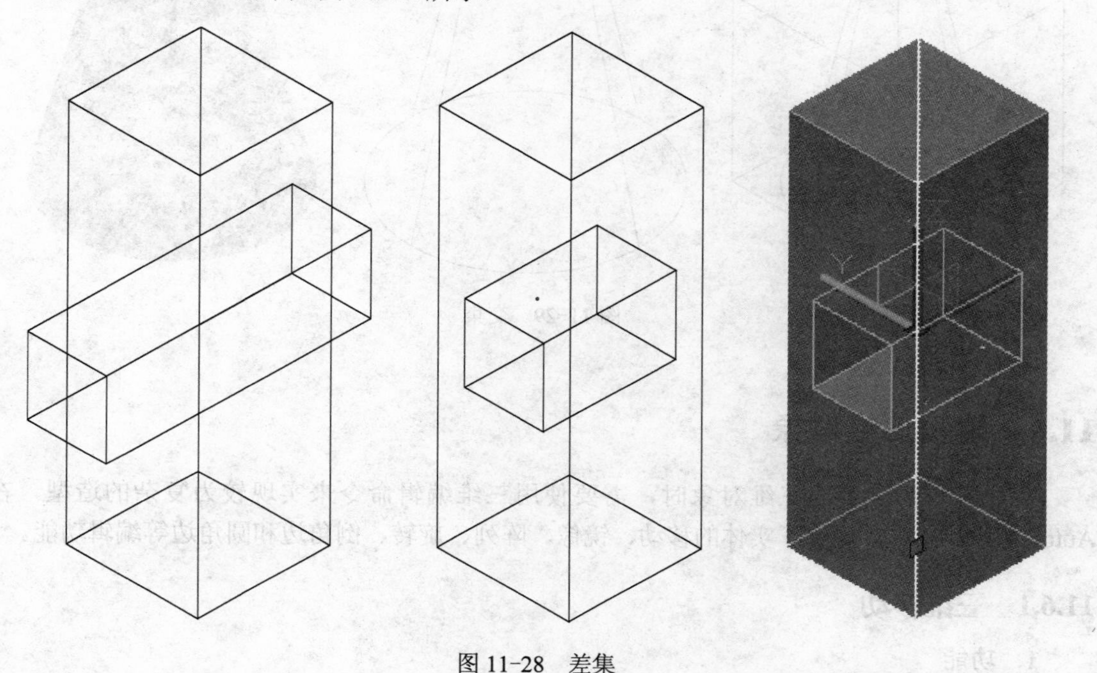

图 11-28　差集

11.5.3　交集

1．功能

使用【交集】命令，用户可以从两个或两个以上现有的三维实体、曲面或面域的公共部分创建三维实体。

2．命令调用

用户可采用以下操作方法之一调用交集命令。

1）在功能区【常用】选项卡内的【实体编辑】面板上选择【交集】工具按钮。

2）在菜单中依次单击【修改】→【实体编辑】→【交集】。

3）在命令行输入“Intersect”，并按〈Enter〉键执行。

3．命令操作

执行该命令，命令行提示如下。

命令：_intersect（执行交集命令）

选择对象：找到 2 个（框选要进行交集操作的三维对象）

选择对象：（按〈Enter〉键结束选择）

完成命令操作，结果如图 11-29 所示。

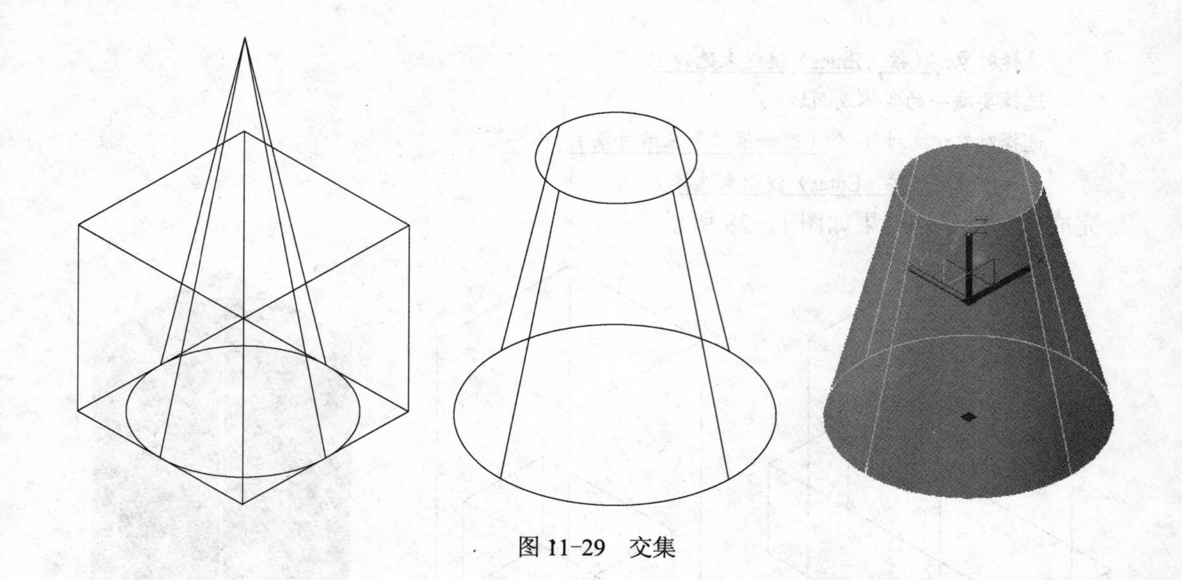

图 11-29　交集

11.6　编辑三维对象

在绘制较为复杂的三维对象时，需要使用三维编辑命令来实现较为复杂的造型，在 AutoCAD 2010 中，提供了实体的移动、镜像、阵列、旋转、倒角边和圆角边等编辑功能。

11.6.1　三维移动

1．功能

使用【三维移动】命令，用户可以将指定模型沿 X、Y、Z 轴或其他任意方向，以及沿轴线、面或任意两点间移动，从而准确定位模型在三维空间中的准确位置。

2．命令调用

用户可采用以下操作方法之一调用三维移动命令。

1）在功能区【常用】选项卡内的【修改】面板上选择【三维移动】工具按钮。

2）在菜单中依次单击【修改】→【三维操作】→【三维移动】三维移动(M)。

3）在命令行输入“3Dmove”，并按〈Enter〉键执行。

3．命令操作

在命令执行过程中，用户可以通过指定距离、指定轴向、指定平面三种方式实现三维对象的移动。执行该命令，命令行提示如下。

命令: _3dmove（执行三维移动命令）

选择对象: 找到 1 个（选择要移动的对象）

选择对象:（按〈Enter〉键完成对象选择）

指定基点或 [位移(D)] <位移>:（将光标悬停在指定对象的坐标轴上，单击一点作为基点）

** 移动 **（移动光标，即可完成对象的移动）

指定移动点或 [基点(B)/复制(C)/放弃(U)/退出(X)]: 正在重生成模型。

完成命令操作，结果如图 11-30 所示。

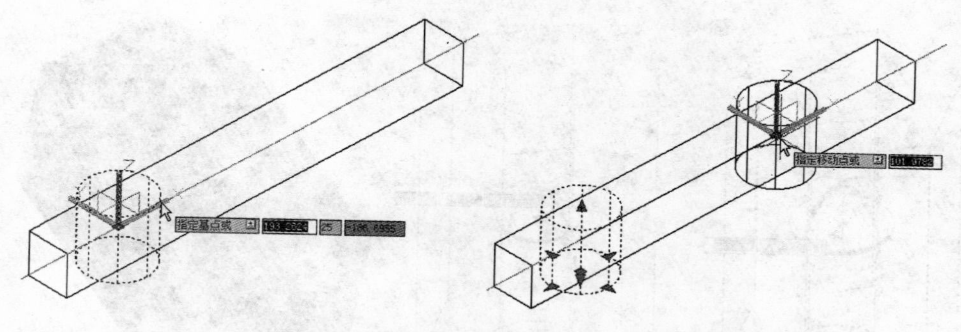

图 11-30　三维移动

11.6.2　三维旋转

1．功能

使用【三维旋转】命令，用户可以将所选择的三维对象沿指定的基点和旋转轴（X 轴、Y 轴、Z 轴）进行自由旋转。

2．命令调用

用户可采用以下操作方法之一调用三维旋转命令。

1）在功能区【常用】选项卡内的【修改】面板上选择【三维旋转】工具按钮。

2）在菜单中依次单击【修改】→【三维操作】→【三维旋转】 三维旋转(R)。

3）在命令行输入“3Drotate”，并按〈Enter〉键执行。

3．命令操作

执行该命令，命令行提示如下。

命令: _3drotate（执行三维旋转命令）

UCS 当前的正角方向:　ANGDIR=逆时针　ANGBASE=0

选择对象: 找到 1 个（单击要旋转的对象）

选择对象:（按〈Enter〉键结束选择）

指定基点:（将光标悬停在指定对象的坐标轴上，指定旋转基点）

** 旋转 **（移动光标，即可完成对象的旋转）

指定旋转角度或 [基点(B)/复制(C)/放弃(U)/参照(R)/退出(X)]: 正在重生成模型。

完成命令操作，结果如图 11-31 所示。

11.6.3　三维镜像

1．功能

使用【三维镜像】命令，用户可以将三维对象通过镜像平面创建与之完全相同的对象。其中，镜像平面可以是与当前 UCS 的 XY、YZ 或 XZ 平面平行的平面或由 3 个指定点定义的任意平面。

2．命令调用

用户可采用以下操作方法之一调用三维镜像命令。

1）在功能区【常用】选项卡内的【修改】面板上选择【三维镜像】工具按钮。

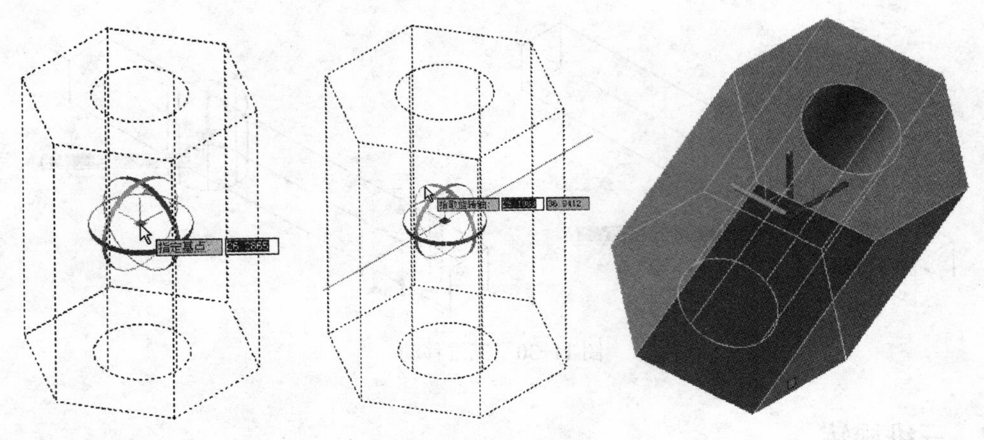

图 11-31　三维旋转

2）在菜单中依次单击【修改】→【三维操作】→【三维镜像】 三维镜像(D)。

3）在命令行输入“Mirror3d”，并按〈Enter〉键执行。

3．命令操作

执行该命令，命令行提示如下。

命令: _mirror3d（执行三维镜像命令）

选择对象: 找到 1 个（单击要镜像的对象）

选择对象: （按〈Enter〉键结束选择）

指定镜像平面（三点）的第一个点或[对象(O)/最近的(L)/Z 轴(Z)/视图(V)/XY 平面(XY)/YZ 平面(YZ)/ZX 平面(ZX)/三点(3)] <三点>:（单击第一点，也可以指定镜像平面为 yz）

在镜像平面上指定第二点: 在镜像平面上指定第三点:（依次单击第二点和第三点）

是否删除源对象? [是(Y)/否(N)] <否>:n（输入 y 或 n，或按〈Enter〉键确认）

完成命令操作，结果如图 11-32 所示。

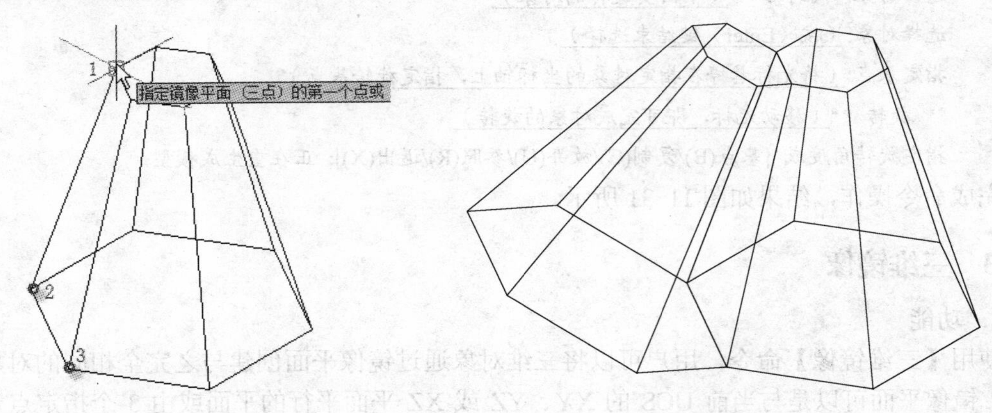

图 11-32　三维镜像

11.6.4　三维阵列

1．功能

使用【三维阵列】命令，用户可以在三维空间中按矩形阵列或环形阵列的方式，创建指定对象的多个副本。进行三维阵列时，除了指定行列数目和间距以外，还可指定阵列的层数和层间距。

2．命令调用

用户可采用以下操作方法之一调用三维阵列命令。

1）在功能区【常用】选项卡内的【修改】面板上选择【三维阵列】工具按钮。

2）在菜单中依次单击【修改】→【三维操作】→【三维阵列】 三维阵列(3)。

3）在命令行输入“3Darray”，并按〈Enter〉键执行。

3．命令操作

在指定阵列间距时若输入正值将沿 X、Y、Z 轴的正方向生成阵列，若输入负值将沿X、Y、Z 轴的反方向生成阵列。执行该命令，命令行提示如下。

命令: _3darray（执行三维阵列命令）

选择对象:找到 1 个（单击要阵列的对象）

选择对象:（按〈Enter〉键结束选择）

输入阵列类型 [矩形(R)/环形(P)] <矩形>:R（选择矩形阵列）

输入行数 (---) <1>:3（设置阵列行数）

输入列数 (|||) <1>:2（设置阵列列数）

输入层数 (...) <1>:2（设置阵列层数）

指定行间距 (|||):指定第二点 3 （可输入间距数值，也可用光标直接在屏幕上量取）

指定列间距 (|||):指定第二点 3 （可输入间距数值，也可用光标直接在屏幕上量取）

指定层间距 (...):指定第二点 3 （可输入间距数值，也可用光标直接在屏幕上量取）

完成命令操作，结果如图 11-33 所示。

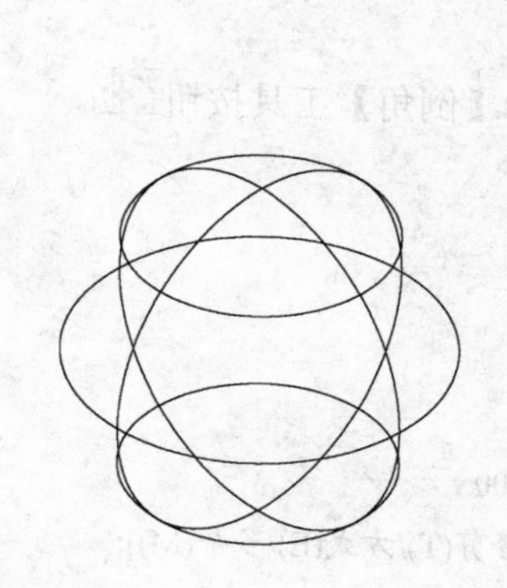

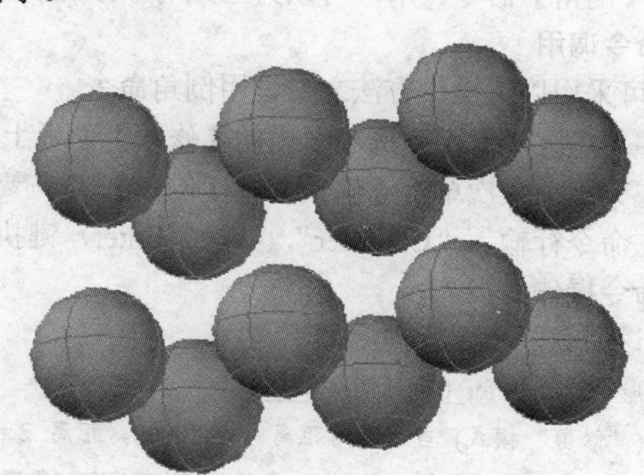

图 11-33 三维矩形阵列

例如，利用该功能，对三维对象进行环形阵列。命令行提示如下。

命令: _3darray（执行三维阵列命令）

选择对象: 找到 1 个（单击要阵列的对象）

选择对象:（按〈Enter〉键结束选择）

输入阵列类型 [矩形(R)/环形(P)] <矩形>:P（选择环形阵列）

输入阵列中的项目数目: 12（指定阵列数量）

指定要填充的角度 (+=逆时针, -=顺时针) <360>: （设置填充角度，默认 360°）

旋转阵列对象？ [是(Y)/否(N)] <Y>: （将阵列对象的副本设置为可旋转）

指定阵列的中心点: （单击表盘中心点作为环形阵列中心）

指定旋转轴上的第二点: （指定环形阵列旋转轴第二点）

完成命令操作，结果如图 11-34 所示。

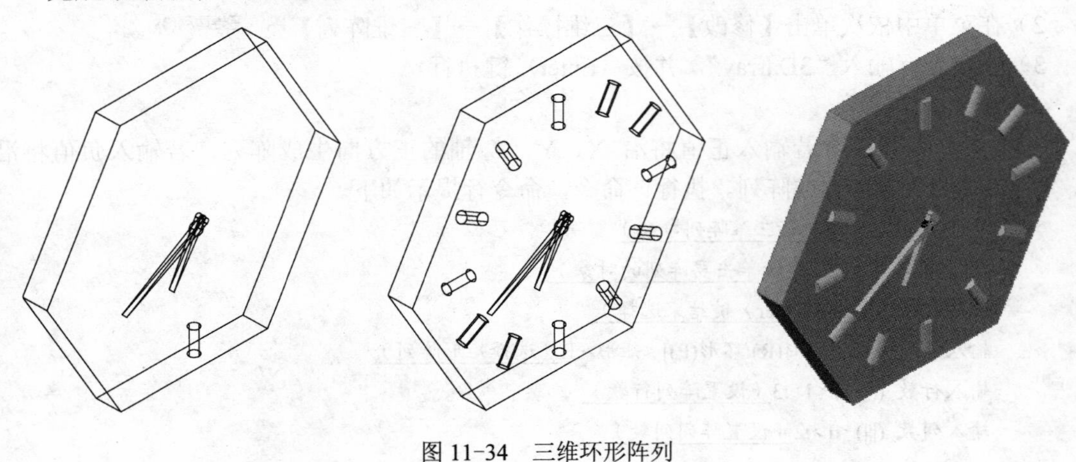

图 11-34 三维环形阵列

11.6.5 倒角

1．功能

使用【倒角】命令，用户可以为三维对象添加倒角特征。

2．命令调用

用户可采用以下操作方法之一调用倒角命令。

1）在功能区【常用】选项卡内的【修改】面板上选择【倒角】工具按钮。

2）在菜单中依次单击【修改】→【倒角】 倒角(C)。

3）在命令行输入“Chamfer”，并按〈Enter〉键执行。

3．命令操作

执行该命令，命令行提示如下。

命令: _chamfer（执行倒角命令）

(“修剪”模式) 当前倒角距离 1 = 0.0000，距离 2 = 0.0000

选择第一条直线或 [放弃(U)/多段线(P)/距离(D)/角度(A)/修剪(T)/方式(E)/多个(M)]:

基面选择...

输入曲面选择选项 [下一个(N)/当前(OK)] <当前(OK)>:

指定基面的倒角距离 <0.0000>:1（设置倒角距离）

指定其他曲面的倒角距离 <0.0000>:2（设置倒角距离）

选择边或 [环(L)]: 选择边或 [环(L)]: （单击要进行倒角的边）

边必须位于基准面。

选择边或 [环(L)]: （按〈Enter〉键完成命令操作）

完成命令操作，结果如图 11-35 所示。

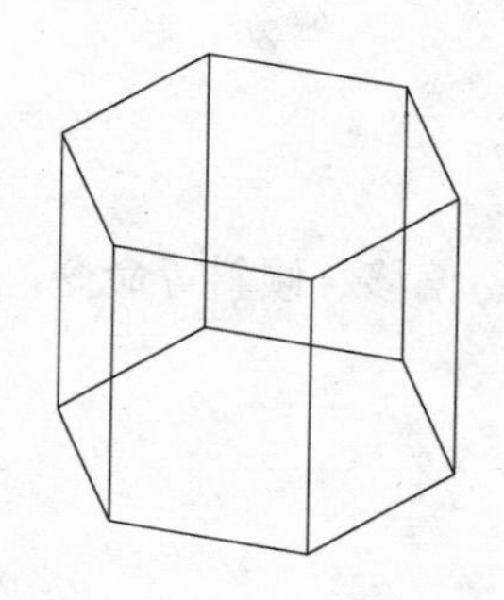
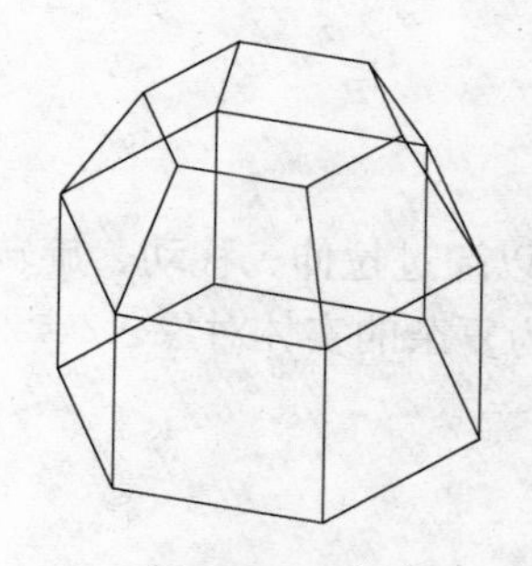
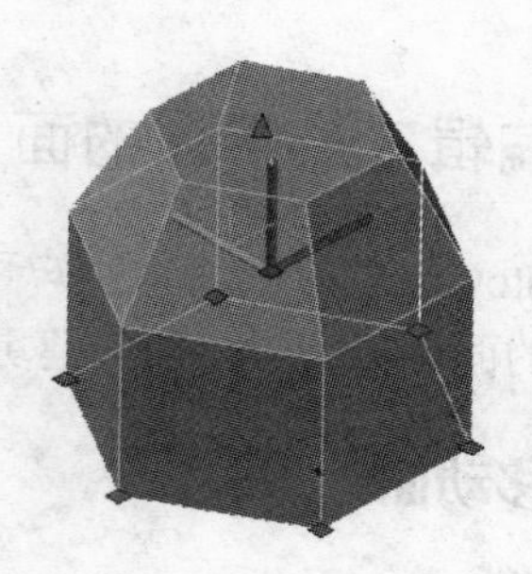

图 11-35　倒角

11.6.6　圆角

1．功能

使用【圆角】命令，用户可以为三维对象添加圆角特征。

2．命令调用

用户可采用以下操作方法之一调用圆角命令。

1）在功能区【常用】选项卡内的【修改】面板上选择【圆角】工具按钮。

2）在菜单中依次单击【修改】→【圆角】 圆角(F)。

3）在命令行输入“Fillet”，并按〈Enter〉键执行。

3．命令操作

执行该命令，命令行提示如下。

命令: _fillet（执行圆角命令）

当前设置: 模式 = 修剪，半径 =0.0000

选择第一个对象或 [放弃(U)/多段线(P)/半径(R)/修剪(T)/多个(M)]: R（选择半径选项）

输入圆角半径 <0.0000>: 2（设置圆角半径为 10）

选择边或 [链(C)/半径(R)]:已拾取到边。（选择要进行圆角的实体边）

选择边或 [链(C)/半径(R)]:（依次选择要进行圆角的实体边）

选择边或 [链(C)/半径(R)]:

……

已选定 6 个边用于圆角。

命令:　正在重生成模型。

完成命令操作，结果如图 11-36 所示。

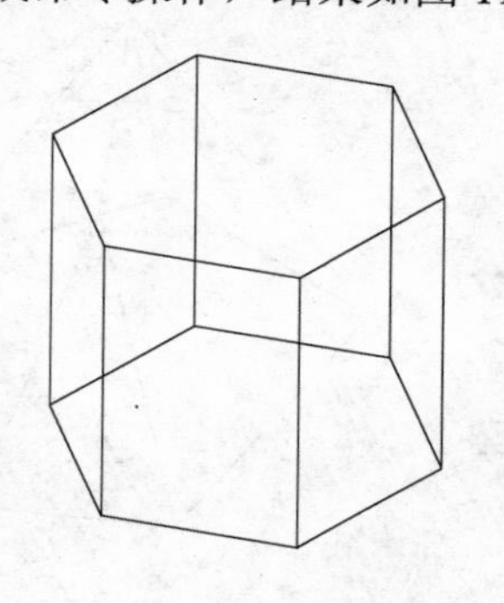
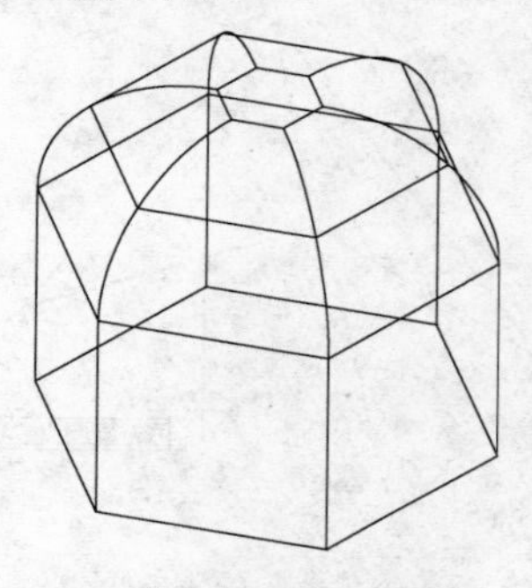
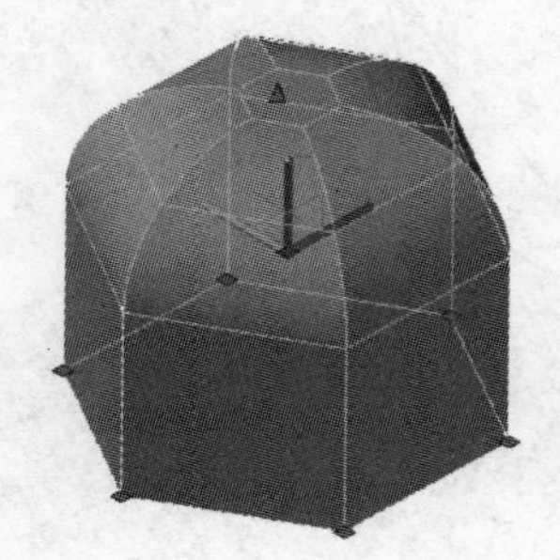

图 11-36　圆角

11.7 编辑三维实体的面

在 AutoCAD 2010 中，用户可以通过拉伸、移动、旋转、偏移、倾斜等命令，对选定的三维实体的面进行编辑，以创建更为复杂的实体对象。

11.7.1 移动面

1．功能

使用【移动面】命令，用户可以将所选择实体的一个或多个面按指定的方向和距离移动到新的位置，使实体的几何形状发生关联的变化。

2．命令调用

用户可采用以下操作方法之一调用移动面命令。

1）在功能区【常用】选项卡内的【实体编辑】面板上选择【移动面】工具按钮 移动面。

2）在菜单中依次单击【修改】→【实体编辑】→【移动面】 移动面(M)。

3．命令操作

执行该命令，命令行提示如下。

命令: _solidedit（执行实体编辑命令）

实体编辑自动检查： SOLIDCHECK=1

输入实体编辑选项 [面(F)/边(E)/体(B)/放弃(U)/退出(X)] <退出>: _face（自动选择面选项）

输入面编辑选项[拉伸(E)/移动(M)/旋转(R)/偏移(O)/倾斜(T)/删除(D)/复制(C)/颜色(L)/材质(A)/放弃(U)/退出(X)] <退出>: _move（执行移动面命令）

选择面或 [放弃(U)/删除(R)]: 找到一个面.（单击要移动的实体面）

选择面或 [放弃(U)/删除(R)/全部(ALL)]:（按〈Enter〉键完成选择）

指定基点或位移:（指定移动基点）

指定位移的第二点:（指定移动距离）

已开始实体校验。已完成实体校验。

输入面编辑选项[拉伸(E)/移动(M)/旋转(R)/偏移(O)/倾斜(T)/删除(D)/复制(C)/颜色(L)/材质(A)/放弃(U)/退出(X)] <退出>:

完成命令操作，结果如图 11-37 所示。

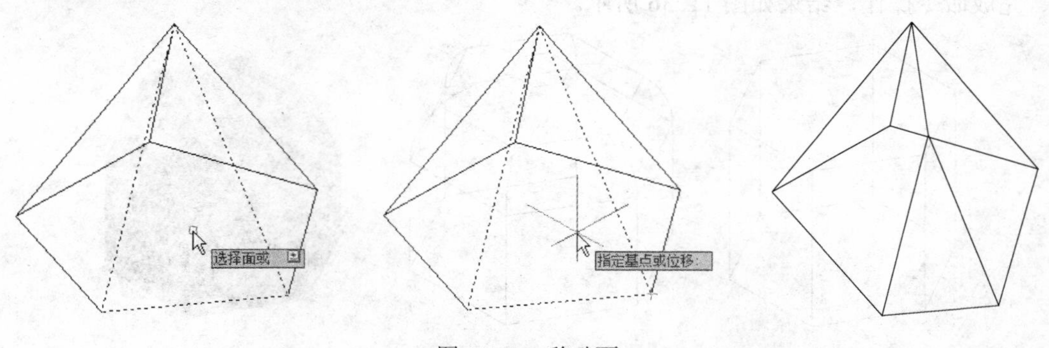

图 11-37 移动面

11.7.2 拉伸面

1．功能

使用【拉伸面】命令，用户可以在 X、Y 或 Z 方向上延伸三维实体的面。还可以指定拉伸高度、拉伸路径或在拉伸时设置倾斜角度，以便创建不同的拉伸面效果。使用【拉伸面】命令时，将“拉伸倾斜角度”设为正数或负数，将会生成不同的拉伸效果。

2．命令调用

用户可采用以下操作方法之一调用拉伸面命令。

1）在功能区【常用】选项卡的【实体编辑】面板上选择【拉伸面】工具按钮。

2）在菜单中依次单击【修改】→【实体编辑】→【拉伸面】。

3．命令操作

执行该命令，命令行提示如下。

命令: _solidedit（执行实体编辑命令）

实体编辑自动检查: SOLIDCHECK=1

输入实体编辑选项 [面(F)/边(E)/体(B)/放弃(U)/退出(X)] <退出>: _face（自动选择面选项）

输入面编辑选项[拉伸(E)/移动(M)/旋转(R)/偏移(O)/倾斜(T)/删除(D)/复制(C)/颜色(L)/材质(A)/放弃(U)/退出(X)] <退出>: _extrude（执行拉伸面命令）

选择面或 [放弃(U)/删除(R)]: 找到一个面。（单击要拉伸的实体面）

选择面或 [放弃(U)/删除(R)/全部(ALL)]:（按〈Enter〉键完成选择）

指定拉伸高度或 [路径(P)]: 1（指定拉伸高度）

指定拉伸的倾斜角度 <0>: 45（指定拉伸的倾斜角度）

已开始实体校验。已完成实体校验。

输入面编辑选项[拉伸(E)/移动(M)/旋转(R)/偏移(O)/倾斜(T)/删除(D)/复制(C)/颜色(L)/材质(A)/放弃(U)/退出(X)] <退出>:

完成命令操作，结果如图 11-38 所示。

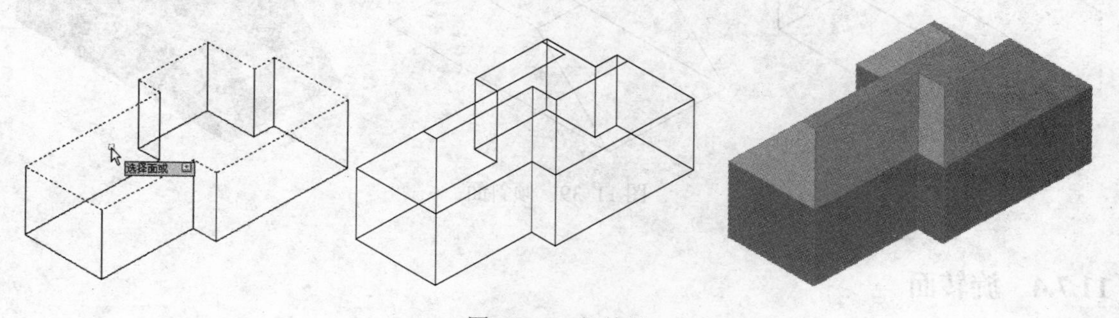

图 11-38 拉伸面

11.7.3 倾斜面

1．功能

使用【倾斜面】命令，可以将三维实体上的面沿指定的角度倾斜。倾斜角的旋转方向由指定的基点和第二点的位置决定。在输入倾斜角度时，正角度将向内倾斜面，负角度将向外倾斜面，默认角度为 0。倾斜角度必须在-90°～90°之间。

2．命令调用

用户可采用以下操作方法之一调用倾斜面命令。

1）在功能区【常用】选项卡内的【实体编辑】面板上选择【倾斜面】工具按钮。

2）在菜单中依次单击【修改】→【实体编辑作】→【倾斜面】。

3．命令操作

执行该命令，命令行提示如下。

命令: _solidedit（执行实体编辑命令）

实体编辑自动检查: SOLIDCHECK=1

输入实体编辑选项 [面(F)/边(E)/体(B)/放弃(U)/退出(X)] <退出>: _face（自动选择面选项）

输入面编辑选项[拉伸(E)/移动(M)/旋转(R)/偏移(O)/倾斜(T)/删除(D)/复制(C)/颜色(L)/材质(A)/放弃(U)/退出(X)] <退出>: _taper（执行倾斜面命令）

选择面或 [放弃(U)/删除(R)]: 找到一个面。（单击要进行倾斜的实体面）

选择面或 [放弃(U)/删除(R)/全部(ALL)]:（按〈Enter〉键完成选择）

指定基点:（指定倾斜轴的基点）

指定沿倾斜轴的另一个点:（单击倾斜轴的第二点）

指定倾斜角度: 45（指定倾斜角度）

已开始实体校验。已完成实体校验。

输入面编辑选项[拉伸(E)/移动(M)/旋转(R)/偏移(O)/倾斜(T)/删除(D)/复制(C)/颜色(L)/材质(A)/放弃(U)/退出(X)] <退出>:

完成命令操作，结果如图 11-39 所示。

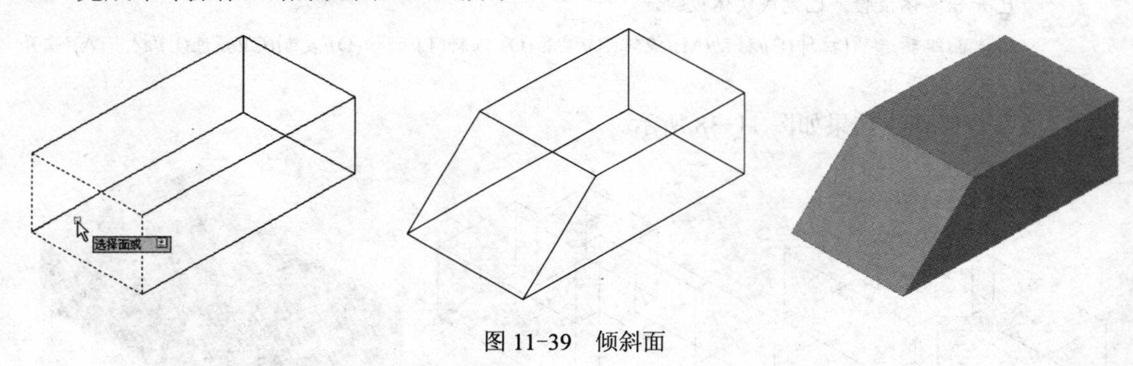

图 11-39　倾斜面

11.7.4　旋转面

1．功能

使用【旋转面】命令，用户可以使三维对象绕指定轴旋转一个或多个面或实体的某些部分，以完成对实体对象的编辑。

2．命令调用

用户可采用以下操作方法之一调用旋转面命令。

1）在功能区【常用】选项卡的【实体编辑】面板上选择【旋转面】工具按钮。

2）在菜单中依次单击【修改】→【实体编辑】→【旋转面】旋转面(A)。

3．命令操作

执行该命令，命令行提示如下。

命令: _solidedit（执行实体编辑命令）

实体编辑自动检查: SOLIDCHECK=1

输入实体编辑选项 [面(F)/边(E)/体(B)/放弃(U)/退出(X)] <退出>: _face（自动选择面选项）

输入面编辑选项[拉伸(E)/移动(M)/旋转(R)/偏移(O)/倾斜(T)/删除(D)/复制(C)/颜色(L)/材质(A)/放弃(U)/退出(X)] <退出>: _rotate（执行旋转面命令）

选择面或 [放弃(U)/删除(R)]: 找到一个面。（单击要进行旋转的实体面）

选择面或 [放弃(U)/删除(R)/全部(ALL)]:（按〈Enter〉键完成选择）

指定轴点或 [经过对象的轴(A)/视图(V)/X 轴(X)/Y 轴(Y)/Z 轴(Z)] <两点>:（单击旋转轴第一点）

在旋转轴上指定第二个点:（单击旋转轴第二点）

指定旋转角度或 [参照(R)]: 45（指定旋转角度）

已开始实体校验。已完成实体校验。

输入面编辑选项[拉伸(E)/移动(M)/旋转(R)/偏移(O)/倾斜(T)/删除(D)/复制(C)/颜色(L)/材质(A)/放弃(U)/退出(X)] <退出>:

完成命令操作，结果如图 11-40 所示。

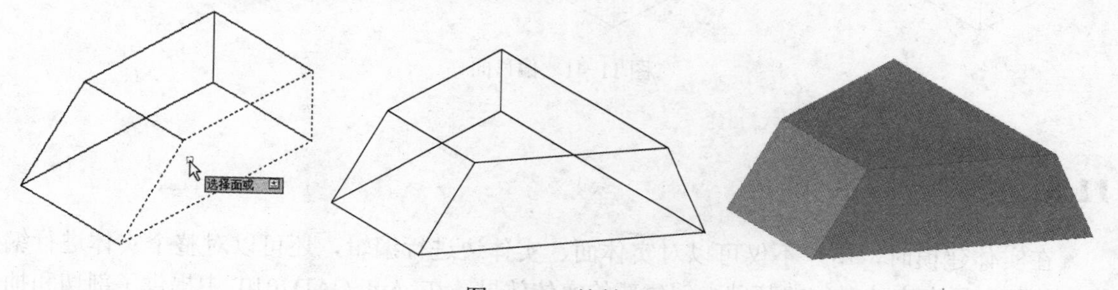

图 11-40　旋转面

11.7.5　偏移面

1．功能

使用【偏移面】命令，用户可以使三维对象按指定的距离或通过指定的点，将选中的面均匀地偏移。正值会增大实体的大小或体积，负值会减小实体的大小或体积。

2．命令调用

用户可采用以下操作方法之一调用偏移面命令。

1）在功能区【常用】选项卡的【实体编辑】面板上选择【偏移面】工具按钮偏移面。

2）在菜单中依次单击【修改】→【实体编辑】→【偏移面】偏移面(O)。

3．命令操作

执行该命令，命令行提示如下。

命令: _solidedit（执行实体编辑命令）

实体编辑自动检查: SOLIDCHECK=1

输入实体编辑选项 [面(F)/边(E)/体(B)/放弃(U)/退出(X)] <退出>: _face（自动选择面选项）

输入面编辑选项[拉伸(E)/移动(M)/旋转(R)/偏移(O)/倾斜(T)/删除(D)/复制(C)/颜色(L)/材质(A)/放弃(U)/退出(X)] <退出>: _offset（执行偏移面命令）

选择面或 [放弃(U)/删除(R)]: 找到一个面。（单击要进行偏移的实体面）

选择面或 [放弃(U)/删除(R)/全部(ALL)]:（按〈Enter〉键完成选择）

指定偏移距离: 50（指定偏移距离）

已开始实体校验。

已完成实体校验。

输入面编辑选项[拉伸(E)/移动(M)/旋转(R)/偏移(O)/倾斜(T)/删除(D)/复制(C)/颜色(L)/材质(A)/放弃(U)/退出(X)] <退出>:

完成命令操作，结果如图 11-41 所示。

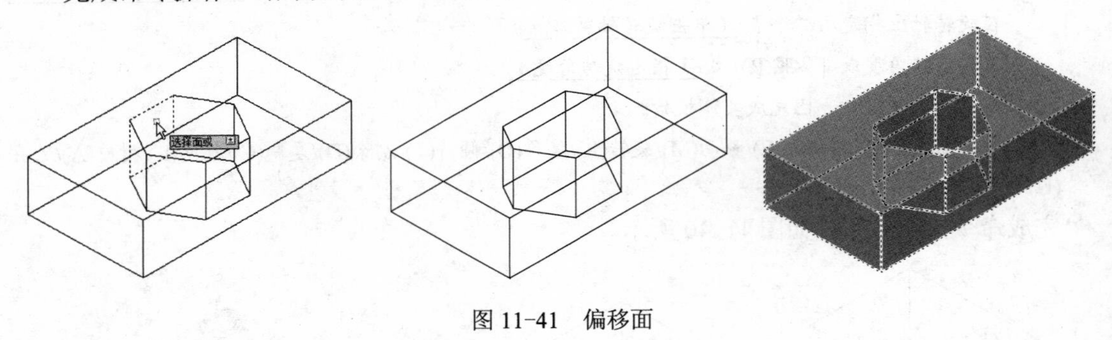

图 11-41　偏移面

11.8　编辑三维实体

在实体建模时，用户不仅可以对实体面、实体边进行编辑，还可以对整个实体进行编辑，从而在原有实体对象的基础上创建新的实体效果。在 AutoCAD2010 中提供了剖切和抽壳等实体编辑工具，对选定的三维实体进行编辑，以创建更为复杂的实体对象。

11.8.1　剖切

1．功能

使用【剖切】命令，用户可以使用一个与三维对象相交的平面或曲面，将其切为两半，在剖切三维实体时，可以通过多种方法定义剖切平面。如可以通过指定三个点、一条轴、一个曲面或一个平面对象作为剪切平面，还可以选择保留剖切对象的一半，或两半均保留。

2．命令调用

用户可采用以下操作方法之一调用剖切命令。

1）在功能区【常用】选项卡内的【实体编辑】面板上选择【剖切】工具按钮。

2）在菜单中依次单击【修改】→【三维操作】→【剖切】 剖切(S)。

3）在命令行输入“Slice”，并按〈Enter〉键执行。

3．命令操作

执行该命令，命令行提示如下。

命令: _slice（执行剖切命令）

选择要剖切的对象: 找到 1 个（选择对象）

选择要剖切的对象: （按〈Enter〉键结束选择）

指定 切面 的起点或 [平面对象(O)/曲面(S)/Z 轴(Z)/视图(V)/XY(XY)/YZ(YZ)/ZX(ZX)/三点(3)] <三点>: （单击切面的第 1 点）

指定平面上的第二个点: （单击切面的第 2 点）

在所需的侧面上指定点或 [保留两个侧面(B)] <保留两个侧面>: （鼠标在对象左侧单击第 3 点）

完成命令操作，结果如图 11-42 所示。

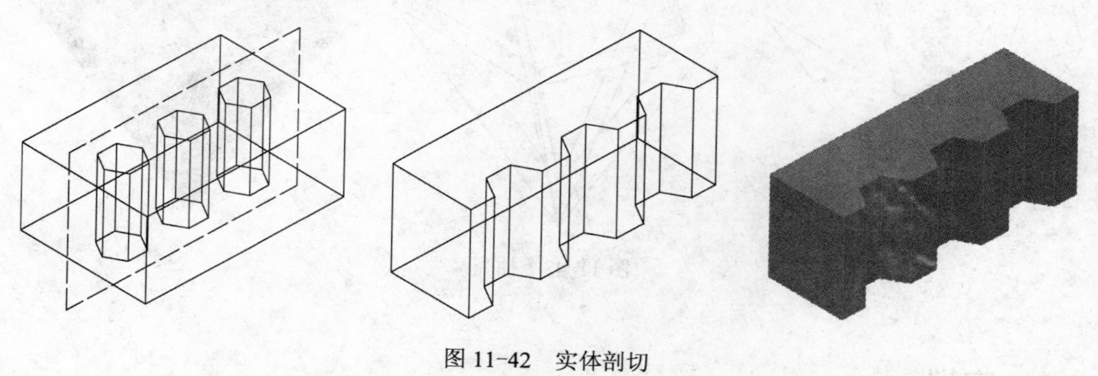

图 11-42　实体剖切

11.8.2　抽壳

1．功能

使用【抽壳】命令，用户可以从实体内部挖去一部分，形成内部中空或凹坑的薄壁实体结构。用户可以为所有面指定一个固定的薄层厚度，通过选择面可以将这些面排除在壳外。一个三维实体只能有一个壳。通过将现有的面偏移出其原位置来创建新的面。建议用户在将三维实体转换为壳体之前创建其副本。通过此种方法，如果用户需要进行重大修改，可以使用原始版本，并再次对其进行抽壳。

2．命令调用

用户可采用以下操作方法之一调用抽壳命令。

1）在功能区【实体】选项卡内的【实体编辑】面板上选择【抽壳】工具按钮。

2）在菜单中依次单击【修改】→【实体编辑】→【抽壳】抽壳(H)。

3．命令操作

例如，使用该功能，对已绘制的五棱锥对象进行编辑。命令行提示如下。

命令: _solidedit（执行实体编辑命令）

实体编辑自动检查: SOLIDCHECK=1

输入实体编辑选项 [面(F)/边(E)/体(B)/放弃(U)/退出(X)] <退出>: _body（自动选择体选项）

输入体编辑选项[压印(I)/分割实体(P)/抽壳(S)/清除(L)/检查(C)/放弃(U)/退出(X)] <退出>: _shell（执行抽壳命令）

选择三维实体: （单击要进行抽壳的实体对象）

删除面或 [放弃(U)/添加(A)/全部(ALL)]: 找到一个面，已删除 1 个。（单击五棱锥顶面）

删除面或 [放弃(U)/添加(A)/全部(ALL)]: （按〈Enter〉键完成删除面的选择）

输入抽壳偏移距离: 0.5（指定偏移距离）

已开始实体校验。已完成实体校验。

完成命令操作，结果如图 11-43 所示。用户在设置抽壳偏移距离时，若设为正值则可创建实体周长内部的抽壳，若设为负值则可创建实体周长外部的抽壳。

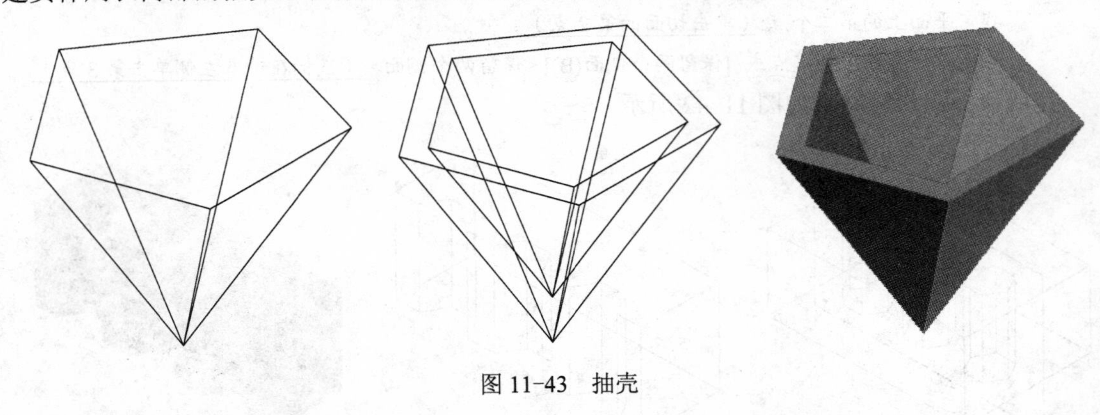

图 11-43 抽壳

11.9 实训

11.9.1 创建"轴承底座"模型

1. 实训要求

利用矩形、圆形、多段线等二维绘图命令，和长方体、圆柱体、布尔运算等三维命令，创建一个"轴承底座"三维模型。具体的操作步骤如下。

2. 实训指导

1）打开 AutoCAD 2010 中文版，新建一个图形文件，将工作空间选定为"三维建模"。

2）在功能区【常用】选项卡的【建模】面板中选择【长方体】命令按钮，在俯视图中绘制一个长、宽、高分别为 120、60、20 的长方体，再利用【圆角】命令对其左下角和右下角进行圆角处理，圆角半径设为 16。如图 11-44 所示。

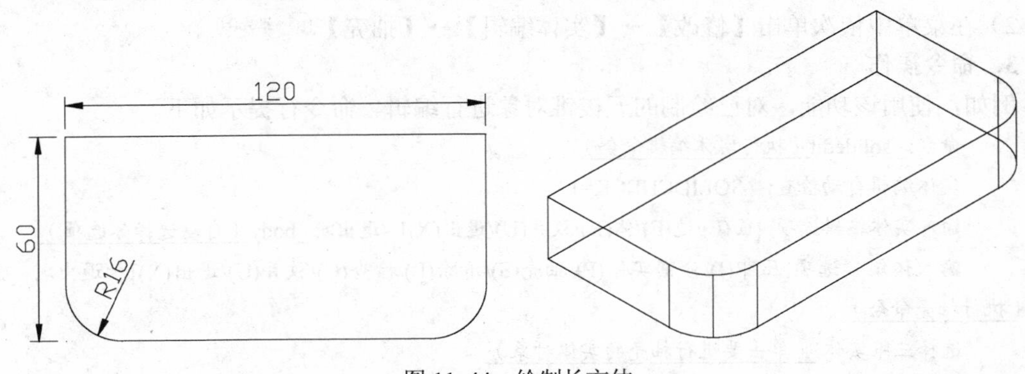

图 11-44 绘制长方体

3）在功能区【常用】选项卡的【建模】面板中选择【圆柱体】命令按钮，在俯视图中绘制一个半径为 8，高度为 20 的圆柱体，利用【移动】命令将其移动到适当位置，并利用【镜像】命令生成一个圆柱体副本。如图 11-45 所示。

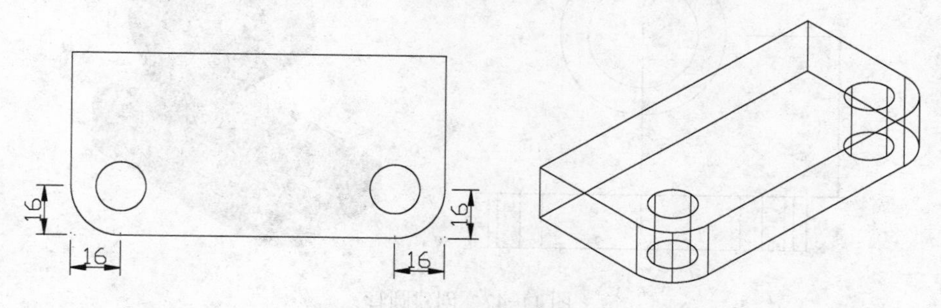

图 11-45　绘制圆柱体

4）在功能区【常用】选项卡的【实体编辑】面板中选择【差集】命令按钮，将绘制的两个圆柱体从长方体中减去，以生成螺栓孔。如图 11-46 所示。

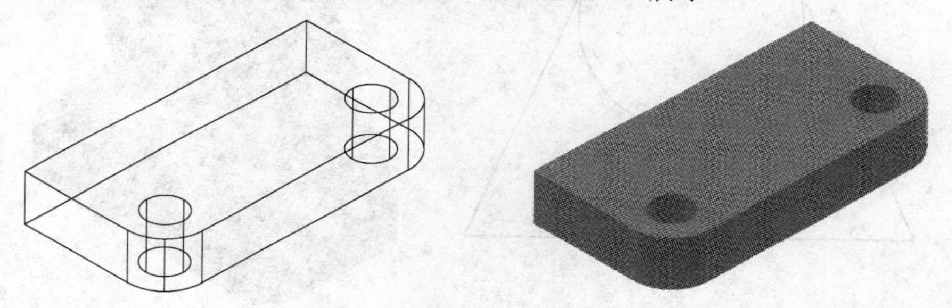

图 11-46　生成螺栓孔

5）在功能区【常用】选项卡的【绘图】面板中选择【圆形】命令按钮，在前视图绘制两个半径分别为 20、30 的圆形。

6）在功能区【常用】选项卡的【建模】面板中选择【拉伸】命令按钮，将所绘制的两个圆形进行拉伸，拉伸高度为 50。

7）在功能区【常用】选项卡的【实体编辑】面板中选择【差集】命令按钮，将生成的半径为 20 的圆柱体从半径为 30 的圆柱体中减去，生成圆管，并利用【移动】命令将其移动到适当位置。如图 11-47 所示。

8）在功能区【常用】选项卡的【建模】面板中选择【拉伸】命令按钮，将所绘制的侧板轮廓进行拉伸，拉伸高度为 20，并利用【移动】命令将其移动到适当位置，以完成“轴承底座”的建模。如图 11-48 所示。

9）完成上述操作，最后将文件保存至“D:\第 11 章实训”文件夹中，文件名为“轴承底座”三维模型。

11.9.2　创建“休闲椅”模型

1．实训要求

利用矩形、圆形、多段线、圆角等二维绘图命令，和长方体、圆柱体、拉伸、扫掠、旋转等三维绘图命令，创建一个“休闲椅”三维模型。具体的操作步骤如下。

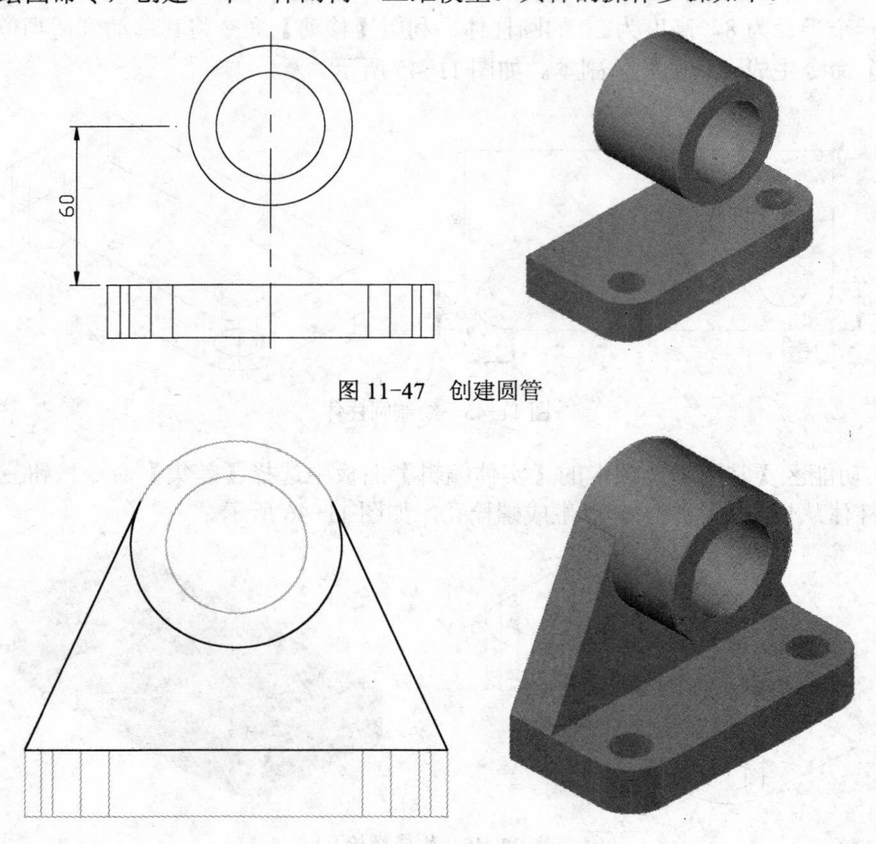

图 11-47　创建圆管

图 11-48　创建“轴承底座”模型

2．实训指导

1）打开 AutoCAD 2010 中文版，新建一个图形文件，将工作空间选定为“三维建模”。

2）在功能区【常用】选项卡的【绘图】面板中选择【多段线】命令按钮，在俯视图绘制休闲椅的座位轮廓，具体尺寸如图 11-49 所示。

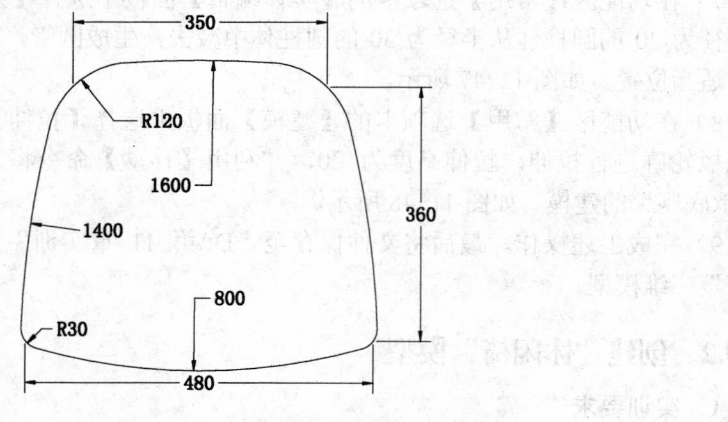

图 11-49　绘制休闲椅座位轮廓

3）在功能区【常用】选项卡的【建模】面板中选择【拉伸】命令按钮，将所绘制的椅座轮廓进行拉伸，拉伸高度为 80。如图 11-50 所示。

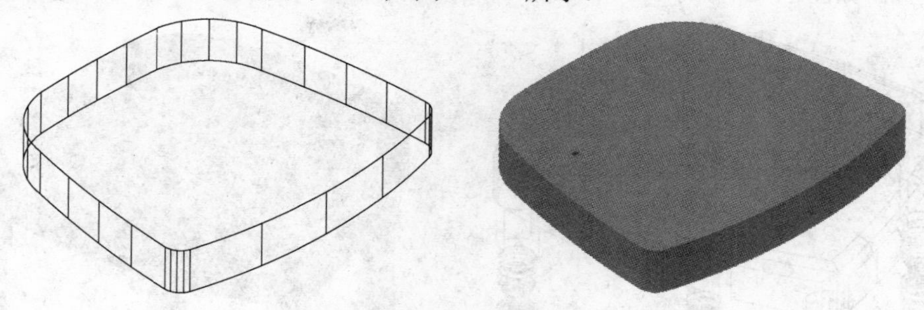

图 11-50　拉伸生成椅座模型

4）在功能区【常用】选项卡的【修改】面板中选择【圆角】命令按钮，对椅座顶面四周轮廓进行圆角处理，圆角半径设为 20。如图 11-51 所示。

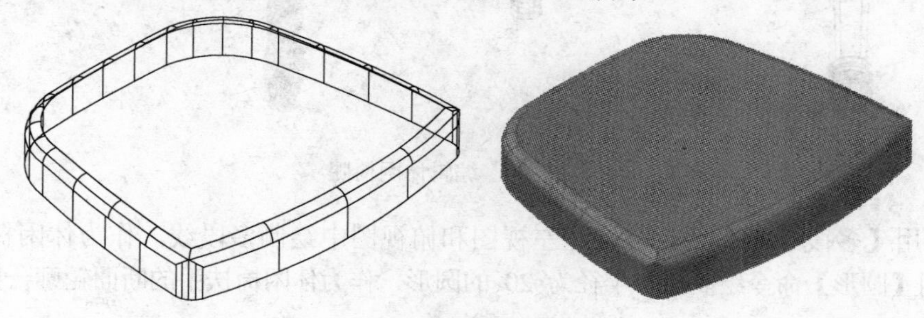

图 11-51　圆角处理

5）在功能区【常用】选项卡的【绘图】面板中选择【多段线】命令按钮，在前视图中绘制椅腿轮廓，样式及尺寸如图 11-52 所示。

6）在功能区【常用】选项卡的【建模】面板中选择【旋转】命令按钮，将椅腿轮廓旋转 360°，生成椅腿模型。如图 11-53 所示。

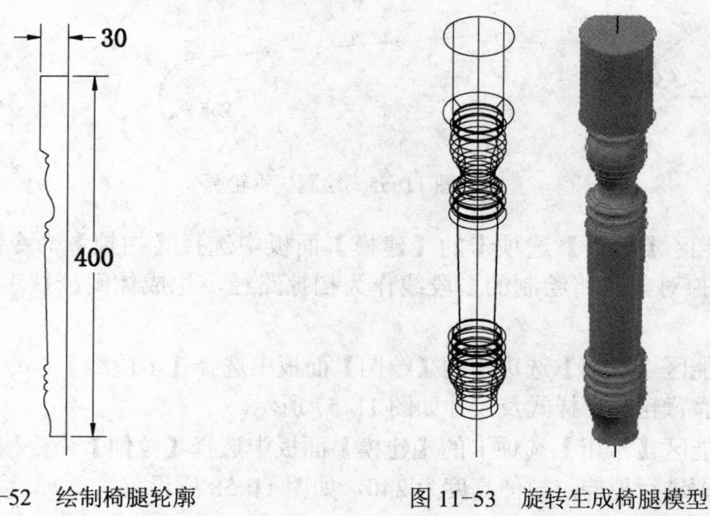

图 11-52　绘制椅腿轮廓　　图 11-53　旋转生成椅腿模型

7）利用【复制】命令创建四个相同的椅腿，并利用【移动】命令将其放置在椅座下面的适当位置。如图 11-54 所示。

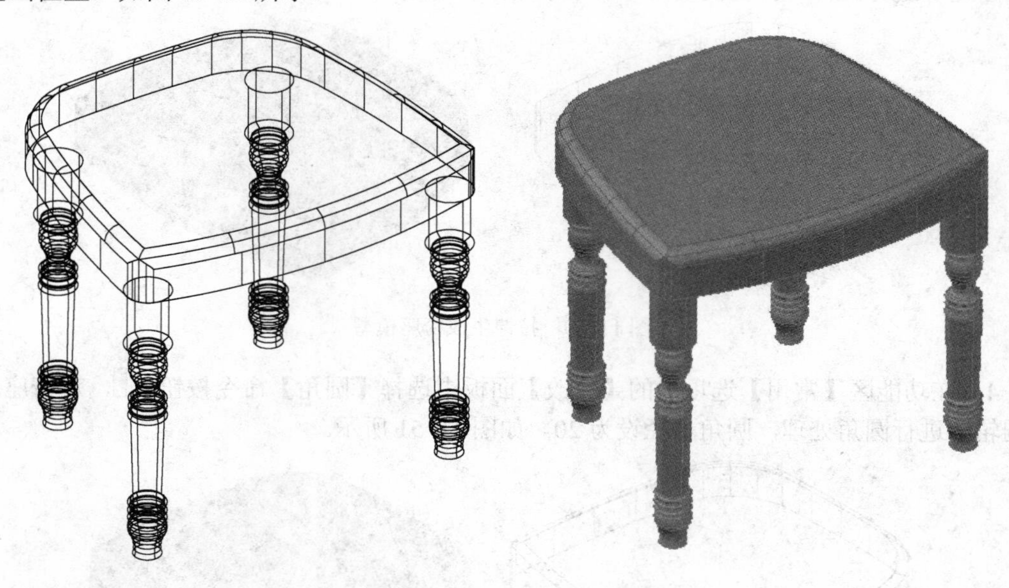

图 11-54　编辑休闲椅腿

8）利用【多段线】命令，分别在左视图和俯视图中绘制多段线，作为休闲椅的扶手轮廓线，利用【圆形】命令绘制两个半径为 20 的圆形，作为休闲椅扶手的断面轮廓，如图 11-55 所示。

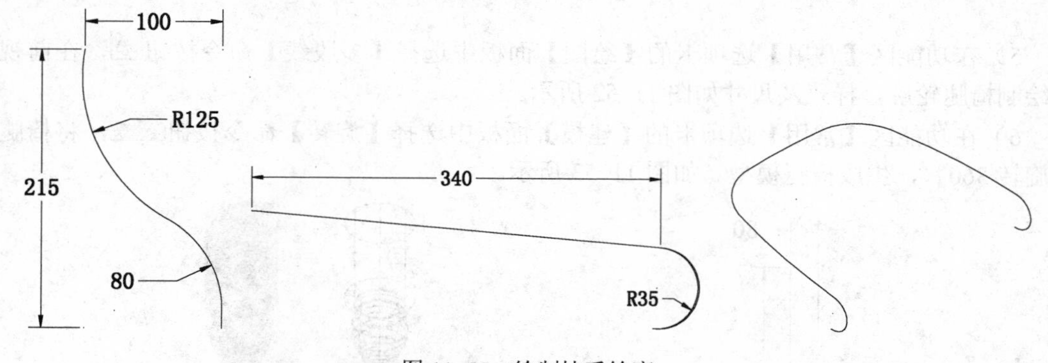

图 11-55　绘制扶手轮廓

9）在功能区【常用】选项卡的【建模】面板中选择【扫掠】命令按钮，将绘制的圆形作为扫掠对象，将绘制的多段线作为扫掠路径，生成休闲椅扶手模型，如图 11-56 所示。

10）在功能区【常用】选项卡的【绘图】面板中选择【多段线】命令按钮，在俯视图中绘制休闲椅靠背轮廓，样式及尺寸如图 11-57 所示。

11）在功能区【常用】选项卡的【建模】面板中选择【拉伸】命令按钮，将绘制的休闲椅靠背轮廓进行拉伸，拉伸高度为 240，如图 11-58 所示。

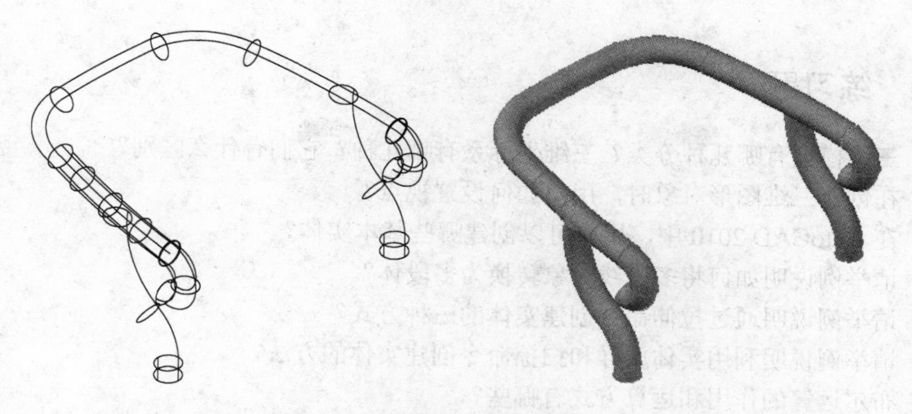

图 11-56　扫掠生成休闲椅扶手模型

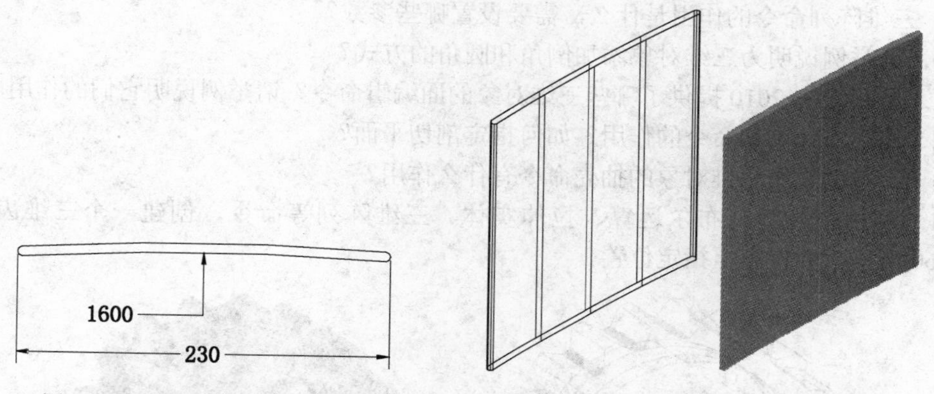

图 11-57　绘制休闲椅靠背轮廓

图 11-58　生成休闲椅靠背模型

12）利用【移动】命令，将创建的休闲椅扶手模型和靠背模型移动到适当位置，完成“休闲椅”三维模型的创建。如图 11-59 所示。最后将文件保存至“D:\第 11 章实训”文件夹中，文件名为“休闲椅”三维模型。

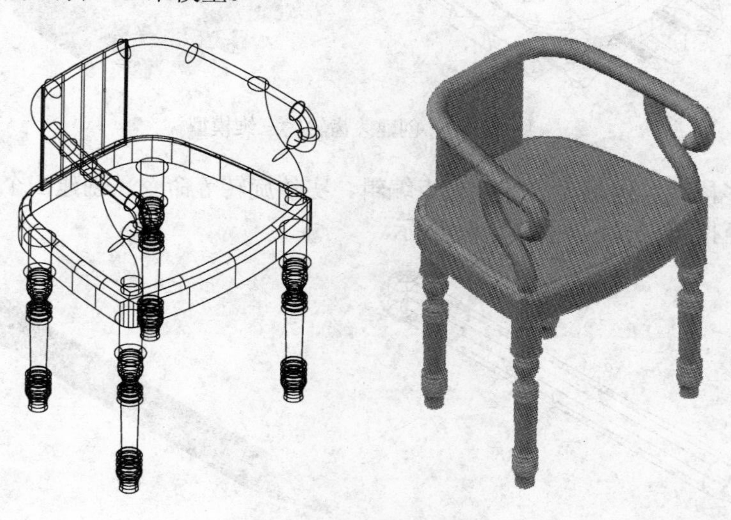

图 11-59　创建“休闲椅”模型

11.10 练习题

1．三维模型有哪几种分类？三维坐标系有哪几种？它们有什么区别？

2．在创建三维图形对象时，用户如何设置视点？

3．在 AutoCAD 2010 中，用户可以创建哪些基本实体？

4．请举例说明如何将多段线对象转换为多段体？

5．请举例说明通过拉伸命令创建实体的三种方式？

6．请举例说明利用实体放样和扫掠命令创建实体的方法？

7．布尔运算的作用和运算方式有哪些？

8．简述 AutoCAD 2010 提供的三维对象编辑功能有哪些？

9．三维阵列命令的作用是什么，需要设置哪些参数？

10．请举例说明为三维对象添加倒角和圆角的方式？

11．AutoCAD 2010 提供了哪些三维对象的面编辑命令？请举例说明它们的作用。

12．简述实体剖切命令的作用？如何指定剖切平面？

13．请举例说明三维对象的抽壳命令有什么作用？

14．利用圆柱体、布尔运算、拉伸实体、三维阵列等命令，创建一个三维齿轮，如图 11-60 所示。并保存至指定位置。

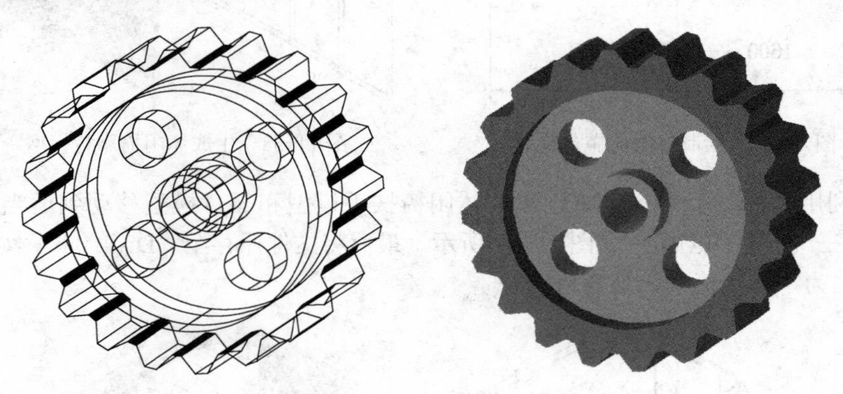

图 11-60 创建“齿轮”三维模型

15．利用多段线、圆形、拉伸、夹点编辑、实体旋转等命令，创建一个“铅笔”三维示意图。并保存至指定位置。如图 11-61 所示。

图 11-61 创建“铅笔”三维模型

16．利用多段线、矩形、长方体、布尔运算、拉伸实体、圆角等命令，绘制一个“床头柜”三维模型，床头柜的长宽为600×400，高度为470，板材厚度为20。如图11-62所示。

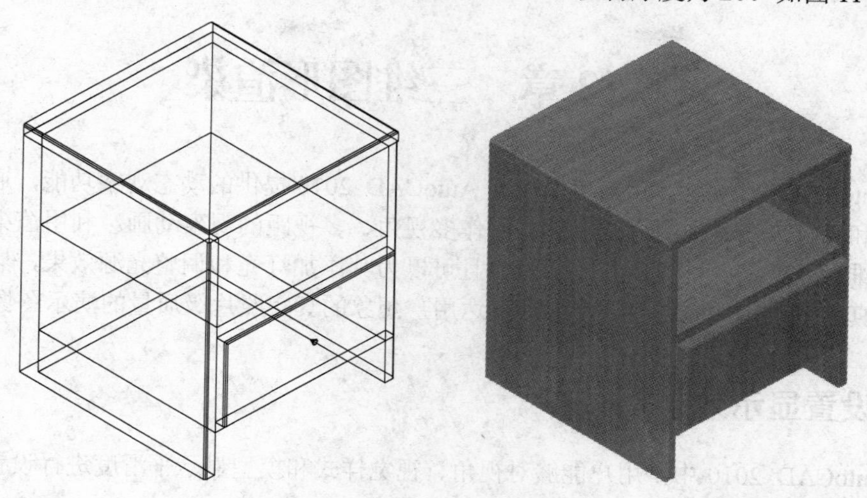

图11-62　创建“床头柜”三维模型

第12章　三维图形渲染

在 AutoCAD 2010 中，用户可以利用 AutoCAD 2010 提供的动态观察功能，通过动态观察、漫游和飞行来调整视图方位，并可制作多视角、多视距的观察动画。利用渲染功能，用户可为三维对象定义各种材质和贴图，并且可以为其添加灯光和调整光源效果，然后通过渲染获得逼真的效果，从而创建一个能够表达用户想象的真实照片级质量的演示图像。

12.1　设置显示效果

在 AutoCAD 2010 中，用户能够对视角、视觉样式和模型显示平滑度进行设置，从而改变显示效果。

12.1.1　视觉样式

1．功能

用户可以通过更改视觉样式的特性来控制视口中模型边和着色的显示效果。应用视觉样式或更改其设置时，关联的视口会自动更新以反映这些更改。

2．命令调用

用户可采用以下操作方法之一调用视觉样式命令。

1）将工作空间切换至【三维建模】，在【常用】选项卡中的【视图】工具面板选择【视觉样式】下拉列表中需要的样式进行观察。

2）在菜单中依次单击【视图】→【视觉样式】，选择需要的样式进行观察。

3．命令操作

在 AutoCAD 2010 中提供了三维线框、三维隐藏、二维线框、概念和真实等 5 种视觉样式，用户可以根据需要进行设置。如图 12-1 所示。

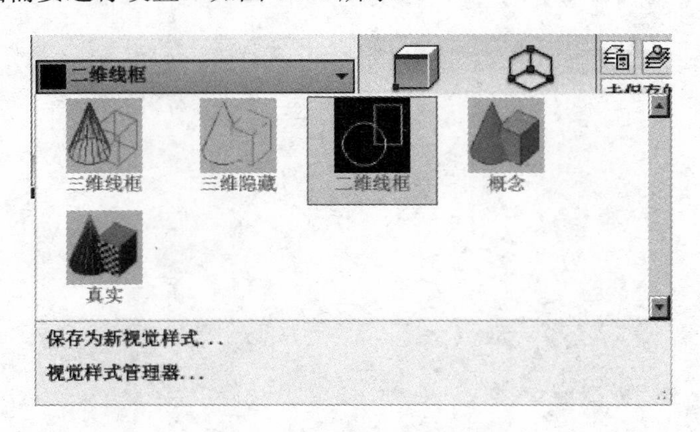

图 12-1　【视觉样式】下拉列表

AutoCAD 2010 提供的 5 种视觉样式的功能介绍如下。

【二维线框】：显示用直线和曲线表示边界的对象。光栅和 OLE 对象、线型和线宽均可见。

【三维线框】：显示用直线和曲线表示边界的对象。

【三维隐藏】：显示用三维线框表示的对象并隐藏表示后向面的直线。

【真实】：着色多边形平面间的对象，并使对象的边平滑化。将显示已附着到对象的材质。

【概念】：着色多边形平面间的对象，并使对象的边平滑化。着色使用古氏面样式，一种冷色和暖色之间的转场而不是从深色到浅色的转场。效果缺乏真实感，但是可以更方便地查看模型的细节。

在【视觉样式管理器】选项板中显示了图形中可用的所有视觉样式，并用黄色边框表示选定的视觉样式。除了可以使用以上程序提供的五种视觉样式外，用户还可以通过【视觉样式管理器】选项板来控制线型颜色、边样式、面样式、背景效果、材质和纹理以及三维对象的显示精度等特性。其设置选项则显示在样例图像下方的面板中。如图 12-2 所示。

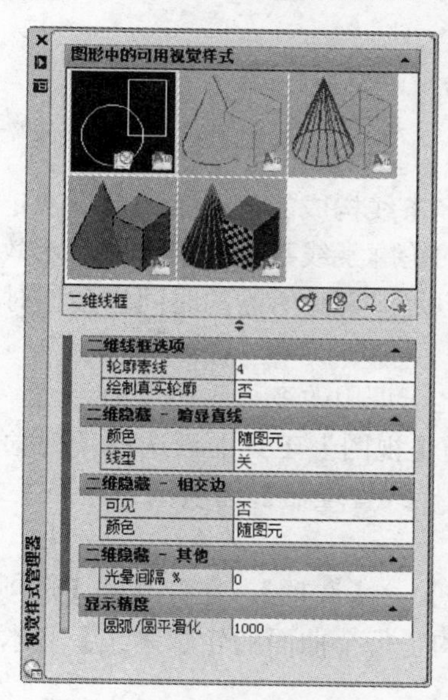

图 12-2 【视觉样式管理器】选项板

12.1.2 消隐

1．功能

使用【消隐】命令，用户可以对图形进行消隐处理，隐藏被前景对象遮挡的背景对象，使图形的显示更加简洁清晰。

2．命令调用

用户可采用以下操作方法之一调用消隐命令。

1）在菜单中依次单击【视图】→【消隐】 消隐(H)。

2）在命令行输入“Hide”，并按〈Enter〉键执行。

3．命令操作

利用该功能，对三维对象进行消隐观察。结果如图 12-3 所示。

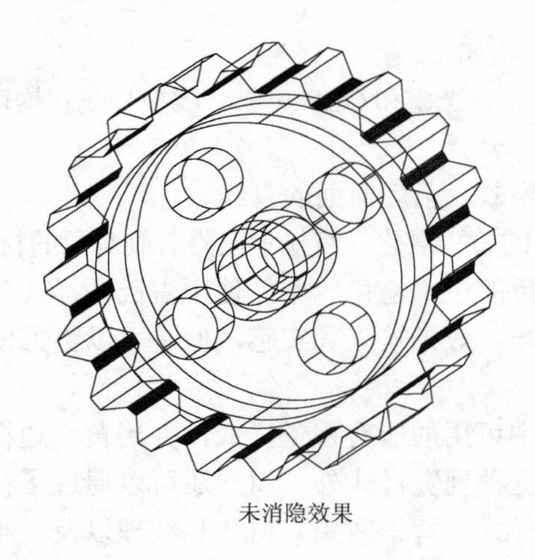
未消隐效果

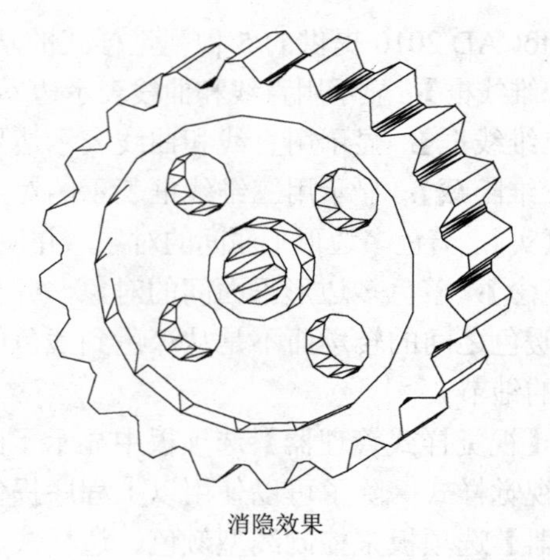
消隐效果

图 12-3　消隐

12.1.3　改变显示精度

1．功能

组成三维实体的面都是由多条线构成的，线条的多少决定了实体面的粗糙程度。用户可以通过设置实体对象每个曲面的轮廓素线数目，来调整显示效果的细腻程度，轮廓素线的数目越多，显示效果也越细腻，但是渲染时所需的时间也会相对增加。

2．命令调用

用户可采用以下操作方法之一调用改变显示精度命令。

1）在【常用】选项卡中的【视图】工具面板选择【视觉样式】下拉列表中的【视觉样式管理器】，并在弹出的【视觉样式管理器】选项板中选择【二维线框选项】，设置【轮廓素线】的数目即可。

2）在菜单依次单击【工具】→【选项】，在打开的【选项】对话框中切换至【显示】选项卡，在【显示精度】区域中的【每个曲面的轮廓素线】文本框中输入数值即可。

3．命令操作

例如，分别将【轮廓素线】设置为 4 和 12。结果如图 12-4 所示。

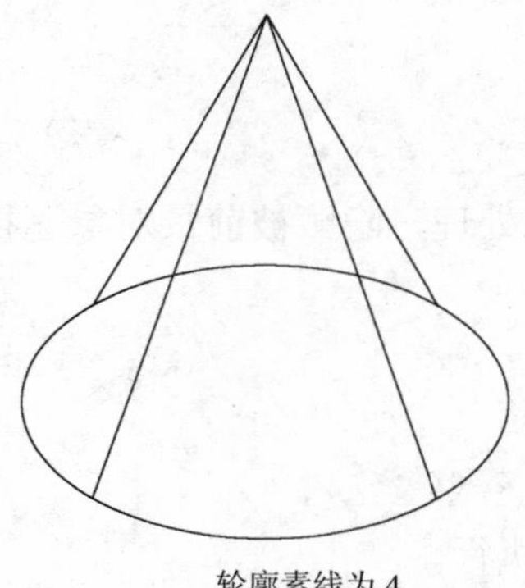
轮廓素线为 4

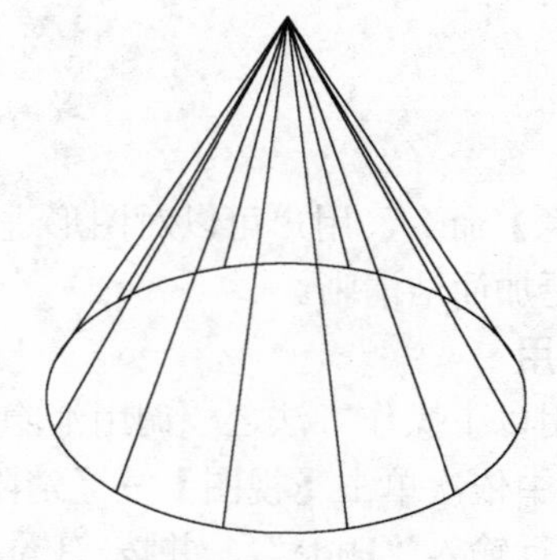
轮廓素线为 12

图 12-4　改变显示精度

12.2 使用查看工具

利用 AutoCAD 2010 提供的三维导航工具，用户可以方便地对图形进行平移、缩放和动态观察等操作，以便对图形的不同位置以及局部细节或整体进行观察。

12.2.1 三维平移

1．功能

使用该命令，用户可以将三维对象随光标的移动而移动，快速调整模型在绘图区域的位置，以便观察三维对象的不同部位。

2．命令调用

用户可采用以下操作方法之一调用使用查看工具命令。

1）在功能区【视图】选项卡内的【导航】面板上选择【平移】工具按钮 平移。

2）在菜单中依次单击【视图】→【平移】 平移(P)。

3）在命令行输入“3Dpan”，并按〈Enter〉键执行。

3．命令操作

执行该命令时，视图中的光标将变为形状，用户可以按下鼠标左键进行拖动，绘图区域中的图形对象将随光标移动。

12.2.2 三维缩放

1．功能

使用该命令，用户可以将三维对象的显示效果放大和缩小。使用该命令不会更改图形中对象的绝对大小，只是更改了视图的比例。

2．命令调用

用户可采用以下操作方法之一调用三维缩放命令。

1）在功能区【视图】选项卡内的【导航】面板上选择【缩放】工具列表中的相应命令。

2）在菜单中依次单击【视图】→【缩放】工具列表中的相应命令。

3）在命令行输入“3Dzoom”，选择相应的缩放方式并按〈Enter〉键执行。

AutoCAD 2010 提供了以下多种【三维缩放】的方式

【所有】 所有：可以缩放显示所有可见对象和视觉辅助工具。

【中心】 中心：可以缩放显示由中心点、比例值和高度所定义的视图。高度值较小时增加放大比例，高度值较大时减小放大比例。

【动态】 动态：使用矩形视图框进行平移和缩放。视图框表示视图，可以更改它的大小，或在图形中移动。可以移动视图框或调整它的大小，以充满整个视口。

【范围】 范围：可以缩放显示所有对象的最大范围。

【上一个】 上一个：缩放显示上一个视图。最多可恢复此前的 10 个视图。

【比例】 比例：使用比例因子缩放视图以更改其显示比例。

【窗口】 窗口：缩放显示矩形窗口指定的区域。用户可以使用光标定义模型区域以填充整个窗口。

【对象】对象：将选定的对象通过缩放尽可能大地显示并使其位于视图的中心。

【实时】实时：交互缩放以更改视图的比例。

【放大】放大：放大当前视图的显示比例。

【缩小】缩小：减小当前视图的显示比例。

12.2.3 动态观察

1．功能

使用该命令，用户可以通过移动鼠标来实时地控制和改变视图效果，从不同的角度、高度和距离查看图形中的对象。

2．命令调用

用户可采用以下操作方法之一调用动态观察命令。

1）在功能区【视图】选项卡内的【导航】面板上选择【动态观察】下拉列表中相应选项。

2）在菜单中依次单击【视图】→【动态观察】，选择需要的观察方式。

3）在命令行输入相应动态观察命令，并按〈Enter〉键执行。

3．命令操作

AutoCAD 2010 提供了动态观察、自由动态观察和连续动态观察 3 种方式。具体介绍如下。

【动态观察】（3DORBIT）动态观察：利用该工具可以对视图中的对象进行动态观察，相机位置（或视点）移动时，视图的目标将保持静止。目标点是视口的中心，而不是正在查看的对象的中心。

【自由动态观察】（3DFORBIT）自由动态观察：利用该工具可以使观察点绕视图的任意轴进行任意角度的旋转，对图形进行任意角度的观察。

【连续动态观察】（3DCORBIT）连续动态观察：利用该工具可以连续地进行动态观察。使观察对象绕指定的旋转轴和旋转速度进行连续旋转运动，从而可以对其进行连续动态的观察。在要进行连续动态观察移动的方向上单击并拖动鼠标，然后松开鼠标按钮即可，动态观察将会沿该方向继续移动。

12.2.4 使用 ViewCube 导航

【ViewCube】是一个三维导航工具，在三维视觉样式中处理图形时显示。通过 ViewCube，用户可以在标准视图和等轴测视图间切换。

【ViewCube】工具是一种可单击、可拖动的常驻界面，用户可以用它在模型的标准视图和等轴测视图之间进行切换。【ViewCube】工具显示后，将在窗口一角以不活动状态显示在模型上方。尽管【ViewCube】工具处于不活动状态，但在视图发生更改时仍可提供有关模型当前视点的直观反映。将光标悬停在【ViewCube】工具上方时，该工具会变为活动状态；用户可以切换至其中一个可用的预设视图，滚动当前视图或更改至模型的主视图。

在【ViewCube】工具上单击鼠标右键，将会弹出【ViewCube】快捷菜单，使用快捷菜单可以恢复和定义模型的主视图，在视图投影模式之间切换，以及更改交互行为和外观。如

图 12-5 所示。

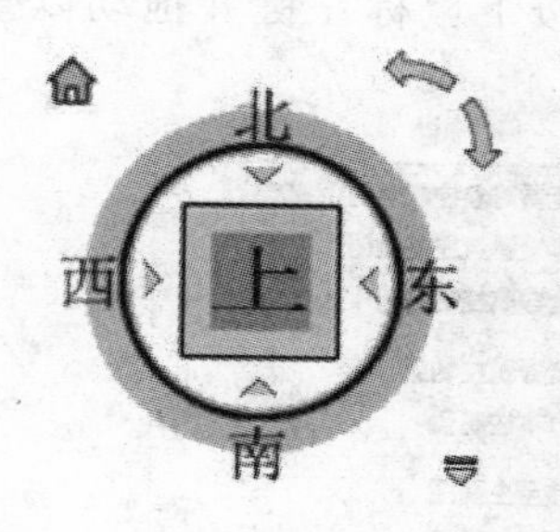

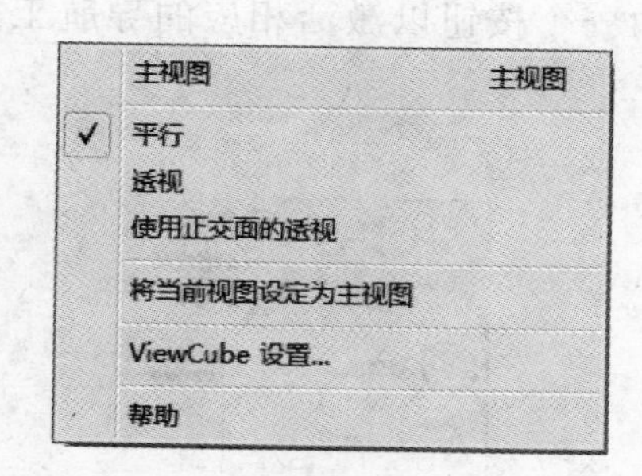

图 12-5 【ViewCube】工具

12.2.5 使用 SteeringWheels 导航

【SteeringWheels】是追踪菜单，也称做控制盘。在 AutoCAD 2010 中提供了全导航控制盘、二维导航控制盘、查看对象控制盘和巡视建筑控制盘。多个常用导航工具结合到一个单一界面中，控制盘上的每个按钮代表一种导航工具，从而为用户节省了时间。控制盘是任务特定的，通过控制盘可以在不同的视图中导航和设置模型方向。如图 12-6 所示。

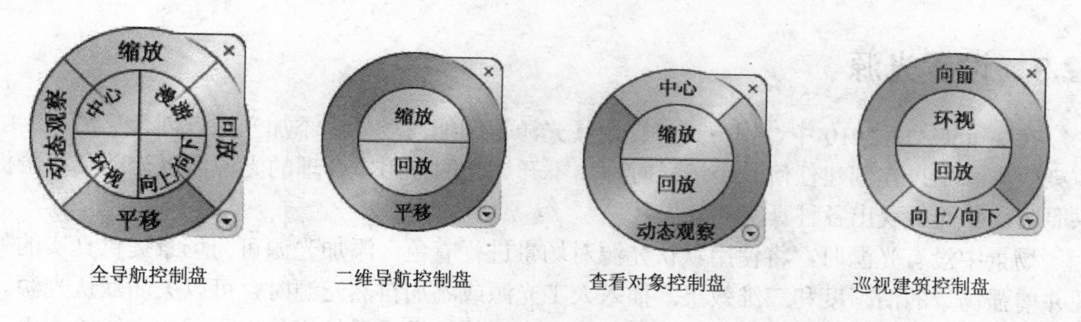

图 12-6 【SteeringWheels】工具

【全导航控制盘】：它将在二维导航控制盘、查看对象控制盘和巡视建筑控制盘上的二维和三维导航工具组合到一个控制盘上。

【二维导航控制盘】：用于二维视图的基本导航。

【查看对象控制盘】：用于三维导航，用户可以查看模型中的单个对象或成组对象。

【巡视建筑控制盘】：用于三维导航，用户使用此类控制盘可以在模型内部进行导航。

用户可在功能区【视图】选项卡的【导航】面板中选择不同的控制盘，也可以在显示的控制盘上单击鼠标右键，并在弹出的快捷菜单中选择不同的控制盘。如图 12-7 所示。

通过控制盘，用户可以查看不同的对象以及围绕模型进行漫游和导航。当显示其中一个控制盘时，用户可通过按下鼠标滚轮进行平移，滚动鼠标滚轮可进行放大和缩小，同时按住〈Shift〉键和鼠标左键可对模型进行动态观察，也可以用鼠标单击全导航控制盘中的一个按钮以激活相应的导航工具，按下鼠标左键并拖动以重新设置当前视图的状态。

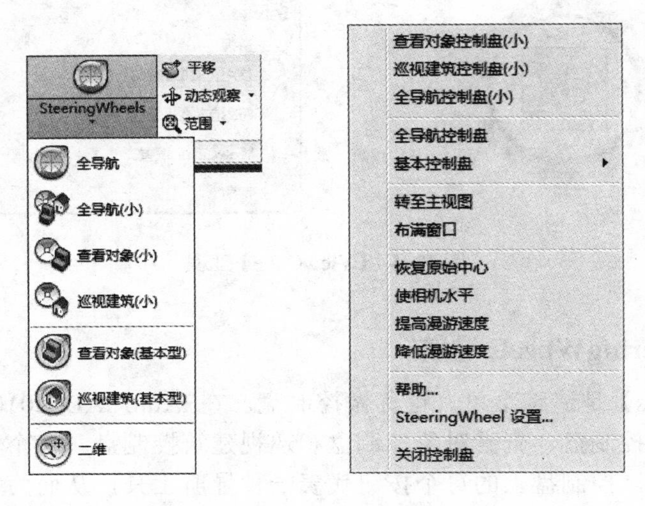

图 12-7　切换控制盘

12.3　设置光源

在 AutoCAD 2010 中，用户可以使用【光源】功能向场景中添加光源以创建更加真实的渲染效果。用户在创建任何一个场景时都离不开灯光的作用，合理的光源可以为整个场景提供照明，从而呈现出各种真实的效果。

场景中没有光源时，将使用默认光源对场景进行着色。添加光源可为场景提供真实的外观并增强场景的清晰度和三维效果。插入人工光源或添加自然光源时，可以关闭默认光源。用户可以创建点光源、聚光灯和平行光以达到想要的效果。系统将使用不同的光线轮廓表示不同类型的光源。用户还可以使用阳光与天光，它是自然照明的主要来源。

12.3.1　设置阳光特性

1．功能

阳光与天光是 AutoCAD 2010 中自然照明的主要来源。阳光是类似于平行光的特殊光源，它的方向和角度可以根据时间、纬度和季节而变化。用户可以通过模型指定地理位置以及日期和当日时间来定义阳光的角度，也可以更改阳光的强度及其光源的颜色。

2．命令调用

用户可采用以下操作方法之一调用设置阳光特性命令。

1）在功能区【渲染】选项卡内的【阳光和位置】面板上选择【阳光状态】工具按钮，可以打开或关闭阳光。选择【阳光特性】按钮，可弹出【阳光特性】选项卡进行设置。

2）在菜单中依次单击【视图】→【渲染】→【光源】→【阳光特性】工具 阳光特性(U)。

3）在命令行输入“Sunstatus”，将参数设为 1 可打开阳光，若将参数设为 0 可关闭阳光。若在命令行输入“Sunproperties”，则可打开【阳光特性】窗口。

3．命令操作

执行【阳光特性】命令，将会弹出如图 12-8 所示的【阳光特性】选项板，此处提供了常规、天光特性、太阳角度计算器、渲染阴影细节、地理位置等设置区域。主要参数作用如下。

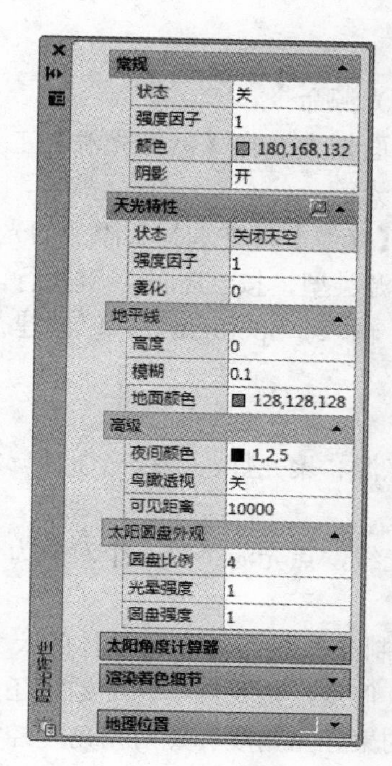

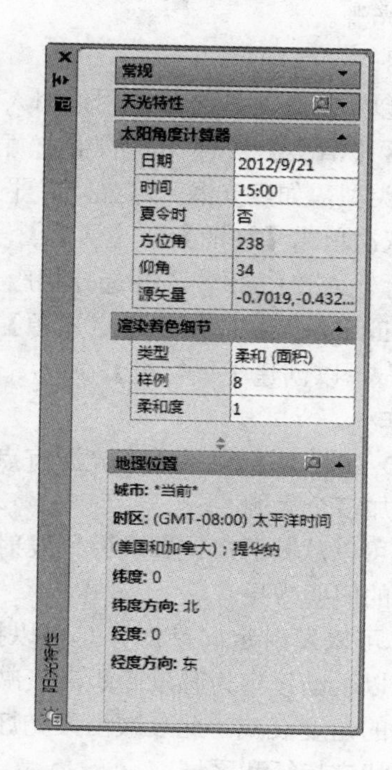

图 12-8 【阳光特性】选项板

常规：【状态】选项可打开和关闭阳光。【强度因子】可设置阳光的强度或亮度，取值范围为 0 到最大值，数据越大，光源越亮。【颜色】可控制光源的颜色。【阴影】可打开和关闭阳光阴影的显示和计算。关闭阴影可以提高性能。

天光特性：【状态】确定渲染时是否计算自然光照明。此选项对视口照明或视口背景没有影响。它仅使自然光可作为渲染时的收集光源。【强度因子】可设置天光的强度。【雾化】可确定大气中散射效果的幅值，值为 0～15，默认值为 0。

地平线：此类特性适用于地平面的外观和位置。【高度】可确定相对于世界零海拔的地平面的绝对位置。此参数表示世界坐标空间长度并且应以当前长度单位对其进行格式设置。取值范围为-10 ～ +10，默认值为 0。【模糊】选项可确定地平面和天空之间的模糊量，取值范围为 0～10，默认值为 0.1。【地面颜色】可设置地平面的颜色。

高级：【夜间颜色】选项可指定夜空的颜色。【鸟瞰透视】选项指定是否应用鸟瞰透视。【可见距离】选项指定 10% 雾化阳光度情况下的可视距离。

太阳角度计算器：此类特性用于设置阳光的角度。用户可通过日期、时间、夏令时、方位角、仰角、源矢量等选项对其进行设置。

12.3.2 使用人工光源

1．功能

人工光源可以模拟真实灯光效果。不同类型人工光源其照亮场景的原理不同，模拟的效果也不相同，用户可以选择为场景添加不同类型的人工光源，并设定每个光源的位置和光度控制特性，还可以使用特性选项板更改选定光源的颜色或其他特性。在使用人工光源时，通常需要添加多个光源。

2．命令调用

用户可采用以下操作方法之一调用使用人工光源命令。

1）在功能区【渲染】选项卡内的【光源】面板上选择【创建光源】工具按钮，并选择所需要的光源类型，如点光源、聚光灯、平行光等。

2）在菜单依次单击【视图】→【渲染】→【光源】，并选择要添加的光源类型。

3）在命令行输入“Light”，并选择相应光源类型，按〈Enter〉键执行。用户也可以在命令行输入“Pointlight”，以创建【点光源】；输入“Spotlight”，以创建【聚光灯】；输入“Distantlight”，以创建【平行光】。

3．命令操作

在 AutoCAD 2010 中提供的人工光源有点光源、聚光灯、平行光 3 种。在使用人工光源时，通常需要添加多个光源。

【点光源】：可以从其所在位置向四周发射光线，点光源不以一个对象为目标，使用点光源可以达到基本的照明效果。

【聚光灯】：可以发射定向锥形光。可以控制光源的方向和圆锥体的尺寸。像点光源一样，聚光灯也可以手动设定为强度随距离衰减。但是，聚光灯的强度始终还是根据相对于聚光灯的目标矢量的角度衰减。此衰减由聚光灯的聚光角角度和照射角角度控制。聚光灯可用于亮显模型中的特定特征和区域。

【平行光】：仅向一个方向发射统一的平行光光线。平行光的强度并不随着距离的增加而衰减，对于每个照射的面，平行光的亮度都与其在光源处相同。在统一照亮对象或照亮背景时，平行光十分有用。

12.4 添加材质

用户可以为三维对象添加材质，在渲染视图中得到逼真效果。AutoCAD 2010 提供了一个含有预定义材质的大型材质库。使用【材质浏览器】可以浏览材质，并将它们应用于三维对象。用户还可以根据需要在【材质编辑器】窗口中创建和修改材质。

12.4.1 材质库

1．功能

AutoCAD 2010 提供了一个大型材质库，包括 400 多种材质和纹理，如金属材质、地板材质、砖石材质、玻璃材质等。安装材质后，用户可以在【工具选项板】窗口上浏览预设材质，并将它们应用于图形中的对象。

2．命令调用

用户可采用以下操作方法之一调用添加材质命令。

1）在菜单栏中依次单击【工具】→【选项板】→【工具选项板】，在弹出的【工具选项板】窗口左侧的标签栏中单击鼠标右键，选择【材质】选项。

2）在命令行输入“ToolPalettes”，按〈Enter〉键调出【工具选项板】，在其左侧的标签栏中单击鼠标右键，选择【材质】选项。

3．命令操作

使用【工具选项板】窗口可对材质库进行导航和管理，用户在此可以方便地组织、分类、搜索和选择要在图形中使用的材质。用户还可以创建并访问自定义的材质库。如图 12-9 所示。

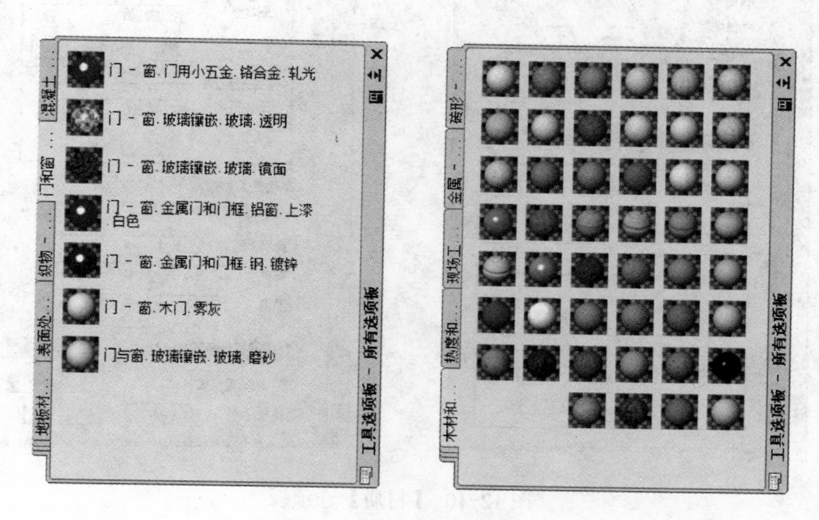

图 12-9 【工具选项板】窗口

12.4.2 调整材质

1．功能

当系统提供的材质库无法满足设计需求时，用户可以通过【材质】选项卡编辑现有材质的属性或自定义新的材质。在【材质】选项卡中用户可以设置材质的属性、颜色、环境光和自发光等条件。

2．命令调用

用户可采用以下操作方法之一调用调整材质命令。

1）在菜单栏中依次单击【视图】→【渲染】→【材质】 材质(M)...。

2）在菜单栏中依次单击【工具】→【选项板】→【材质】 材质(M)。

3）在命令行输入“Materials”，按〈Enter〉键即可调出【材质】选项板。

3．命令操作

用户可以通过【材质】选项板，对添加到图形中的材质进行编辑和修改，并可以将所做的修改设置与材质一起保存，在材质样例预览框中将会显示修改效果。如图 12-10 所示。

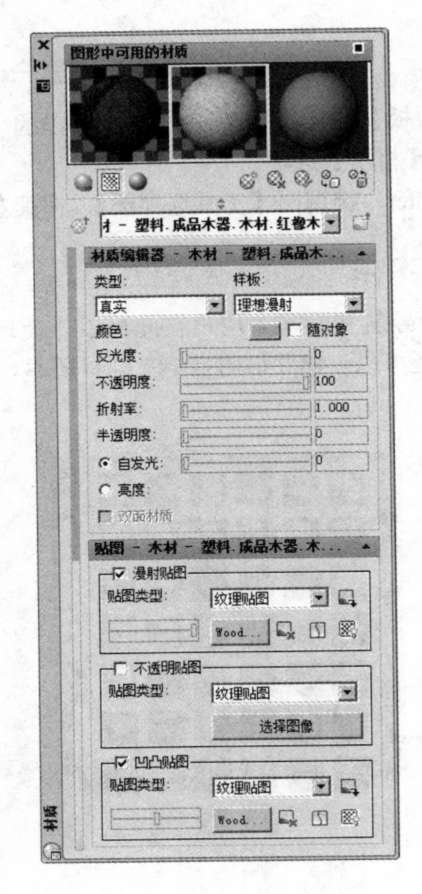

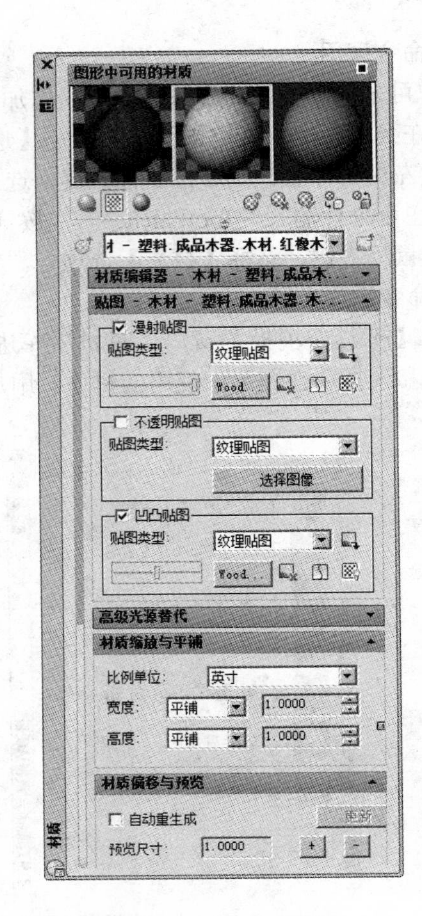

图 12-10 【材质】选项板

12.4.3 添加材质

1．功能

在 AutoCAD 2010 中，用户可以为对象添加材质，以得到真实的效果。AutoCAD 2010 提供的【工具选项板】窗口中的【材质】工具选项板列出了大量已设置好的不同类型的材质样例。用户可以在此选择所需的材质，将其添加到图形中，还可以在【材质】选项卡中创建和修改材质。

2．命令调用

用户可采用以下操作方法之一调用添加材质命令。

1）首先选择要添加材质的对象，然后在【材质】工具选项板中选择所需材质，即可将材质应用于图形对象。

2）利用鼠标将材质样例直接拖曳到图形中的对象上。

3）在【工具选项板】的【材质】选项卡中，在所选材质样例上单击鼠标右键，在弹出的快捷菜单中选择【将材质应用到对象】，即可将材质指定给对象。

4）在【材质】选项板中选择所需材质，单击鼠标右键并在弹出的快捷菜单中选择【应用材质】，即可将材质指定给对象。

3．命令操作

例如为所绘制的“水杯”添加玻璃材质，用户可以在【工具选项板】的【材质】选项卡中选择“磨砂玻璃”作为材质，利用鼠标将其拖曳至图形对象上即可。结果如图 12-11 所示。

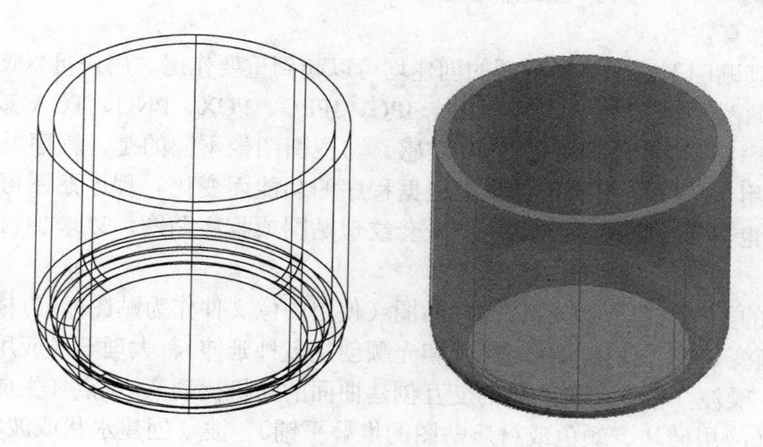

图 12-11　添加材质

12.4.4　设置贴图

1．功能

贴图可以为材质增加纹理真实感，可以对材质指定图案或纹理。用户可以使用多种级别的贴图设置和特性，材质类型决定所提供的贴图频道；贴图频道将替代在【材质编辑器】中指定的漫射颜色；纹理贴图仅在顶层材质级别具有特性设置，但是允许用户选择图像来贴图到对象或面；对于子程序贴图，用户可以将纹理贴图或程序贴图嵌套在另一程序贴图中，但仅在顶层选择了程序贴图时此功能才可用。

2．命令调用

用户可采用以下操作方法之一调用该命令。

1）在功能区【渲染】选项卡的【材质】面板上选择【材质贴图】工具，用以创建平面贴图、长方体贴图、柱面贴图和球面贴图。

2）在菜单中依次单击【视图】→【渲染】→【贴图】命令的子命令，用以创建平面贴图、长方体贴图、柱面贴图和球面贴图。

3）在菜单栏中依次单击【视图】→【渲染】→【材质】，调出【材质】窗口，在【贴图】部分选择相应的贴图频道。

3．命令操作

用户可以在不同的贴图频道中选择“纹理贴图”或“程序贴图”。如“漫射”、“反射”、“不透明”和“凹凸”。

【漫射贴图】：可以为材质提供多种颜色的图案。可以选择将图像文件作为纹理贴图或程序贴图，为材质的漫射颜色指定图案或纹理。贴图的颜色将替换或局部替换材质编辑器中的漫射颜色分量。这是最常用的一种贴图。

【反射贴图】：可以模拟在有光泽对象的表面上反射的场景。要使反射贴图获得较好的渲染效果，材质应有光泽，而且反射图像本身应具有较高的分辨率。

【不透明贴图】：不透明贴图频道可以指定不透明区域和透明区域。

【凹凸贴图】：可以使对象看起来具有起伏的或不规则的表面。凹凸贴图会显著延长渲染时间，但会增加真实感。

使用【纹理贴图】对于多种材质的创建均可以起到重要作用。用户可以使用多种文件类型来创建纹理贴图，如 BMP、RLE、GIF、JPG、JPEG、PCX、PNG、TGA 或 TIFF。

使用【程序贴图】增加了材质的真实感。与位图图像不同的是，程序贴图由数学算法生成。因此，用于程序贴图的控件类型根据程序的功能而变化。程序贴图可以以二维或三维方式生成。也可以在其他程序贴图中嵌套纹理贴图或程序贴图，以增加材质的深度和复杂性。

程序贴图的类型有以下 9 种：纹理贴图（使用图像文件作为贴图）、方格（应用双色方格形图案）、渐变延伸（使用颜色、贴图和光顺创建多种延伸）、大理石（应用石质颜色和纹理颜色图案）、噪波（根据两种颜色的交互创建曲面的随机扰动）、斑点（生成带斑点的曲面图案）、瓷砖（应用砖块、颜色或材质贴图的堆叠平铺）、波（创建水状或波状效果）、木材（创建木材的颜色和颗粒图案）。

12.5 三维图形渲染

模型的真实感渲染往往可以为产品团队或潜在客户提供比打印图形更清晰的概念设计视觉效果。它使用已设置的光源、已应用的材质和环境设置（例如背景和雾化），为场景的几何图形着色。在 AutoCAD 2010 中进行三维图形渲染，可以创建一个能够表达用户想象的真实照片级质量的演示图像。

12.5.1 快速渲染

1．功能

使用该命令，用户可以对图形进行渲染，从而创建三维实体或曲面模型的真实照片级图像或真实着色图像。

2．命令调用

用户可采用以下操作方法之一调用快速渲染命令。

1）在功能区【渲染】选项卡内的【渲染】面板上选择【渲染】工具按钮。

2）在菜单中依次单击【视图】→【渲染】渲染(R)。

3）在命令行输入“Render”，并按〈Enter〉键执行。

3．命令操作

执行该命令，将会弹出【渲染】窗口并处理图像，完成后，将显示图像并创建一个历史记录条目。随着更多渲染的出现，这些渲染将被添加到渲染历史记录中，从而使用户可以快速查看以前的图像并对其进行比较，以查看哪幅图像具有期望的结果。用户可以从【渲染】窗口中保存要保留的图像。默认情况下，将渲染当前视图中的所有对象。如果未指定命名视图或相机视图，则将渲染当前视图。如图 12-12 所示。

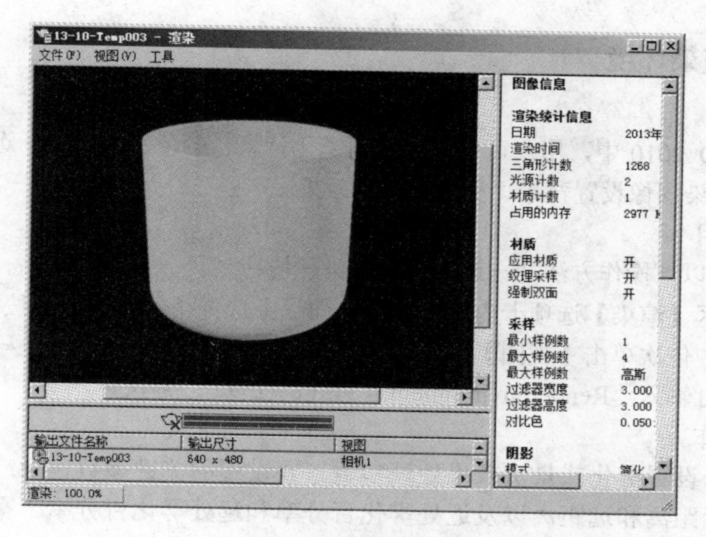

图 12-12 【渲染】窗口

12.5.2 渲染面域

1. 功能

使用该命令，用户可以对视口内的指定区域进行渲染。在对大型复杂的三维对象进行渲染时，需要耗费大量时间才能得到渲染效果，而利用【渲染面域】工具可以得到选定区域的渲染效果，大大提高了渲染速度。

2. 命令调用

用户可采用以下操作方法之一调用渲染面域命令。

1）在功能区【渲染】选项卡内的【渲染】面板上选择【渲染面域】工具按钮。

2）在命令行输入“Rendercrop”，并按〈Enter〉键执行。

3. 命令操作

执行【渲染面域】命令，根据命令行提示依次选取两个对角点，确定渲染区域的窗口，即可进行渲染操作。如图 12-13 所示。

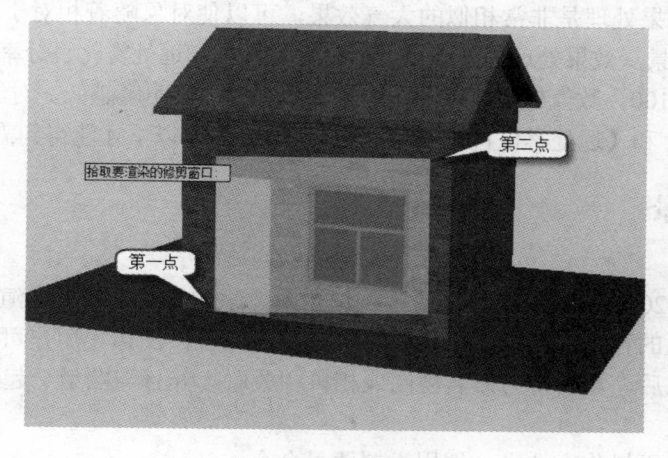

图 12-13　渲染面域

12.5.3　设置渲染环境

1．功能

在 AutoCAD 2010 中，用户可以通过使用雾化背景、颜色、近距离、远距离及雾化百分比等参数，为渲染图像设置背景、雾化等环境效果。

2．命令调用

用户可采用以下操作方法之一调用设置渲染环境命令。

1）在功能区【渲染】选项卡内的【渲染】面板上选择【环境】工具按钮。

2）在菜单中依次单击【视图】→【渲染】→【渲染环境】。

3）在命令行输入“Renderenvironment”，并按〈Enter〉键执行。

3．命令操作

该命令用于设置雾化或景深效果处理参数。要设置的关键参数包括：雾化或景深效果处理的颜色、近距离和远距离以及近处雾化百分率和远处雾化百分率。雾化和景深效果处理均基于相机的前向或后向剪裁平面，以及【渲染环境】对话框上的近距离和远距离设置。如图 12-14 所示。

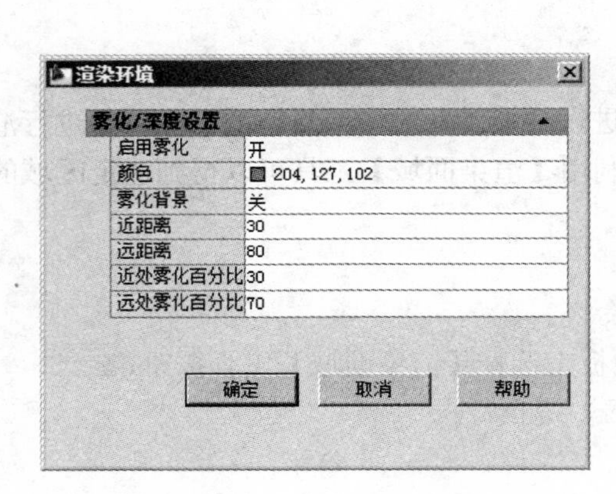

图 12-14　渲染环境

雾化和景深效果处理是非常相似的大气效果，可以使对象随着相对于相机距离的增大而淡出显示。雾化或景深效果处理的密度由近处雾化百分率和远处雾化百分率来控制，它们的取值范围为 0.0001～100。数值越高表示雾化或景深效果处理透明度越低。对于比例较小的模型，【近处雾化百分率】和【远处雾化百分率】则需要设置在 1.0 以下才能得到需要的效果。

12.5.4　设置背景

1．功能

在 AutoCAD 2010 中，用户可以通过将位图图像添加为背景来增强渲染效果。背景主要是显示在模型后面的背景，可以是单色、多色渐变色或位图图像。用户可以通过视图管理器设置背景，设置以后，背景将与命名视图或相机相关联，并且与图形一起保存。

2．命令调用

用户可采用以下操作方法之一调用设置背景命令。

1）在功能区【视图】选项卡内的【视图】面板上选择【命名视图】工具按钮 命名视图 。

2）在菜单中依次单击【视图】→【命名视图】 命名视图(N)... 。

3）在命令行输入“View”，并按〈Enter〉键执行。

3．命令操作

通过上述方法均可调出如图 12-15 所示的【视图管理器】对话框，在【视图管理器】对话框中单击【新建】按钮，将会弹出如图 12-16 所示的【新建视图/快照特性】对话框。

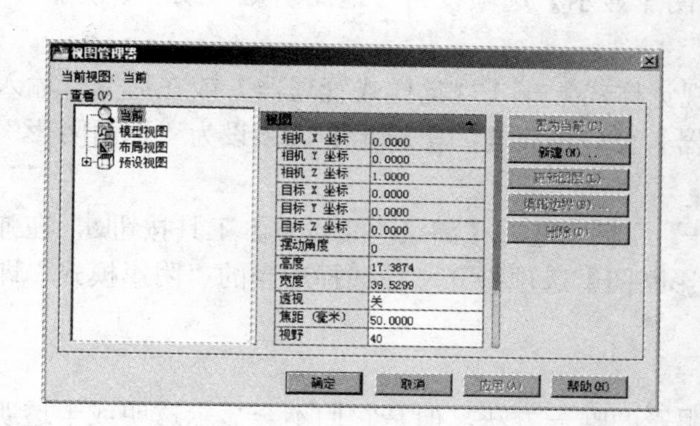

图 12-15 【视图管理器】对话框

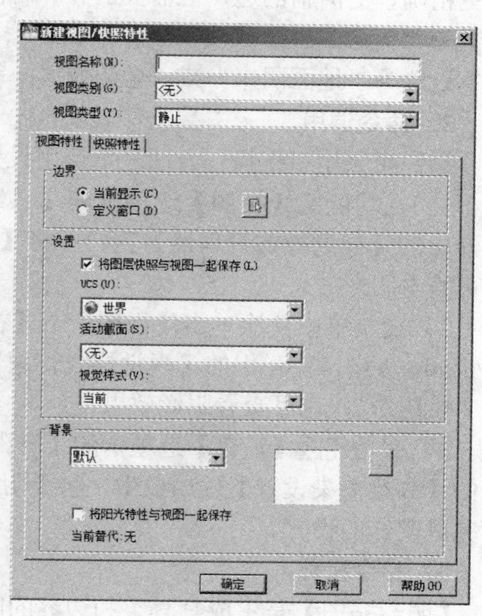

图 12-16 【新建视图/快照特性】对话框

在【新建视图/快照特性】对话框中，用户可以根据需要选择【背景】类型，如默认、纯色、渐变色、图像、阳光与天光。若用户选择【图像】选项，将会弹出【背景】对话框，在此可选择需要作为背景的图像。结果如图 12-17 所示。

图 12-17 设置背景

12.5.5 设置阴影

1．功能

在 AutoCAD 2010 中，使用阴影功能，用户可以创建更具有深度和真实感的渲染图像。在进行渲染时，用户可以通过“阴影贴图”或“光线跟踪”来生成阴影。“阴影贴图”提供的边较柔和，并且需要的计算时间比“光线跟踪阴影”要少，但是精确度较低。“光线跟踪”从光源采样得到光线的路径，光线被对象遮挡的地方将出现阴影。“光线跟踪阴影”具有更精确、更清晰的边，但需要的计算时间较多。用户若要查看阴影效果，需要将视觉样式设置为“概念”或“真实”，并在【视觉样式管理器】中，将对应的视觉样式下的“阴影显示”设置为“地面阴影”或“全阴影”。

2．命令调用

用户可采用以下操作方法之一调用设置阴影命令。

1）在功能区【视图】选项卡的【三维选项板】面板上选择【视觉样式】工具按钮，在弹出的【视觉样式管理器】窗口中将【阴影显示】选项设为“地面阴影”或“全阴影”，即可查看阴影效果。

2）在菜单中依次单击【视图】→【视觉样式】→【视觉样式管理器】或在命令行输入“Visualstyles”，在弹出的【视觉样式管理器】窗口中将【阴影显示】选项设为“地面阴影”或“全阴影”，也可查看阴影效果。

3）在功能区【渲染】选项卡的【渲染】面板上选择【高级渲染设置】工具按钮，在弹出的【高级渲染设置】选项板中，将【阴影贴图】选项打开，并选择适当的“阴影模式”即可完成阴影的设置。

3．命令操作

【阴影贴图】是生成具有柔和边界的阴影的唯一方法，但是它们不会显示透明或半透明对象投射的颜色。阴影贴图阴影比光线跟踪阴影的计算速度快。阴影质量可以通过增大或减小阴影贴图的尺寸来控制。默认的阴影贴图尺寸为 256×256 像素。如果阴影显示过于粗糙，则增加贴图尺寸可以获得较好的质量。如果有穿透透明曲面（例如要投射其边框和竖棂阴影的多窗格窗口）的光线，则不应使用阴影贴图阴影，必须删除玻璃竖棂才能投射阴影。

【光线跟踪阴影】通过跟踪从光源采样得到的光束或光线而产生。光线跟踪阴影比阴影贴图阴影更加精确。光线跟踪阴影有清晰的边和精确的轮廓；它们也可以透过透明或半透明对象传递颜色。由于光线跟踪阴影在计算时不使用贴图，因此无需像使用阴影贴图阴影那样调整分辨率。

AutoCAD 2010 提供了 3 种阴影模式。用户可以根据需要将阴影模式设置为“简化”模式、“排序”模式或“线段”模式。

【简化】：渲染器以任意顺序调用阴影着色器。这是默认的阴影模式状态。

【排序】：渲染器以从对象到光源的顺序调用阴影着色器。

【线段】：渲染器沿从体积着色器到对象和光源之间的光线顺序调用阴影着色器。

要在模型中投射阴影，必须先在场景中建立光源，并根据需要指定该光源是否投射阴影。若要显示阴影，用户需要打开阴影并在【高级渲染设置】选项板上选择要渲染的阴影类型。如为场景添加一个“点光源”，并设置适当的阴影类型，结果如图 12-18 所示。

未打开阴影

打开阴影

图 12-18　设置阴影

12.6　实训

1．实训要求

利用本章所学内容，对在 11 章实训环节中创建的“休闲椅”三维模型进行渲染。具体的操作步骤如下。

2．实训指导

1）打开 AutoCAD 2010 中文版，新建一个图形文件，工作空间切换为“三维建模”。并打开在 11 章实训环节创建的“休闲椅”三维模型。

2）在菜单栏依次单击【工具】→【选项板】→【工具选项板】，调出【工具选项板】窗口，切换到【材质】面板中的【家具】选项卡，选择名为“家具.织物.皮革.粒状.米色”的材质指定给“休闲椅”的椅座，选择名为“家具.织物.藤制.棕褐色”的材质指定给“休闲椅”的靠背；切换到【表面处理.喷漆】选项卡，选择名为“表面处理.喷漆.油漆.白色”的材质指定给“休闲椅”的扶手和椅子腿。如图 12-19 所示。

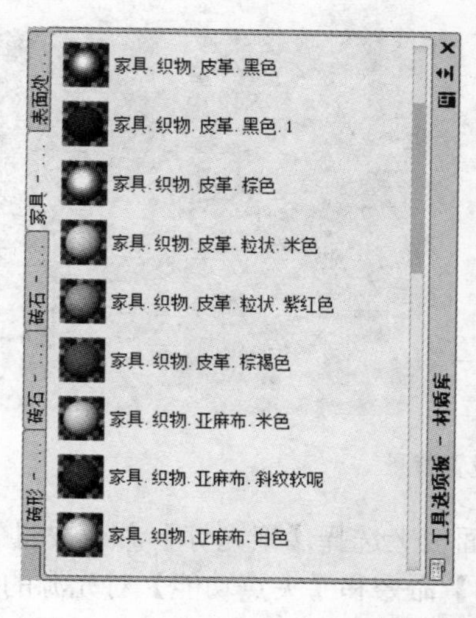

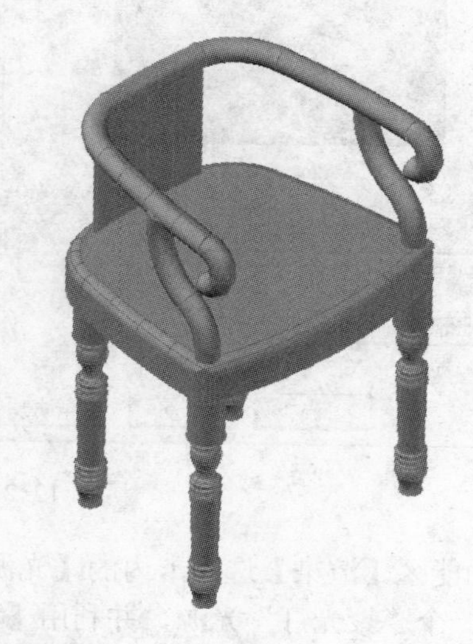

图 12-19　指定材质

3）在功能区【渲染】选项卡内的【相机】面板上选择【创建相机】命令按钮，为“休闲椅”三维模型创建一个相机，并利用【移动】和【夹点工具】适当地调整相机的视角和位置。如图 12-20 所示。

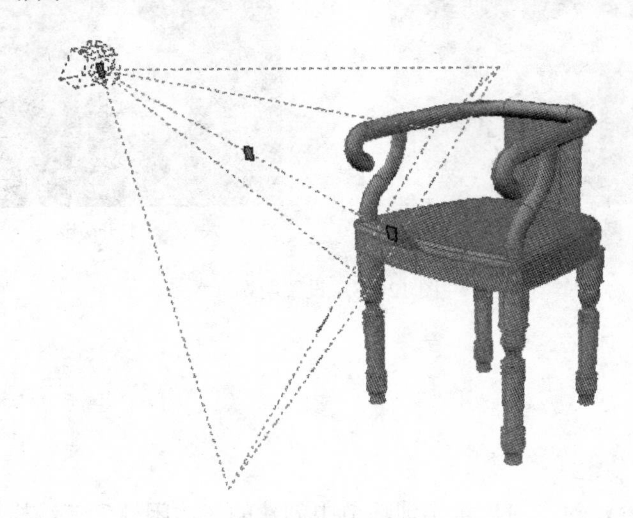

图 12-20　创建相机

4）在功能区【视图】选项卡内的【视图】面板上选择【视图管理器】命令按钮，在弹出的【视图管理器】对话框中选择“相机 1”视图，将“背景替代”选项设为“图像”，并在弹出的【背景】对话框中设置作为背景的图片。如图 12-21 所示。

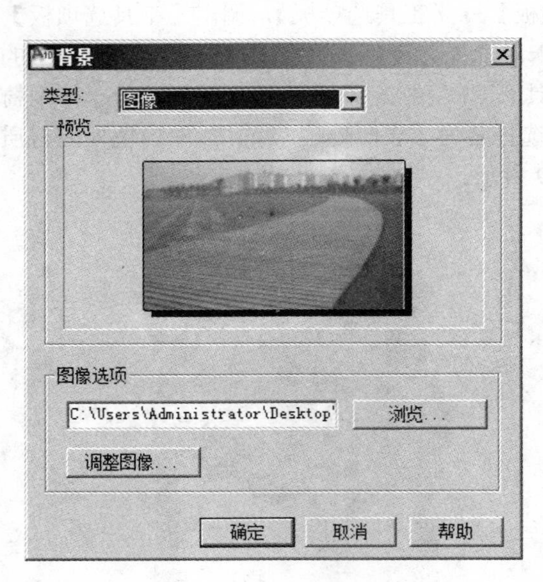

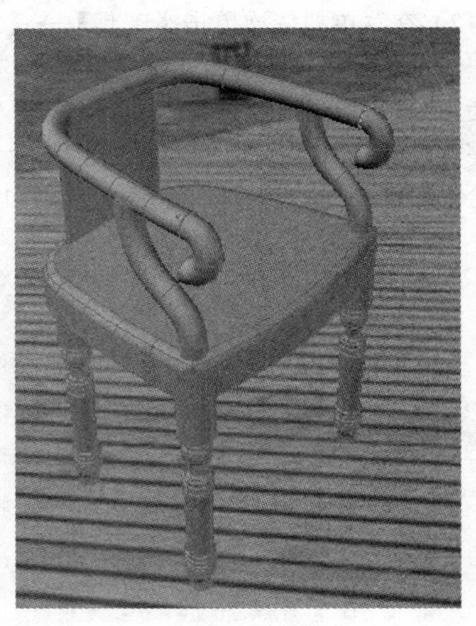

图 12-21　设置背景

5）在功能区【渲染】选项卡内的【光源】面板上选择【聚光灯】命令按钮，为图形对象添加一个“聚光灯”光源，并利用【移动】命令和【夹点功能】对光源的位置进行适当调整。用户也可以通过【特性】选项板对“聚光灯”的相关特性进行调整。再次执行【渲染】命令，结果如图 12-22 所示。

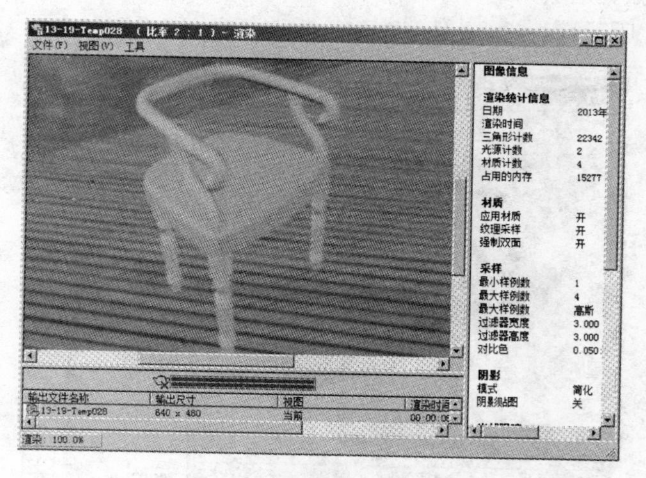

图 12-22 渲染“休闲椅”

6）完成上述操作，最后将文件保存至“D:\第十二章实训”文件夹中，文件名为“渲染休闲椅”。

12.7 练习题

1．AutoCAD 2010 提供了哪些视觉样式？如何切换视觉样式？

2．AutoCAD 2010 提供的动态观察有哪几种方式？

3．渲染三维图形时，AutoCAD 2010 提供了哪几种人工光源？它们的特点是什么？

4．在 AutoCAD 2010 中，用户可以通过哪几种方式为三维对象添加材质？

5．在 AutoCAD 2010 中，如何设置渲染背景？

6．利用本章所学内容，为 11 章练习题中绘制的“齿轮”三维模型添加材质，并进行渲染。结果如图 12-23 所示。

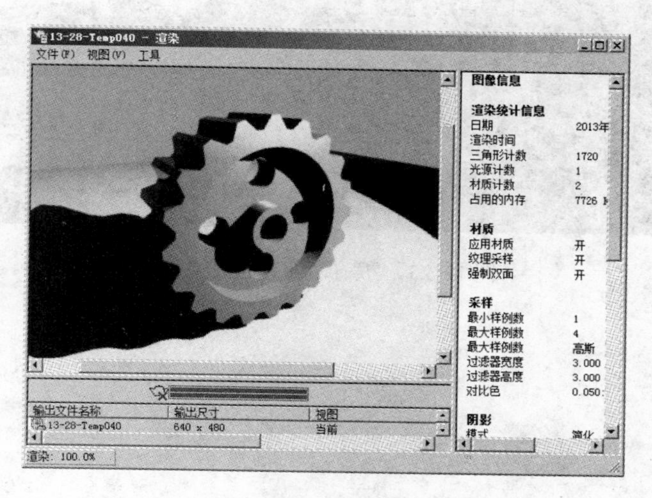

图 12-23 “齿轮”三维模型渲染

7．利用本章所学内容为 11 章练习中绘制的“轴承座”三维模型添加材质，并进行渲染，结果如图 12-24 所示。

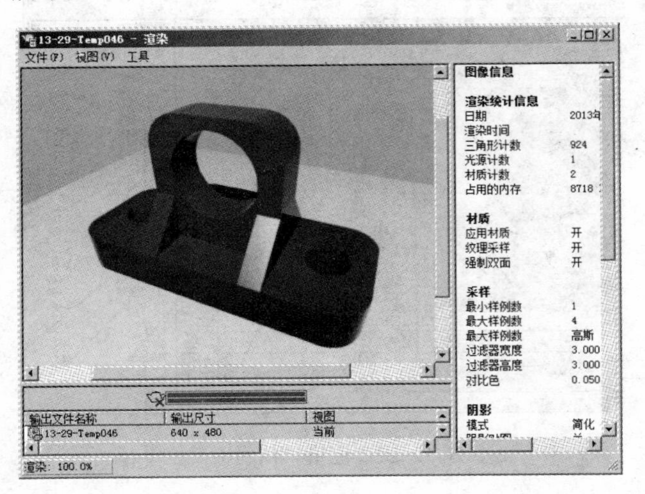

图 12-24 “轴承座”三维模型渲染

8．利用前面所学内容绘制一个坡屋顶的房子，并根据本章所学内容为其添加材质，并进行渲染。房子平面尺寸为 4500×3300，墙体高度为 3100，坡屋顶每边伸出墙体长度为 300，坡屋顶高度为 1200，门的尺寸为 900×2100，窗的尺寸为 1500×1500。材质可根据材质库任意指定，背景设为过渡色。结果如图 12-25 所示。

图 12-25 “房子”三维模型渲染